典型有毒有害气体净化技术

王驰 著

北京

冶金工业出版社

2019

内 容 提 要

　　本书从典型有毒有害气态污染物污染现状及特点出发，重点论述了这些典型有毒有害气态污染物的治理技术，包括氨气、磷化氢、硫化氢、有机硫（羰基硫、二硫化碳等）、氰化氢、砷化氢、一氧化碳、二氧化碳等。同时，也对部分典型有毒有害气态污染物净化设备的特点进行了总结和分析。

　　本书可供从事工业废气处理的科研人员、从事环境废气治理的工作人员、化学工程人员阅读，也可供环境工程和环境科学相关的科研设计单位、环境咨询单位及相应专业的管理、设计人员及大专院校相关专业师生参考。

图书在版编目（CIP）数据

典型有毒有害气体净化技术／王驰著. —北京：

冶金工业出版社，2019.3

ISBN 978-7-5024-8070-7

Ⅰ.①典… Ⅱ.①王… Ⅲ.①有毒气体—空气净化
②有害气体—空气净化　Ⅳ.①X965　②X51

中国版本图书馆 CIP 数据核字（2019）第 044419 号

出 版 人　谭学余
地　　址　北京市东城区嵩祝院北巷 39 号　邮编　100009　电话　（010）64027926
网　　址　www.cnmip.com.cn　电子信箱　yjcbs@cnmip.com.cn
责任编辑　郭冬艳　美术编辑　郑小利　版式设计　禹　蕊
责任校对　石　静　责任印制　牛晓波
ISBN 978-7-5024-8070-7
冶金工业出版社出版发行；各地新华书店经销；三河市双峰印刷装订有限公司印刷
2019 年 3 月第 1 版，2019 年 3 月第 1 次印刷
169mm×239mm；17.25 印张；338 千字；268 页
78.00 元
冶金工业出版社　投稿电话　（010）64027932　投稿信箱　tougao@cnmip.com.cn
冶金工业出版社营销中心　电话　（010）64044283　传真　（010）64027893
冶金工业出版社天猫旗舰店　yjgycbs.tmall.com
　　　　　　　　（本书如有印装质量问题，本社营销中心负责退换）

前　言

　　典型有毒有害气体区别于传统有毒有害气体定义，其种类范围更小，主要指一些存在于大气中，但是量不大，毒性强，容易被忽视的气体。一般而言，气体浓度越大、暴露其中的时间越长，对人类的危害也就越大。在大多数情况下，人们会重视高浓度有毒有害气体造成的后果，当人体处在高浓度有毒有害气体环境中时会产生明显的直接反应，这可以看作是有毒有害气体的"急性"危害。但往往会忽视低浓度有毒有害气体的存在，实际上大部分有毒有害气体，即使在很低的浓度下，也会对经常接触它们的人员造成巨大的危害，如致残、癌变等等，这可以看作是有毒有害气体对人体的"慢性"危害。除此之外，这些有毒有害气体如果不经处理直接排放到大气中，会对植物、建筑物、器材、大气环境等造成危害。

　　本书共分为7章。第1章论述了典型有毒有害气体的概念、性质和危害，以及常规的处理技术；第2章论述了氨气气体净化处理技术；第3章介绍了磷化氢气体净化处理技术及检测设备；第4章详述了硫化氢气体净化处理技术及设备；第5章详述了有机硫气体净化处理技术；第6章详述了氰化氢气体净化处理技术及工业应用；第7章详述了其他典型气体污染物净化技术及设备（其中包括砷化氢、一氧化碳和二氧化碳气体污染物净化技术及设备）。

　　本书由昆明理工大学化学工程学院王驰独撰，在本书的编写过程中，昆明理工大学宁平教授、梅毅教授、李凯教授、孙鑫副教授和宋辛博士给予了悉心指导和建议。同时，昆明理工大学王英伍、李坤林、冯嘉予、乔雨腾、孙丽娜、肖荷露、唐勰、刘娜等人在此书编写过程中协助查阅文献资料，并协助编者进行了书稿的修改和完善，在此一并致谢。

由于编者水平有限，书中如有不妥之处，望广大读者批评指正。

作　者

2019 年 2 月

目　　录

1 典型有毒有害气体分类、特点及净化处理技术

1.1 概述

1.1.1 典型有毒有害气体的概念

传统有毒有害气体是指对人体眼和呼吸道黏膜有刺激作用的刺激性气体，而本书所涉及的典型有毒有害气体区别于传统有毒有害气体定义，气体种类范围更小，主要指一些存在于大气中，但是量不大，毒性强，容易被忽视的气体。这些气体毒性与气体浓度和暴露时间有关。当讨论某一种有毒有害气体的毒性时不单独以气体的种类来确定，需要考虑气体浓度和暴露时间两个重要的参数。一般而言，气体浓度越大、暴露其中的时间越长，对人类的危害也就越大。大多数情况下人们会重视高浓度有毒有害气体造成的后果，当人体处在高浓度有毒有害气体环境中时会产生明显直接的反应，这可以看作是有毒有害气体的"急性"危害。但往往会忽视低浓度气体的存在，实际上大部分有毒气体，即使在很低的浓度下也会对经常接触它们的人员造成巨大的危害，如致残、癌变等等，这可以看作是有毒有害气体对人体的"慢性"危害。除此之外这些有毒有害气体如果不经处理就直接排放到大气中，会对植物、建筑物、器材、大气环境等造成危害。

常见的有毒有害气体按照对人身伤害的不同分为两种：刺激性气体和窒息性气体。

（1）刺激性气体是指对人体或是动物的眼睛和呼吸道黏膜有刺激作用的气体，一般以局部损伤为主，但也可以引起全身反应。这是化学工业生产中最常见类型的气体。刺激性气体的种类有很多，最常见的有氨气（NH_3）、硫化氢（H_2S）、磷化氢（PH_3）等气体。这些气体不仅刺激呼吸道黏膜，还可引起皮肤灼烧，造成牙齿的酸蚀症。如果将这些气体吸入到体内，在呼吸道黏膜溶解，会直接刺激黏膜，引起呼吸道黏膜充血、水肿以及分泌物增加，产生化学性炎症等反应，出现流涕、喉痒、咳嗽等症状，严重时甚至出现肺水肿等。

（2）窒息性气体是指对人体造成窒息性缺氧的气体。窒息性气体又可以分为单纯窒息性气体、血液窒息性气体和细胞窒息性气体。常见的气体有：一氧化碳（CO）、氰化氢（HCN）以及硫化氢（H_2S）等。这些气体进入到人体后，使血液的运输氧气的能力和组织利用氧气的能力发生故障，造成人体组织缺氧进而对人身造成损伤。

1.1.2 典型有毒有害气体的来源及危害

1.1.2.1 来源

当有毒有害气体排放量远远地超过了大气环境的承载能力时，会大大地降低大气环境的质量，生态环境受到了严重的破坏，人们的工作、生活以及身心健康也都受到了影响。典型有毒有害气体来源可分为自然源和人为源两类。自然源是指由于自然原因向大气排放有毒有害气体的现象，如火山喷发、森林火灾、微生物新陈代谢排放等自然现象。人为源是指人类日常生产生活过程中向大气排放有毒有害气体的现象。根据对典型有毒有害气体的统计分析，总结出有毒有害气体的主要人为源如下[1]：

（1）工业生产。随着人类工业化的进程，越来越多的工厂被建立。几乎所有的工业企业都会产生有毒有害气体。特别是火力发电厂、有色金属冶炼厂、电镀厂、硫酸厂、炼油厂、化肥厂等工厂可以直接向大气排放硫氧化物、氮氧化物、碳氧化物以及有机化合物等典型有毒有害气体。这些气体在大气中通过光照等外界条件还可以发生反应生成光化学烟雾，往往毒性更强。由于工厂一般建在人口密集的城市周边，如果发生泄漏等事故，灾害的后果会较为严重。

（2）交通运输。随着汽车的普及，汽车保有量在各个国家不断上升。而传统汽车的动力来自于化石燃料的燃烧，数量巨大的机动车每天都要消耗大量的燃料同时向大气排放大量的尾气，汽车尾气是造成大气污染的移动污染源，也是城市空气污染的主要来源。汽车尾气中的主要成分包括一氧化碳、碳氢化合物、碳氧化合物等有毒有害气体。这些气体往往在人口密集的城市中排放，可直接对人体造成伤害。

（3）餐饮行业。餐饮行业中除去燃料燃烧外厨房的油烟排放一直也是有毒有害气体的重要来源。食用油在高温条件下，会产生大量的热氧化分解产物。有关部门从居民家庭收集的经常煎炸食物的油烟样品进行分析，共测出220多种化学物质，其中主要有醛、酮、烃、脂肪酸、醇、芳香族化合物、酯、内酯、杂环化合物等。在烹调油烟中还发现挥发性亚硝胺等已知突变致癌物。长期吸入油烟，人体会诱发气管炎、支气管炎等多种呼吸道疾病，降低人体免疫力，更容易导致肺癌的发生。

（4）化学危险品储罐及储罐群。随着城市工业生产和人民生活的需要，城市出现和存在许许多多的化学危险品储罐和储罐群，如城市居民使用液化石油气、液化天然气，同时需要建设该气体的储气站；另外，汽车拥有量增加，使得加油站、加气站遍布城市。液化石油气和城市煤气的储罐站中由于储罐内的压力远高于罐外，如果防范措施不当，会引起泄漏；一旦发生泄漏，还可能引起火灾或爆炸灾害，造成巨大的财产损失或人员伤亡。

（5）危险化学品的大型化运输。荷载数十吨汽油、液化气、甲醇等的危险化学品罐车日益增多，这些大型危险化学品运输车辆成为一个个流动的城市化学灾害源，往往由这些流动毒源在城市中引发的化学灾害比工厂事故引起的灾害更加难控制。

（6）污水系统。城市污水系统随着城市发展遍布于整个城市地下，污水在厌氧状态下，含硫有机物分解会产生大量的硫化氢，并且厌氧淤泥层中的硫酸盐还原菌会把硫酸盐还原为硫化氢，因此工人在污水系统作业时可能会发生中毒。

（7）有限空间作业。有限空间作业涉及面很广，包括化工、建筑、机械制造等行业。这些行业的有限空间作业条件较为恶劣，因无法自然通风又没有流动的新鲜空气，容易聚集可燃性气体或有毒有害物质，致使作业环境中有毒有害物质的浓度超过国家规定最高允许浓度的几倍甚至几百倍。

（8）城市垃圾回收系统。城市垃圾按化学成分分为有机物和无机物，其可燃成分含有氯、氯化物以及氮、硫等物质，在垃圾的焚烧过程中会生成 H_2S、HCl、重金属、飞灰及有机氯等污染物，会对人体造成严重的伤害。

1.1.2.2　危害

在大气污染控制研究中有毒有害气体被归为气态污染物，它既可以是一次污染物，也可以是二次污染物。在研究有毒有害气体过程中，硫氧化物、氮氧化物、碳氧化物以及有机化合物等有毒有害气体受到普遍重视。有毒有害气体对人体健康、动植物、建筑物、器物以及气候等都有显著的影响。

（1）对人体的影响：有毒有害气体可以通过表面接触、消化系统和呼吸系统进入人体，而呼吸系统是气体侵入人体最主要的途径。高浓度有毒有害气体可引发人体急性中毒，甚至死亡；而低浓度有毒有害气体则会对人体的呼吸系统和循环系统等造成伤害。如一氧化碳气体对血红蛋白的亲和力约是氧气的 210 倍，通过呼吸系统与血液中的血红蛋白结合，引起人体组织病变，甚至死亡。

（2）对植物的伤害[2]：有毒有害气体浓度超过植物的忍耐限度，会使植物的细胞和组织器官受到伤害，生理功能和生长发育受阻，产量下降，产品品质变坏，群落组成发生变化，甚至造成植物个体死亡，种群消失。气体污染物通常都是经叶背的气孔进入植物体，然后逐渐扩散到海绵组织、栅状组织，破坏叶绿素，使组织脱水坏死；干扰酶的作用，阻碍各种代谢机能，抑制植物的生长。植物容易受有毒有害气体的危害，首先是因为它们有庞大的叶面积同空气接触并进行活跃的气体交换。其次，植物不像高等动物那样具有循环系统，可以缓冲外界的影响，为细胞和组织提供比较稳定的内环境。此外，植物一般是固定不动的，不像动物可以避开污染。

（3）对建筑物和器物的伤害：有毒有害气体如 SO_2、NO_x 等可以在大气中反应形成酸雾、酸雨等，酸雨能使非金属建筑材料（混凝土、砂浆和灰砂砖）表面硬化水泥溶解，出现空洞和裂缝，导致强度降低，从而损坏建筑物。建筑材料变脏，变黑，影响城市市容质量和城市景观，被人们称之为"黑壳"效应。酸雨也能与金属发生反应从而腐蚀金属，由于金属材料越来越多被应用于日常生活方方面面，因此可以预见酸雨造成的损失也会越来越大。而臭氧等强氧化性有毒有害气体则可以加速橡胶、纤维素、尼龙制品的老化，大大降低使用寿命，同时还可以使衣物、床上用品等纺织品发生不同程度的褪色。

（4）对大气能见度的影响：有毒有害气体由于其总量不大，对大气状态影响不是十分显著，但也能在一定程度上使大气能见度降低。一般说来，大部分有毒有害气体是无色的，并不能直接影响大气能见度，只能说有潜在的影响。

有毒有害气体的存在，改变了人类的居住环境，小则出现呼吸道等疾病，大则发生群体中毒、火灾爆炸等人身伤亡和财产损失的恶性事故。例如：马斯河谷烟雾事件：1930 年 12 月 1 日开始，整个比利时由于气候反常变化被大雾覆盖。在马斯河谷还出现逆温层，雾层尤其浓厚。在这种气候反常变化的第 3 天，这一河谷地段的居民有几千人呼吸道发病，有 63 人死亡，为同期正常死亡人数的 10.5 倍。发病者包括不同年龄的男女，症状是：流泪、喉痛、声嘶、咳嗽、呼吸短促、胸口窒闷、恶心、呕吐。咳嗽与呼吸短促是主要发病症状。在这次事件中二氧化硫气体和三氧化硫烟雾的混合物是主要致害的物质。此外，空气中存在的氧化氮和金属氧化物微粒等污染物也会加速二氧化硫向三氧化硫转化，加剧对人体的刺激作用。而且具有生理惰性的烟雾，通过把刺激性气体带进肺部深处，也起了一定的致病作用。洛杉矶光化学烟雾事件：在 1952 年 12 月的一次光化学烟雾事件中，洛杉矶市 65 岁以上的老人死亡 400 多人。1955 年 9 月，由于大气污染和高温，短短两天之内，65 岁以上的老人又死亡 400 余人，许多人出现眼睛痛、头痛、呼吸困难等症状甚至死亡，光化学烟雾是大量聚集的汽车尾气中的碳氢化合物在阳光作用下，与空气中其他成分发生化学作用而产生的有毒气体。这些有毒气体包括臭氧、氮氧化物、醛、酮、过氧化物等。伦敦雾霾事件：1952 年 12 月 4 日至 9 日，伦敦上空受高压系统控制，大量工厂生产和居民燃煤取暖排出的废气难以扩散，积聚在城市上空。在此次事件的每一天中，伦敦排放到大气中的污染物有 1000t 烟尘、2000t 二氧化碳、140t 氯化氢（盐酸的主要成分）、14t 氟化物以及 370t 二氧化硫，这些二氧化硫随后转化成了 800t 硫酸。伦敦城被黑暗的迷雾所笼罩。在大雾持续的 5 天时间里，据英国官方的统计，丧生者达 5000 多人，在大雾过去之后的两个月内有 8000 多人相继死亡。四日市哮喘事件：1961 年发生在日本东部海岸的四日市。石油冶炼和工业燃油产生的废气，严重污染了城市空气。1961 年，四日市哮喘病大发作。由于日本各大城市普遍烧用高硫重油，致使四日市哮喘病蔓延全国。据日本环境厅统计，到 1972 年为止，日本全国患四日市哮喘病的患者多达 6376 人。以上例子很大程度上是由有毒有害气体所引发的，充分说明了管控有毒有害气体的必要性。

1.2 典型有毒有害气体的分类及特点

1.2.1 含硫有毒有害气体

1.2.1.1 硫氧化物（SO_x）

硫氧化物中最主要的最常见的是二氧化硫，化学式 SO_2，是最简单的硫氧化物，二氧化硫为无色透明气体，有刺激性臭味且易溶于水，常温下溶解度为 9.4g/100mL（25℃），同时二氧化硫也是大气主要污染物之一。二氧化硫来源十分广泛，有自然来源，比如火山爆发、微生物降解以及自然森林大火等都会释放二氧化硫气体。人为来源则更为广泛，几乎所有的工业生产过程都会产生二氧化硫[3,4]。它主要来自于化石燃料的燃烧过程和硫化物矿石的焙烧冶炼过程，由于煤和石油通常都含有硫元素，因此燃烧时会生成二氧化硫。同时硫酸厂、制药厂、炼油厂、火力发电厂、垃圾焚烧厂等凡是涉及化石燃料燃烧过程的工厂都会产生二氧化硫。二氧化硫在工业上也具有一定的使用价值，常常作为漂白剂使用（都说氯气可以用来给水消毒，但是我们知道真正起作用的是氯气溶于水后产生的次氯酸，因此说二氧化硫具有漂白作用）。常用二氧化硫来漂白纸浆、皮毛等纺织制品和含纤维的制品。二氧化硫漂白作用也会被用于非法目的，一些不法厂商用二氧化硫来加工食品，以使食品增白等。食用这类食品，对人体的肝、肾脏等有严重损伤，并有致癌作用。按照标准规定合理使用二氧化硫不会对人体健康造成危害，但长期超限量接触二氧化硫可能导致人类呼吸系统疾病及多组织损伤。正因如此我国相关标准和法规明确了可以使用二氧化硫的食品类别及相应的使用限量和残留量。

二氧化硫作为一种在大气污染防治中扮演着重要角色的气态污染物，会在一定条件下氧化而成硫酸雾或硫酸盐气溶胶，是环境酸化的重要前驱物。当排放尾气中二氧化硫浓度高于3%时常常用于制备硫酸，低于3%时往往会不经处理就直接往大气中排放。近100年来，由于二氧化硫给人类带来的危害和损失尤其是酸雨等大规模的污染问题，如何去除二氧化硫已经成为举世瞩目的焦点。国内外早已对二氧化硫脱硫进行研究，目前较为主流的烟气脱硫法和二氧化硫脱除方法主要有以下几种：石灰石/石灰法湿法烟气脱硫技术、喷雾干燥法烟气脱硫技术、氧化镁湿法烟气脱硫技术、海水烟气脱硫技术、亚铵法、亚硫酸钠法、氧化锌法、V_2O_5 氧化法、活性炭吸收法等方法。

三氧化硫（SO_3）是一种无色易升华的固体。它的气体形式是一种严重的污染物，具强腐蚀性、强刺激性，可致人体灼伤，也是形成酸雨的主要来源之一，对大气可造成污染。SO_3 是硫酸（H_2SO_4）的酸酐，可以和水化合成硫酸。因此三氧化硫的毒性表现与硫酸相同。对皮肤、黏膜等组织有强烈的刺激和腐蚀作用。三氧化硫虽然是一种对环境和人体健康具有巨大危害的物质，但是排放量比二氧化硫少得多，通常和二氧化硫一同排放，数量仅为二氧化硫的 1%~5%。能够形成酸雨的三氧化硫很大一部分来自于二氧化硫的转化。因此控制二氧化硫排放可以有效减少三氧化硫的危害。

1.2.1.2　硫化氢（H_2S）

硫化氢，分子式为 H_2S，标准状况下是一种易燃的酸性气体，无色，低浓度时有臭鸡蛋气味，有毒。易溶于水，常温下溶解度为 0.3375g/100mL（25℃），其水溶液为氢硫酸。硫化氢气体在工业上具有一定程度的使用价值，可以用于合成荧光粉、电放光、光导体、光电曝光计等的制造。当它作为还原剂时可以用于金属精制、农药、医药、催化剂再生。还可以用来制取各种硫化物和化学分析。硫化氢也是一种强烈的神经毒素，对黏膜有强烈刺激作用，吸入少量高浓度硫化氢可于短时间内致命，低浓度的硫化氢对眼、呼吸系统及中枢神经都有影响。当人体暴露在含有硫化氢气体的大气环境中时，会对人体的中枢神经系统、呼吸系统以及循环系统造成损害。除此之外硫化氢气体溶于水时会造成水污染，当其在水中含量超过 0.5mg/L 时即可觉察出它散发的臭气。如果废水中存在含硫有机物，这些有机物在缺氧条件下可生成硫化氢。无机的硫化物或硫酸盐在缺氧条件下也可还原生成硫化氢。人造丝厂、硫化颜料厂、煤气发生站等的废水中，每升废水中的硫化氢含量可达数十到数百毫克。在有氧条件下，H_2S 可发生化学氧化。硫磺细菌和硫化细菌可以把硫化氢转化为硫。水中的硫化氢分子可以电离成为 HS^-、S^{2-} 等形态，含硫化氢的水除发臭外，对混凝土和金属都有侵蚀破坏作用。作为生活饮用水或工业用水的水源，水中的硫化氢应完全去除。水中硫化氢含量超过 0.5~1.0mg/L，就可以对鱼类等水生生物造成毒害，从而破坏生态。大气中硫化氢主要来自于天然气净化、炼焦、石油精炼、人造丝生产、造纸、橡胶、染料、制药等工业生产过程。天然的来源有火山喷气、细菌作用下动植物蛋白质腐败和硫酸盐的还原等。一些天然气气田和地热区的空气中也含有相当浓度的硫化氢。硫化氢燃烧时生成二氧化硫，空气中的硫化氢也能氧化成二氧化硫，因而增加大气中二氧化硫的浓度。

硫化氢作为一种主要的大气污染物，不仅会污染环境，还会对人体健康造成严重危害，腐蚀建筑物以及工厂管道，致使催化剂中毒等。因此，需要应用吸收、吸附和催化氧化等方法对工业生产过程排放的硫化氢进行回收、利用或无害化处理。近年来，关于处理硫化氢气体技术研究越来越活跃。根据去除硫化氢的方法的不同特点，可把净化方法分为：（1）吸收法：物理溶剂吸收法、化学溶剂吸收法；（2）分解法：热分解法、微波技术分解；（3）吸附法：可再生的吸附剂法、不可再生的吸附剂吸附法；（4）氧化法：干法氧化法、湿法氧化法；

（5）生物法等。

1.2.1.3　羰基硫（COS）

羰基硫，化学式为 COS，又称氧硫化碳、硫化羰，通常状态下为有臭鸡蛋气味的无色气体，可燃，有毒，微溶于水。羰基硫性质稳定，但会与氧化剂强烈反应，水分存在时也会腐蚀金属。羰基硫是一种主要的有机硫组分，用于焦炉气、水煤气、天然气、液化石油气等许多与煤化工、石油化工有关的重要工业气体中，往往与其他硫化合物如硫化氢等同时存在，对于不同的气体，羰基硫的含量存在着较大差异。硫化物在生产中能引起设备腐蚀和催化剂中毒。此外，不经处理排放到大气中的羰基硫能形成硫氧化物，促进光化学反应，带来严重的环境问题。

羰基硫是工业气体中有机硫存在的主要形式，其化学活性比硫化氢小得多，其酸性和极性均弱于硫化氢。一般用于脱除硫化氢的方法不能有效地完全脱除羰基硫，所以脱除羰基硫是实现气体精脱硫的关键，只有解决了羰基硫的脱除才有可能使工业气体的总硫降至使用要求。对于不同的气体，羰基硫含量存在着较大差异。目前的主要脱除技术有还原法、水解法、吸收法、吸附法、光解法及氧化法等[5]。各种脱除方法都有各自的优缺点，在实际工艺生产设计中应予以综合考虑，选择适宜的脱除方法。羰基硫脱除技术的发展趋势是需要开发研究稳定性好、活性高和耐中毒的新型催化剂，可为羰基硫污染控制及碳—化工的造气原料和工艺路线的改造优化提供技术基础。

1.2.1.4　二硫化碳（CS_2）

二硫化碳，分子式 CS_2，在常温常压下为无色透明微带芳香味的脂溶性液体，在水中的溶解度为 2.9g/L（20℃），有杂质时呈黄色，少量天然存在于煤焦油与原油中，高纯品有类似乙醚的气味，一般试剂有腐败臭鸡蛋味，具有极强的挥发性、易燃性和爆炸性。燃烧时伴有蓝色火焰并分解成二氧化碳与二氧化硫。二硫化碳等有机硫的主要来源是由于人类活动引起，大量存在于天然气、焦炉气、煤制气、水煤气、炼厂气、克劳斯尾气和少量存在于化纤行业中。在大气中二硫化碳和羟基可以通过氧化反应生成羰基硫；同时，二硫化碳能够被吸附于大气颗粒物的表面，从而可被催化氧化生成羰基硫。二硫化碳直接排放到大气环境中，会对环境和生物产生严重的污染和危害。例如，当二硫化碳扩散到平流层时，会通过光解-氧化作用生产二氧化硫，从而导致酸雨危害；另外，在平流层或对流层中，二硫化碳还能够通过燃烧、光解、水解或与硫化氢在高温作用下间接或直接生成二氧化碳，从而加剧全球气候变化。化工生产中即使存在微量的二硫化碳，也会导致催化剂中毒，致使催化剂的催化效果和使用寿命受到严重的影响；由于二硫化碳会缓慢水解生产硫化氢，腐蚀生产设备，从而增加了生产成本，造成严重的经济损失。同时，二硫化碳对人体健康也存在严重的危害。由于二硫化碳具有毒性大、挥发性强、沸点低等特点而容易散发到空气中，致使二硫化碳能够通过呼吸、皮肤进入人体体内，对人体的各个器官产生危害，能够导致致畸、神经性衰弱、神经性麻病、胚胎发育障碍和子代先天缺陷等症状。因此，有效脱除二硫化碳对保护环境和降低工业生产的经济损失均具有深远的意义，二硫化碳的有效脱除已成为黄磷尾气深度净化亟待解决的问题[6]。

　　由于二硫化碳其自身的性质，传统的硫化物处理方法难以将其脱出。二硫化碳的脱除方法分为干法和湿法两种。其中，湿法采用的是吸收再生模式，其脱硫过程是：首先对含硫化合物进行分离和富集处理，其次利用氧化方式将其氧化，最后生成S单质或硫酸盐。有机胺类吸收法（如己醇胺脱硫法等）是比较常见的湿法脱除二硫化碳的方法。目前，应用干法脱除二硫化碳的方式更为广泛。干法脱硫主要是利用催化剂或吸附剂的吸附作用或催化转化作用将二硫化碳脱除的技术，常见的干法有：吸附法、催化水解法、化学转化、吸收法、催化加氢转化法及氧化法等。

1.2.2　含氮有毒有害气体

1.2.2.1　氮氧化物

　　氮氧化物，包括多种化合物，如一氧化二氮（N_2O）、一氧化氮（NO）、二氧化氮（NO_2）、三氧化二氮（N_2O_3）、四氧化二氮（N_2O_4）和五氧化二氮（N_2O_5）等。除二氧化氮以外，其他氮氧化物均极不稳定，遇光、湿或热变成二氧化氮及一氧化氮，一氧化氮又变为二氧化氮。因此，职业环境中接触的是几种气体混合物常称为硝烟（气），主要为一氧化氮和二氧化氮，并以二氧化氮为主。氮氧化物（NO_x）种类很多，造成大气污染的主要是一氧化氮（NO）和二氧化氮（NO_2），因此环境学中的氮氧化物一般就指这二者的总称。氮氧化物都具有不同程度的毒性。

　　一氧化氮是一种无色气体，在水中的溶解度较小，而且不与水发生反应，具有强氧化性。与易燃物、有机物接触易着火燃烧。性质不稳定，在空气中很快转变为二氧化氮产生刺激作用。当一氧化氮在环境中浓度较低，在这种低浓度环境中对人体无害。但一氧化氮是二氧化氮的前体物，也是光化学烟雾的活跃组分之一。

　　二氧化氮是一种棕红色、高度活性的气态物质，又称过氧化氮，易溶于水，可以与水反应生成硝酸和一氧化氮。二氧化氮在臭氧的形成过程中起着重要作用。作为一种主要的大气污染物，对人体健康，自然环境都会产生较大的危害。对人体健康的危害主要体现在损害呼吸道，二氧化氮是一种刺激性气体。对环境的危害主要体现在对水体、土壤和大气可造成污染，氧化氮是酸雨的成因之一，所带来的环境效应多种多样，包括：对湿地和陆生植物物种之间竞争与组成变化的影响，大气能见度的降低，地表水的酸化、富营养化（由于水中富含氮、磷等营养物藻类大量繁殖而导致缺氧）以及增加水体中有害于鱼类和其他水生生物的毒素含量。

二氧化氮治理主要是通过改进燃烧的过程和设备或采用催化还原、吸收、吸附等排烟脱氮的方法，控制、回收或利用废气中二氧化氮，或对二氧化氮进行无害化处理。防治途径一是排烟脱氮，二是控制 NO_x 的产生。排烟脱氮分为干法和湿法两类。干法主要有催化还原法、吸附法等。湿法有直接吸收法、氧化吸收法、氧化还原吸收法、液相吸收还原法和络合吸收法等。

1.2.2.2　氨气（NH_3）

氨气，分子式是 NH_3，无色气体。有强烈的刺激气味，密度比空气要低，易被液化成无色的液体，也易被固化成雪状固体。极易溶于水，常温常压下 1L 水可以融入 700L 氨气，也易溶于乙醇和乙醚。在高温时会分解成氮气和氢气，有还原作用。有催化剂存在时可被氧化成一氧化氮。用于制液氮、氨水、硝酸、铵盐和胺类等。氨是最为重要的基础化工产品之一，世界上的氨除少量从焦炉气中回收外，绝大部分是合成的氨，而合成氨工业极大地影响了人类的发展历程。氨是一种十分重要的化工原料，也是世界上产量排名第一的化学物质，通常用来合成氮肥以及其他化工原料。氨气可由氮气和氢气在高温高压催化剂协同作用下直接合成而制得。氨气作为一种有毒有害气体，它的毒害性通常体现在对动物的伤害，分为吸入危害和皮肤黏膜接触危害。氨是一种碱性物质，它对所接触的皮肤组织都有腐蚀和刺激作用，可以吸收皮肤组织中的水分，使组织蛋白变性，并使组织脂肪皂化，破坏细胞膜结构。浓度过高时除腐蚀作用外，还可通过三叉神经末梢的反向作用而引起心脏停搏和呼吸停止。氨通常以气体形式吸入人体进入肺泡内，氨被吸入肺后容易通过肺泡进入血液，与血红蛋白结合，破坏运氧功能。氨的溶解度极高，所以主要对动物或人体的上呼吸道有刺激和腐蚀作用，减弱人体对疾病的抵抗力。少部分氨为二氧化碳所中和，余下少量的氨被吸收至血液可随汗液、尿或呼吸道排出体外。氨气中毒是一种常见的症状，医学上将中毒症状分为刺激反应、轻度中毒、中毒重度、重度中毒四个等级，大量吸入氨气会造成生命危险，当人体吸入氨气出现氨中毒症状时应该及时就医。如今，消除氨污染所带来的危害已经成为国内外环境保护领域关注的重点之一，世界各国也相继颁布法令对其排放实施管制[7]。氨气对环境的危害表现在氨气是一种温室气体，是造成地球温室效应的原因之一；氨也是雾霾的潜在原因之一，氨气在空气中生成铵盐，铵盐具有成核效应，可以加快雾霾天气的形成；同时氨气易溶于水，当氨气溶于水时会给水生藻类等提供氮元素，造成水体富营养化，污染水体以及危害生态系统。

氨气的来源十分广泛，主要来自建筑施工中使用的混凝土外加剂，主要有两种，一种是在冬季施工过程中，在混凝土墙体中加入混凝土防冻剂，另一种是为了提高混凝土的凝固速度，使用高碱混凝土膨胀剂和早强剂。混凝土外加剂的使用，有利于提高混凝土的强度和施工速度，国家在这方面有着严格的标准和技术规范。正常情况下，不会出现污染室内空气的情况，可是北京地区近几年大量使用了高碱混凝土膨胀剂和含尿素的混凝土防冻剂，这些含有大量氨类物质的外加剂在墙体中随着温湿度等环境因素的变化而还原成氨气从墙体中缓慢释放出来，造成室内空气中氨的浓度不断增高。另外，室内空气中的氨也可来自室内装饰材料，比如家具涂饰时所用的添加剂和增白剂大部分都用氨水，氨水已成为建材市场中必备的商品。除此之外，制氨工厂化肥工厂等在生产过程中的氨泄露，动植物的氨排放等都是氨气的来源之一。根据氨气极易溶于水以及碱性气体的特点，氨气吸收相对来说比较容易，可以直接用水和酸溶液进行吸收。

1.2.2.3　氰化氢（HCN）

氰化氢，别名氢氰酸，分子式 HCN，标准状态下为无色透明液体，易挥发，易溶于水，具有苦杏仁气味，在空气中可燃烧。氰化氢的毒性是一氧化碳的 35 倍，属于剧毒类。急性氰化氢中毒的临床表现为患者呼出气中有明显的苦杏仁味，轻度中毒主要表现为胸闷、心悸、心率加快、头痛、恶心、呕吐、视物模糊。重度中毒主要表现为呈深昏迷状态，呼吸浅快，阵发性抽搐，甚至强直性痉挛。氰化氢的毒性，主要是氰基（CN^-）所具有的毒理作用。CN^- 在人体内容易与细胞线粒体内的氧化型细胞色素氧化酶中的 Fe^{3+} 结合，从而阻止 Fe^{3+} 的还原，使细胞组织不能利用氧，产生细胞内窒息性缺氧；同时 CN^- 能抑制组织细胞内 42 种酶的活性，如细胞色素氧化酶、过氧化物酶、脱羧酶、琥珀酸脱氢酶及乳酸脱氢酶等。二次世界大战中纳粹德国常把氰化氢作为毒气室的杀人毒气使用。由于氰化氢的强毒性，我国《大气污染物综合排放标准》（GB 16297—1996）规定新污染源的最高排放浓度为仅 $1.9g/m^3$。氰化氢主要有以下几个来源：煤的燃烧与热解、生物质的高温热解、矿热电炉尾气排放、废气脱硝过程、建筑材料引起的火灾以及含氰化工产品加工使用过程等。

由于氰化氢的强毒性，氰化氢废气净化首先要满足严格的环境排放及卫生标准，防止氰化氢造成大气污染和危害人体健康。其次，氰化氢净化也是工业废气资源化利用及工业气体净化的需要。氰化氢具有很强的腐蚀性、毒性，在工业废气后续生产或处理过程中，对生产设备、管道产生极强的腐蚀，引起合成气化学反应催化剂中毒失活，严重影响最终产品的吸收率和质量。含氰化氢工业废气不论是用做工业合成原料气或用于燃料气，都必须采用相适应的工艺方法，进行脱氰净化处理，减少其对环境的污染和设备的腐蚀。目前国内外脱除废气中氰化氢的方法主要有：吸收及液相催化氧化法、吸附法、燃烧法、气固相催化氧化法、气固相催化水解法以及气固相催化氧化/催化水解联合脱除法[8,9]。几种方法各有特点，在处理实际生产中所产生的氰化氢尾气时，氰化氢浓度、尾气所含其他组分与排放方式、现有设备及处理方法的成本等因素都会影响到氰化氢脱除方法的选择。

1.2.3 磷化氢（PH_3）

磷作为一种对植物生长发育不可或缺的元素，其化合物的污染主要体现在水体富营养化上，但是磷化氢却是一种典型的有毒有害气体。磷化氢是一种无色、剧毒、易燃的储存于钢瓶内的液化压缩气体，分子式 PH_3。气体密度比空气大，有类似臭鱼的味道。如果遇到含有其他磷的氢化物如乙磷化氢，会引起自燃，水中的溶解度为 31.2g/100L(17℃)。吸入磷化氢会对心脏、呼吸系统、肾、肠胃、神经系统和肝脏造成影响。

磷化氢广泛存在于大气中，来源包括自然源和人为源两大类。自然界中磷化氢主要来自于微生物的厌氧消化过程，如动植物尸体的腐烂分解过程，养殖场、垃圾填埋场以及沼泽等地区也会产生磷化氢气体。人为源则包括：

（1）磷化氢是最常用的高效熏蒸杀虫剂，主要由磷化铝或磷化锌与水反应而产生。磷化氢广泛用于粮食、皮毛仓库和船舱的熏蒸杀虫，使用不当、防护不良或意外渗漏等。

（2）磷的金属化合物的生产、贮存、运输过程中，若防潮不良，空气湿度过高时，吸收水分或遇酸时，可产生磷化氢。

（3）在黄磷生产和使用过程中，只要有黄磷燃烧的烟雾就可有磷化氢的存在，这是由于磷的低价氧化物三氧化二磷（P_2O_3）与热水反应产生磷化氢[10]。

（4）在赤磷生产过程中，有磷化氢的形成并聚积于转化锅内，开锅时可溢出，在赤磷碱煮纯化过程中，赤磷中的微量黄磷与氢氧化钠反应，也可产生磷化氢。

（5）乙炔的生产和使用过程中，由于乙炔的原料碳化钙（CaC_2，俗称电石）中含有少量的磷化钙（Ca_3P_2）杂质，在加水反应时，有磷化氢混合于乙炔气体之中。

（6）硅铁中含有少量磷的金属化合物，如磷化钙等，在车船运输或仓库储存时，如果受潮，可放出磷化氢。

（7）含磷金属元件的酸洗，如有用磷掺杂的半导体元件的酸蚀过程，亦有磷化氢的产生。

磷化氢气体处理技术包括湿法处理技术和干法处理技术，湿法处理技术包括：浓硫酸法、高锰酸钾法、次氯酸钠氧化法、过氧化氢法、磷酸法、漂白精法等；干法是利用磷化氢的还原性和可燃性，用固体氧化剂或吸附剂来脱除磷化氢或直接燃烧。包括燃烧法和吸附法，吸附法又分为活性炭吸附法、金属氧化物吸附法和变温吸附法等。

1.2.4　一氧化碳（CO）

一氧化碳，分子式为CO，在通常状况下是一种无色、无臭、无味、难溶于水的气体，标准状况下气体密度为 1.25g/L，和空气密度（标准状况下 1.293g/L）相差很小，这也是容易发生煤气中毒的因素之一。它是一种中性气体，具有可燃性、还原性以及极弱的氧化性，对生物具有毒性，是一种剧毒气体。一氧化碳能够在空气中或氧气中燃烧，生成二氧化碳，燃烧时发出蓝色的火焰，放出大量的热，因此一氧化碳可以作为气体燃料。当一氧化碳作为还原剂，可以在高温或加热条件下将许多金属氧化物还原成金属单质，因此常用于金属的冶炼。另外，一氧化碳可以和氢气化合，生成简单的有机物，表现出氧化性。在工业生产中主要用作燃料、还原剂和有机合成的原料等。在化学工业中，一氧化碳作为合成气和煤气的主要组分，是合成一系列基本有机化工产品和中间体的重要原料，用于制备光气、硫氧化碳、芳香族醛、甲酸、苯六酚、氯化铝、甲醇等；在炼钢炉中用于还原铁的氧化物，配成混合气生产特种钢；一氧化碳与过渡金属反应生成羰络金属，分解可得高纯金属；用于氢化甲酰化作用；在石化领域用于聚合反应终止剂、标准气配制剂等，如制备合烃（合成汽油）、合醇（羧、乙醇、醛、酮及碳氢化合物的混合物）、锌白颜料、氧化铝成膜、标准气、校正气、在线仪表标准气等。此外一氧化碳常用于鱼、肉、果蔬及袋装大米的保鲜，特别是生鱼片的保鲜。一氧化碳可以使肉质品色泽红润，而被作为颜色固定剂。

但是一氧化碳作为一种典型有毒有害气体，对人体和动物的健康有着极大的危害。它会结合血红蛋白生成碳氧血红蛋白，碳氧血红蛋白不能提供氧气给身体组织。这种情况被称为血缺氧。当一氧化碳浓度高至 $667×10^{-6}$ 可能会导致高达50%人体的血红蛋白转换为碳合血红蛋白，这种情况会导致昏迷和死亡。最常见的一氧化碳中毒症状，如头痛，恶心，呕吐，头晕，疲劳和虚弱的感觉。一氧化碳中毒症状包括视网膜出血，以及异常樱桃红色的血。暴露在一氧化碳中可能会严重损害心脏和中枢神经系统，伴有后遗症。急性一氧化碳中毒是我国发病和死亡人数最多的急性职业中毒。一氧化碳也是许多国家引起意外生活性中毒中致死人数最多的毒物。急性一氧化碳中毒的发生与接触一氧化碳的浓度及时间有关。一氧化碳浓度达到 $11.7g/m^3$ 时，数分钟内可使人致死。

大气对流层中的一氧化碳本底浓度约为 $(0.1~2)×10^{-6}$，这种含量对人体无害。由于世界各国交通运输事业、工矿企业不断发展，煤和石油等燃料的消耗量持续增长，一氧化碳的排放量也随之增多。据 1970 年不完全统计，全世界一氧化碳总排放量达 3.71 亿吨。环境中的一氧化碳有自然来源和人为来源两种。火山爆发、森林火灾、地震等都可能造成局部地区一氧化碳浓度增高。人为来源则更为广泛，凡是含碳的燃料不完全燃烧都会产生一氧化碳，如炼焦、炼钢、炼铁、炼油、汽车尾气、矿坑爆炸等。大气中的一氧化碳主要来源是工矿企业、交通运输、家庭炉灶、采暖锅炉、燃放烟花爆竹、木炭燃烧和吸烟等。城市大气中86%的一氧化碳由汽车排出，汽车废气的排放与车速有关，车速越大，一氧化碳排放量越小。开启暖气系统时也会排放一氧化碳。一氧化碳还来自燃煤的工业生产。燃烧时，供氧条件越差，一氧化碳含量越高；煤气、水煤气的加工、炼焦过程中也有一氧化碳产生排放。食物采用一氧化碳气体保鲜也可能成为污染物来源。

催化氧化消除一氧化碳是最根本有效的方法之一[11]，广泛应用于机动车尾气净化、防毒面具净化装置、卷烟烟气降害、室内空气环境以及密闭空间作业（潜艇、航天器、地下工事、矿下救生艇、地下车库）等领域。目前用于一氧化碳催化氧化的催化剂主要包括负载贵金属（Pt，Pd，Au）催化剂和过渡金属氧化物（CuO，Co_3O_4）催化剂等。虽然贵金属催化剂具有高活性，但是由于贵金属储量有限、成本高和稳定性较差等，因此开发具有优异的低温活性、热稳定性好的非贵金属催化剂成为近期研究的热点。

1.2.5 砷化氢（AsH_3）

砷化氢，化学式：AsH_3，又称砷化三氢、砷烷、胂。胂是最简单的砷化合物，无色、有剧毒、是可燃气体。标准状态下，砷化氢是一种无色，密度高于空气，可溶于水（200mL/L）及多种有机溶剂的气体。它本身无臭，但空气中砷化氢浓度超过 $0.5×10^{-6}$ 时，它便可被空气氧化产生轻微类似大蒜的气味。常温下砷化氢很稳定，分解成氢和砷的速度非常慢，但温度高于230℃时，它便迅速分解。还有几个因素也会影响砷化氢分解的速度，其中包括：湿度、光的存在以及催化剂（铝）的存在。它是砷和氢的高毒性分子衍生物。尽管它杀伤力很强，在半导体工业中仍被广泛使用，也可用于合成各种有机砷化合物。

大气环境中砷化氢的来源很多，主要包括夹杂着砷的金属矿石与工业硫酸或盐酸接触、黄磷尾气、焦炉尾气、密闭电石炉尾气、矿热冶炼废气、化石燃料的燃烧等各个领域的工业废气。砷化氢为强烈溶血毒物，溶血机理尚不十分清楚，红细胞溶解后的产物可堵塞肾小管，引起急性肾功能衰竭。长期在低浓度砷化氢环境中作业主要表现为头痛、乏力、恶心、呕吐，较重者可有多发性神经炎。在西南地区有色金属冶炼产业是支柱产业，矿热冶炼废气中含有大量的一氧化碳，是碳一化工的优质原材料，但是因其中存在的砷化氢等还原性气态杂质难以净化，在碳一化工产业中砷化氢会使羰基变换催化剂以及合成催化剂中毒，从而使催化失去活性。限制了一氧化碳作为碳一化工原料气的应用[12]。

目前，砷化氢净化方法主要有直接燃烧法、催化氧化法、吸附氧化法、化学吸收法等。

1.2.6 有机有毒有害气体（VOC）

VOC 是挥发性有机化合物（volatile organic compounds）的英文缩写。不同国家不同组织对其定义不尽相同，可将这些 VOC 的定义分为两类：一类是普通意义上的 VOC 定义，只说明什么是挥发性有机物，或者是在什么条件下是挥发性有机物；另一类是环保意义上的定义，也就是说，是活泼的那一类挥发性有机物，即会产生危害的那一类挥发性有机物。VOC 是室内外空气中普遍存在的，且组分复杂的一类有机污染物，其主要成分为烃类、卤代烃、氮烃、含氧烃、硫烃及低沸点的多环香烃等。它的室外来源主要是汽车尾气以及工业企业释放水蒸气等；室内来源主要包括：新的建筑材料、室内装潢材料、有机涂料、清洁用品以及香料、除臭剂等[13]，这些物质的出现造成了室内空气的污染，并且它们都以微量和痕量出现。室内空气中挥发性有机化合物浓度过高时很容易引起急性中毒，轻者会出现头痛、头晕、咳嗽、恶心、呕吐或呈酩酊状；重者会出现肝中毒甚至很快昏迷，有的还可能有生命危险。长期居住在挥发性有机化合物污染的室内，可引起慢性中毒，损害肝脏和神经系统、引起全身无力、瞌睡、皮肤瘙痒等。有的还可能引起内分泌失调、影响性功能；苯和二甲苯还能损害循环系统，以至引发白血病。经国外医学研究证实，生活在挥发性有机化合物污染环境中的妊妇，造成胎儿畸形的几率远远高于常人，并且有可能对孩子今后的智力发育造成影响。同时，室内空气中的挥发性有机化合物是造成儿童神经系统、血液系统、儿童后天疾患的重要原因。研究 VOC 的控制技术是去除大气中 VOC 的主要方法，国内外的 VOC 控制技术主要有焚烧法、吸附法、冷凝法、光催化氧化法、生物法等。

1.3 典型有毒有害气体的净化处理技术

1.3.1 吸收法净化处理

1.3.1.1 吸收净化法的概念

吸收法净化处理典型有毒有害气体是利用混合气体中的不同组分在吸收剂溶液中的溶解度不同，或者与吸收剂发生化学反应从而实现将废气中的一种或多种有毒有害气体分离出来的一种单元操作。在该操作过程中，被吸收的气体组分叫做溶质或吸收质，所用的液体称为溶液或吸收液。整个吸收过程是一个传质过程。吸收法的优点是几乎可以处理各种有害气体，适用范围很广，并可回收有价值的产品。缺点是工艺比较复杂，吸收效率有时不高，吸收液需要再次处理，否则会造成废水的污染。

1.3.1.2 气液平衡

吸收分为物理吸收和化学吸收两种，物理吸收不发生化学反应，两种吸收最终都能达到平衡状态。在一个多组分气-液两相共存的系统中，一定的温度和压力下，气液两相接触，气体溶解在液体中，造成一定的溶解度；溶于液体中的气体，作为溶质，必然产生一定的分压。当溶质产生的分压和气相中该气体的分压相等时，达到气液平衡。两相达到平衡时，各组分在气液两相中的化学位趋于相等。或运用逸度更为方便：在混合物中 i 组分在气相和液相中的逸度相等，称气液平衡。改变系统的温度、压力或组成条件，系统就会达到新的气液平衡。相平衡的建立，标志着传质达到极限，吸收过程也就停止。它是控制吸收系统操作的一个重要因素。对于大多数气体的稀溶液，气液间的平衡关系可用亨利定律表示。

亨利定律：在等温等压下，某种挥发性溶质（一般为气体）在溶液中的溶解度与液面上该溶质的平衡压力成正比。其公式为：

$$P_a = E \cdot X_a$$

式中，E 为气体 a 的亨利系数，$kmol/m^3$；X_a 为气体 a 在液相中的摩尔分数；P_a 为气体 a 的平衡分压，Pa。

亨利定律只适用于溶解度很小的体系，严格而言，亨利定律只是一种近似规律，不能用于压力较高的体系。在这个意义上，亨利常数只是温度的函数，温度不同，亨利系数不同，温度升高，挥发性溶质的挥发能力增强，亨利系数增大。换而言之，同样分压下温度升高，气体的溶解度减小。同时亨利系数也与溶质和溶剂的本性有关，与压力无关。只有溶质在气相中和液相中的分子状态相同时，亨利定律才能适用。若溶质分子在溶液中有离解、缔合等，则上式中的 X_a 应是指与气相中分子状态相同的那一部分的含量；在总压力不大时，若多种气体同时溶于同一个液体中，亨利定律可分别适用于其中的任一种气体；一般来说，溶液越稀，亨利定律愈准确，在 $X_a \to 0$ 时溶质能严格服从定律。

1.3.1.3 双膜理论和吸收速率方程

双膜理论是一种经典的传质机理理论，于 1923 年由惠特曼和刘易斯提出，作为界面传质动力学的理论，该理论较好地解释了液体吸收剂对气体吸收质吸收的过程。气体吸收是气相中的吸收质经过相际传递到液相的过程。当气体与液体相互接触时，即使在流体的主体中已呈湍流，气液相际两侧仍分别存在有稳定的气体滞流层（气膜）和液体滞流层（液膜），而吸收过程是吸收质分子从气相主体运动到气膜面，再以分子扩散的方式通过气膜到达气液两相界面，在界面上吸收质溶入液相，再从液相界面以分子扩散方式通过液膜进入液相主体。

针对气体吸收传质过程，双膜理论的基本论点如下：

（1）相互接触的气、液两相流体间存在着稳定的相界面，界面两侧各有一个很薄的停滞膜，相界面两侧的传质阻力全部集中于这两个停滞膜内，吸收质以分子扩散方式通过此二膜层由气相主体进入液相主体。

（2）在相界面处，气、液两相瞬间即可达到平衡，界面上没有传质阻力，溶质在界面上两相的组成存在平衡关系，即所需的传质推动力为零或气、液两相达到平衡。

（3）在两个停滞膜以外的气、液两相主体中，由于流体充分湍动，不存在浓度梯度，物质组成均匀。溶质在每一相中的传质阻力都集中在虚拟的停滞膜内。

根据双膜理论，气、液相界面附近的浓度分布如图 1-1 所示。

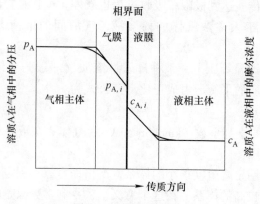

图 1-1　双膜理论模型

双膜理论将相际传质过程简化为经两膜层的稳定分子扩散的串联过程。吸收过程则为溶质通过气膜和液膜的分子扩散过程。

对于气膜：
$$(N_A)_g = k_g(p_A - p_{A,i})$$

对于液膜：
$$(N_A)_l = k_l(C_{A,i} - C_A)$$

式中，$(N_A)_g$、$(N_A)_l$ 分别为溶质通过气膜和液膜的传质通量，$kmol/(m^2 \cdot s)$；p_A、C_A 分别为溶质在气、液两相主体中的压力（Pa）和浓度（$kmol/m^3$）；$p_{A,i}$、$C_{A,i}$ 分别为溶质在气、液两相界面上的压力（Pa）和浓度（$kmol/m^3$）；k_g 为以气相分压为推动力的气膜传质系数，$kmol/(m^2 \cdot s \cdot Pa)$；$k_l$ 为以液相浓度为推动力的液膜传质系数，m/s。

双膜理论假设溶质以稳定分子扩散方式通过气膜和液膜，因此，气相和液相的对流传质速率相等。所以：
$$(N_A)_g = (N_A)_l = k_g(p_A - p_{A,i}) = k_l(C_{A,i} - C_A)$$

进而：
$$(p_A - p_{A,i})/(C_{A,i} - C_A) = k_l/k_g$$

根据双膜理论的假设，在相界面上，气、液两相呈平衡关系，即 $p_{A,i}$ 与 $C_{A,i}$ 互为平衡关系，因此若两相界面某一侧的组成已知，另一侧的组成可用相平衡关系求出。

1.3.1.4 常见的吸收装置

填料塔：填料塔是以塔内的填料作为气液两相间接触构件的传质设备，结构如图 1-2 所示。填料塔的塔身是一直立式圆筒，底部装有填料支承板，填料以乱堆或整砌的方式放置在支承板上。填料的上方安装填料压板，以防被上升气流吹动。液体从塔顶经液体分布器喷淋到填料上，并沿填料表面流下。气体从塔底送入，经气体分布装置（小直径塔一般不设气体分布装置）分布后，与液体呈逆流连续通过填料层的空隙，在填料表面上，气液两相密切接触进行传质。填料塔属于连续接触式气液传质设备，两相组成沿塔高连续变化，在正常操作状态下，气相为连续相，液相为分散相。当液体沿填料层向下流动时，有逐渐向塔壁集中的趋势，使得塔壁附近的液流量逐渐增大，这种现象称为壁流。壁流效应造成气液两相在填料层中分布不均，从而使传质效率下降。因此，当填料层较高时，需要进行分段，中间设置再分布装置。液体再分布装置包括液体收集器和液体再分布器两部分，上层填料流下的液体经液体收集器收集后，送到液体再分布器，经重新分布后喷淋到下层填料上。填料塔具有生产能力大，分离效率高，压降小，持液量小，操作弹性大等优点。填料塔也有一些不足之处，如填料造价高；当液体负荷较小时不能有效地润湿填料表面，使传质效率降低；不能直接用于有悬浮物或容易聚合的物料；对侧线进料和出料等复杂精馏不太适合等。

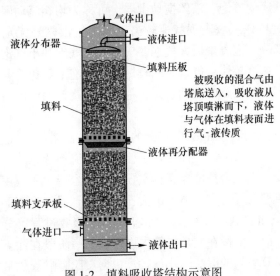

被吸收的混合气由塔底送入，吸收液从塔顶喷淋而下，液体与气体在填料表面进行气-液传质

图 1-2 填料吸收塔结构示意图

鼓泡塔：鼓泡塔是一种常用的气液接触反应设备，结构如图 1-3 所示。鼓泡塔的优点是气相高度分散在液相中，因此有大的持液量和相际接触表面，使传质

和传热的效率较高，它适用于缓慢化学反应和强放热情况。按结构特征，鼓泡塔可分为空心式、多段式、汽提式三种。鼓泡塔的特点是气相高度分散在液相中，因此具有大的持液量和相际接触表面，使传质和传热的效率较高，它适用于缓慢化学反应和强放热情况。同时反应器结构简单、操作稳定、投资和维修费用低、液体滞留量大，因而反应时间长。但液相有较大返混，当高径比大时，气泡合并速度增加，使相际接触面积减小。其中空心式鼓泡塔最适用于反应在液相主体中进行的缓慢化学反应系统，或伴有大量热效应的反应系统。当热效应较大时，可在塔内或塔外装置热交换单元，使之变为具有热交换单元的鼓泡塔。为避免塔中返混，当高径比较大时，常采用多段式塔借以保证反应效果。

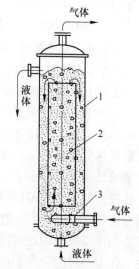

图 1-3 鼓泡塔结构示意图
1—塔体；2—夹套；3—气体分布器

为适应气液通量大的要求或减小气泡凝聚以适用于高黏性液体，使气体提升式鼓泡反应器得到应用，它具有均匀的径向气液流动速度、轴向分散系数较低、传热系数较大、液体循环速度可调节等优点。鼓泡塔的流动状态可分为三个区域：

（1）安静鼓泡区：在该区域内表观气速低于 0.05m/s，气泡呈分散状态，大小均匀，进行有秩序的鼓泡，液体搅动微弱，可称为均相流动区域。

（2）湍流鼓泡：该区域表观气速较高，塔内气液剧烈无定向搅动，呈现极大的液相返混。部分气泡凝聚成大气泡，气体以大气泡和小气泡两种形态与液体接触，大气泡上升速度较快，停留时间较短，小气泡上升速度较慢，停留时间较长，因此，形成不均匀接触的流动状态，称为剧烈扰动的湍流鼓泡区，或称为不均匀湍流鼓泡区。

（3）栓塞气泡流动区：在 $d<0.15m$ 的小直径鼓泡塔中，气速较高的情况下，由于大气泡直径被器壁所限制，而出现了栓塞气泡流动状态。

文丘里洗涤器：文丘里洗涤器又称文丘里管除尘器，一般用来除尘操作，也可用来吸收净化典型有毒有害气体。由文丘里管凝聚器和除雾器组成，文丘里管结构如图 1-4 所示，包括收缩段、喉管和扩散段。吸收过程可分为雾化、凝聚和除雾等三个阶段，前二阶段在文丘里管内进行，后一阶段在除雾器内完成。文氏管是一种投资少、效率高的湿法净化设备。根据文氏管喉管供液方式的不同，可分为外喷文氏管和内喷文氏管。第一级文氏管的收缩管材质通常采用铸铁，喉管为铸铁或钢内衬石墨，扩张管为硬铅，也可以用硬 PVC 或钢内衬橡胶。第二级文氏管材质通常全部采用硬 PVC。含有毒有害气体的废气进入收缩段后，流速增大，进入喉管时达到最大值。洗涤液从收缩段或喉管加入，气液两相间相对流速很大，液滴在高速气流下雾化，气体湿度达到饱和，有毒有害气体与雾化液体充分接触后被吸收。在扩散段，气液速度减小，压力回升，经过充分与气体接触后的小液滴凝聚成直径较大的液滴，进而在气液分类过程中被除去。文丘里管构造有多种型式。按断面形状分为圆形和方形两种；按喉管直径的可调节性分为可调的和固定的两类；按液体雾化方式可分为预雾化型和非雾化型；按供水方式可分为径向内喷、径向外喷、轴向喷水和溢流供水等四类。液气比取值范围为 0.3~1.5L/m³，适用于吸收剂量较小的吸收操作。

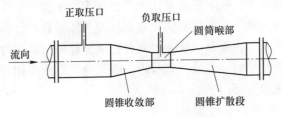

图 1-4 文丘里管结构示意图

1.3.2 吸附法净化处理

1.3.2.1 吸附的概念及原理

气体吸附是指当气体与多孔固体接触时，气体中某一组分或多个组分在固体表面处产生积蓄，从而将该组分从气象主体中分离出来的过程[14]。吸附也指物质（主要是固体物质）表面吸住周围介质（液体或气体）中的分子或离子现象。吸附属于一种传质过程，物质内部的分子和周围分子有互相吸引的引力，但物质表面的分子，其中相对物质外部的作用力没有充分发挥，所以液体或固体物质的表面可以吸附其他的液体或气体，比表面积很大的情况下，这种吸附力能产生很大的作用，所以工业上经常利用比表面积较大的物质进行吸附，如活性炭、水膜等。在固体物质的表面积蓄的组分称为吸附物或吸附质，多孔固体称为吸附剂。广义地讲，指固体表面对气体或液体的吸着现象。固体称为吸附剂，被吸附的物质称为吸附质。根据吸附质与吸附剂表面分子间结合力的性质，可分为物理吸附和化学吸附，物理吸附和化学吸附并不是孤立的，往往相伴发生。

物理吸附由吸附质与吸附剂分子间引力所引起，也称范德华吸附，结合力较弱，吸附热比较小，容易脱附，如活性炭对气体的吸附。它的严格定义是某个组分在相界层区域的富集。物理吸附的作用力是固体表面与气体分子之间，以及已被吸附分子与气体分子间的范德华引力，包括静电力诱导力和色散力。物理吸附过程不产生化学反应，不发生电子转移、原子重排及化学键的破坏与生成。由于分子间引力的作用比较弱，使得吸附质分子的结构变化很小。在吸附过程中物质不改变原来的性质，因此吸附能小，被吸附的物质很容易再脱离，如用活性炭吸附气体，只要升高温度，就可以使被吸附的气体逐出活性炭表面。

化学吸附则由吸附质与吸附剂间的化学键所引起，犹如化学反应，是指吸附剂与吸附质之间发生化学作用，生成化学键引起的吸附，在吸附过程中不仅有引力，还运用化学键的力，因此吸附能较大，要逐出被吸附的物质需要较高的温度，而且被吸附的物质即使被逐出，也已经产生了化学变化，不再是原来的物质了，一般催化剂都是以这种吸附方式起作用。

吸附常是不可逆的，吸附热通常较大，如气相催化加氢中镍催化剂对氢的吸附。在化工生产中，吸附专指用固体吸附剂处理流体混合物，将其中所含的一种或几种组分吸附在固体表面上，从而使混合物组分分离，是一种属于传质分离过程的单元操作，所涉及的主要是物理吸附。吸附分离广泛应用于化工、石油、食品、轻工和环境保护等部门。

1.3.2.2 吸附平衡和吸附等温线

用吸附剂处理有毒有害气体的传质过程分为以下三个步骤：

（1）外扩散：吸附质从气相主体以对流扩散的形式传递到固体吸附剂的外表面，此过程称为外扩散。

（2）内扩散：吸附质从吸附剂的外表面进入吸附剂的微孔内，然后扩散到固体的内表面，此过程称为内扩散。

（3）吸附：吸附质在吸附剂固体内表面上被吸附剂所吸附，称为表面吸附过程。

这三个过程分别存在对应的阻力，三种阻力之和就是吸附过程总的传质阻力。因此吸附速率的快慢受阻力的影响。吸附是一个动态的平衡过程，气体分子可以被吸附到固体表面上，被吸附到固体表面的气体分子也可以解脱出来，某一时间，当吸附上去的分子数量和解脱出来的数量相等时，就达到吸附平衡，这时的吸附量称为平衡吸附量，对于一定的固体和气体，在一定的温度和压力下，其比平衡吸附量是一定的。

当吸附达到平衡时，通常用吸附等温线来描述这种平衡状态，在恒定温度下，对应一定的吸附质压力，固体表面上只能存在一定量的气体吸附。通过测定一系列相对压力下相应的吸附量，可得到吸附等温线。吸附等温线是对吸附现象以及固体的表面与孔进行研究的基本数据，可从中研究表面与孔的性质，计算出比表面积与孔径分布。

如图 1-5 所示，吸附等温线有以下 6 种。吸附等温线的形状直接与孔的大小、多少有关。

Ⅰ型等温线：Langmuir 等温线，相应于朗格缪单层可逆吸附过程，是窄孔进

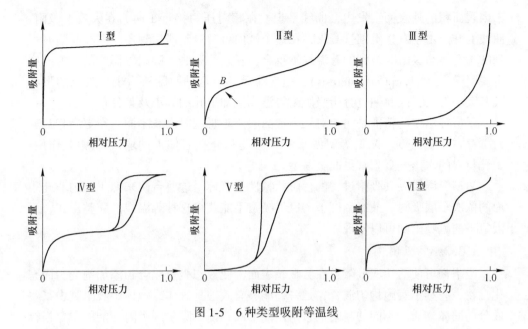

图 1-5　6 种类型吸附等温线

行吸附，而对于微孔来说，可以说是体积充填的结果。样品的外表面积比孔内表面积小很多，吸附容量受孔体积控制。平台转折点对应吸附剂的小孔完全被凝聚液充满。微孔硅胶、沸石、炭分子筛等，出现这类等温线。这类等温线在接近饱和蒸气压时，由于微粒之间存在缝隙，会发生类似于大孔的吸附，等温线会迅速上升。

Ⅱ型等温线：S 形等温线，相应于发生在非多孔性固体表面或大孔固体上自由的单一多层可逆吸附过程。在低 p/p_0 处有拐点 B，是等温线的第一个陡峭部，它表示单分子层的饱和吸附量，相当于单分子层吸附的完成。随着相对压力的增加，开始形成第二层，在饱和蒸气压时，吸附层数无限大。这种类型的等温线，在吸附剂孔径大于 20nm 时常遇到。它的固体孔径尺寸无上限。在低 p/p_0 区，曲线凸向上或凸向下，反映了吸附质与吸附剂相互作用的强或弱。

Ⅲ型等温线：在整个压力范围内凸向下，曲线没有拐点，在憎液性表面发生多分子层，或固体和吸附质的吸附相互作用小于吸附质之间的相互作用时，呈现这种类型。例如水蒸气在石墨表面上吸附或在进行过憎水处理的非多孔性金属氧化物上的吸附。在低压区的吸附量少，且不出现 B 点，表明吸附剂和吸附质之间的作用力相当弱。相对压力越高，吸附量越多，表现出有孔充填。有一些物系（例如氮在各种聚合物上的吸附）出现逐渐弯曲的等温线，没有可识别的 B 点。在这种情况下吸附剂和吸附质的相互作用是比较弱的。

Ⅳ型等温线：低 p/p_0 区曲线凸向上，与Ⅱ型等温线类似。在较高 p/p_0 区，吸附质发生毛细管凝聚，等温线迅速上升。当所有孔均发生凝聚后，吸附只在远小于内表面积的外表面上发生，曲线平坦。在相对压力接近 1 时，在大孔上吸附，曲线上升。由于发生毛细管凝聚，在这个区内可观察到滞后现象，即在脱附时得到的等温线与吸附时得到的等温线不重合，脱附等温线在吸附等温线的上方，产生脱附滞后（adsorptionhysteresis），呈现滞后环。这种脱附滞后现象与孔的形状及其大小有关，因此通过分析吸脱附等温线能知道孔的大小及其分布。

Ⅴ型等温线的特征是向相对压力轴凸起。与Ⅲ型等温线不同，在更高相对压力下存在一个拐点。Ⅴ型等温线来源于微孔和介孔固体上的弱气-固相互作用，微孔材料的水蒸气吸附常见此类线型。

Ⅵ型等温线以其吸附过程的台阶状特性而著称。这些台阶来源于均匀非孔表面的依次多层吸附。液氮温度下的氮气吸附不能获得这种等温线的完整形式，而液氩下的氩吸附则可以实现。

1.3.2.3　吸附剂

吸附剂可使活性成分附着在其颗粒表面，使液态微量化合物添加剂变为固态化合物，有利于实施均匀混合，是一种能够有效地从气体或液体中吸附其中某些成分的固体物质。不同的吸附剂吸附性能不同，衡量吸附剂吸附性能的主要指标有：吸附容量、磨耗率、松装堆积密度、比表面积、抗压碎强度等。吸附剂一般有以下特点：大的比表面、适宜的孔结构及表面结构；对吸附质有强烈的吸附能力；一般不与吸附质和介质发生化学反应；制造方便、容易再生；有极好的吸附性和机械性特性。吸附剂可按孔径大小、颗粒形状、化学成分、表面极性等分类，如粗孔和细孔吸附剂，粉状、粒状、条状吸附剂，碳质和氧化物吸附剂，极性和非极性吸附剂等。常用的吸附剂有以碳质为原料的各种活性炭吸附剂和金属、非金属氧化物类吸附剂（如硅胶、氧化铝、分子筛、天然黏土等）。最具代表性的吸附剂是活性炭，吸附性能相当好，但是成本比较高，曾应用在松花江事件中用来吸附水体中的甲苯。其次还有分子筛、硅胶、活性铝、聚合物吸附剂和生物吸附剂等。吸附剂一般都是用在工业生产中，因此根据工业的常用性可以把吸附剂分为五大类：硅胶、氧化铝、活性炭、沸石分子筛、碳分子筛。

（1）硅胶：是一种坚硬、无定形链状和网状结构的硅酸聚合物颗粒，分子式为 $SiO_2 \cdot nH_2O$，为一种亲水性的极性吸附剂。它是用硫酸处理硅酸钠的水溶液，生成凝胶，并将其水洗除去硫酸钠后经干燥，便得到玻璃状的硅胶，它主要用于干燥、气体混合物及石油组分的分离等。工业上用的硅胶分成粗孔和细孔两种。粗孔硅胶在相对湿度饱和的条件下，吸附量可达吸附剂重量的 80% 以上，而在低湿度条件下，吸附量大大低于细孔硅胶。

（2）氧化铝：活性氧化铝是由铝的水合物加热脱水制成，它的性质取决于最初氢氧化物的结构状态，一般都不是纯粹的 Al_2O_3，而是部分水合无定形的多孔结构物质，其中不仅有无定形的凝胶，还有氢氧化物的晶体。由于它的毛细孔通道表面具有较高的活性，故又称活性氧化铝。它对水有较强的亲和力，是一种对微量水深度干燥用的吸附剂。在一定操作条件下，它的干燥深度可达露点-70℃以下。

（3）活性炭：是将木炭、果壳、煤等含碳原料经炭化、活化后制成的。活化方法可分为两大类，即药剂活化法和气体活化法。药剂活化法就是在原料里加入氯化锌、硫化钾等化学药品，在非活性气氛中加热进行炭化和活化。气体活化法是把活性炭原料在非活性气氛中加热，通常在700℃以下除去挥发组分以后，通入水蒸气、二氧化碳、烟道气、空气等，并在700~1200℃温度范围内进行反应使其活化。活性炭具有巨大的比表面积和丰富的孔隙结构。比表面积可达500~1700m²/g，其中小孔容积一般为0.15~0.9mL/g，表面积占比表面积的95%以上，过渡孔容积一般为0.02~0.1mL/g，表面积占比表面积的5%左右，而大孔容积一般为0.2~0.5mL/g，表面积很小，只有0.5~2m²/g。活性炭可以用于空气净化；污水处理场排气吸附；化工品储存排气净化；汽车尾气净化；PTA氧化装置净化气体。

（4）沸石分子筛：又称合成沸石或分子筛，沸石的特点是具有分子筛的作用，它有均匀的孔径，沸石可吸附甲烷、乙烷，而不吸附三个碳以上的正烷烃。它已广泛用于气体吸附分离以及正异烷烃的分离。

（5）碳分子筛：实际上也是一种活性炭，它与一般的碳质吸附剂不同之处，在于其微孔孔径均匀地分布在一狭窄的范围内，微孔孔径大小与被分离的气体分子直径相当，微孔的比表面积一般占碳分子筛所有表面积的90%以上。碳分子筛的孔结构主要分布形式为：大孔直径与碳粒的外表面相通，过渡孔从大孔分支出来，微孔又从过渡孔分支出来。在分离过程中，大孔主要起运输通道作用，微孔则起分子筛的作用。

吸附过程中当吸附达到饱和后为了使吸附剂重复利用需要对吸附剂做再生处理。吸附剂再生是指在吸附剂本身结构不发生或极少发生变化的情况下用某种方法将吸附质从吸附剂微孔中除去，从而使吸附饱和的吸附剂能够重复使用的处理过程。常用的再生方法有：

（1）加热解吸再生法。利用吸附剂对吸附质的作用力在高温下会减弱的特点，将饱和的吸附剂进行高温处理，从而使吸附质从吸附剂上解吸，从而使吸附剂恢复活性，这种方法可使某些催化剂循环利用。

（2）蒸汽法。用水蒸气吹脱吸附剂上的低沸点吸附质。

（3）溶剂法。利用能解吸的溶剂或酸碱溶液造成吸附质的强离子化或生成盐类。

（4）臭氧化法。利用臭氧将吸附剂上吸附质强氧化分解。

（5）生物法。将吸附质生化氧化分解。每次再生处理的吸附剂损失率不应超过 5%~10%。

除此之外还有微波法、超临界法等。在生产实践中为了提高失活吸附剂再生效率，通常几种再生方法联合使用。

1.3.2.4 吸附设备及工艺

根据吸附剂在吸附器中的工作状态以及气体通过吸附床的速度可将吸附设备分为吸附槽、固定床吸附设备、流化床吸附设备、移动床吸附柱等几类：

（1）吸附槽。用于吸附操作的搅拌槽，如在吸附槽中用活性白土精制油品或糖液。

（2）固定床吸附设备。用于吸附操作的固定床传质设备，应用最广，如图1-6 所示，是典型的固定吸附床结构。

（3）流化床吸附设备。吸附剂于流态化状态下进行吸附，如用流化床从硝酸厂尾气中脱除氮的氧化物。当要求吸附质回收率较高时，可采用多层流态化设备。流化床吸附容易连续操作，但物料返混及吸附剂磨损严重。

（4）移动床吸附柱。又称超吸附柱，用于吸附中的移动床传质设备，曾用于分离烯烃的中间工厂。而吸附工艺流程则按吸附操作的连续与否分为间歇式吸附流程、半连续式吸附流程、连续式吸附流程三类。

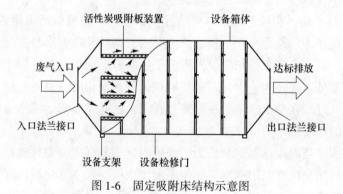

图 1-6 固定吸附床结构示意图

1.3.3 催化法净化处理

1.3.3.1 催化的概念与原理

催化即通过催化剂改变反应物的活化能，改变反应物的化学反应速率，反应前后催化剂的量和质均不发生改变的反应。化学反应物要想发生化学反应，必须使其化学键发生改变，改变或者断裂化学键需要一定的能量支持，能使化学键发生改变所需要的最低能量阈值称之为活化能，而催化剂通过降低化学反应物的活化能而使化学反应更易进行，且大大提高反应速率。催化有许多种类，包括均相催化、多相催化、复相催化、生物催化、电催化、光助催化、光电催化等。在催化反应过程中，至少必须有一种反应物分子与催化剂发生了某种形式的化学作用。由于催化剂的介入，化学反应改变了进行途径，而新的反应途径需要的活化能较低，这就是催化得以提高化学反应速率的原因。

一个催化过程可以描述如下：

$A + B \rightarrow AB$，所需活化能为 E。

在催化剂 C 参与下，反应按以下两步进行：

$A + C \rightarrow AC$，所需活化能为 E_1；$AC + B \rightarrow AB + C$，所需活化能为 E_2。

E_1、E_2 都小于 E。催化剂 C 只是暂时介入了化学反应，反应结束后，催化剂 C 即行再生。

1.3.3.2 催化剂

在化学反应里能改变反应物化学反应速率（提高或降低）而不改变化学平衡，且本身的质量和化学性质在化学反应前后都没有发生改变的物质叫催化剂。据统计，约有 90% 以上的工业过程中使用催化剂，如化工、石化、生化、环保等。催化剂种类繁多，按状态可分为液体催化剂和固体催化剂；按反应体系的相态分为均相催化剂和多相催化剂，均相催化剂有酸、碱、可溶性过渡金属化合物和过氧化物催化剂。催化剂在现代化学工业中占有极其重要的地位。绝大多数催化剂由活性组分、载体、助催化剂三个部分组成。活性组分是催化剂的主要成分，有时由一种物质组成，有时由多种物质组成；载体是催化活性组分的分散剂、黏合剂或支撑体，是负载活性组分的骨架。将活性组分、助催化剂组分负载于载体上所制得的催化剂成为负载型催化剂；助催化剂是加入到催化剂中的少量物质，是催化剂的辅助成分，其本身没有活性或者活性很小，但是它们加入到催化剂中后，可以改变催化剂的化学组成、化学结构、离子价态、酸碱性、晶格结构、表面结构、孔结构、分散状态、机械强度等，从而提高催化剂的活性、选择性、稳定性和寿命。催化剂的形状、堆积密度、比表面积；孔结构等特性也会极大的影响催化剂的性能。而催化剂的性能评价指标主要有以下三个：

（1）催化活性：催化剂参与了化学反应，降低了化学反应的活化能，大大加快了化学反应的速率。这说明催化剂具有催化活性。催化反应的速率是催化剂活性大小的衡量尺度。活性是评价催化剂好坏的最主要的指标。

（2）选择性：一种催化剂只对某一类反应具有明显的加速作用，对其他反应则加速作用甚小，甚至没有加速作用。这一性能就是催化剂选择性。催化剂的选择性决定了催化作用的定向性。可通过选择不同的催化剂来控制或改变化学反应的方向。

（3）寿命或稳定性：催化剂的稳定性以寿命表示。它包括热稳定性、机械稳定性和抗毒稳定性。

催化剂在使用过程中受种种因素的影响，会急剧地或缓慢地失去活性。催化剂失活的原因是复杂的。可以归纳为以下一些种类：

永久性失活：催化剂活性组分受某些外来成分的作用（中毒）而失去活性，往往是永久性失活。这些外来成分多是与催化剂的活性组分发生化学反应或离子交换而导致活性成分发生变化。如酸性催化剂被碱中和，贵金属催化剂被硫化物或氮化物中毒等。催化剂中毒的失活往往表现为活性迅速下降。活性组分在使用过程中被磨损或升华造成丢失也导致永久性失活，这类失活往往难以简单地恢复。

活性组分被覆盖而逐渐失活，是非永久性失活。如反应过程产生的积碳，覆盖了活性组分或堵塞了催化剂的孔道，使反应物无法与活性组分接触。这些覆盖物通过一定的方法可以除去，如被积碳而失活可以通过烧炭再生而复活。

错误的操作导致催化剂失活，如过高的反应温度，压力剧烈的波动导致催化剂床层的混乱或粉碎等，这类失活是无法恢复的。

1.3.3.3　气固催化反应过程

多相催化是工业上应用最多的，这种催化作用在催化剂表面上进行，因此，固体催化剂的表面性质对催化作用就会有很大影响。催化剂比表面积大，表面上活化中心点多，表面对反应物吸附能力强，这些都对催化活性有利，因为化学吸附能降低反应活化能。表面孔隙度大和孔径大小合适对催化剂的选择性有利，例如分子筛催化剂的极强的选择性，就是由于它的孔径尺寸只能允许某种分子进入孔内，到达催化剂表面而被催化。在催化法净化有毒有害气体的过程中，一般气固催化反应有以下七个步骤：

（1）气体反应物通过滞留膜向催化剂颗粒表面的传质（外扩散）；

（2）气体沿微孔向颗粒内的传质（内扩散）；

（3）气体反应物在微孔表面的吸附；

（4）吸附反应物在催化剂表面的反应；

（5）吸附产物的脱附；

（6）气体产物沿微孔向外扩散（内扩散）；

（7）气体产物穿过滞流膜扩散到气流主体（外扩散）。

在以上七个步骤中（1）和（7）发生在催化剂外部的气相主体和催化剂外表面的交界处，是外扩散过程；步骤（2）和（6）是反应物和产物在催化剂内部的迁移过程，称之为内扩散过程；步骤（3）、（4）、（5）在催化剂内表面上发生化学反应，是表面反应过程。

1.3.3.4　催化反应器及实际应用

生产实践中常用的气-固相催化反应器主要有流化床、固定床及移动床。流化床、移动床及固定催化剂床层的区别在于当气体以较小的速度流过固定床时，流动气体的上升阻力不致使颗粒的运动状态发生变化，床高维持不变，这时的床称为固定床。随着气体流速的增大，颗粒悬浮起来呈现明显的不规则运动，但是仍停留在床层内不被带出，这时的床称为流化床。在典型有毒有害气体净化处理中比较常用的是流化床反应器和固定床反应器。

流化床反应器的结构有两种形式：

（1）有固体物料连续进料和出料装置，用于固相加工过程或催化剂迅速失活的流体相加工过程。例如催化裂化过程，催化剂在几分钟内即显著失活，须用上述装置不断予以分离后进行再生。

（2）无固体物料连续进料和出料装置，用于固体颗粒性状在相当长时间（如半年或一年）内，不发生明显变化的反应过程。

固定床反应器：又称填充床反应器，如图 1-7 所示，装填有固体催化剂或固体反应物用以实现多相反应过程的一种反应器。固体物通常呈颗粒状，粒径 2~15mm 左右，堆积成一定高度（或厚度）的床层。床层静止不动，流体通过床层进行反应。

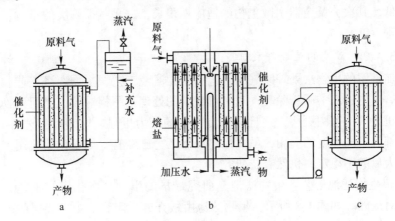

图 1-7　三种列管式固定床反应器

a—沸腾式；b—内部循环式；c—外部循环式

1.3.4　生物法净化处理

1.3.4.1　微生物处理有毒有害气体的基本原理

生物法废气净化技术是在已成熟的采用微生物处理废水方法的基础上发展起来的一项低浓度工业废气净化前沿热点技术，属于多学科交叉的环保高新技术。工业废气的生物法处理是一项新型的大气污染控制技术，具有工艺设备简单，能耗低，运行费用低，二次污染少等优点，有着广阔的工业应用前景。国内外的相关研究与实践证明，采用常规技术已无法对既无回收利用价值又污染环境的低浓度工业废气进行经济、有效的净化处理，而生物法废气净化技术对净化处理低浓度工业废气是行之有效的，具有明显的技术和经济优势。生物净化是一种转化降解的过程，在适宜的环境条件下，微生物不断吸收营养物质，并按照自己的代谢方式进行新陈代谢活动。废气中生物处理正是利用微生物新陈代谢过程中需要营养物质这一特点，把废气中的有害物质转化成简单的无机物如二氧化碳、水，以及细胞物质等。根据生物膜理论，生物法处理废气一般要经历以下步骤：

（1）废气中的污染物同水接触并溶解于水中（即由气相进入液膜）。

（2）溶解于液膜中的污染物在浓度差的推动下进一步扩散到生物膜，然后被其中的微生物捕获并吸收。

（3）进入微生物体内的污染物在其自身的代谢过程中作为能源和营养物质被分解，产生的代谢物一部分重回液相，另一部分气态物质脱离生物膜扩散到大气中。

简要地说，生物法处理废气主要包括传质和降解两个过程，废气中的污染物不断减少，达到净化的效果。生物法虽然运行简单而且环保，但仍有一些地方需要不断改进和完善。首先，特别是传统生物过滤器随着设计尺寸的增大，去除能力会降低。其次，反应器中微生物的适应期很长，这是亟须解决的难题，特别是用于处理 VOCs。

1.3.4.2　常见的生物净化工艺

目前常用的生物法处理废气的工艺有生物滤池工艺、生物洗涤工艺和生物滴滤工艺。生物过滤多用于除臭，对有机废气的处理范围相对较小，而生物滴滤法处理有机废气的范围更广，并且降解有机物的能力更强。这 3 种工艺各有所长，在国内都有不同程度的应用，虽然生物滴滤工艺已经有了规模化的应用，由于反应器扩大后的不稳定，仍然有待研究。

（1）生物滤池工艺：生物滤池是研究最早的生物法净化废气工艺，工艺设备也相对成熟。如图 1-8 所示，生物滤池由敞开或封闭容器中一层层的多孔填料床组成，一般为天然有机填料，如堆肥、土壤、泥煤、骨壳、木片、树皮等，也可以是多种填料按一定的比例混合而成。填料一般具有良好的透气性、适度的通水性和持水性等优点，含污染物的废气首先经过滤器除去颗粒物质后，再经过调温调湿，从滤池底部进入，通过附着微生物的填料时，污染物被微生物降解利用。在生物滤池中，液相是静止的或以很小速度流动。运行过程中可根据工艺需要来补水，还要保证连续的气体通过。生物滤池最大的优点就是设备少、操作简单、投资和运行费用低，适合处理大流量低浓度的废气污染物。在运行期间也不需要外加营养物，但滤池的占地面积大，长期的微生物新陈代谢会使填料矿化分解，再加上基质的累积，影响传质效果，一般在几年后就要更换填料。此外，操作过程不易控制，pH 值控制主要通过在装滤料时投配适当的固体缓冲剂，一旦缓冲剂用完，则需要更新。

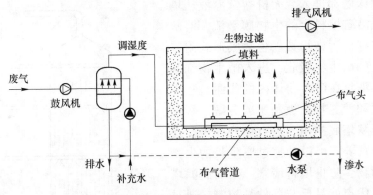

图 1-8　生物滤池结构示意图

（2）生物洗涤工艺：生物洗涤塔是一个活性污泥处理系统，由洗涤塔和再生池组成，它不需要填料，因此完全不同于生物滤池和生物滴滤塔。如图 1-9 所示，在洗涤塔中，废气从底部进入，通过鼓泡或者循环液喷淋溶于液相中，随着悬浮液流入再生池，通入空气充氧再生，污染物在再生池中被微生物氧化降解，再生池中的流出液继续循环利用。活性污泥悬浮液是最常用的生物悬浮液，由于吸收和再生的时间不同，一般吸收和再生都是两个相对独立的过程。生物洗涤塔的优点是反应条件易控制，压降小，填料不易堵塞，但设备多，需要外加营养，成本较高。为了再生池的顺利降解，需要曝气设备，并控制温度、pH 值等，以确保微生物在最佳条件下作用。生物洗涤塔还可以处理含颗粒的废气，但大量沉淀时也会导致性能下降。处理过程只能对溶解性好的污染物净化效率高。生物洗涤能处理气量小、浓度高的污染物，过程适于建模，有很高的操作稳定性。

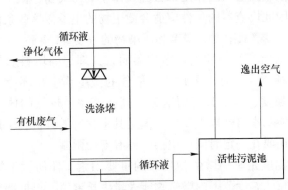

图 1-9　生物洗涤塔结构示意图

（3）生物滴滤工艺：在生物滴滤塔（BTF）中，填料作为微生物生长的载体，具有大的比表面积和孔隙率、高持水性。生物陶粒、聚氨酯泡沫、活性炭颗粒和复合改性填料等惰性填料是目前最常用的填料。如图 1-10 所示，废气污染物从滴滤床底部进入，无机盐营养液从塔顶喷淋，沿着填料上的生物膜滴流，溶解于水中的有机污染物被以生物膜形式附着在填料上的微生物吸收，进入微生物细胞的有机污染物在微生物体内的代谢过程中作为能源和营养物质被利用或分解。多余的营养液从塔底排出，进行循环喷淋。连续流动的营养液可以冲掉过厚生长的生物膜和代谢物，防止填料堵塞。生物滴滤塔最显著的优点就是反应条件易控制，通过调节喷淋液的 pH 值、温度，就可以控制反应器的 pH 值和温度，从而可以更好地保持微生物的活性。其操作简单，运行成本低，净化效率也较高。它只有一个反应器，承受污染负荷大，并有一定的缓冲能力。代谢产物可以随着循环液的流动及时排出，同时，生物滴滤塔具有更低的压降，所以生物滴滤法被认为比生物过滤有效得多。

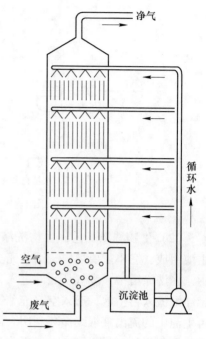

图 1-10　生物滴滤塔结构示意图

生物滴滤法不仅可以用于 VOCs 的净化，还可用于非 VOCs 的去除，比如硫化氢、氨、甲硫醇等恶臭气体，向工业化迈步更是大势所趋。

1.3.4.3　生物净化法影响因素

生物法主要依靠微生物的作用来去除气体中的污染物，微生物的活性决定了反应器的性能。因此反应器的条件应适合微生物的生长，这些条件包括填料（介质）、湿度、pH、溶解氧浓度、温度和污染物的浓度等。

（1）填料：对所有类型的生物净化器而言，理想的填料应是良好的传质和发生化学转化的场所，具有以下性质：最佳的微生物生长环境、较大的比表面积、一定的结构强度、高水分持留能力、高孔隙率、较低的体密度。常用的堆肥、泥煤等填料能基本符合以上要求，但是其中含有的有机物会逐渐降解，这不仅使填料压实，还要在一定时间后更换，即有寿命限制。

（2）温度：温度是影响微生物生长的重要因素。任何微生物只能在一定温度范围内生存，在此温度范围内微生物能大量生长繁殖。根据微生物对温度的依赖，可以将它们分为低温性（<25℃），中温性（25～40℃）和高温性（>40℃）微生物。在适宜的温度范围内，随着温度的升高，微生物的代谢速率和生长速率均可相应提高，但高于最高生长温度后，微生物停止生长，甚至最终死亡。因此，需根据微生物种类选择最适宜的温度。通常，用于有机物和无机物降解的微生物均是中温、高温菌占优势。一般情况下，生物处理可在 25~35℃进行，很多研究表明，35℃是很多好氧微生物的最佳温度。温度除了改变微生物的代谢速率外，还能影响污染物的物理状态，使得一部分污染物发生固-液、气-液相转换，从而影响生物净化效果。如：温度的提高，会降低污染物特别是有机污染物在水中的溶解以及在填料上的吸附，从而影响气相中污染物的去除。

(3) pH：微生物的生命活动，物质代谢都与 pH 有密切联系，每种微生物都有不同的 pH 要求。大多数细菌、藻类和原生动物对 pH 的适宜范围为 4~10，最佳 pH 为 6.5~7.5。

(4) 溶解氧：根据微生物的呼吸与氧的关系，微生物可分为好氧微生物、兼性厌氧（或兼性好氧）微生物和厌氧微生物。好氧微生物需要供给充足的氧。氧对好氧微生物具有两个作用：1) 在呼吸中氧作为最终电子受体；2) 在硫醇类和不饱和脂肪酸的生物合成中需要氧。充氧的效果与好氧微生物的生长量呈正相关性，氧供应量的多少根据微生物的数量、生理特性、基质性质及浓度综合考虑。兼性微生物具有脱氢酶也具有氧化酶，既可在无氧条件下生存，也可在有氧条件下存在。在好氧生长时氧化酶活性强，细胞色素及电子传递体系的其他组分正常存在，而在无氧条件下，细胞色素及电子传递体系的其他组分减少或全部丧失，氧化酶不活动，一旦通入氧气，这些组分的合成很快恢复。厌氧微生物只有在无氧条件下才能生存，它们进行发酵或无氧呼吸。因此在其进行生物处理过程中要尽可能保持无氧状态。

(5) 湿度：在生物过滤处理废气中，湿度是一个重要的环境因素。首先，它控制氧的水平，决定是好氧还是厌氧条件。如果滤料的微孔中 80%~90%充满水，则可能是厌氧条件。其次，大多数微生物的生命活动都需要水，而且只有溶解于水相中的污染物才可能被微生物所降解。如果填料的湿度太低，将使微生物失活，填料也会收缩破裂而产生气流短流；如填料湿度太高，不仅会使气体通过滤床的压降增高、停留时间降低，而且由于空气-水界面的减少引起氧供应不足，形成厌氧区域从而产生臭味并使降解速率降低。许多实验表明，填料的湿度在 40%~60%（湿重）范围内时，生物滤膜的性能较为稳定。对于致密的、排水困难的填料和憎水性挥发性有机物（VOC），最佳含水量在 40%左右；对于密度较小、多孔性的填料和亲水性的 VOC，则最佳含水量在 60%以上。

1.3.5 其他净化处理技术

1.3.5.1 燃烧法有机废气处理

燃烧法净化气体技术多用于处理有机废气[15]，基于废气中有机化合物可以燃烧氧化的特性，通过燃烧将废气中的有机成分通过燃烧转化为对环境无害的 H_2O 和 CO_2。有机废气净化的燃烧法主要分三种类型，即直接燃烧、热力燃烧和催化燃烧。当废气中 VOC 浓度很高时，可把废气当作燃料来燃烧所以称其为直接燃烧；而在热力燃烧和催化燃烧情况下，所处理的废气中可燃物的浓度太低，必须借辅助燃料来实现燃烧，故称为热力燃烧，也称后燃烧，无烟燃烧。在有机废气净化中的催化燃烧，当然也属于热力燃烧。只是因为具有催化反应特点而单独分出。催化燃烧的目的是：利用催化剂的催化作用降低氧化反应温度和提高反应速率。在绝大多数处理有机废气的场合，废气中 VOC 的浓度一般都很低，而且风量相当大。处于经济的考虑采用燃烧法来净化有机废气。

1.3.5.2　电子束照射法

电子束照射法脱硫脱氮技术是一种物理与化学相结合的高新技术，是在电子加速器的基础上逐渐发展起来的，已引起了国内外专家的高度重视。与传统方法相比，电子束处理废气具有能同时脱除 SO_2 和 NO_x 的优点[16]，而且使 NO_x 发生反应的能力明显提高，电子束照射法利用电子加速器产生的高能等离子体氧化烟气中的 SO_2 和 NO_x 等气态污染物。经电子束照射，烟气中的 SO_2 和 NO_x 接受电子束而强烈氧化，在极短时间内（约十万分之一秒）被氧化成硫酸和硝酸，这些酸与加入的氨（其量由烟气中的 SO_2 和 NO_x 的浓度确定）反应生成 $(NH_4)_2SO_4$ 和 NH_4NO_3 的微细粉粒，粉粒经捕集器回收作农肥，净化气体经烟囱排入大气。目前电子束照射法应用范围不广，报道多见用于处理氮氧化物和硫氧化物，将来会用于处理更多的典型有毒有害气体。

1.3.5.3　等离子体废气处理技术

等离子体是指除固态、液态、气态之外的第四种物质的存在状态，泛指部分或完全电离的气体，宏观上呈现电中性。时至今日，等离子体技术已被人类在医学，材料制备，废水处理等许多领域广泛应用。等离子体具有很多特殊的性质，比如它可以受磁场约束、整体呈电中性、等离子体中的许多粒子处于激发状态等。利用等离子体的这些性质可以治理氮氧化物、二氧化硫和有机废气等对环境造成危害的废气。等离子体技术是一门新兴的环境污染处理手段，其在废气处理应用中具有成本低，效果好，操作简单，无需高价格的真空系统等特点，具有广泛的应用前景[17]。大气压等离子体分解气态污染物的机理为：等离子体中的高能电子在大气压等离子体分解气体污染物中起决定性的作用。数万度的高能电子与气体分子（原子）发生非弹性碰撞，巨大的基态分子（原子）的内能发生激发、离解以及电离等一系列物理和化学变化使气体处于活化状态。电子能量小于10eV 时产生活性自由基，活化后的污染物分子经过等离子体定向链化学反应后被脱除。而当电子平均能量超过污染物分子化学键结合能时，污染物气体分子键断裂，污染物分解，在大气压等离子体中可能发生各种类型的化学反应，反应程度取决于电子的平均能量，电子密度，气体温度，污染物气体分子浓度及共存的气体成分。

2　NH_3 气体净化处理技术及设备

2.1　NH_3 的来源、危害及性质

2.1.1　NH_3 的来源

氨气是现在大气层中普遍存在的一种气体。现在空气中的氨气浓度相对较低，低于 $10^{-9}kg/kg$[18]，而史前的氨气浓度相对比较高，4.5 亿年前，当星际尘埃形成太阳、太阳系乃至整个银河系时，较大的行星有足够大的引力将剩余的气云拉向自己，形成了带有大量气体的星球，像地球这样较小的星球形成了带有少量气体的岩石星球。在 3.8 亿到 4.1 亿年前，早期的地球形成了由带有较高浓度的甲烷、氨气、氢气和氦气组成的化学还原性大气层。随着时间的流逝，早期大气层的大部分成分消失在太空中，剩余的部分被新形成的大气冲淡，形成新的大气层。这个新的大气层主要是由下列挥发性的物质组成：氮气、水蒸气、二氧化碳、一氧化碳、甲烷、氨气、氯化氢和地球表面的火山喷发出来的气态硫。地球表面变冷、稳定，形成带有岩石地形的固体表面。地球中的水蒸气开始变冷产生大量的雨水形成了早期的海洋。化学还原性大气层和大量的液态水混合起来产生了地球上生命产生的条件。氨气可能是这个过程中非常重要的成分。现在大气层中的氨气大部分是由人类的活动直接或间接释放出来的。

虽然地球的大气中几乎 80% 都是氮气，但是大部分氮气是无法被植物吸收和利用的。大气中的氮气通过两种自然途径进入生态系统，这两种途径被称之为硝化作用。第一个途径是铵盐和硝酸盐的直接沉积，这些微尘在雨水中以可溶物或微尘的形式进入到土壤中。在农业方面，大量的铵盐以化肥的形式加入到农田里。当过量的铵盐加入到土壤中时会导致土壤酸化、富养化，改变了植被，并提高了大气层中的氨气含量。第二个途径是细菌固氮作用。很多细菌都可以固氮，它们将多余的氨气释放到环境中[19]。

2.1.1.1　农业源

在农业中 NH_3 的排放主要集中在畜牧业排放，尤其是现在随着密集的社会畜牧业生产的增加和不断提高，使得畜禽及其废弃物所产生的 NH_3 也在日趋增多，而猪圈中通常 NH_3 浓度为（7 ~ 21）× 10^{-6}，家畜养殖场为（9 ~ 54）×

10^{-6}[20]。其次，农业中氮肥的使用也是 NH_3 的来源之一，在施肥的同时氮肥中的 NH_3 也极容易挥发出来。

从 1970 年至 2005 年全球 NH_3 的排放量从 2.6×10^4 Gg NH_3-N/年增加到 4.8×10^4 Gg NH_3-N/年（约增加了 85%）。农业排放 NH_3 的量也在逐渐增加，2005 年全球农业排放的 NH_3 大约占总 NH_3 排放量 87%。加拿大、美国等国家农业排放占本国 NH_3 排放的约 90%。中国是世界第一人口大国，养育着 13 亿人口，据统计在 2005 年，中国排放的 NH_3 总量为 1.11×10^4 Gg NH_3-N/年，大约占世界总排放量的 23%，其中农业释放的 NH_3 为 1.02×10^4 Gg NH_3-N/年，土地施的氮肥释放 0.73×10^4 Gg NH_3-N/年。由以上可以看出，农业是全球 NH_3 排放的主要来源。主要通过畜牧业和化学施肥的排放，畜牧业贡献约 80%，氮肥贡献约 20%[21]。畜牧业牲畜或家禽会通过排放尿液时排放的尿素或尿酸而释放 NH_3，同时动物的粪便中也有 NH_3 和有机氮。NH_3 可以从微生物降解后的尿素或尿酸未消化的蛋白质等挥发出来，NH_3 的产生过程可表达为以下 3 个公式：

$$C_5H_4O_3N_4 + 1.5O_2 + 4H_2O \longrightarrow 5CO_2 + 4NH_3 \qquad (2\text{-}1)$$

$$CO(NH_2)_2 + H_2O \longrightarrow CO_2 + 2NH_3 \qquad (2\text{-}2)$$

$$\text{Undigested proteins} \longrightarrow NH_3$$

（1）尿酸通过微生物利用尿酸酶、氧气和水生成 CO_2 和 NH_3。

（2）尿素通过微生物在尿素酶作用下产生 CO_2 和 NH_3。

（3）未消化的蛋白质通过微生物在尿酸酶及尿素酶的作用下产生 NH_3。

同时 NH_3 的释放还受大气 NH_3 浓度和粪肥表面 NH_3 浓度、NH_3 扩散系数、家禽的种类、喂养食物类型（如含蛋白质的量）等的影响。大约 1 个世纪以前，Fritz Haber 发现了把惰性气体 N_2 转化为 NH_3 化学肥料的方法[22]。从而使土地更加肥沃，生产更多的粮食，养活更多的人口，随着人们采用氮肥的增加，农业释放的 NH_3 也在增加。氮肥的使用在大气-生物-化学循环中起到很重要的作用。氮肥主要有尿素，NH_4HCO_3 等，其中 NH_4HCO_3 比尿素更容易挥发 NH_3，这也是促使 NH_4HCO_3 使用比较多的中国 NH_3 排放较多的原因之一。肥料的类型及土地的性状会影响 NH_3 的挥发。土壤是最重要的 NH_3 不确定源之一[23]。NH_3 主要通过土壤中微生物对蛋白质的降解产生。例如在一块绿地上，草地上会覆盖一些落叶等有机质，当每年的草死去，叶子随后会落到地面，这样土壤表面会有很多有机质（特别是表层的 10cm 草地上）。这些有机质被草地上的微生物降解，然后会释放出 CO_2、NO、NH_3 等气体，因此，土壤表层的 NH_3 浓度会比高空的 NH_3 的浓度高[24]。微生物对蛋白质降解受微生物活性、土壤有机质含量的影响，以及土壤中含有的大量腐殖质（特别是表层的 10cm）的影响。NH_3 主要来源于自然释放是由微生物活动或大气传输产生[25]。在土壤中，微生物通过降解土壤中有

机质可以释放 NH_3，大约 50% NH_3 的矿化作用发生在表层土（10cm 左右），释放的 NH_3 也较多[26]。由于 NH_3 极易反应，所以很容易通过干湿沉降从大气中清除，随着离释放源距离的增加，NH_3 的浓度迅速减少[27]。但是，有 NH_3 形成的铵盐可以从源地传输很远，并且在一定的气象及化学条件下，半挥发性的铵盐可以转化成 NH_3。

2.1.1.2 工业源

在很多工业生产中都会涉及到 NH_3 的排放，比如说：在氮肥和硝酸的工艺生产过程中会有 NH_3 的泄露；化工生产过程中产生的副产物；污水处理厂中在污水进口泵站和污泥排放口处，由于在收纳污水和排放污泥过程中，其中的有机物腐败会产生 H_2S 和 NH_3；在曝气池和沉淀池中也能产生少量的 NH_3；在工业尾气或者机动车尾气中用选择性还原处理 NO 过程中 NH_3 的泄露等。焦炉煤气，液氨生产和硝酸生产等工业中设备的跑、冒、滴、漏都会有一定浓度的 NH_3 逸出。例如：在制取 HNO_3 过程中，需要将 NH_3 高温氧化成 NO_x，但在烟道废气中能检测到约 1000×10^{-6} 的 NH_3；又如，工业中常用 NH_3 来还原 NO_x 废气，但为了使 NO_2 反应完全，需要使用过量的 NH_3，这样尾气中就会有未被反应的 NH_3 随之泄漏。若条件不理想，NH_3 还会与尾气中氧发生反应生成 NO_x，造成严重的二次污染。

工艺流程带入的氨：由于工艺流程的需要，在原料气净化过程中加入了氨或含氨的化学物质，造成原料气中残留少量的氨。典型的流程有：碳酸丙烯酯脱碳工艺、氨水脱碳工艺、尿素联产碳氨工艺、铜洗再生气回收技术。

原料气化产生的氨：煤及石油等碳源中含有的含氮有机杂环化合物在造气过程中最终会转化为氨；据研究煤中含有 0.5%~2% 的氮（干基），煤中的氮元素与碳以稠环或芳环的形式结合，形成牢固的 C—N 键。在气化温度下，C—C 键断裂，C—N 键并不断裂，热裂解的产物是 HCN。在气化炉的出口附近，在氧气和高温的作用下，HCN 通过中间物 NH_x，转化为 NO 和 N_2，当煤气出气化炉后，由于氧气耗尽，NO 又转化为 HCN 和 NH_3。在炉内，在铁等金属的催化作用下，原料气中的 N_2 和 H_2 发生反应，也会合成部分 NH_3。

如在尿素生产中，平均每吨尿素的 NH_3 耗量为 568~589kg，但是，在合成系统和尿塔中的转化率仅有 47%~80% 和 36%~41%。其中，吸收塔出口尾气中的 NH_3 含量为 (700~1000)$\times 10^{-6}$。我国含 NH_3 废气的排放量可达（标态）85 亿立方米/年，NH_3 的排放对人类健康和生态环境造成极大的危害。此外，NH_3 也是在黄磷尾气中 HCN 催化水解的产物。由于磷化工是云、川、贵、鄂等省的重要支柱产业，湖北省的磷矿产量 38.42% 位居全国第一，云南省的磷矿生产总量位居全国第二。同时，黄磷尾气已成为这些地区的空气污染的主要来源，但它们也是具有重大价值的二次资源。以云南为例，全省共有黄磷电炉 100 多座，黄磷年生产总量是 45 万吨，占全国黄磷生产总量的 50% 以上。理论上计算，每生产出 1t 黄磷同时产生 85% ~ 95% 的 CO 气体（标态）2500 ~ 3000m³。据此推算，云南省黄磷电炉大概能够产生纯（标态）CO 39.56 亿立方米/年，折合 CO_2 排放量 188 万吨/年。这些富含 CO 的黄磷尾气若是经过处理回收利用，每年可减少 1271t 硫/磷的排放，而且还能创造 100 亿元人民币产值。但同时存在的问题是，磷化工行业的尾气中不仅含有大量的 CO 也含有 HCN、COS、H_2S、PH_3 和 CS_2 等有毒有害气体。其中，HCN 不但是一种对环境有害的剧毒气体，它还会造成羰基合成催化剂的中毒、失活，因此，将黄磷尾气用作碳一化工原料气时，需先去除 HCN 等杂质气体。依照国家"863 计划"重点项目 HCN 混合废气净化技术与设备中所研究的低温催化水解去除尾气中的技术方案，针对 HCN 低温催化水解产物之一 NH₃ 的净化处理进行研究。

2.1.1.3 生活源

生活源中 NH₃ 的排放途径也特别多，主要来源于厕所排放的氨气；美发店中含 NH₃ 的染发剂以及混凝土的防冻剂。室内 NH₃ 主要来源于混凝土外加剂、木质板材和室内装饰材料等，特别是在我国北方地区，由于在冬季施工过程中大量使用以尿素和氨水为主的混凝土防冻剂材料，随着温湿度等环境因素的改变，NH₃ 被缓慢释放出来，导致室内 NH₃ 浓度升高且长期存在，如 2011 年发生的北京现代城 NH₃ 污染事件。在南方地区，为进一步提高混凝土的凝固速度，大量使用高碱混凝土膨胀剂和早强剂，致使 NH₃ 大量挥发，导致该地区 NH₃ 污染严重。针对上述问题和我国大气污染现状，开展净化 NH₃ 污染的相关工作是十分必要的。一般建筑室内氨气污染来源有三种类型。

室内排水管道：室内排水管存水弯处蓄水不足而不能封闭下水系统中气体的上升排逸，有时排水系统底部污水汇集处的各类气体（包括氨气）甚至化粪池的沼气可能经该下水通道逸散到室内，污染建筑中的空气。

室内装饰材料：家具涂饰用的添加剂和增白剂大部分都用氨水，但该类氨污染仅限表面且释放期较快，在流通的空气中约 1 ~ 3 个月左右消失，不会在室内空气中长期积存，对人体危害小。

混凝土外加剂：常用混凝土外加剂中防冻剂、高碱混凝土膨胀剂和早强剂都含氨类物质，它们在建筑结构或墙体混凝土中随着温度、湿度等环境因素变化而还原成氨气从混凝土中慢慢释放出来，导致室内氨浓度不断增高。一般分为两种。

一是尿素类防冻剂。防冻剂由减水组分、防冻组分、引气组分及早强组分所组成，其中有一类以尿素为主要成分的防冻组分，并且尿素在防冻型泵送剂中也是常用组分。尿素 [CO(NH₂)₂] 可使混凝土在高于 -15℃ 时不受冻且强度随龄期增长，单掺尿素的混凝土在正温条件下强度增长稍高于基准混凝土 5%，在负温条件下高出 4~6 倍。因此，建筑业近年来在寒冷气候条件下施工大量用尿素作混凝土防冻剂。尿素在水中溶解度高，在强碱环境中遇热即可分解为氨气和碳酸钠或氯化铵，在混凝土干燥后向空气中逐渐逸出放散刺激臭味。方程式为：

$$CO(NH_2)_2 + 2NaOH \longrightarrow 2NH_3 + Na_2CO_3 \tag{2-3}$$

$$2H^+ + CO(NH_2)_2 + H_2O + 2Cl^- \longrightarrow CO_2 + 2NH_4Cl \tag{2-4}$$

经验表明，掺入水泥量 0.6% 的尿素即可出现上述现象。因而，掺尿素的混凝土在封闭环境中会发出刺鼻臭味，影响人体健康，故不能用于整体现浇的剪力墙结构或楼盖结构，但尿素仍可用于与人类居住环境不直接接触的混凝土结构。掺有尿素的混凝土在自然干燥过程中，内部所含溶液将通过毛细管析出至建筑混凝土表面并结晶成白色粉末状物，即俗称析盐，会影响建筑物的美观。

二是有机胺类早强剂。有机胺类早强剂效果较好且应用较广的有三乙醇胺 $[N(C_2H_4OH)_3]$ 和二乙醇胺 $[HN(C_2H_4OH)_2]$，它们本身吸潮性强并稍有氨味。上述有机胺在水泥水化过程中分子中的 N 元素具有未共用电子对，很容易以配位键方式同水泥表面水化产物中的 Al^{3+}、Fe^{3+} 等生成易溶于水的络离子，加速水泥的水化反应速度使混凝土早强。在此过程中有机胺在强碱条件下遇热可分解出氨气，并在混凝土干燥后逐渐向空气中释放。但有机胺类早强剂在混凝土中掺量甚微（千分数以内），因而一般不会导致严重的建筑氨气污染。

2.1.2 NH₃ 的危害

在近几年，NH₃ 的来源、传输、沉降等越来越受到关注，主要是因为它在全球气候变化中的重要作用。NH₃ 与 SO_2、NO_x 和挥发性有机物（VOCs）反应生成气溶胶颗粒物，从而影响全球辐射平衡、降低空气能见度、危害人体健康、土壤酸化、湖泊富营养化，现在大部分国家对 SO_2、NO_x 和挥发性有机物（VOCs）排放进行了控制，但是很少由国家出台政策对 NH₃ 排放进行控制。NH₃ 是一种对环境以及人体健康都有着严重危害的气体，大气中的 NH₃ 将会引起的一系列问题，具体来说可以归纳为以下几点：

（1）氨是一种碱性物质，它对所接触的皮肤组织都有腐蚀和刺激作用，可以吸收皮肤组织中的水分，使组织蛋白变性，并使组织脂肪皂化，破坏细胞膜结构。浓度过高时除腐蚀作用外，还可通过三叉神经末梢的反向作用而引起心脏停搏和呼吸停止。氨通常以气体形式吸入人体进入肺泡内，氨被吸入肺后容易通过肺泡进入血液，与血红蛋白结合，破坏运氧功能。氨的溶解度极高，所以主要对动物或人体的上呼吸道有刺激和腐蚀作用，减弱人体对疾病的抵抗力。少部分氨为二氧化碳所中和，余下少量的氨被吸收至血液可随汗液、尿或呼吸道排出体外。部分人长期接触氨可能会出现皮肤色素沉积或手指溃疡等症状；接触氨后会嗅到强烈刺激气味，眼流泪、刺痛。过浓的氨水溅入眼内可损伤角膜，引起角膜溃疡，严重者可引起角膜穿孔、晶体混浊、虹膜炎症等，可导致失明；吸入氨气可引起咽、喉痛、发音嘶哑。吸入氨浓度较高时可引起喉头痉挛、声带水肿，发生窒息。氨进入气管、支气管会引起咳嗽、咯痰、痰内有血。严重时可咯血及肺水肿，呼吸困难、咯白色或血性泡沫痰，双肺布满大、中水泡音。吸入高浓度的氨可诱发惊厥、抽搐、嗜睡、昏迷等意识障碍。个别病人吸入极浓的氨气可发生呼吸心跳停止。肺继发感染时病人高烧、咯血性黄痰，呼吸困难。消化道受损可引发腹痛、呕吐等，后期出现黄疸及肝功能损害（中毒性肝炎）等。短期内吸入大量氨气后可出现流泪、胸闷、呼吸困难，可伴有头晕、头痛、恶心、呕吐、乏力等症状，严重者可发生肺水肿、成人呼吸窘迫综合症，同时可能发生呼吸道刺激症状。所以碱性物质对组织的损害比酸性物质深而且严重。

毒理学[28]显示，大气中氨质量浓度在 0.0010～0.0015mg/L 时，人就会有感觉；质量浓度在 0.0005mg/L 时，眼睛会受到刺激流泪；质量浓度在 0.03mg/L 时，喉头黏膜立即受到刺激引起咳嗽；浓度达到 0.25mg/L 时，人的耐受时间不超过 1h。

（2）氨气是雾霾形成的重要原因。氨气作为大气中唯一的碱性气体，可与硝酸或硫酸等酸性气体发生反应，生成铵盐气溶胶，造成了大气污染。其反应机理为：

$$NH_3 + H_2SO_4 \longrightarrow NH_4HSO_4 \tag{2-5}$$

$$NH_4HSO_4 + NH_3 \longrightarrow (NH_4)_2SO_4 \tag{2-6}$$

$$NH_3 + HNO_3 \longrightarrow NH_4NO_3 \tag{2-7}$$

$$NH_3 + HCl \longrightarrow NH_4Cl \tag{2-8}$$

$(NH_4)_2SO_4$ 和 NH_4NO 气溶胶是大气 PM2.5 的重要组成部分，多年来，始终在关注氨气排放和氮素沉降问题的专家、中国农业大学资源与环境学院教授刘学军曾在《自然》杂志上发表论文分析中国氮素沉降对大气污染的影响，而氮素污染主要来源就是氨气。重污染天气中，因氨气与空气中氧化物结合形成的铵盐的质量总和约占 PM2.5 中二次颗粒 50% 甚至更高，越严重的污染天气，比例越高。刘学军说，氨气可以说是促成 PM2.5 形成的"催化剂"，NH_3 能与 SO_2、NO_x 等氧化生成酸性物质，而反应生成的二次气溶胶硫酸铵和硝酸铵等物质不仅会降低城市中的能见度，还会损害人体的健康。研究发现北京冬季重霾污染期间氨气 90% 来自化石燃料燃烧相关的排放，直接证实了化石燃料燃烧对城市区域重霾期间氨气具有重要贡献。这更进一步说明了城市氨气排放要高于农村。有相关研究证明，北京城区大气氨主要是非农业源排放，城市交通的机动车尾气排放应是主要来源，通过对交通环境中氨与车流量和流速的相关性进行分析得到，在大气环境和车流量稳定的环境下，早高峰时氨的浓度与车流量成正相关（相关系数为 0.73），与车速成反相关（相关系数为 0.66），相关性较高，说明车流量的增加以及堵车均会造成大气中 NH_3 浓度的增加，由于 NH_3 具有极强的挥发性，使得它极易挥发到空气中。NH_3 在空气中经过氧化等反应生成的产物，是光化学烟雾的主要物质之一，因此也是光化学烟雾的主要成因之一。

（3）NH_3 以及它的离子 NH_4^+ 是大气酸沉降的重要组成部分，会造成酸雨。与此同时形成的酸雨还会导致土壤酸化和水体富营养化，同时生态系统中的氮平衡也将受到严重破坏，对农业来说是一个非常不好的现象。

（4）NH_3 在甲醇系统中的危害主要体现在以下四个方面：

1）在还原过程中氨对催化剂的毒害。陈安琼等[29]也在调查中发现，在催化剂还原过程中使用 N_2-H_2 循环机，将氨带入醇塔，催化剂还原出水呈蓝色，显然铜氨络合物已生成，对催化剂已带来严重损害。

2）在生产过程中氨对催化剂的毒害。当有微量水存在时，氨会与甲醇催化剂中的铜生成铜氨络离子，造成铜的流失，从而导致甲醇催化剂失活。

3）降低甲醇产品质量。陈庆来[30]等人也认为，在生产中氨与 CO 产生副反应生成甲胺类物质，甲醇生产中大家闻到如特殊的腥臭味就是甲胺类的味道。甲胺在精馏中虽然会通过加入氢氧化钠溶解一部分，但仍会有小部分残留在精甲醇中，造成精甲醇中游离碱超标，达不到优等品（<0.0002%）的标准。因此，原料气氨的存在是众多小联醇厂产品质量不高的根本原因之一。

4）生成铵盐堵塞设备。梁雪梅等人[31]于 2002 年在生产过程中发现，该厂净化系统阻力突然上涨，主要表现在变换系统。

当时人工段压力由 2.55MPa 逐渐上升至 2.69MPa。脱硫塔前压力从 2.34MPa 降至 1.3MPa，阻力达到 1.4MPa，系统被迫切气。发现在变换气水冷器内部出现结晶物堵塞管路造成阻力增大。后来将气体温度由 25℃ 提到 100℃，使结晶物溶解、熔化，阻力消失。分析原因：水煤气中有 NH_3 和 N_2 的存在，同时变换炉内由于金属催化剂对 N_2 和 H_2 起催化剂作用，也会合成部分 NH_3，造成变换气体中氨含量较高，且在醇净化工艺中液化率偏低、冷凝液较少，所以冷凝液中铵盐浓度偏高，在温度较低时，铵盐结晶析出。

（5）NH_3 在燃煤发电中也存在危害。煤基多联产发电技术（IGCC）和先进煤基转化利用技术（MCFC）是未来高效、清洁综合利用煤炭资源发电的主要方向。氮的化合物是煤气中的主要污染物之一，其主要形式是氨。热煤气中含有体积分数为 $(2\sim3)\times10^{-3}$ 的氨，同时还存在少量的 HCN，约比氨的浓度低一个数量级。在 MCFC 中热煤气中的氨在阳极废气中燃烧为 NO_x，可与阳极电位电解质生成易挥发的硝酸盐，而造成电解质的损失。同时，氨在煤气随后的燃烧中，会转化为对大气有严重污染的 NO_x。据不完全统计，NO_x 的燃煤排放量占总人为源排放量 50% 以上。同时，氨及其随后生成的氮氧化物对汽轮发电机产生严重腐蚀。

研究还表明,煤气中的氨在不完全燃烧时生成的 N_2O 可与臭氧反应生成 NO,从而引起臭氧层的破坏。因此,脱除微量氨,控制煤气燃烧过程中 NO_x 的排放量,对减少环境污染,保护生态平衡具有极其重要的意义。

(6) 氨在炼油系统中的危害如下,国内许多大型化工厂、炼油厂的炼化部 24 芳烃联合装置分离出的加氢裂化干气一直作为燃料气消耗,该气体中 NH_3 含量为 65%~70%,但该气体经胺处理后尚残存有约 $5×10^{-4}$ 的氨,影响其回收利用,同时含氨的气体作为燃料气燃烧还会造成环境污染。如果加氢裂化干气不经净化直接经 GB-302 压缩提纯氢气,在增压时易积盐;同时在制氢过程中,微量氨会对制氢的各种催化剂造成损害;另外,随着石油供应日趋紧张,价格不断上涨,用来炼制的原油成分也越来越复杂,其中含有的胺类及吡啶等含氮有机杂环化合物在催化加氢等加工过程中最终会转化为氨,必将对原油的进一步精制造成危害,因此迫切需要对微量氨进行深度净化。

因此,可以看出 NH_3 对于我们来说是一种非常有害的气体,而处理掉大气中的 NH_3 也是非常有必要的,为加强对 NH_3 排放的控制,我国在《大气污染防治法》与《恶臭污染物排放标准》(GB 14554—1993) 中明确规定了化工厂等恶臭污染厂 NH_3 的三级排放标准值分别为 $1.0mg/m^3$、$1.5mg/m^3$ 和 $4mg/m^3$。因此,对含 NH_3 废气的处理具有重要的社会意义。

2.1.3　NH₃ 的性质

氨(NH_3)是一种无色、易燃、具有刺激性恶臭气味的典型工业气态污染物。相对密度 0.5971 (空气 = 1.00)。在常温下加压即可使其液化(临界温度 132.4℃,临界压力 11.2MPa,即 112.2 大气压)。NH_3 极易溶于水、乙醇和乙醚,常压沸点为 33.33℃,熔点为 -77.7℃,常以气态形式存在,易被液化成无色的液体,也易被固化成雪状固体。273K 时 1 体积水能溶解 1200 体积的氨,在 293K 时可溶解 700 体积的氨。氨水与水相比,其差异性在于:

(1) 氨水是比水更强的亲质子试剂,或更好的电子给予体。

(2) 氨水放出质子的倾向小于水分子。氨在一般情况下很稳定,能参加的化学反应可归纳为三类:1) 加合反应:氨以分子中的孤电子对和其他反应物加成,又叫氨合反应(类似于水合反应);2) 取代反应:常叫氨解反应,类似于水解反应;3) 氧化反应:氨分子中的氮原子处于最低氧化态,因而能参加一定的氧化反应生成较高氧化态的化合物。用于制液氮、硝酸、铵盐和胺类等。工业制氨绝大部分是在高压、高温和催化剂存在下由氮气和氢气合成制得,所以 NH_3 可在高温时分解成氮气和氢气,有还原作用。有催化剂存在时可被氧化成一氧化氮。易与强氧化剂、卤素、酰基氯、氯仿等发生强烈的化学反应,与空气混合后,遇明火、高热能等会引起燃烧爆炸。氨主要用于制造氨水、氮肥(尿素、碳铵等)、复合肥料、硝酸、铵盐、纯碱等,广泛应用于化工、轻工、化肥、制药、合成纤维等领域。含氮无机盐及有机物中间体、磺胺药、聚氨酯、聚酰胺、纤维和丁腈橡胶等都需直接以氨为原料。此外,液氨常用做制冷剂,氨还可以作为生物燃料来提供能源。

现行国家标准还未对环境空气中的氨气浓度进行规定,目前评价标准参考卫生部颁布的标准《工业企业设计卫生标准》,现行标准统计见表 2-1。

表 2-1 现行氨标准及限值

序号	标 准 名 称	标 准 值
1	《工业企业设计卫生标准》(TJ36—79)	居住区大气中有害物质的最高允许浓度 0.2mg/m^3;车间空气中有害物质的最高允许浓度 30mg/m^3
2	《室内空气质量标准》GB/T 18883—2002	室内空气质量标准小时均值 0.2mg/m^3
3	《恶臭污染物排放标准》GB 14554—1993	一级标准厂界限值 1.0mg/m^3
4	《水泥工业大气污染物排放标准》GB 4915—2013	水泥窑利用氨水、尿素等含氨物质作为还原剂,去除烟气中氮氧化物,新建项目有组织排放 8mg/m^3,厂界限值 11.0mg/m^3
5	《炼焦化学工业污染物排放标准》GB 16171—2012	硫铵结晶干燥工段新建项目氨排放 30mg/m^3

从目前的标准来看,存在着标准范围窄的问题,如《环境空气质量标准》还没对氨气浓度进行规定,虽然《水泥工业大气污染物排放标准》对目前使用含氨物质去除氮氧化物排放浓度进行了规定,但许多行业,例如火电行业,目前大量使用氨法脱硫脱硝工艺,选择性催化还原法 SCR 已成为国际上火电厂 NO$_x$ 排放控制的主流技术,国内已建或在建的烟气脱硝工程 96% 以上采用 SCR 工艺。面对氨法脱硫脱硝庞大的市场,对如何避免氨损失和氨逃逸,氨法脱硫脱硝中的氨逃逸和硫酸铵气溶胶现象,目前我国相关排放标准中还未进行规定。

2.2 NH$_3$净化技术

近年来对含 NH$_3$ 废气排放的监督和管理越来越严格,各国相继制定了更严格的排放标准。欧美国家已将 NH$_3$、NO 和 NO$_x$ 归为有毒活性氮化合物(RNCs),对 RNCs 的治理已经是大气污染控制的主要任务之一。我国在《大气污染防治法》与《恶臭污染物排放标准》(GB 14554—1993)中对 NH$_3$ 做了限量排放规定。于是,对含 NH$_3$ 废气的处理已经变得十分紧迫。

但是,各种工况下含 NH$_3$ 废气的废气排放量和 NH$_3$ 浓度不一样。例如,发电厂选择性催化还原 NO 尾气中 NH$_3$ 含量约为 400×10^{-6},硝酸厂尾气中 NH$_3$ 含量为（200~1500）×10^{-6}，生物质燃料气化时产生（100~10000）×10^{-6}NH$_3$。因而，针对NH$_3$背景来源各异，采用不同的处理方法非常重要。当前，处理NH$_3$的方法可分为生物法、物理法和化学法等。如利用生物过滤器吸收溶液中的NH$_3$，水处理方法，后燃烧控制技术和活性炭纤维技术吸收NH$_3$，但这些方法都为物理变化过程，还需要对反应后的物质进行二次处理（生物过滤法须对吸收NH$_3$后的生物质进行处理；水处理、活性炭纤维控制技术等需除去吸附质中的NH$_3$才能再次应用），因此，可以知道用物理方法和生物方法去除NH$_3$不仅后续还需要工作并且会造成所需的整体费用偏高。针对NH$_3$排放量与浓度的差异，采用不同的处理方法治理NH$_3$污染。目前主要的处理技术有水洗法、酸洗法、生物法、吸附吸收法、光催化氧化法、催化分解法和选择性催化氧化法等方法。

2.2.1　水洗法

国内外脱氨方法研究现状除了改进脱硫、铜洗、脱碳等工艺外，人们还采取各种方法来脱除原料气中的氨。陈庆来[30]提出在甲醇合成工段前增设一台吸氨塔，可用旧铜塔改装，原料气在12MPa压力下，通过鼓泡吸收其中的残留氨，塔内吸收液根据原料气中氨含量定期更换。韩银群等人[32~35]提出采取加强水洗、加高水洗塔和增加一段新鲜水洗、两台氨洗塔串联等措施来加强氨的净化效果，但未报道具体参数。焦化厂水洗脱氨流程为[36]：初冷后煤气中的氨在木格填料洗氨塔内用循环洗氨水吸收下来。出塔煤气含氨量约为0.05g/m^3。吸收氨后的富氨水（含氨0.6%~1.0%）经加热后进入分解器将富氨水中的挥发氨盐加热分解，分离出二氧化碳和大部分的硫化氢，然后自流入蒸氨塔。从塔顶蒸出的含氨蒸汽经冷凝后得到含氨18%~20%的浓氨水。生产浓氨水的突出问题是：

（1）产品含氨浓度低、易挥发、储存和运输困难。

（2）设备腐蚀严重，检修频繁，一般蒸氨的开工率只有60%左右。

（3）环境污染严重，氨分解器连续排放硫化氢和氰化氢污染大气，浓氨水含有大量的硫化氢、氰化氢、酚和油等有害物质污染农作物，设备开工率低和产品销售上的限制造成大量的浓氨水直接外排污染水体。

2.2.2　酸洗法

（1）直接饱和器法。生产流程为：将脱除焦油雾的煤气在预热器内预热到60~70℃，蒸发掉饱和器中多余的水分，以防母液被稀释。热煤气从饱和器中央煤气管进入，经泡沸伞穿过母液层鼓泡而出，煤气中的氨即被硫酸吸收。其后煤气含氨量约为0.03g/m^3，经捕酸器后，送至洗苯装置。母液结晶经离心分离、热风干燥后得到硫铵结晶。

（2）间接饱和器法。宣钢及马钢焦化厂将蒸氨装置中含量为18%的氨气通入间接饱和器中用来生产硫铵。饱和器操作温度为 95～100℃，母液的结晶分离和干燥与直接饱和器法的方法相同。间接法饱和器又称小饱和器，因为只处理蒸氨塔出来的氨气，比直接法饱和器所处理的煤气体积小得多，饱和器也相应可以较小。小饱和器法煤气和母液不接触，硫铵质量可以提高，而且也消除了直接饱和器煤气系统阻力大、煤气温度高的弊病。饱和器法的缺点是：得到的硫铵游离酸含量高、结晶颗粒细小、易结块；生产成本高；煤气系统阻力大、温度高、多耗电能和冷却水量；终冷系统产生的含氰污水量大。

（3）无饱和器法。宝钢焦化厂、天津第二煤气厂采用该生产工艺。来自脱硫塔的煤气在酸洗塔内用 2.5% 及 3% 的稀硫酸洗涤，脱除煤气中的氨，酸洗塔为两段空喷塔。出塔煤气含氨 0.1g/m³，经除酸器后送洗苯装置。硫铵母液经蒸发、结晶造粒、离心分离和干燥后得到大颗粒的硫铵。世界各国从 20 世纪 50 年代起逐步发展起来的无饱和器法具有硫铵颗粒大、质量好、煤气系统阻力小等优点。80 年代初苏联无饱和器法生产的硫铵已占硫铵总产量的 20%。日本焦化厂回收氨的品种也以硫铁为主，而且几乎所有的新建焦化厂的硫铵装置，普遍采用无饱和器法。

2.2.3 弗萨姆法

（1）弗萨姆冷法。弗萨姆冷法生产无水氨的装置由氨的吸收、解吸和精制三部分组成。

1）焦炉煤气进入两段空喷吸收塔，在 45℃ 左右的操作温度下与喷洒的磷铵液滴逆流接触，煤气中 99% 以上的氨被吸收，塔后煤气含氨量约为 0.1g/m³。出塔煤气进入后序工段。

2）吸收氨的磷铵母液经除焦油、加热脱除酸性气体后进入解吸塔顶部。解吸塔为板式塔，操作压力 1.4MPa。脱氨后的母液经换热后返回吸收塔循环使用。

3）由解吸塔出来含氨 28% 的氨气经冷凝冷却后进入精馏塔。精馏塔为板式塔，操作压力 1.5～1.7MPa。由精馏塔可得 99.99% 的纯氨气，经冷凝冷却后得到无水氨。弗萨姆法能得到纯度为 99.99% 的无水氨，生产过程不消耗酸，磷铵对氨的选择性和吸收能力非常强，外排废水少，无放散废气，对环境无污染。该法是美国钢铁公司专利，1968 年建立了第一套装置，以后在美、日等国陆续建立了十多套，这是迄今公认为最经济的回收焦炉煤气中氨的办法。

（2）弗萨姆热法。磷铵母液直接从煤气中吸收氨的操作温度一般为 45℃，称为冷法。磷铵母液吸收蒸氨塔来的氨气，操作温度一般为 80℃ 左右，称为热法。磷氨母液的解吸、氨水精馏等操作过程热法与冷法一样。攀钢焦化厂引进了 AS 循环洗涤法与弗萨姆热法配合的流程。热法的优点是：

1）煤气与吸收液不接触，可避免煤气中的杂质进入吸收液。

2）氨气的体积比煤气小得多，所以吸收塔的直径较小，吸收液量也可以减少。

3）避免了冷法操作中煤气温度须控制在40℃以上，要进行终冷的弊病。

2.2.4 焚烧法

将蒸氨塔分缩器后含氨18%的氨气导入焚烧炉的裂解段，使氨在1000～1150℃下分解为氢和氮；氰化氢和水蒸气反应生成氮、氢和一氧化碳；而硫化氢不起反应。焚烧每公斤纯氨约需 $2m^3$ 的焦炉煤气助燃，燃烧废气经废热锅炉换热副产蒸汽后，混入煤气管道中。废气量约为助燃煤气量的五倍，热值为 $3000kJ/m^3$。20世纪60年代以来，因生产硫氨而采用了焚烧法。仅1965～1971年德国斯梯尔公司就设计了十三家有氨焚烧装置的焦化厂。

燃煤发电工业上，为了经济、有效地把氨脱除，人们进行了很多研究工作。由于氨分解反应的活化能很高，约92kcal/mol，热分解在典型的热煤气温度下显然是不能发生的，因此人们有针对性地提出了多种方法。

2.2.5 生物法

生物处理法主要为活性污泥法、生物滴滤法以及生物过滤法等。生物法主要是通过微生物的硝化与反硝化作用将 NH_3 转化为硝酸盐，最终释放出分子态 N_2，该技术处理效率保持在70%～95%。生物法主要用来处理大气量、低浓度的含 NH_3 废气，其已经被广泛用于市政废水处理和工业废水处理中。生物法通过生物滴滤塔的硝化和反硝化作用，一方面除去废水中的 NH_3，一方面除去污泥塘产生的恶臭气体。尽管生物法运行稳定、能耗少、无需化学药品、无二次污染、可长期运行、处理低浓度含 NH_3 废气有显著的成效，但是生物法占地面积大、净化不彻底、需要为微生物的生存和生长提供适宜的温度、养分、pH等，且由于有机物和营养物质的持续供给，生物量不断积累，最终会导致生物反应器内填料堵塞[37]。例如，生物法并不适用于处理垃圾填埋渗滤液，因为垃圾填埋场中 NH_3 的浓度高达100～1000mg，渗滤液中没有生物法反硝化作用需要的电子给体。

2.2.6 吸附法

吸附法是用多孔固体吸附剂处理有害 NH_3 的一种常用处理工艺。优点为工艺操作简单、可满足不同尾气控制标准、常温下即可进行吸附、吸附质可循环回收等。同时，此方法并非真正去除 NH_3，而是仅仅实现了 NH_3 的转移，需对吸附剂进行二次处理。

吸附法是用固体吸附剂吸附处理废气中有害气体的一种方法。吸附剂的条件是比表面积大，容易吸附和脱附，来源容易，价格较低。吸附法根据分离过程再生方法的不同，可分为变压吸附、变温吸附、变温变压吸附，由于氨吸附作用很强，所以氨吸附一般采用变温吸附法。能够吸附氨的吸附剂很多，不仅有活性炭、沸石分子筛、硅胶等，还有碱土氯化物 $CaCl_2$、$SrCl_2$、$MgCl_2$ 等[38]。活性炭可有效去除氨，在常温下即可进行吸附，脱附一般在 200℃ 下进行，吸附了氨的活性炭还可以用于冰箱制冷[39]。分子筛也是优良的氨吸附剂，且其吸附量较活性炭大，廉价的天然分子筛如沸石也可很好吸附氨[40]。

2.2.7 吸收法

吸收法是用溶液、溶剂或清水吸收工业废气中的有害气体，以去除有害废气组分的一种分离方法。吸收法包括化学吸收法和物理吸收法。化学吸收法是将 NH_3 与酸性溶液、强酸弱碱盐发生化学反应产生低附加值的氮肥的处理方法。由于溶剂具有挥发性大和腐蚀性强的缺点，因此化学直接吸收净化工业尾气中的氨在工业应用中逐渐被排除。物理吸收法是以水为吸收剂吸收工业废气中的 NH_3，得到低浓度的氨水，进一步蒸馏得到高浓度氨水，进而精馏为浓 NH_3，再经加压、冷凝处理制成液氨，这也是目前国内常用的 NH_3 处理工艺。不足之处：需配备较多的附属设施，如水储存、输送和排出装置；设备占地面积大、基建成本费用高；水吸收能力受 NH_3 温度、浓度、压力的影响较大；回收利用率不高，未被吸收的经高温燃烧，易产生二次污染。目前国内仍沿用传统的水吸收工艺处理含氨废气，这种工艺不足之处主要消耗大量能量，成本高，氨回收利用率不高，造成合成氨及尿素生产原料大量损失，水洗后的尾气经膜分离回收氨后的气体氨浓度大于 $15×10^{-6}$，需经燃烧处理产生一定量的 NO_x，造成二次污染。吸收法适用于高浓度、大流量含氨气体的脱氨处理，例如处理合成氨弛放气的脱氨。吸收法几乎可以处理各种有害气体，适用范围很广，而且还可以回收有价值的产品。

2.2.8 等离子体活化法

等离子体活化法具有低温操作分解效率高、容易控制、能处理含多种杂质气体等特点。等离子体活化法在处理低浓度、大气量 NH_3 时可在小于 4s 的时间内获得 97% 以上的 NH_3 去除效率，这种方法主要运用于室内空气污染控制[41,42]，然而等离子体活化法分解的产物主要是 NO、NO_2 和 H_2O，需要进一步对分解产物进行无害化处理。Ma 等[43]利用介质阻挡放电等离子体催化活化法，研究了 NH_3 分解制取 N_2 和 H_2，结果显示该法不仅去除了 NH_3 恶臭气体，而且获得了燃料 H_2。但是，这种方法只有在高温（$T>450℃$）、高能耗（电压>16kV）下才能实现，是工业含 NH_3 废气处理不能承担的。

2.2.9   催化燃烧法

催化燃烧是一种典型的处理高浓度、低热值的有害气体的方法。化工厂多采用该技术来处理有害废气。其优点在于不需要添加额外的燃料，废气燃烧释放的热量还可以加以利用，但是缺点随之产生，燃烧反应器设计复杂，催化剂价格昂贵，而且催化剂寿命还很短。通常为负载贵金属的催化剂，当气流中含硫、氮、氯时催化剂可能失活。燃烧过程还很有可能氧化生成 NO 和 N$_2$O 等，二次污染物对环境毒害影响更大。

通过研究发现，燃烧时生成氮的氧化物主要有两种方式，一是空气中的氮气在高温下氧化（热 NO$_x$）；二是燃料中的结合氮在燃烧时被氧化（燃料结合 NO$_x$）。第一种方式对火焰温度非常敏感，但是对第二种方式降低火焰温度却没有什么明显效果。阶段燃烧技术是基于以下两段的燃烧过程：主要的燃烧阶段是缺氧燃烧，而第二阶段是将剩余的燃料进一步完全燃烧。现在阶段燃烧的研究主要有均相燃烧和催化燃烧两种方法。从一系列的文献报导来看，该方法用于脱除热煤气中的氨是可行的。无论是均相燃烧还是催化燃烧过程都可以显著降低燃料中结合氮转化为 NO$_x$ 的量。尽管反应机理仍不十分明确，但是 NH$_3$ 反应生成 N$_2$ 的两步反应机理已被广泛认同。即:(1) 部分的燃料中的结合氮被氧化为 NO$_x$；(2) NO$_x$ 与游离 NH$_3$ 产生的 NH 基反应生成 N$_2$。研究结果同时也表明这些反应均需要长的停留时间。

2.2.10   催化分解法

氨催化分解技术是将氨气在催化剂作用下彻底分解为氮气和氢气，是一种有效脱除低浓度氨、减少环境污染的方法。氨分解反应是一个吸热且体积增大的反应，所以氨分解反应宜在高温、低压的条件下进行。由热力学理论计算知，在常压下，500℃时氨的平衡转化率可达 99.75%。但由于该反应为动力学控制的可逆反应，且产物氢在催化剂活性中心的吸附会抢占氨的吸附位，产生"氢抑制"，降低氨的表面覆盖度，所以实际上其氨转化率较低[44]。目前，国内外市场上的氨分解装置大多采用提高操作温度（700~900℃）的方法来获得较高的氨分解率。但是当炉温低于 900℃时，催化剂易发生硫中毒或铵盐堵塞等现象，影响催化剂的使用寿命[45]。所以氨分解技术在很大程度上由于能耗高和催化剂不易回收利用等造成运行成本高的现状，不适宜普遍使用。而且该技术仅在高温还原气氛下可达到氨去除的目的，所以该技术不适用于含氧气流中的脱氨。氨的催化分解是将氨在催化剂的作用下分解为不产生二次污染的 N：和 H：。由于合成氨反应是可逆的，且其逆反应的平衡常数很大，故在高温条件下氨的催化分解反应是很容易的。因此人们在这方面的研究最为活跃[46]。研究表明采用催化分解的方法在 550~900℃ 的温度范围内脱除煤气中的氨是合适的。因为氨分解反应是吸热反应，在高温下，有利于氨的分解，在许多的金属催化剂上的反应速度很快。而且催化分解反应器独立于其他设备，可与现存的各种气化器出口相连接，操作简单易行。但这种方法的应用也存在着一个主要问题，即煤气中的硫、水蒸气都很容易使催化剂中毒，大大降低催化剂的活性。因此可以说，如果研究出能耐硫化氢、水蒸气等毒物的高活性催化剂，解决了催化剂的失活问题，采用催化分解来脱除热煤气中的氨将是完全可行的。

2.2.11　光催化法

光催化氧化法是利用空气中的 O_2 作为氧化剂，并采用人工紫外线灯产生的真空波紫外光来活化光催化剂，驱动氧化-还原反应，从而有效地降解有毒有害废气。光催化氧化可在室温下将废气完全氧化成无毒无害的物质，适用于处理高浓度、稳定性强的有毒有害废气。光催化氧化可在室温下将废气完全氧化成无毒无害的物质，适用于处理高浓度、稳定性强的有毒有害废气。但该方法在 40~240min 内才能获得较为理想的 NH_3 去除率，耗时较长，因此光催化氧化法的运用受到限制[47]。光催化法能安全、方便处理因毒菌和细菌产生的各种恶臭。使用光催化法处理低浓度 NH_3 有反应速率快、反应条件温和、操作方便、运行稳定、处理效果好、无二次污染等优点。光催化法一般应用于消除家庭卫生间、公厕、畜牧场产生的 NH_3 臭，可获得 100% NH_3 转化效率及 94% N_2 选择性[48,49]。因为光催化法较适用于处理低浓度含 NH_3 废气和室内空气污染。另外，光催化氧化法的耗时较长，一般在 40~240min 内才能获得理想的 NH_3 去除率[50]，然而，大气量的含 NH_3 废气不允许如此长的处理时间，所以光催化法的运用受到了限制。

2.2.12　选择性催化氧化法

选择性催化氧化法是在有氧条件下将氨催化氧化为无害的氮气和水，可以完全消除氨的危害。该催化反应在 300℃ 即可进行，是一种理想的、具有潜力的治理技术。SCO 技术应用范围广泛，可用于脱除 SCR 过程中泄露的氨、尾气中未反应的氨以及农业源排放的氨。在 NH_3-NO-SCR 技术中，为了防止 NH_3 对大气的污染，一般控制 $NH_3/NO=0.9$，限制了 NO 的转化率。这一缺陷可通过在该技术后增加一个 SCO 工段用以解决多余的 NH_3。还有一个潜在的重要应用为天然气的合成应用。因为生物质气化燃料中氮的释放主要以氨为主，而热能和电力生产中气流在进入汽轮机前应先脱氨[45]，所以 SCO 法有着广阔的应用前景。SCO 技术可分为高温选择性催化氧化和低温选择性催化氧化，有研究 SCO 用于降解 SCR 过程中的氨，由于过程温度控制在 500℃ 以下，高温下选择性催化氧化温度在 700~900℃。低温选择性催化氧化过程温度多控制在 500℃ 以下。氨的有氧分解是一个强放热过程，容易导致氨的深度氧化生成 NO_x 等，造成二次污染。由此，开发低温催化剂就成为解决氨催化氧化反应热损失和 NO_x 二次污染产生等问题的关键。对于大型合成氨厂来说，还可集中回收热量用于生产蒸汽或作为干燥机热源。

2.3　NH₃-SCO 处理技术

2.3.1　NH₃-SCO 反应机理

研究者们对 NH_3 氧化机理做了大量的研究，对 NH_3 氧化途径有不同的看法，截至目前，大概有三种，如图 2-1 所示：一是直接催化氧化即一步法，其机理是在催化剂表面形成吸附态的 NH_3 脱去 H，形成 NH_2 和 NH 被氧化成 N_2 和 H_2O 的过程[51]；二是形成中间体联 NH_3，即 NH_3 先脱氢形成 NH_2，然后两个 NH_2 结合成 NH_2-NH_2，再被氧化成 N_2[52]；三是内部选择性催化还原（iSCR）即二步法，其机理 NH_3 先被氧化为氮氧化物 NO_x，然后 NO_x 再被 NH_3 还原成 N_2[53]。NH_3 脱氢然后部分氧化成 N_2 的过程是活化中重要一步，催化剂上的活化位点和吸附位点决定脱氢的速率。所以催化剂的种类极大程度决定 SCO 遵循哪种反应机理。

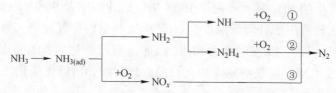

图 2-1　氨的选择性催化氧化反应图

M. Amblard 等[53]对富养条件下 Ni 负载于 γ-Al_2O_3 上的氨选择性催化氧化燃烧得到高活性和选择性（>90%）进行了微观反应研究。通过 TPD，TPO，TPR 和 DRIFTS 表征可得到反应机理：反应中 N_2H_4 和 NO 分别为直接反应的反应中间产物（两个 NH_x 粒子相结合直接生成 N_2）和两步反应的中间产物（两步反应中间产物 NO 与 NH_x 反应生成 N_2）。在 NH_3-TPO 程序升温测试中发现硝酸盐表面存在两个稳定的吸附键，证明了在反应条件下，生成 N_2 的过程中存在 SCR 机理，同时也解释了一旦温度足够高，将有 50% 的 NH_3 分子吸附在催化剂上从而观察到瞬间 "NO-NH_x" 的情况。事实上 NO 和 NH_3 在低温下（从 1000℃）的反应是受限的，另一方面也没有证据显示此反应遵循的是 SCO 机理。提高重收率是选择性催化氧化 NH_3 研究的主要任务之一。人们试图通过研究选择性催化氧化 NH_3 机理来控制第一副产物（N_2O）和第二副产物（NO 和 NO_2）的生成。但

是选择性催化氧化 NH_3 的机理非常复杂，它与催化剂载体、活性组分种类和负载量以及反应温度等因素有关。Zhang 等人[54]研究发现 $Ag-Al_2O_3$ 在不同温度段有不同的反应机理，在低于 140℃的阶段遵行直接催化氧化机理，在高于 140℃下遵行内部选择性催化还原机理（iSCR）。Bruggemann 等人[55]用密度泛函理论将 H 型沸石上 NH_3 的选择性催化氧化机理细分为 3 个部分：（1）NH_3 与 O_2 直接反应，生成 HNO 或 NH_2OH；（2）HNO 分解；（3）NH_2OH 中间产物的分解。结果表明 H 型沸石催化剂的 NH_3 选择性催化氧化性能较差，O_2 与吸附态 NH_3 生成 HNO 或 NH_2OH 的初始反应需要的反应能最大，是 NH_3 选择性催化氧化反应中的限制因素。Gongshin Qi 等人认为在氨氧化反应中存在着两条路径[56]：一条为 2 个 NH_2 粒子直接作用生成 NH_2-NH_2，然后在氧化作用下由 NH_2-NH_2 反应生成 N_2；另一条路径为两步反应，NH_2 先被氧化为氮氧化合物 NO_x，后 NO_x 与 NH_3 反应生成 N_2。在 FT-IR 检测中发现 Fe 离子交换分子筛基催化剂反应符合上述第二条路径：NO 为 NH_3 与 O_2 反应生成 N_2 的中间产物。在反应中，NH_3 首先被 O_2 氧化为 NO，然后 NO 与 NH_3 反应生成 N_2。此反应不是在催化剂表面就是在气相中发生，或者两者皆有。他们的实验结果表明空速为 $GHSV = 2.3 \times 10^5 h^{-1}$，在 350~450℃下 NH_3 的转化率可达到 23%~55%。中间产物 NO 与 NH_3 反应生成 N_2 遵循 SCR 机理。因此在 SCR 反应中活性较好的催化剂更有可能在 SCO 反应中获得更高的 N_2 选择性。

目前，对于选择性催化氧化 NH_3 的反应机理重点研究以下两种观点，一种是：NH_3 化学吸附在催化剂表面活性位上，然后被解离为 NH 和 HNO，HNO 与 NH 反应生成 N_2 和 H_2O，其中副产物 N_2O 是在 HNO 和 HNO 反应过程中生成的。另一种是：NH_3 首先被催化氧化为 NO_x（NO、NO_2），其产物被吸附在催化剂表面，一部分未被反应的 NH_3 和吸附态的 NO 和 NO_2 反应生成 N_2。第二种反应机理被称为 iSCR（internal selective catalytic reduction）机理。在催化氧化 NH_3 反应过程中，激活 NH_3 是反应的控制步骤，这是因为 NH_3 分子的 N—H 键能大（393kJ/mol），同时 NO 有高热稳定性，使得 NH_3 首先被转化为 NO，催化剂表面一旦出现 NO，未反应完的 NH_3 与 NO 立即发生催化还原反应转化为 N_2。其中第一种机理的反应为：

$$O_2 \longrightarrow 2O \tag{2-9}$$

$$NH_3 - H \longrightarrow NH_2 \tag{2-10}$$

$$NH_2 - H \longrightarrow NH \tag{2-11}$$

$$NH + O \longrightarrow NHO \tag{2-12}$$

$$NHO + NH \longrightarrow N_2 + H_2O \tag{2-13}$$

$$NHO + NHO \longrightarrow N_2O + H_2O \tag{2-14}$$

$$NH_2 + NH_2 \longrightarrow N_2H_4 \tag{2-15}$$

$$N_2H_4 \longrightarrow N_2 + 2H_2 \tag{2-16}$$

当氧含量较少时，反应按如下步骤发生：

$$NH_3 + O \longrightarrow NH_2 + OH \tag{2-17}$$

$$NH_2 + O \longrightarrow NH + OH \tag{2-18}$$

$$NH + O \longrightarrow N + OH \tag{2-19}$$

$$2N \longrightarrow N_2 \tag{2-20}$$

第二种反应机理为：

$$NH + O_2 \longrightarrow NO + OH \tag{2-21}$$

$$NH_2 + NO \longrightarrow N_2 + H_2O \tag{2-22}$$

$$NH + NO \longrightarrow N_2O + H \tag{2-23}$$

$$H + HO \longrightarrow H_2O \tag{2-24}$$

N_2O 的产生也比较复杂，不同催化剂上 N_2O 的形成机理不一样。有文献称 N_2O 是 iSCR 反应过程中形成的；另一些文献则认为，吸附的 NH_3 解离形成还原态的 NH 和 NO，之后 NH 与 NO 反应生成 N_2O。Suárez 等人[57] 的研究表明 N_2O 不一定是在 NH_3 氧化过程中产生的，在同时存在 NO 和 NO_2 的环境中更容易生成 N_2O，尤其在活性组分负载量较高的催化剂上这种情况更明显，对催化剂进行 TPD 和 XPS 表征，结果表明催化剂一旦吸附了 NO 和 NO_2 就会产生 NO_3^{2-}。N_2 主要是 NH_x 反应生成的，而 NH_x 是 NH_3 被吸附后解离得到的，于是认为 NO_3^{2-} 与 NH_x 之间的反应可能是生成 N_2O 的原因。在高温下 NH_3 与 O_2 反应生成部分 NO_x，然后 NO_x 与解离的 NH_2 反应生成 N_2 和 N_2O，主要反应是按照第二种反应机理进行。Suárez 等人[57] 通过傅里叶红外吸附光谱得出 NH_3 的转化分为两部分：一是 NH_3 的分解；二是 NH_3 与 O_2 分子的反应。实验也表明气流中被吸附的主要部分是 O_2，当催化剂表面吸附的 O_2 浓度较高时，中间产物是 NH_2、NH、HNO；高温下增加 O_2 浓度，产物主要是 N_2O、NO_2，它们主要来源于中间产物 HNO 的相互反应。Zhang 等人[58] 的研究表明气流中的 O_2 被吸附解离后形成原子氧，由于在高温下增加了 O/NH 的比例，所以 NO 的产量也增加了。H_2 预处理过的催化剂上，活化的 O 原子能使吸附的 NH_3 转化为 NH^-，继而被活化的 NH^- 与晶格氧和气流中的 O_2 反应生成 NO_x。

2.3.2 NH₃ 选择性催化氧化剂

催化剂一般由载体、助剂和活性组分三部分组成。活性组分是催化剂中产生活性的主要部分，载体是对活性组分起承载作用的物质。多数情况下，载体和活性组分之间具有相互作用，有的情况下载体也具有催化作用。好的催化剂载体可使活性组分有较好的分散性，较高的比表面积可使单位质量的活性组分催化效率较高。通过使用相应的催化剂可使 NH$_3$ 的氧化效率大大提升，反应时间减少，选择性提高。因此，许多类型的催化剂已经被用于 NH$_3$ 选择性催化氧化体系的研究中，总体来说 NH$_3$ 选择性催化氧化剂可分为贵金属催化剂、过渡金属氧化物催化剂、以分子筛为载体的新型催化剂、复合氧化物催化剂及整体催化剂这五类。

2.3.2.1 贵金属催化剂

在选择性催化氧化 NH$_3$ 研究中，贵金属催化剂发挥重要的作用。贵金属催化剂是指 Pt、Pd、Rh、Ir、Au 和 Ag 等贵金属通过离子交换的沸石载体或者负载在 Al$_2$O$_3$、TiO$_2$、ZrO$_2$、SiO$_2$ 等载体上所制备的催化剂[59]。贵金属具有较高的催化活性和良好的 NH$_3$ 转化率，但受温度影响比较明显，NH$_3$ 的完全转化温度或高转化率所需的温度通常高于 90℃，低于 300℃。表 2-2 给出了部分贵金属催化剂的 NH$_3$ 氧化行为。

表 2-2 贵金属催化剂上 NH$_3$ 的氧化活性

催化剂（质量分数）	反应温度/℃	NH$_3$ 转化率/%	N$_2$ 选择性/%
Ag/Al$_2$O$_3$	160	100	<60
10%Ag/Al$_2$O$_3$(IW)	110	52	41
1%Pd/Al$_2$O$_3$	140	34	48
1%Pt/Al$_2$O$_3$	220	40	76
1.2%Ir/Al$_2$O$_3$	200	100	84
1.2%Pd/Al$_2$O$_3$	200	100	75
10%Ag/Al$_2$O$_3$	160	100	82

Zhang 等[54]将 Ag 负载到 Al$_2$O$_3$、SiO$_2$、NaY 和 TiO$_2$ 的催化剂对 NH$_3$ 进行催化氧化，结果表明 Ag/TiO$_2$(21.5%)>Ag/NaY(12.4%)>Ag/Si(8.7%)> Ag/Al$_2$O$_3$(2.3%)。Al$_2$O$_3$ 负载 Ag 型的催化剂在 180℃ 表现出最佳的而且比较完整的 NH$_3$ 转化过程，对于其他催化剂至少在 240℃ 才能观察到，Ag/TiO$_2$ 催化剂相对于其他催化剂表现出对 N$_2$ 有更好的选择性。在 NH$_3$ 转化成 N$_2$ 方面，负载到 Al$_2$O$_3$ 上的高度分散的和较小的 Ag^0 表现十分优异，而较大的 Ag^0 颗粒在 NaY 表面分布较差，在 SiO$_2$ 和 TiO$_2$ 显示出了相对低活性和 N$_2$ 选择性。Chen 等人的研究表明[78]，平面铱（210）和多面铱（210）在 NH$_3$ 氧化反应显示 100% NH$_3$ 转化率，但 N$_2$ 选择性相对低，N$_2$O 和 NO 生成取决于氧覆盖、表面结构和表面尺寸。在低氧覆盖率（0.10mol/m^3），仅有 N$_2$ 出现，在中间氧覆盖范围（0.10mol/m^3）。

有 N_2 和 N_2O 的存在；在高氧覆盖范围（$0.80mol/m^3$），除了大量的 N_2 和 N_2O，NO 主要在平面铱（210）上，而在多面铱（210）上没有被测到或有极少量 NO。而对于 N_2O 选择性，平面 Ir（210）小于多面铱（210）。Gang 等人[60] 对氧化铝负载银催化剂在低温下选择性氧化氨进行了研究。结果表明氧化铝负载银是最佳的催化剂，主要由于 Ag 与 Al_2O_3 的协同作用。Gong 等人研究发现在选择性氧化氨过程中，N_2 选择性与 Au 催化剂表面原子氧含量有关[80]。低氧覆盖下，NH_3 可以分解为 NH_x，最终产生 N_2。高氧覆盖条件下，N_{ad} 与 O_{ad} 的结合可以产生 NO，N_{ad} 与 N_{ad} 之间的结合可以形成 N_2。

贵金属选择性催化氧化 NH_3 的过程中往往存在副反应，生成 N_2O 和 NO，导致较低的 N_2 选择性，造成比 NH_3 污染更严重的二次污染。但贵金属本身的高昂价格，所以没有得到广泛的工业化应用。将贵金属与过渡金属连用成为目前研究的趋势。一方面增强了 N_2 选择性；另一方面过渡金属的 NH_3 氧化活性有所提高。且贵金属用量减少，成本降低，所以有很好的应用前景。

2.3.2.2　过渡金属催化剂

许多学者对过渡金属催化剂作了研究。Kušar 等人[61] 也对比研究了 Fe/Al_2O_3、Mn/Al_2O_3、Cu/Al_2O_3 三种催化剂的氧化行为，研究表明 Cu/Al_2O_3 催化剂具有最优 NH_3 氧化行为。Steen 等人[62] 研究了负载型与非负载型 Co_3O_4 催化剂的 NH_3 氧化行为。研究表明，Co_3O_4/SiO_2 催化剂的 NH_3 氧化活性优于 Co_3O_4 非负载型催化剂。同时，其研究团队[63] 通过浸渍法进一步将 Co_3O_4 负载于 Al_2O_3 和 Zn-Al_2O_3 两种载体上，并考察 NH_3 氧化行为。研究发现，Co_3O_4 为 NH_3 氧化主要活性位，在高温且 O_2 存在的条件下，Co_3O_4 易向 CoO 还原。当反应气氨中有水存在时，CoO 可以与 Al_2O_3 载体发生反应形成铝酸钴，这种物质容易附着于 Co_3O_4 的表面，降低了 Co_3O_4 的吸附活化能力。与之不同的是，从热力学上讲，CoO 与 Zn-Al_2O_3 之间是不能发生反应的。因此，对比 Al_2O_3 载体，Zn-Al_2O_3 载体更适合作为 Co_3O_4 的载体应用于 NH_3 氧化反应中。Sang Moon Lee 等人[64] 研究了 Ce/V/TiO_2 催化剂对 NH_3 选择性催化氧化成 N_2。10%（质量分数）Ce/TiO_2 的催化剂通过加入 2%（质量分数）V，催化剂的活性和 SO_2 的耐受性都被大大增强，V 加入后在 250~300℃ 时，NH_3 转化率从 50% 增至 90%。BET 和 XPS 的结果表明，加入 V 后可能导致 Ce^{4+} 在 TiO_2 上有更好的分散，导致 BET 表面积的提高。H_2-TPR 的结果表明，V 增强氧化还原特性。

过渡金属催化剂大约在 300~400℃ 时有着良好的催化活性，具有很高的 N_2 选择性。由于所需的催化温度相对于其他催化剂也比较高，而工业含 NH_3 废气的温度普遍在 200℃ 以下，为降低能耗，过渡金属与其他金属结合的催化剂将占主流。

2.3.2.3 分子筛载体催化剂

分子筛类型催化剂近年一直备受关注。分子筛是一类具有特殊的微孔结构的材料，通常是以 SiO_4 或 AlO_4 为骨架的四面体，Si 或 Al 的含量决定分子筛的表面酸性。此类物质最早是在 1756 年由瑞典矿物学家 Cronstedt 发现的，他在持续升温的辉沸石中随着大量的水蒸气吸收而观察到了这种材料的生成。基于此，他为这种物质取名为沸石（zeolite），取希腊语中 zeo（沸腾）和 lithos（石头）的意思。由于其应用领域主要使用其分子过滤功能，因此又称为分子筛。大部分分子筛是从自然界发现的，截至 2012 年 10 月，已确定了 206 种分子的筛构型，其中有超过了 40 种分子筛被大家所熟知。按孔径划分有三类，微孔分子筛（<2nm）、介孔分子筛（2~50nm）和大孔及超大孔分子筛（>50nm）。可能是由于分子筛具有高的比表面积、有序的孔径结构、多孔性和热稳定性等性能，不仅能使催化剂的活性中心均匀分布在载体表面，而且其表面具有一定的酸性位点，可以吸附大量的 NH_3 从而使得 NH_3 能有效快速的与 O_2 发生反应。用于 NH_3-SCO 催化剂载体分子筛主要包括 Y 型、Beta 型、ZSM 系列、斜发光沸石（HEU）、镁碱沸石（FER）、菱沸石（CHA）和发光沸石（MOR）等，而用于离子交换的金属元素主要包括 Fe、Cu、Mn、Ni、Cr、Pd、Pt、Rh、和 Ru 等，但 NH_3 的选择催化氧化主要使用微孔和介孔分子筛[64]。近期分子筛载体催化剂在 NH_3-SCO 的研究在表 2-3 做了部分展示。

表 2-3 分子筛载体催化剂的 NH_3 氧化活性

催 化 剂	反应温度/℃	NH_3 转化率/%	N_2 选择性/%
Cu/ZSM-5	250	100	98
Cu/SBA-15	300	100	86
1wt%Pd/HY	300	100	96
CuO/CNTs	189	100	98.7
CuO/RuO₂/KIT-6	180	100	97

A 介孔载体催化剂

介孔分子筛（见图 2-2）是一类由硅基或非硅基形成的具有孔径分布均匀且具有有序孔道结构的无机多孔新材料。介孔分子筛的单一孔径分布、孔的形状和大小多样，其孔壁可调，孔道结构无序，多为六方形有序排列。介孔分子筛大的比表面积、较高的吸附容量和可调的孔径，使得介孔分子筛大受欢迎，但是介孔网格缺陷、较弱的酸强度以及无定型孔壁又限制介孔分子筛的发展，提高介孔分子筛的高热稳定性和水热稳定性是研究的重点。

MCM-41 和 SBA-15 是广泛应用的介孔纳米颗粒，主要应用于催化剂、吸收、

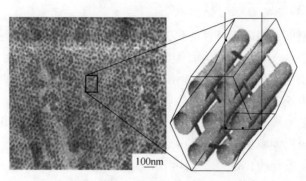

图 2-2　介孔分子筛

气体传送、离子交换、药物释放和成型等领域。此类物质最初是在 1970 年合成的，但当时并没有引起大家的关注，直到 1997 年对其进行了详细的报道后由于其具有较大的孔径（由于很多大分子材料在微孔分子筛中由于其孔道直径小而无法通过，而介孔材料的大孔径>2nm，对很多有机大分子材料可以起到分子筛选的作用）和大比表面积以及稳定有序的结构才成为大家研究的热点。由于不同的介孔分子筛的孔道构型没有太大区别，其主要区别为孔壁厚度及孔径大小和形状，因此在这就不一一做介绍了。

Kustov 等人[65]对于介孔分子筛载体催化剂 Cu/SBA-15 和微孔分子筛载体催化剂 Cu/ZSM-5 所做的研究表明，Cu/ZSM-5 不仅在 250℃ 就达到了 100%NH_3 转化率同时也达到了 98%N_2 产率，而催化剂 Cu/SBA-15 在 300℃ 时达到了 100% 的转化率且它的 N_2 产率在 300℃ 处达到最高值 86% 后便随着温度的升高而急速下降的。因此可以得出结论：对于 NH_3 选择性催化氧化反应来说，在微孔分子筛载体、介孔分子筛载体、氧化物载体和贵金属催化剂中，Cu/ZSM-5 以其高 NH_3 转化率和高 N_2 产率成为了比较理想的催化剂。

B　微孔载体催化剂

微孔分子筛是一类具有有序的孔径且不大于 2nm 的孔道的一类硅铝盐酸矿物质。其孔径结构根据其阳离子如 Na^+，K^+，Ca^{2+}，Mg^{2+} 等的不同，可能存在很大的差异，由于这些阳离子与骨架结合不紧密，因此在与别的物质接触时很容易与别的离子进行交换。微孔分子筛主要有 6 种，ZSM-5、Beta、Y、FER、MOR、MCM-49 型。关于离子交换的 Fe 分子筛型催化剂开展的研究较多，并在 NH_3-SCO 的反应中得到了较好的效果。

ZSM-5：ZSM-5 为 MFI 族分子筛，是一类具有特殊孔道结构的高热稳定性分子筛，其化学结构为 $Na_nAl_nSi_{96-n}O_{192}·16H_2O(0<n<27)$，属正交晶系（空间群为 Pnma），在温度降到 300K 到 350K 时可转变为单斜空间群 P21/n.1.13，在 1972 年由 Argauer 和 Landolt 首次合成。其孔道结构由平行于 [010] 晶面（孔径

约为 0.51nm×0.55nm）的八个五元环构成
的直孔孔道和平行于 ［100］晶面的十元
环正旋孔道（孔径约为 0.56nm×0.56nm）
组成的三维空间结构，其结构如图 2-3 所
示。ZSM-5 的晶胞参数为：$a = 2.01$nm，
$b = 1.99$nm，$c = 1.34$nm。由于 ZSM-5 的高
Si/Al，而当骨架中的 Al^{3+} 离子取代了的
Si^{4+} 的阳离子后，为了保持材料的电中性
将存在着一个 H^+，因此分子筛 ZSM-5 的
酸性很强。其特殊的三维孔道结构和强酸

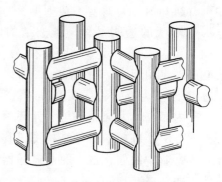

图 2-3 ZSM-5 的骨架结构图

性使得 ZSM-5 成为了一个很好的酸性催化剂，被广泛应用于石化领域内。

Beta：Beta 分子筛最早是在年代初由美国 Mobil 公司的 Wadlinger 等人合成出来的。图 2-4a 为它的不同孔道结构图，图 2-4b 为三维孔道立体图。其结构最终由图 2-4a 中所示的三种晶型结构沿晶面 ［001］方向堆积最终形成的堆积层错结构。Beta 分子筛具有两个不同的十二元环构成的孔道形态，其中一个呈对映体态，为空间群对称 P4122 和 P4322，其晶胞参数为 $a = 1.25$nm，$c = 2.66$nm，孔径为 $0.75×0.57$nm；另一个为手性的，空间群为 C2/c，晶胞参数为 $a = 1.76$nm，$b = 1.78$nm，$c = 1.44$nm，孔径为 $0.65×0.56$nm[99]。基于是唯一具有独特的三维十二元环的孔道结构，因此被广泛地应用于加氢裂化、催化重整等石化行业中。

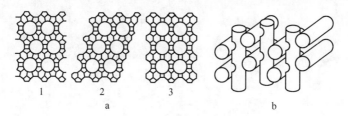

图 2-4 Beta 的孔道结构图

Y：Y 分子筛属 FAU 族，为八面沸石系列，最早是在 1842 年德国 Baden-wurttemberg 州的 Limberg 采石场中发现的，其化学结构为 $(Na_2, Ca, Mg)_{3.5} [Al_{17} Si_{17} O_{48}]$ · $32(H_2O)$。图 2-5 为 Y 的骨架结构示意图，它的骨架结构为通过六方柱连接而成的方钠石笼，由十二元环构成的孔道相互垂直，直径为 0.74nm。图中可看出由十个方钠石笼包围而成了直径为 1.2nm 的内腔，晶胞参数为：Fd3m 型对称结构，No.227 以其良好的耐高温、催化、离子交换和吸附性能广泛地应用于石油的催化裂化和加氢裂化等石化行业中。

FER：FER 的化学结构为 $(Na, K)_2 Mg (Si, Al)_{18} O_{36} (OH)$ · $9H_2O$，根据其中阳离子的不同可分为 FER-Mg、FER-Na、FER-K 三种，属于正交晶系。在电镜图

中可看到 FER 为珍珠型、放射型、薄刀片状聚球形等形状的透明晶体。骨架结构由平行于 [001] 晶面的十元环（孔径为 0.42nm × 0.48nm）直孔孔道和平行于 [010] 晶面的八元环（孔径为 0.35nm×0.48nm）直孔孔道构成，其内部孔道为八元环与六元环垂直相交而成。图 2-6 为 FER 的骨架结构图，其广泛应用于化工行业中的催化剂、商业过滤器和离子交换等方面。

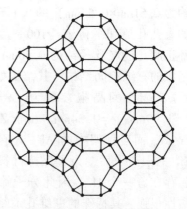

图 2-5　Y 的骨架结构图

MOR：MOR 是丝光沸石的总称，有着 $(Ca, Na_2, K_2)Al_2S_{10}O_{24} \cdot 7H_2O$ 的化学结构，为商业上用途最多的 6 种分子筛之一，1864 年由 Henry How 发现。MOR 属斜方晶系，其孔道结构由硅氧或铝氧四面体连接成的五元环构成，图 2-7 为 MOR 的骨架结构图，其晶胞参数范围为：$a = 1.8052 \sim 1.8168nm$，$b = 2.0404 \sim 2.0527nm$，$c = 0.7501 \sim 0.7537nm$，由上参数可看到 MOR 基本可视二维孔道结构。MOR 分子筛具有良好的耐热耐酸和抗水蒸气，广泛应用于石化行业的烷烃和芳烃的催化异构中。

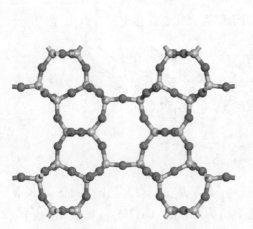

图 2-6　FER 的骨架结构图

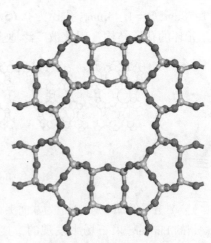

图 2-7　MOR 的骨架结构图

MCM-49：MCM-49 是 1992 年起 Mobil 公司合成出的一系列具有 MWW 结构的新型分子筛中的一种，图 2-8 为 MWW 笼的结构示意图。当它的有机模板（六亚甲基亚胺）与无机阳离子的摩尔比小于 2.0 时合成出来的为 MCM-49。它的骨架结构由两个独立的孔道结构构成，其中一个由十元环构成的二维正弦孔道，另一个由内径为 0.71nm 宽和 1.82nm 高的超大笼构成。其中板状晶面上为十二元环的口袋，其中每一个口袋是一个具有近似0.7nm深度的半超笼。每个口袋的外表面存在一个酸性位点，可以很容易地与反应中的中间体结合，因此在化学过程中是一个非常理想的催化剂。

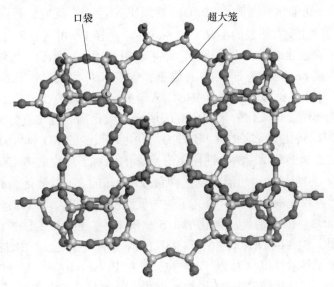

图 2-8 MWW 的骨架结构图

Gongshin Qi 等用固体分散法将 Fe 负载于不同分子筛（ZSM-5，MOR，FER，Beta，Y）载体上并对它们的活性进行了研究[56]。发现以 ZSM-5 为例，用固体分散法在 700℃下制成的催化剂在高空速下（GHSV=2.3×10⁵h⁻¹）得到的催化剂催化活性最好，在 400℃时可达到将近 99%的 NH₃ 转化率和 100%的 Nz 选择性。在不同温度下用固体分散法制成的催化剂活性按以下顺序递减：Fe/ZSM-5(700)>Fe/ZSM-5(600)>Fe/ZSM-5(500)>Fe/ZSM-5(400)>Fe/ZSM-5(350)。在 700℃下制备得到不同载体的催化剂，其催化活性按以下顺序递减：Fe/ZSM-5>Fe/MOR>Fe/FER>Fe/Beta>Fe/Y。同时他们也研究了这些催化剂的 NH₃ 选择性催化还原 NO 体系的催化活性，通过 FTIR 测试可知氨选择性催化氧化的反应机理分为两步：NO 为 NH₃ 氧化为 N₂ 反应的中间产物，即 NH₃ 先被氧化为 NO，NO 再与 NH₃ 反应生成 N₂O。Magdalena 等[66]研究沸石 Y 与钯改性作为有效的催化剂用于 NH₃ 选择性催化氧化，发现了沉积在沸石上 Pd 的负载和聚集与 NH₃ 活性和选择性之间存在相关性，NH₃ 氧化活性和催化剂的催化活性随着贵金属负载的增加而增加，而 N₂ 选择性随钯含量增加而降低。Song 等[67]将 CuO 负载于碳纳米管（CNTs）上，表现出很高的催化活性和 N₂ 选择性。实验表明碳纳米管的表面缺陷不仅可以激活 CuO 的活性，还促进了催化过程中的电子转移。随着碳纳米管缺陷密度的增加，NH₃ 完全氧化为 N₂ 的温度从 235℃降低到 189℃，N₂ 选择性从 93.8% 升高到 98.7%。并且在长周期实验中，催化剂的活性并没有显著的下降。Cui 等[68]以介孔分子筛 KIT-6 为载体 CuO/RuO₂ 金属进行研究。在富氧条件下此复合金属氧化物催化剂具有很高的催化活性和 N_2 选择性。10%（质量分数）CuO/RuO_2 的介孔催化剂在低至 180℃ 时就能使 NH_3 完全反应，而且在长周期实验中催化剂的活性没有明显的下降。Hahn 等[69]选择 Fe/BEA 沸石用于选择性催化氧化 NH_3，而且建立了动力学模型。结果表明 Fe/BEA 沸石催化剂可以对 NH_3 的充分吸附以及 Fe/BEA 沸石中 Fe 的位点影响着 NH_3 氧化活性和选择性，但未对 O_2 是否影响 NH_3 的吸附和解析做出深入研究。同时研究了 Cu 负载于 Beta 分子筛上的氨选择性催化氧化效果，研究表明，此催化剂表现出良好的催化性能，能高效的将 NH_3 转化为无害的 N_2 和 H_2O。并生成很少的 NO 和 N_2O。将水蒸气加入反应之后，虽然对反应的活性稍微有点影响但对于反应的 N_2 选择性并没有影响，而随着 Cu 含量的增加能减少这种负效应。Kim 等[70]催化剂 Pt/Fe/ZSM-5 应用于氨选择性催化氧化体系，研究了他的低温催化效果，可以知道他具有良好的低温（<200℃）催化活性。催化剂 1.5% Pt/0.5% Fe/ZSM-5 在 175℃ 短性接触时间内达到了 81% 的 NH_3 转化率和 93% 的 N_2 选择性。通过 HRTEM 和 XRD，XPS 表征发现了其活性组为 Pt/Fe 颗粒，其中 Pt 粒子几乎全部分散于 Fe 的氧化物表面上，且其含量随着 Fe 的增加而减少。并且发现催化剂的状态和活性受载体材料的影响非常显著——负载于 ZSM-5 上的催化剂活性明显要好于负载于 Al_2O_3 和 SiO_2 上的。

在 NH_3 催化活性方面，负载活性组分的分子筛载体催化剂要明显好于别的载体催化剂。因此将分子筛作为载体应用于 NH_3 选择性催化氧化体系具有很好的前景。但分子筛催化剂水热稳定性差，而工厂排放的尾气中一般都含有一定数量的水汽。因此，对分子筛催化剂进行改性以提高其抗水性和稳定性等性能可作为今后的研究重点。

2.3.2.4 复合氧化物催化剂

复合氧化物是指由两种或两种以上金属氧化物复合而成的多元复杂氧化物。由于多种组分之间存在结构或电子调变等相互作用，一般情况下其活性比单一组分高。因此，众多研究者又将过渡金属 Cu 与其他金属结合，进一步提高催化剂的转化率和选择性。其中水滑石类复合氧化物是 NH_3 氧化反应的重要催化剂。如表 2-4 所示为部分复合氧化物催化剂催化活性的比较。

Magdalena 等[71]所研究的 Cu-Mg-Al、Cu-Mg-Fe、Cu-Zn-Al 和 Cu-Zn-Al 系水滑石被认为是良好的选择性氧化 NH_3 的活性催化剂。这些催化剂的活性取决于它们的化学组成以及焙烧温度。Cu-Mg-Al 水滑石，在 600℃ 焙烧导致在非晶结构中，MgO 为主要形式，而对于焙烧后的 Cu-Mg-Fe，Cu-Zn-Al 系水滑石出现了 CuO、MgO、Fe_2O_3、ZnO 和其混合氧化物。当焙烧温度增加到 900℃ 时在较低温

表 2-4　复合氧化物催化剂的 NH_3 氧化活性

催 化 剂	反应温度/℃	NH_3 转化率/%	N_2 选择性/%
$Mg_2Cu_{0.5}Fe_1$	400	100	88
$CuO/La_2O_3(8:2)$	400	93	63
$3wt\%Al/Ce_{0.4}Zr_{0.6}O_2$	330	90	
$10wt\%CuO/CeO_2$	250	100	>90
Cu-Ce-Zr（SOL）	220	100	100
$CuFe_2O_4$（中孔）	300	100	≥96
$CuFe_2O_4$（介孔）	300	100	>95
$CuO_x/C\text{-}TiO_2$	175	94	

度下形成的相的结晶度显著增加，还观察到 Cu_2MgO_3 相的形成。这些催化剂在长期反应测试中呈现高催化稳定性，而且随焙烧温度的增加显著降低样品的表面积，特别是对于含 Fe 的催化剂。另外，铜还原过程需要更高的温度。水滑石在焙烧温度为 900℃相比 600℃的样品表现显著不活跃。Chmielarz 等人[72]通过共沉淀法制备了不同 Cu 含量的 Mg-Cu-Fe 催化剂。活性测试结果指出，Mg_2Fe_1催化剂活性最差，NH_3 的转化不完全，Cu 加入后，NH_3 氧化活性明显增强，N_2 为主要产物。$Mg_2Cu_{0.5}Fe_1$催化效果最好，NH_3 在 400℃时完全转化，N_2 选择性为 88%。他们还通过共沉淀法制备了 Co/Mg/Al、Cu/Mg/Al、Cu/Co/Mg/Al、Fe/Mg/Al 和 Ni/Mg/Al 催化剂。活性测试结果表明，不同过渡金属掺杂会影响 NH_3 氧化活性和 N_2 选择性，过渡金属含量越高，选择性越好。Kaddouri 等人[73]通过溶胶-凝胶法制备了 CuCr、Ag/CuCr、Mn/CuCr 和 Ag-Mn/CuCr 催化剂。活性测试结果表明，NH_3 转化率大小顺序为 Ag-Mn/CuCr>CuCr>Ag/CuCr>Mn/CuCr。所有催化剂的 N_2 选择性偏低，反应产物中大部分为 N_2O。Ag、Mn 和 Cu 之间的协同作用保证了 Ag-Mn/CuCr 催化剂有最高的 NH_3 氧化活性。而 Cu 与贵金属组合的复合氧化物中，效果较好的为 CuO/RuO_2 催化剂。Hung[74]等人通过共沉淀法制备了不同摩尔比的 CuO/La_2O_3 催化剂。当 Cu/La 摩尔比为 8:2 时，CuO/La_2O_3 催化剂具有最好的转化率，400℃时 NH_3 转化率达到 93%，N_2 选择性为 63%，而且 La 含量越高，低温下 NH_3 转化率越高。Wang 等[75]通过模板法将 Zr 掺杂到 CeO_2 制成的 $Ce_{1-x}Zr_xO_2$ 复合氧化物催化剂，将金属铝（Al）掺杂 $Ce_{0.4}Zr_{0.6}O_2$（CZ）催化剂中制备了 CZ-Al 复合氧化物，当 Al 掺杂量为 3%（质量分数）时，催化剂低温活性最佳，330℃时的 NH_3 转化率为 90%（$T_{90\%}=330$℃）。与 CZ 催化剂相比，$T_{90\%}$ 降低了 25℃，NH_3 转化率平均高出 12.7%。将过渡金属中具有较高活性的铜（Cu）掺杂于 CeO_2 中，可进一步改善催化剂的 NH_3 氧化性能。当 Cu 负

载量为10%（质量分数）、煅烧温度为500℃时，催化剂具有最优活性，NH$_3$ 在250℃时实现完全转化，N$_2$ 选择性保持在90%以上。CuO-CeO$_2$ 催化剂的 $T_{90\%}$ 为230℃，比 CZ-Al 催化剂降低了100℃。Wen 等[76] 用中孔尖晶石型 CuFe$_2$O$_4$ 混合氧化物作为选择性氧化 NH$_3$ 氮活性反应试验的催化剂，发现 NH$_3$ 的转化率在300℃达到近100%，氮选择性高达96%。随着温度的升高，N$_2$ 选择性有所降低，在600℃时仍然保持在80%左右。通过使用正己烷溶剂改进纳米浇铸，并将得到的介孔 CuFe$_2$O$_4$ 的用于选择性催化氧化，与传统的催化剂比较表现出更好的 NH$_3$ 活性，NH$_3$ 的完全转化且 N$_2$ 选择性在300℃达95%以上。Hu 等[77] 制备 CuO$_x$/C-TiO$_2$ 催化剂在低温选择性催化氧化 NH$_3$ 过程中表现出兼具高催化活性和低 NO 产量的特征，在175℃和200℃时，NH$_3$ 氧化的效率为74%。C-TiO$_2$ 是低温下选择性催化氧化 NH$_3$ 的一个非常好的载体。

2.3.2.5 整体式催化剂

整体式催化剂是近几十年发展起来的新型催化剂，一般由骨架基体、涂层和活性组分构成。其基本特性是通道内存在有限的径向混合，而相邻通道间几乎无任何传质作用。骨架基体的构造一般分为蜂窝型，泡沫形和交叉流动型，大多为蜂窝形结构，蜂窝状陶瓷载体和蜂窝状金属丝网载体（WMH）尤为广泛。而涂层一般是用来提高整体式催化剂载体的表面积。整体催化剂最早是用于环境领域，尤其是整体催化剂铜基催化剂选择催化氧化 NH$_3$ 性能研究。

Shrestha 等[78] 合成了混合双层 Fe-ZSM-5+Pt/Al$_2$O$_3$ 的整体式催化剂，其含有 Fe-ZSM-5 的顶层和 Pt/Al$_2$O$_3$ 底层，表现出较高的 N$_2$ 的选择性和产率。双层催化剂在高温下优于混合层催化剂，表现出低的 NO$_x$ 产率和更高的 N$_2$ 选择性，而混合催化剂在低温下显示较低 N$_2$O 产率和更高的 N$_2$ 选择性。Yang 等[79] 将相同质量的 Pt/TiO$_2$ 催化剂负载在蜂窝状金属丝网载体和整体式陶瓷载体上，并将这两种催化剂用于处理多种 VOCs 气体。结果显示，所有 VOCs 气体在蜂窝状金属丝网载体催化剂上的转化率明显高于整体式陶瓷载体，特别是在高温阶段。Qu 等[80] 在实验室模拟蜂窝状金属丝网载体（WMH）催化剂催化氧化 NH$_3$，XRD 和 H$_2$-TPR 分析表明，Ag 在 WMH 催化剂具有更好的 NH$_3$ 的转换，以及 Cu 能明显改善 N$_2$ 的选择性。在添加 Ce 后受阻 CuO 的晶体相的形成，并促进 SCO 更为有效地进行。进料气体中用20%的 O$_2$。Ag-Cu/WMH 催化剂在约240℃仍能显示出100%NH$_3$ 转化率在和80%以上 N$_2$ 选择性。动力学研究显示，蜂窝状金属丝网载体催化剂有较好的性质是由于改善了载体内部的传质。同时蜂窝状金属丝网载体还克服了整体式载体的另一个缺点，其在通道拐角处不存在涂料堆积，不会影响反应物在通道中的流动，从而提高了催化剂的效率。

2.3.3　NH$_3$-SCO 性能的其他影响因素

除了载体和活性组分外，影响催化剂性能的因素还包括前体、焙烧温度、助剂、表面酸性、氧含量、水和 SO$_2$ 的加入等。总体来讲，催化剂一般主要由载体、助剂和活性组分三部分组成。载体是对活性组分起承载作用的物质，多数情况下，载体和活性组分之间具有相互作用，有的情况下载体也具有催化作用。好的催化剂载体可使活性组分有较好的分散性，较高的比表面积，使得单位质量的活性组分催化效率较高。过渡金属催化剂广泛应用于 NH$_3$-SCO 研究中，常见的有 Cu、Fe、Ni、Co、Mn、Fe 等。过渡金属为活性组分的催化剂的 NH$_3$ 低温转化性能较差，且受载体、制备方法、水等的影响较大。

2.3.3.1　载体

催化剂活性组分的分散性对 NH$_3$-SCO 催化剂的性能有重要影响。载体能提高催化剂的活性组分的分散性、机械强度、耐热性，避免在处理大气量废气时催化剂的损耗，提高催化剂的催化效率及稳定性。载体通过结构特性、氧基团、表面酸性及与活性组分间的相互作用等影响催化剂的 NH$_3$ 转化性能。贵金属、过渡金属催化剂的催化性能均受到载体的影响。研究中常见的载体有沸石、氧化铝（Al$_2$O$_3$）、二氧化钛（TiO$_2$）、活性炭（AC）等。由于 Al$_2$O$_3$ 的比表面积大，孔结构可调控，且价格低廉，较多催化剂的载体都使用各种类型的 Al$_2$O$_3$。在各类 Al$_2$O$_3$ 的晶型中，α-Al$_2$O$_3$ 和 γ-Al$_2$O$_3$ 由于具有酸性功能被用来作为催化剂的成分，而不具有酸性功能的惰性物质 α-Al$_2$O$_3$ 常作为催化剂载体被人们研究。

对于 NH$_3$-SCO 催化剂，研究中常见的载体有沸石、Al$_2$O$_3$、TiO$_2$、AC（活性炭）等。Yang 等[81]制备了 Cu/Al$_2$O$_3$ 和 Cu/β 型沸石催化剂，同等反应条件下催化剂的 NH$_3$ 完全转化温度分别为 400℃ 和 350℃。杨丽君等[82]研究表明 Ru/Al$_2$O$_3$ 和 Ru/AC 催化剂在 NH$_3$-SCO 实验中的起活温度分别为 200℃ 和 266℃，利用 XRD 和 TEM 表征表明前者催化剂上的 Ru 活性组分分散性明显优于后者，故起活温度较低。Chmielarz 等[83]的研究中表明 TiO$_2$ 载体催化剂因具有较高的表面氧流动性和较低的氧的结合力，从而显示出好的低温活性和 N$_2$ 选择性（95%）。对于新型载体碳纳米管（CNTs），Song 等[67]研究表明 Cu/CNTs 催化剂在反应温度为 189℃ 时，NH$_3$ 转化率和 N$_2$ 选择性分别为 100% 和 98.7%。由于 CNTs 上特殊的缺陷结构和良好的电子传递性能，使得催化剂具有良好的分散性，表现出较佳的催化性能。除上述载体外，NH$_3$-SCO 反应研究中的载体还包括 La$_2$O$_3$、CeO$_2$、SiO$_2$、TiO$_2$-SiO$_2$（复合载体）和 La$_2$O$_3$-CeO$_2$ 等。载体对 NH$_3$-SCO 性能有很大的影响，且不同的载体所对应的最佳活性组分并不相同，因此，为获得高催化活性和高 N$_2$ 选择性的催化剂，需针对不同的载体进行活性组分的匹配筛选。

  然而载体不同所对应的最适活性组分也不同。如：在 Al_2O_3 载体上负载 Ni、Mn、Fe，实验结果显示这种催化剂能有效去处 NH_3 并获得较高的 N_2 选择性，Cu-Mn 双组分活性组分能提高催化剂活性和 N_2 选择性。以 ZSM-5 为载体的一系列催化剂，结果表明催化活性可排列为：Fe>Cu>Cr>Pd>Mn>Ni。当反应温度为 450℃，空速为 $2.3×10h^{-1}$ 时，Fe/ZSM-5 催化剂上可获得相当高的活性和 N_2 选择性，且在整个测试温度范围内检测不到 N_2O。TiO_2 载体催化剂活性顺序为：$Cu\text{-}Mn>CuO>Fe_2O_3>MnO_2>V_2O_5>MoO_3$。以 Y 型分子筛为载体负载过渡金属制备的催化剂活性顺序为：Cu>Cr>Ag>Co>Fe>Ni>Mn。载体的表面性质对活性组分之间的相互作用会产生影响，并且会改变表面铜物种的分散性以及催化剂的还原性质等。负载铜基催化剂的载体主要有简单氧化物（如 Al_2O_3、ZrO_2、TiO_2）、具有规整微孔结构的沸石分子筛及黏土材料载体等。活性 Al_2O_3 作为最常用的催化剂载体之一，被广泛应用于铜基催化剂的研究。通过对比 Cu/Al_2O_3 与 Cu/TiO_2 的催化性能，研究发现，由于更高的表面氧流动性和较低的氧结合力，以 TiO_2 为载体的催化剂具有更好的低温活性和 N_2 选择性。因此对于铜基催化剂，TiO_2 是比 Al_2O_3 更合适的载体。通过化学气相沉积法在纳米 TiO_2 表面覆盖纳米碳，制备 $C\text{-}TiO_2$ 载体。由于 C 的存在，催化剂表面具有分散性更好并且种类更多的铜氧化物（CuO、Cu_2O），而 Cu^{2+} 与 Cu^+ 金属离子的共存对于 NH_3 的氧化-脱氢作用有一定的贡献，因此 $CuO_x/C\text{-}TiO_2$ 比 CuO_x/TiO_2 具有更高的催化活性。载体的表面缺陷在 NH_3-SCO 反应中的作用也值得讨论。用浓 HNO_3 在不同温度下处理 CNTs，制备了不同表面缺陷密度的 CNTs，并通过浸渍法制备了 CuO/CNTs 催化剂。研究发现，随着 CNTs 表面缺陷密度的增加，NH_3 的完全转化温度降低，对 N_2 的选择性提高。这是由于 CNTs 的表面缺陷一方面能够增强 CuO 还原过程中的电子转移，降低 Cu—O 键的稳定性，起到活化 CuO 的作用；另一方面能够促进催化剂表面的电子转移，有利于活性氧的形成。采用水热法制备具有阶层多孔结构的 $Al\text{-}ZrO_2$ 载体，Al 的掺杂使载体表面具有氧空位，氧分子在氧空位上吸附并活化形成活性氧。将 $RuO_2\text{-}CuO$ 复合氧化物纳米颗粒负载在 $Al\text{-}ZrO_2$ 载体上，对于 NH_3-SCO 体系具有优异的催化性能。具有规整微孔结构的沸石分子筛也是一类重要的载体。催化剂对于 NH_3 的氧化活性顺序为 Fe>Cu>Cr>Pd>H-ZSM-5>Mn>Ni≈Co。而相对于 ZSM-5，Beta 沸石分子筛具有更大的孔径，使反应物在表面活性位上的转化得到增强，促进 NH_3 的氧化。多孔黏土（PCH）具有微孔和介孔相结合的结构、较大的比表面积和优异的热稳定性。通过离子交换法制备的 PCH-Cu 催化剂具有非常大的比表面积（大于 $800m^2/g$），对催化剂活性的提高有很大作用。

  Nassos 等人[84]研究表明 NO_x 有效的催化剂同样对选择性催化氧化 NH_3 有效。Al_2O_3 载体催化剂是最常见的选择性催化氧化 NH_3 催化剂，大量文献在

200~600℃研究了 Al_2O_3 载体负载不同种类、不同含量的过渡金属和贵金属对选择性催化氧化 NH_3 的性能，结果表明催化剂起活温度较高，N_2 选择性可达到82%~98%，但 N_2 的选择性随着温度的升高迅速降低。另一种研究得较多的选择性催化氧化 NH_3 催化剂载体是 ZMS-5 分子筛，该载体制备的催化剂对 N_2 选择性比较高（88%~99%），催化剂起活温度比较低（250~450℃），最佳空速也比较大（22000~30000h^{-1}），但是 ZSM-5 载体催化剂的抗水性较差。由于 TiO_2 载体的比表面积小，因此有关 TiO_2 载体催化剂的研究较少，但是实验结果表明：低温下（<200℃）TiO_2 载体催化剂上选择性催化氧化 NH_3 的效果好于 Al_2O_3 载体催化剂，高温下（>200℃）则相反。除以上催化剂载体外，文献报道的还有 SiO_2 载体、TiO_2- SiO_2 复合载体、La-Ce 载体和 Al_2O_3-CeO_2 载体制备的催化剂。载体对选择性催化氧化 NH_3 有很大的影响，但不同的载体对应的最适活性组分并不一样，所以要获得高活性和高 N_2 选择性，需要针对不同的载体进行活性组分筛选。为了结合活性组分中贵金属的低温高活性和过渡金属的高温高 N_2 选择性，将贵金属和过渡金属作为双组分复合活性组分负载到催化剂载体上，这方面的研究也较多，实验结果表明这种催化剂的活性比单组分过渡金属大，其 N_2 选择性也比单组分贵金属催化剂大。

2.3.3.2　活性组分

活性组分是催化反应中的关键影响因素，NH_3-SCO 反应也同样如此。对于 NH_3- SCO 催化剂，催化剂的活性组分可分为贵金属和过渡金属活性组分。通常，以贵金属为活性组分的催化剂低温活性较好，但同时伴随有大量反应副产物的产生，且催化剂制备成本较高。研究表明 Pd、Rh、Pt、Ag 等贵金属活性组分催化剂的低温活性好，但产物大多为 NO。Zhang 等[54]研究表明 Ag/Al_2O_3。催化剂在160℃的低温下获得100%的 NH_3 转化率和50%的 NO_x 得率。对于 Pt-Pd-Rh 催化剂，反应温度为300℃，O_2 浓度为20%时，此时 NH_3 转化率为85%。而对于过渡金属催化剂的研究，反应温度大多为中高温 NH_3- SCO（300~900℃），其 N_2 选择性较高，价格低廉，但低温活性差。常用的过渡金属活性组分为 Fe、Cu、Co、Cr、Mn 和 Ni。如 Cu/γ-Al_2O_3。催化剂的 NH。完全转化温度为350℃，且 N_2 选择性高于95%。通过对比了 Cu/Mg-Al 水滑石和 Fe/Mg-Al 水滑石催化剂的 NH_3-SCO 性能，结果表明两种催化剂的 NH_3 完全转化温度分别437℃和510℃，N_2 选择性分别为94%和92%。由此可见，即便是低温活性较好、N_2 选择性高的 Cu 基催化剂，与贵金属催化剂相比，其低温性能仍存在明显差距。为兼顾催化剂的低温活性及产物选择性，有研究人员尝试同时采用贵金属和过渡金属为活性成分开展研究。如 Qu 等[80]比较了 Ag-Cu/WMH（wire-mesh honeycomb；蜂窝状金属丝载体）、Ag/WMH 和 Cu/WMH 催化剂的活性，研究结果表明，与 Ag/WMH 相比，添加 Cu 组分后，Ag-Cu/WMH 催化剂的 NH_3 完全转化率温度由

210℃上升至230℃，此时，N_2 选择性由65%上升至85%。Cu/WMH 催化剂表现出最佳的 N_2 选择性和最差的 NH_3 氧化活性，分别为90%和12%（240℃）。由此表明贵金属与过渡金属之间产生协同作用，兼顾两种活性组分的特点，可获得性能较好的催化剂。但贵金属与过渡金属组分的协同作用并非必然现象。Ozawa 等[85]研究发现 Ru 的加入减弱了 Ni/Al_2O_3。催化剂对生物质气中 NH_3 的氧化活性，同时促进反应气中 H_2 的氧化，从而降低生物质气的净化效果和适用性能。在筛选选择性催化氧化 NH_3 催化剂的活性组分时通常会遇到一个困难：如果催化剂氧化性太强，那么催化反应起活温度较低，但是在反应过程中易产生较多的 NO_x，尤其是 NO；反之，如果催化剂氧化性较弱，那么催化反应起活温度较高，但是 N_2 选择性较高。文献研究表明 Pd、Rh、Rt、Ir、Ag 等贵金属活性组分催化剂的活性高，但主要产物是 NO_x；Mo、V、W 等过渡金属催化剂对 N_2 的选择性很好，但是反应起活温度高。而以 Fe、Cu、Co、Cr、Mn、Ni 为活性组分制备的催化剂基本上能兼顾催化活性和 N_2 选择性，其中 Cu 是选择性催化氧化 NH_3 催化剂活性组分的首选。

活性组分是决定催化剂性能的关键。对于应用于 NH_3-SCO 体系的铜基催化剂，活性组分主要以铜氧化物、铜复合氧化物以及贵金属掺杂的铜氧化物或铜复合氧化物为主。由于复合氧化物中多种组分间一般会存在结构或电子调变等相互作用，使催化剂获得更高的活性，因此将铜与其他金属相结合，制备铜复合金属氧化物催化剂是近期的研究热点。Yue 等[76]采用模板法制备了介孔 $CuFe_2O_4$ 复合氧化物（MP-CuFe）。MP-CuFe 催化剂优异的活性和选择性归因于较大的比表面积（194 m^2/g）使表面酸性位数量增多，CuO 物种的还原性增强。类水滑石衍生的复合氧化物也被考虑应用于 NH_3-SCO 体系。采用共沉淀法制备了不同 Cu 含量的 Mg-Cu-Fe 类水滑石衍生的复合氧化物。活性测试结果表明，Cu 加入后，催化活性明显加强，$Mg_2Cu_{0.5}Fe_1$ 催化剂的催化效果最好。少量研究将 Cu 与贵金属结合制备复合金属氧化物。其中，介孔 CuO/RuO_2 是性能最优的催化剂之一。采用共模板法制备了 CuO/RuO_2 催化剂，Cu 质量分数为10%时，催化剂的 NH_3 完全转化温度达到180℃，N_2 选择性超过95%。随 Cu 负载量的增加，N_2 选择性有少量的提高，但反应活性没有改变。活性组分的分散度是影响选择性催化氧化 NH_3 的重要因素之一，因而大部分选择性催化氧化 NH_3 催化剂都是负载型，常见的载体有氧化铝（Al_2O_3）、硅胶、活性炭（AC）、浮石、硅藻土等。载体在选择性催化氧化 NH_3 中起着很重要的作用：能使制备的催化剂具有合适的形状、尺寸和机械强度，以符合反应器的操作要求；可使活性组分较好的分散在载体表面上，获得较高的比表面积，提高单位质量活性组分的催化效率；可阻止活性组分在焙烧和反应过程中烧结，提高催化剂的耐热性；对于某些强放热反应，载体还能使催化剂中的活性组分平均分配热量。

2.3.3.3 助剂

早期研究表明助剂在 NH_3 选择性催化氧化中具有重要作用。助剂是一种自身没有活性或活性很低的物质。其与活性组分相互作用，使催化剂的活性和选择性得以改善。按照作用的不同，助剂又可分为电子性助剂和结构性助剂。电子性助剂可以改变催化剂的表面性质或反应物分子的吸附能力，从而降低反应活化能以提高反应速率。结构性助剂可以增加催化剂的结构稳定性，以此来提高催化剂的寿命和稳定性，故又称为稳定剂。在选择性催化氧化 NH_3 反应中，常用的助剂是 Ce、Li 和 La。根据文献稀土元素具有改变活性组分分布和形态，影响催化剂的比表面和氧化还原性能的作用，是催化剂优化的重要途径之一。

Lou 等人[86]研究了 150~400℃之间，在 Cu 中加入 Ce 助剂的选择性催化氧化 NH_3 实验，结果表明加入 Ce 后 NH_3 在 150℃就开始反应，低温下加入的 Ce 越多，催化剂活性越高。其进一步研究了纳米共沉淀法制备的 Cu-Ce 双组分催化剂的动力学，透射电镜表征结果显示加入 Ce 助剂后 Cu 以纳米颗粒较好的分散在载体上。另外，Hung 等人[87]也用溶胶凝胶法制备了 Cu-La-Ce 催化剂，XRD 的表征显示焙烧后的主要成分是 CuO、La_2O_3 和 CeO_2，其中 CeO_2 是最主要的活性组分，因为它增加了催化剂的储氧量，在氧化条件下有利于形成 CuO 活性中心；由于催化剂的活性和选择性主要受到催化剂颗粒大小、活性组分和载体之间发生的反应的影响，所以助剂直接影响了活性和选择性。加入 Li、La 和 Ce 能改变载体的酸性、活性组分的颗粒大小以及还原性，但是加入 Li 和 Ce 后效果并不一样 Lippits 等人[88]研究结果表明加入 Li 对反应的活性和选择性没有影响，加入 Ce 后活性大大提高，降低了起活温度。其认为加入 Li 会阻塞孔径，从而降低反应的速率。将 Ce 和 Li 结合起来是一种有效的双组分助剂。Boyano 等人[89]用 BET 表征了含 Ce 催化剂，发现催化剂颗粒的粒径变小了，活性组分的分散度增加了；用 XPS 表征发现，加入 Ce 后结合能变低了，说明助剂增强了活性组分的电子云密度，活性组分更容易被还原，于是降低了反应起活温度；用 NH_3-TPD 方法测定了样品的表面酸性，结果显示加入助剂后表面酸性降低了。因为 NH_3 的吸附性较强、含 NH_3 废气中有 H_2O、SO_2、CH_4 和 CO 等杂质，所以，NH_3 的吸附-脱附稳定性、抗水抗硫稳定性以及热稳定性也是评估催化剂性能的重要方面。Zhang 等人[54]研究了以 Au、Pt、It 为活性组分、浸渍法制备的催化剂，结果表明催化剂能在低温下获得较高的 NH_3 去除率，但 N_2 选择性较差，主要的副产物是 N_2O；接着用溶胶-凝胶法制备了 Ag/Al_2O_3 催化剂，实验结果表明低温下浸渍法制备的催化剂转化率比溶胶法高；用 H_2 处理后，催化剂的低温活性明显提高了（140℃时 NH_3 转化率能达到 95%）；在 160℃下测试了催化剂的稳定性，得到该催化剂能在 160℃下能维持 100% NH_3 转化率和 48%~50% N_2 选择性 48h。另有一些实验通过 NH_3-TPD 证明催化剂表面易吸附 NH_3，尤其在 50~240℃低温下催化剂表面的 NH₃ 吸附-脱附平衡时间较长，即便温度高于 240℃，催化剂上仍维持一个吸附-脱附平衡状态，只是高温下达到平衡的时间较短。在 NH₃-SCO 反应中，水通常会降低催化剂的 NH₃ 转化率。大多数研究者认为催化剂上 NH₃ 转化率降低主要是由于 NH₃ 和水间存在竞争吸附，但也不排除催化剂自身不定的原因。这种现象在低温下尤为明显，高温时被弱化的原因是水在高温下脱附降低了两者之间的竞争吸附。如 Cu/Al₂O₃ 和 Cu/β，含水条件下，325℃时的 NH₃ 转化率分别由干燥时的 69% 和 100% 降至 27% 和 64%。恢复干燥状态后，前者的 NH₃ 转化率基本复原，后者则发生不可逆的下降，这表明前者转化率下降主要是由于 NH₃ 和水间的竞争吸附造成的，而后者则是因为活性组分 Cu 的形态的改变造成的。

2.3.3.4　催化剂的制备方法

在实际应用中，催化剂的制备方法需要操作简单，活性组分与载体之间黏结性较好，制备出的催化剂分布均匀且催化剂性能稳定。目前，常用的催化剂的制备方法主要为浸渍法、溶胶凝胶法以及沉淀法等。

浸渍法主要包括过量浸渍法、等体积浸渍法、孔容浸渍法、等孔容浸渍法。过量浸渍法即是将载体浸入过量的浸渍液中，浸渍液体积超过可吸收体积，达到吸附平衡后，去除剩余液体，干燥，活化；等体积浸渍法即浸渍液体积等于可吸收体积，浸渍液无过剩；孔容浸渍法是指浸渍液体积超过载体微孔体积；等孔容浸渍法即浸渍液体积等于载体微孔体积。此外，催化剂孔道内外活性组分的分散状态的主要影响因素有浸渍液的浓度、浸渍的时间、催化剂孔容量以及干燥方法等。该催化剂的制备方法操作简单、所得到的催化剂粒度分布比较均匀。溶胶-凝胶法即将金属的醇盐、无机盐或是以上两者混合物，通过水解、缩聚、胶化、热处理后，制得金属氧化物或者其他固体化合物。采用这种方法可制得纳米催化剂，且该制备方法仪器简便、操作简单。Zhang 等人[54] 分别考察了溶胶凝胶法和浸渍法制备的 Ag/Al₂O₃ 催化剂，实验结果显示，在低温反应条件下，浸渍法制备的催化剂 NH₃ 转化率比溶胶凝胶法高。

沉淀法即将沉淀剂置于活性组分的金属盐溶液中，形成水合氧化物或碳酸盐的凝胶、结晶态，产生的沉淀物通过分离、洗漆和干燥后，由此制备出相应的催化剂。沉淀法主要包括单组分沉淀法、共沉淀法、均匀沉淀法和超均匀沉淀法。其中，单组分沉淀法常用来制备单组分非贵金属催化剂；共沉淀法即多个组分同时沉淀，各组分比例较为恒定，分布较为均匀；均匀沉淀法是在均匀的体系中，需要调节 pH 值和温度，沉淀过程较为缓慢，所制取的催化剂颗粒分布均匀；超均匀沉淀法是使用缓冲剂将两种反应物暂时隔开，再骤然混合、搅拌，使整个体系形成均匀的过饱和溶液，所得沉淀颗粒大小一致，分布均匀。相较浸渍法和溶胶-凝胶法，沉淀法的制备过程较为复杂。

Dall 等人[90]发现 Cu-Mn/TiO$_2$ 制备方法不同，催化剂的性能有很大的差异。150℃ 以下，共沉淀法制得的催化剂的 NH：转化率最好；超过 175℃ 后，溶胶凝胶法制得的 NH$_3$ 转化率最高，浸渍法最差。N$_2$ 选择性结果表明三者的效果都不佳，其中共沉淀法和溶胶凝胶法制得的催化剂具有极好的 NO 选择性，浸渍法则具有极好的 N$_2$O 选择性。在催化剂中添加 CeO、或 La$_2$O 助剂后，催化剂的 NH$_3$ 转化率提高，N$_2$ 选择性降低。N$_2$ 选择性最差的 Ce-Cu-Mn/TiO$_2$ 在 200℃ 时可获得 100% 的 NH$_3$ 转化率，但 NO 选择性高达 96%，几乎不生成 N$_2$。Zhang 等人[54]的研究也出现了类似的结果。发现用浸渍法和初湿浸渍法制得的 10% Ag/Al$_2$O$_3$ 低温 NH$_3$ 转化率高，N$_2$ 选择性较差；溶胶凝胶法制得的催化剂性能则恰好相反。相同实验条件下，三者的完全转化温度和该温度下的 N$_2$ 选择性分别约为 160℃ 和 45%，160℃ 和 60%，300℃ 和 95%。可见，催化剂制备方法对催化剂的 NH$_3$ 转化率和 N$_2$ 选择性具有很大影响，催化剂制备过程中应根据活性组分、载体及其相互作用选择合适的制备方法。

Goran 等人[45]对 Pt/CuO/Al$_2$O$_3$ 的系统研究发现，干燥条件下，随着 Pt 负载量增加（0.5%~4%），NH$_3$ 完全转化温度降低，N$_2$ 选择性上升。相同条件下，Pt 含量为 1% 和 4% 的催化剂上 NH$_3$ 完全转化温度分别为 210℃ 和 200℃ 两种催化剂在 235℃ 时的 N$_2$ 选择性分别为 79% 和 84%。研究还发现，催化剂的抗水性能随 Pt 负载量的增加而增强。当反应气含水时，1%Pt/Cu/Al$_2$O$_3$ 上 NH$_3$ 的转化率由干燥条件下的 100% 下降至 97%，而 4%Pt/Cu/Al$_2$O$_3$ 的 NH$_3$ 的转化率几乎不变；两者的选择性较干燥条件都有略微的上升。Cui 等人[68]采用共纳米复制法（co-nanocasting-replication method）制备了介孔 CuO/RuO$_2$。在 0.1%NH$_3$，2%O$_2$，80mg 催化剂，GHSV = 75000h^{-1} 的反应条件下，10wt.%CuO/RuO$_2$ 的 NH$_3$ 选择性催化氧化效果最好，NH$_3$ 在 115℃ 时达到半转化（50% 的 NH$_3$ 转化率），180℃ 时完全转化；所有催化剂的 N$_2$ 选择性在反应温度范围（室温至 350℃）内都高于 95%。比较 Cu 含量分别为 5%，10% 和 30% 的 CuO/RuO$_2$ 的半转化温度和完全转化温度，为 153℃ 和 200℃，115℃ 和 180℃，180℃ 和 225℃。显然，CuO 的负载量存在最佳值：10%，低于 10% 时，催化剂的 NH$_3$ 转化率随负载量的增加而提升；超过 10% 后，催化剂性能非但没有上升，反而出现下降现象。

2.3.3.5 其他因素

催化剂的 NH$_3$ 转化性能还受负载量、前驱体预处理、焙烧温度等的影响。研究者认为活性组分负载量存在最佳值，低于最佳负载量，NH$_3$ 转化率随负载量的增加而升高，但文章没有研究进一步提高 Ni 负载量后催化剂的 NH$_3$ 转化率变化。在 CuO/La$_2$O$_3$ 的研究中则发现 Cu：La 存在最佳配比，其中 Cu：La = 8：2 的效果最好，Cu：La = 6：4 最差。400℃ 时前者的 NH$_3$ 转化率为 93%；后者仅为

79%。其用不同的制备方法制备载体和催化剂，结果显示，当催化剂制备方法相同，载体制备方法不同时，微乳法获得的载体制备的催化剂性能更好；当载体相同，制备方法不同时，浸渍法获得的催化剂效果更佳。焙烧温度通过改变催化剂活性组分的分散度和形态、比表面积及晶体粒径对催化剂的 NH_3 氧化性能造成影响。过高的焙烧温度致使催化剂结构发生改变，如比表面减小、粒径增大或使活性组分过度氧化，不利于催化反应的进行。NH_3-SCO 性能还受到负载量、表面吸附氧和 O 浓度等因素的影响。研究考察了 CuO/RuO（Cu 负载量分别为 5%，10% 和 30%）。结果表明负载量为 10 的催化剂活性最佳，Cu 含量为 5%、10% 和 30% 的 CuO/RuO 催化剂 NH_3，完全转化温度分别为 200℃，180℃ 和 225℃。通过文献可知，对于 Fe 基催化剂，常用铁盐前驱体的效果排序为：$Fe(NO_3)_3 <$ $FeSO_4 < FeCl_2$，对于 Fe-ZSM-5 催化剂，450℃ 时，催化剂上 NH_3 转化率分别为 72%，92%，98%。此外，研究表明，在反应温度低于 160℃ 时，添加适量的 Ce 能促进 NH_3。在 Ag/Al_2O_3。催化剂上的氧化，此时 NH_3 和 O_2 吸附与活化同时进行，Ce 的加入促进了催化剂吸附和 O 原子的产生，O 原子进一步活化吸附态的 NH_3 使得 NH_3 进一步解离。然而，不同种类的助剂其改变催化剂活性的效果并不相同。Li 的加入对催化反应的活性及 N_2 择性没有影响，而 Ce 的加入却大大降低了催化剂的起活温度。催化剂表面酸性是影响 NH_3-SCO 反应性能的重要因素。NH_3 通常以两种形态吸附在催化剂的路易斯酸位上（NH_3 分子）和布鲁斯酸位上（NH^{4+}），而水能促使催化剂上路易斯酸转化为布鲁斯酸，且水与 NH_3 在布鲁斯酸位上形成竞争吸附作用，但这种作用的效果远远大于水对布鲁斯酸活性位的增强作用。路易斯酸活性位的增加有利于 NH_3 分子的吸附，促进 NH_3 的转化率，布鲁斯酸活性位的增加有利于 N 的生成，NH_3 吸附的减少，降低 NH_3 的转化率。因此，水的存在通常会降低催化剂的 NH_3 转化率，增强 N 选择性。对于同种活性组分的催化剂，不同的前驱体、制备方法以及焙烧温度所显示的催化性能也不相同。N_2 选择性与 Au(Ⅲ) 表面覆盖的氧原子浓度相关：吸附的氧原子多，有利于 NO 生成；反之，则有助于 N_2 生成。在微氧条件（0.5~5）下，低 O_2 含量有助于 NH_3 的氧化。O 含量较高时，反应温度的升高会造成 O 的脱附，脱附的 O 与 NH_3 发生即时反应，导致 NO 生成量的增加。稀土元素由于其优异的储氧能力和与金属间的相互作用，也受到研究者的关注。采用共沉淀法制备不同 Cu：La 比的 CuO/La_2O_3 复合氧化物催化剂。活性测试结果表明，Cu：La 比为 8：2 时，催化剂的效果最好。通过对比不同 Cu 负载量、焙烧温度的 $CuO-CeO_2$ 复合氧化物的催化性能。其中，采用表面活性剂-模板法，500℃ 下焙烧的（质量分数 10%）$CuO-CeO_2$ 催化剂具有很高的催化活性，这归因于表面 CuO 物种具有良好的分散性以及 CuO 与 CeO_2 之间的协同作用。对于 $CuO-CeO_2$ 复合氧化物，高分散的 CuO 是 NH_3 的主要吸附位，并且 Cu-O-Ce 固溶体的存在提高了气态氧的活

化和晶格氧的迁移。研究者还采用不同方法制备了 Cu-Ce-Zr 复合氧化物催化剂，其中柠檬酸溶胶凝胶法制备的 Cu-Ce-Zr 催化剂具有最好的反应活性。在催化剂中添加助剂可以改变催化结构性能，进而改变催化剂的活性与选择性。在选择性催化氧化 NH_3 实验中常用到的助剂有 Li、La 和 Ce，这些助剂能增强催化剂的稳定性、固定气体中和催化剂表面的氧气、增强催化剂的抗热性以及提供活化所需的氧。

催化剂表面酸性是影响 NH_3-SCO 反应的重要因素之一。NH_3 通常以两种形态吸附在催化剂的路易斯酸位上（NH_3 分子）和布鲁斯酸位上（NH_4^+）。水的存在通常会影响 NH_3-SCO 催化剂 NH_3 转化率，增加 N_2 选择性。水能促使催化剂上路易斯酸转化为布鲁斯酸，且水与 NH_3 在布鲁斯酸性位上形成竞争吸附作用，但这种作用的效果远远大于水对布鲁斯酸活性位的增强作用。路易斯酸活性位的增加有利于 NH_3 分子的吸附，促进 NH_3 的转化率，布鲁斯酸活性位的增加有利于 N_2 的生成，NH_3 吸附的减少，从而降低 NH_3 的转化率。因此，催化剂具有适宜的表面酸性有利于 NH_3-SCO 反应的进行。助剂能改善催化剂活性组分分散性、改变催化剂表面酸性、增强催化剂的稳定性和抗热性以及提供活化所需的氧，从而改变催化剂的 NH_3 催化氧化活性。在 NH_3 选择性催化氧化研究中，常用的助剂包括 Ce、La、Bi 及 Li 等。通过 NH_3-TPD 方法对比催化剂的表面酸性，结果表明加入助剂后表面酸性降低；BET 表征表明，催化剂颗粒的粒径减小，活性组分的分散性增强；而 XPS 表征发现，Ce 的添加助剂增强了活性组分的电子云密度，致使活性组分更易被还原，降低了活性组分的结合能，从而显示出较好的低温性能。另外，Lou 等人[86]研究了 Cu-La-Ce 催化剂的 NH_3-SCO 性能，研究结果表明 CeO_2 的添加有利于 CuO 活性中心的形成，增强了催化剂的活性。但是，不同的助剂的添加，其改变催化剂活性的效果并不相同。研究表明 Li 的加入对催化反应的活性及 N_2 选择性没有影响，而加入 Ce 后催化剂的活性大大降低。对于同种活性组分的催化剂，不同的前驱体、焙烧温度所显示的催化性能也不相同。焙烧温度通过改变催化剂的活性组分的分散度和形态、比表面积及晶体粒径对催化剂的 NH_3 氧化性能造成影响。对于催化剂上多种价态的活性组分，多种价态活性组分的存在有利于催化反应的进行，如 Fe-ZSM-5，Fe^{2+} 和 Fe^{3+} 的共存有利于 O_2 的吸附和活化。焙烧温度过高时可导致催化剂结构发生改变，如比表面减小、粒径增加或使活性组分过度氧化造成活性态锐减，阻碍催化反应的进行。NH_3 催化氧化反应性能还受到负载量、表面吸附氧、晶格氧、氧气浓度和空速等因素的影响。在 NH_3-SCO 反应中，在一定范围内，催化剂活性组分负载量增加时，催化剂的活性也不断提升，当负载量达到一定程度时，催化活性取得最佳值，若此时负载量继续提高，催化剂反应活性反而降低。一般而言，催化剂的 N_2 选择性随活性组分的负载量的增加而降低。通过研究 CuO/Al_2O_3（Cu 负载量分别为 5%，

10%和15%）催化剂的 NH$_3$ 催化氧化活性，结果表明负载量为 10%的催化剂活性最佳。此时催化剂表面同时含有表面吸附氧和晶格氧，有利于 NH$_3$ 的氧化和 N$_2$ 的生成，在低温 NH$_3$-SCO 反应中，催化剂的表面吸附氧的活性优于晶格氧。一般认为，在微氧条件（0.5% ~ 5%）下，低氧量有助于 NH$_3$ 的选择性催化氧化。因为在氧含量较高时，反应温度升高，会发生 NO 的脱附现象，并与 NH$_3$ 发生即时反应，导致 NO$_x$ 的产量的增加。研究表明 N$_2$ 的选择性和 Au(111) 表面吸附氧原子的浓度相关，吸附的氧原子浓度较大时，NO 选择性较好；反之，则 N$_2$ 的选择性较好。且多晶铜和 Cu(Ⅲ) 上的 FT-IRAS 和动力学研究表明，NH$_3$ 的充足有利于 N$_2$ 的生成；而 O$_2$ 充足时，催化剂的表面较易形成促进 NH$_3$ 转化的活性基团，但反应生成的产物主要为 N$_2$。一般认为，空速较小时所显示的 NH$_3$ 去除率较高，因为空速较小时，反应气体的停留时间较长，即催化反应的时间较长，有助于反应气体在催化剂孔内的扩散、吸附和产物的脱附、扩散，NH$_3$ 去除率随之提高。

早期对于 Cu/Al$_2$O$_3$ 的催化性能及其影响因素的研究较多。铜负载量、表面 CuO 物种的还原性、粒径尺寸都会影响催化剂的反应活性。通过研究不同前驱体和焙烧温度 Cu/γ-Al$_2$O$_3$ 表面 Cu 物种分布的影响。结果表明，相对于硝酸铜，乙酸铜作为前体能够促使催化剂表面有更多 CuO 晶体生成，而硫酸铜作为前体则会促使更多的 CuAl$_2$O$_4$ 相生成。由于以乙酸铜为前体的催化剂具有最好的催化性能，因此表面高分散的 CuO 相有利于 NH$_3$ 的氧化。研究还发现，随着焙烧温度的升高，催化剂表面 CuO 晶体的数量减少。研究不同焙烧温度对于 Cu-Mg-(Zn)-Al(Fe)类水滑石衍生的复合氧化物催化剂的影响，结果表明，提高焙烧温度，催化剂的比表面积减小，CuO 物种的还原性降低，对催化剂的低温活性有不利影响。在少量研究中应用助剂来改善铜基催化剂的催化性能，主要应用的助剂有 Li、Ce、La。通过蛭石和金云母制备了 PILC-Verm-Cu 和 PILC-Phlog-Cu 催化剂。结果表明，PILC-Verm-Cu 的催化活性明显高于 PILC-Phlog-Cu。通过 NH$_3$-TPD 定量计算分析发现，PILC-Verm-Cu 的酸性位密度比 PILC-Phlog-Cu 更高，对于 NH$_3$ 的化学吸附量更大，有利于氧化反应的进行。少量文献研究了水和 SO$_2$ 的加入对铜基催化剂性能的影响。一般来说，由于与 NH$_3$ 存在竞争吸附，水的加入会降低 NH$_3$ 的转化率。一些研究发现，SO$_2$ 的存在会抑制 NH$_3$-SCO 反应，这可能归因于活性位的硫酸盐化作用和硫酸铵的沉积。也有研究发现，SO$_2$ 的加入能够提高催化剂的 N$_2$ 选择性，但原因尚不明确。在 NH$_3$ 催化氧化反应中，O$_2$ 作为氧化剂是不可或缺的反应物。同时需要注意的是，尽管 NH$_3$ 选择性催化氧化反应的公式中 NH$_3$/O$_2$ = 1，即一单位 NH$_3$ 氧化需要以单位的 O$_2$，但通过文献和前期实验可知，不同的催化剂的需要的最佳氧含量通常是不同的。一般而言，随着反应气中 O$_2$ 含量的增加，NH$_3$ 转化率将会升高，但是副产物 NO 的转化率也随之升高，即降低了 N_2 选择性。研究发现，在 Pt-CuO/Al$_2$O$_3$ 催化剂上，$0.5\%O_2$ 比 $8.0\%O_2$ 更有利于 NH_3 选择性催化氧化反应的进行，$0.5\%O_2$ 条件下 NH_3 转化率要高于 $8\%O_2$ 条件下的 NH_3 转化率，但 N_2 选择性差异不明显。这是因为反应气中的 NH_3 和 O_2 在催化剂表面存在竞争吸附，当 O_2 含量较低时可为 NH_3 提供充足的吸附位，有利于 NH_3 参与催化反应，提高 NH_3 转化率。反之，当氧含量过高时，催化剂表面上 O_2 与 NH_3 对吸附活性位的争夺活性加剧，使得参与催化反应的 NH_3 减少，进而降低催化剂的低温活性。

2.3.4　NH₃ 选择性催化氧化技术及设备

现存催化氧化技术仅能处理较低浓度的含氨废气，在工业应用中有一定局限性。本工作针对某化工厂的含氨工业废气，在现有催化氧化技术的基础上进行创新设计，利用智能化补风装置和高效换热装置，在高效处理中浓度含氨废气的同时节能降耗。

2.3.4.1　工艺原理及流程

氨气与氧气在高温下主要发生 3 个反应（见式（2-25）～式（2-27））。催化氧化技术处理含氨废气的原理是：利用金属氧化物催化剂可以选择性催化式（2-27）反应的进行，同时抑制式（2-25）和式（2-26）反应的进行，从而使氨氧化成无污染的氮气和水。

$$4NH_3 + 5O_2 \longrightarrow 4NO + 6H_2O \tag{2-25}$$

$$4NH_3 + 4O_2 \longrightarrow 2N_2O + 6H_2O \tag{2-26}$$

$$4NH_3 + 3O_2 \longrightarrow 2N_2 + 6H_2O \tag{2-27}$$

采用催化氧化法处理含氨工业废气的具体工艺流程是：废气经过预处理设备有效去除灰尘等微细颗粒物，作为冷流进入换热器被净化的高温尾气预热，使其升至一定温度；预热后的废气经过加热器升温至催化剂正常工作温度范围，使含氨工业废气通过催化床，在一定温度范围及停留时间条件下，氨气被选择性催化氧化为氮气和水；该高温净化尾气作为热流再进入换热器预热入口废气。为了方便设备运输安装，且缩小占地面积，工艺中采用了结构紧凑的一体式催化氧化脱氨设备。它具有完善的基于可编程逻辑控制器（PLC）的自动调节控制系统，可实时监测工作状态和数据。通过温度仪表检测催化床温度，以此来调节加热器功率和前端补风阀，使温度控制在催化剂正常工作的温度范围，以保证其使用寿命；前端安装有阻火器和过滤器，作为预处理设备，具有安全保护功能的同时可有效去除颗粒物；换热器具有较高换热效率，充分利用催化床出口的高温净化气体，起到系统节能的作用。采用催化氧化法处理中浓度的含氨废气，可以充分利用氨在氧化过程中的放热，减少系统能耗，利于市场应用推广。

2.3.4.2 工程案例

某化工厂的含氨废气：常温常压，风量850m³/h，主要污染物为氨气（含量约0.9%（体积分数，下同），含少量颗粒物（质量浓度不超过100mg/m³），不含硫、磷、卤化物、重金属等易导致催化剂中毒的物质。

A 工艺设计

根据废气工况进行工艺设计。氨气在空气中的爆炸极限为15%~28%，根据HJ/T 389—2007《环境保护产品技术要求工业有机废气催化净化装置》的要求，进入催化反应器的气体中氨气含量必须低于3.75%，该工况下氨气浓度远低于此限值。该工艺所用催化剂为颗粒状催化剂，设计空速为10000h⁻¹，工作温度范围390~460℃，催化剂耐温上限为500℃，为了控制催化反应器中催化剂的温度，保证系统安全性，需要补充新鲜空气。为了满足设计要求，考虑前端设备漏风和补风，并在废气原参数的基础上增加设计余量，最终设计输入的废气量为950m³/h，氨气含量为1.0%。

B 工艺流程

废气（950m³/h，25℃，1标准大气压，氨气含量1.0%，颗粒物质量浓度不超过100mg/m³）与新鲜空气（补风）混合后，先经预处理器中的过滤装置，将废气中颗粒物质量浓度降至不超过20mg/m³；再由风机送入换热器，该混合气与催化反应后的高温气体进行换热，达到一定温度后进入加热器；加热器将气体加热至催化剂的工作温度（390℃）后进入催化反应器；在催化反应器中，氨气在催化剂、O₂和适宜温度下转换为氮气和水，同时放出能量加热催化剂；反应后的高温尾气进入换热器预热废气后排放。工艺流程图见图2-9。

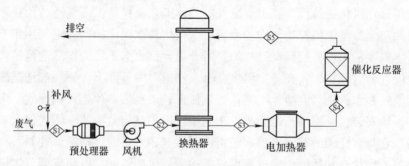

图2-9 工艺流程图

整个流程的热量在启动时由加热器提供，此时加热器的功率较大，待废气在催化反应器中反应放热，使系统稳定运行后，加热器功率可恢复至较小的工作功率。对于氨气在催化反应器中反应放热导致的温升，若超出了催化剂的工作温度范围，可以通过补充新鲜空气降低氨气含量，从而保证温度和安全。设备正常运行情况下由于换热器节能及催化反应器升温作用，加热器工作功率较低，理想情况下加热器可停止工作，系统即可自运行，极大减少了运行能耗。

C　物料与热量衡算

参照文献利用 Aspen 软件，对上述工业脱氨工艺流程进行物料与热量衡算。由图 2-9 可知，入口物流共有两股：含氨废气与新鲜空气。由于废气设计输入条件的氨气含量（1.0%）在正常工作条件下可使催化反应器的出口温度超出上限（460℃），故需持续补风，补风量为 418m³/h。物料衡算结果见表 2-5。S1~S5 分别为各物流线的标号。

表 2-5　物料衡算结果

物质	质量流率/kg·h⁻¹							
	补风	废气	S1	S2	S3	S4	S5	排空
NH₃	0	6.61	6.61	6.61	6.61	6.61	0	0
N₂	378.89	846.46	1225.35	1225.35	1225.35	1225.35	1230.79	1230.79
O₂	115.04	257.02	372.06	372.06	372.06	372.06	362.75	362.75
H₂	0	0.4	0.4	0.4	0.4	0.4	0.4	0.4
H₂O	0	0	0	0	0	0	10.5	10.5
总计	493.93	1110.49	1604.42	1604.42	1604.42	1604.42	1604.42	1604.42

表 2-5 显示了不同物质在各物流线中的质量流率和总质量流率。由表 2-5 可见，该工艺流程符合质量守恒和物料守恒。该工艺流程中，物料的动能、势能或对外界所作之功，对于总能量变化的影响甚小，可以忽略。因此，可将能量守恒定律简化为热量衡算。进行热量衡算，可以确定为达到一定的物理或化学变化须向设备传入或从设备传出的热量；根据热量衡算结果可确定加热剂或冷却剂的用量以及设备的换热面积，或可建立起进入和离开设备的物料的热状态（包括温度、压力、组成和相态）之间的关系。热量衡算往往需要与物料衡算联立求解。经计算，为了使该工艺流程按照预定的效果运行，换热器的输入功率要达到138.6kW，加热器在工作状态下的功率为 28.8kW，启动过程中加热器的空载功率为 43.0kW。以上参数可作为各分机设备设计选型的依据。

D　脱氨性能测试

依据上述条件设计生产出的一体式催化氧化设备，在安装调试完成后，为保证设备现场运行的稳定性，在模拟实际工况（模拟废气由氨气（气源为氨气钢瓶）通入水中后挥发产生）的试验中进行了脱氨性能测试，对其催化氧化脱氨性能进行了多次检测。其中，氨气含量采用 Porta Sens 型气体检测仪（美国 ATI公司）进行检测，温度采用 XSSBWRN-430 型温度变送器（天津迅尔仪表科技有限公司）结合 PLC 自动控制进行实时测量和显示，具体测试数据见表 2-6。

表2-6　催化氧化脱氨性能测试结果

序号	催化床入口温度/℃	一体化设备入口氨气含量/%	一体化设备出口氨气含量/%
1	351.0	2.1654	0.0064
2	366.7	1.3533	未检出
3	381.0	1.5467	未检出
4	390.0	1.5467	未检出
5	416.7	1.2830	未检出
6	423.8	1.4511	未检出
7	434.7	2.7067	未检出
8	448.7	2.1654	未检出
9	453.2	1.0827	未检出

鉴于模拟废气中的氨气含量很难及时精准控制，故表2-6中的入口氨气含量并未精确控制在1.0%，但从检测数据可以看出，在催化剂的正常工作温度范围（390~460℃）内，该一体式催化氧化设备在处理1.0%及以上含量的氨气时，出口氨气含量均在检测限以下。在检测过程中，同时测定了出口氮氧化物的含量，并未检测出 NO₂；NO 含量控制在 0.005% 以内，并随催化床入口温度的升高 NO 含量呈上升趋势。测试结果完全满足 GB 16297—1996《大气污染物综合排放标准》和 GB 14554—1993《恶臭污染物排放标准》中的相关规定。为了检测一体式催化氧化设备的长期稳定工作能力，每隔半个月进行一次上述性能测试试验，根据设备正常工作1个月的3次测试数据，发现设备性能并未出现明显下降，但该结果还有待于进一步的长期检验。

E　能耗分析

依据工艺设计和物料衡算进行了一体式催化氧化设备中换热器的设计，并在模拟实际工况的试验中进行了换热器的性能测试，通过测量换热器冷流进出口温度和热流的进出口温度可求得换热器的换热效率，具体测试数据见表2-7。由表2-7可见，一体式催化氧化设备中换热器的换热效率很理想。在正常工作情况下，换热器可节能约81.3kW的热量。另外，系统中的电加热器在换热器正常工作的情况下，工作功率可降至27.7kW，约是启动功率的三分之二。综上所述，高效换热器的加入使一体式催化氧化设备降低了能耗，正常工作时每小时节约电费约50元。

表2-7　换热器性能测试结果

序号	冷流入口温度/℃	冷流出口温度/℃	热流入口温度/℃	热流出口温度/℃	换热效率/%
1	25.1	298.2	386.2	102.5	75.63
2	24.6	300.8	396.2	102.6	74.33
3	25.2	308.3	407.1	103.5	74.13
4	25.2	315.6	410.5	108.1	75.37

3 PH₃ 气体净化处理技术及设备

3.1 PH₃ 的来源、性质及危害

3.1.1 PH₃ 的来源

PH₃ 作为痕量挥发性磷化物，其中，在很长一段时间内，人们一直认为气态磷化氢在自然界是不存在的。直到 Devai 1988 年首次在污水处理厂上空检测到。随后科学家开展了大量相关研究，近十几年来，随着磷化氢的分析方法和检测技术的改进，已经证实在自然界大气圈中也同样存在磷化氢。大气中存在的 PH₃ 是其产生与清除过程的平衡，它像其他生源要素气态化合物（如 CH_4、N_2O、DMS 等）一样，主要有自然源和人为源。

3.1.1.1 人为源

自工业革命特别是 20 世纪中叶开始，随着科学技术的飞跃发展和世界经济的迅速增长，人类成为主宰全球生态系统中的重要力量，人类活动正在改变全球的生态环境。PH₃（包括磷化物）是重要的工业产品，可在粮食、饲料和烟草储藏过程中作为熏蒸剂和灭鼠剂使用，在微电子工业中作为掺杂剂使用等。在使用过程中或结束后不可避免的全部或部分释放到大气中，从而参与全球磷生物地球化学循环。PH₃ 作为一种渗透力强、杀虫谱广、毒性高、使用方便、有害低残留的熏蒸剂，目前在国内外粮食储藏中广泛使用。作为破坏臭氧层的主要熏蒸剂溴甲烷即将完全禁止使用；尽管有些害虫已经对 PH₃ 产生抗药性，但在新的熏蒸剂没有找到之前，PH₃ 将会作为主要熏蒸剂继续并长期使用。

另外，水稻田也是大气 PH₃ 的重要排放源之一。Li 等人[91]在研究稻田土壤 PH₃ 的释放时测定出，在整个水稻生长季节 PH₃ 的释放通量平均为 1.78ng/（$m^2 \cdot h$）。但是，目前对稻田 PH₃ 通量观测较少，由于不同地区水稻生长周期和周期内种植的季度不同，因此对其通量的估算还存在较大的不确定性。在许多热带亚热带地区水稻的种植都是三季或双季，稻田释放的 PH₃ 的量可能远高于现在的估计值。总之，随着人口的增长，人类对粮食需求量的增加，全球水稻产量必将不断增加，所以稻田排放必然是大气中 PH₃ 的重要人为源。此外，钢铁腐蚀也是环境中 PH₃ 的主要来源之一，研究发现铁和钢的厌氧腐蚀会放出 PH₃。工

业铁里含有的磷化铁来源于冶金过程中磷酸盐还原产物，当铁暴露到环境中（受微生物代谢物影响的腐蚀水环境）被侵蚀时，铁中的磷化铁就会水解形成 PH_3。研究者通过添加零价铁厌氧培养试验，发现在容易腐蚀的条件下更容易释放 PH_3。每千克铁腐蚀释放 1mg PH_3。

大气中 PH_3 还有其他一些来源，如：

（1）PH_3 在微电子工业中主要作为掺杂剂使用，尽管没有找到目前全球微电子工业使用 PH_3 的量，但是其使用过程损失到环境中的量也是不可忽略的一部分。

（2）目前垃圾填埋场、污水处理厂上空大气中 PH_3 体积质量（$\mu g/m^3$）远远高于大气中 PH_3 体积质量（$\mu g/m^3$），因此垃圾填埋场和污水处理厂也可能是大气中 PH_3 的来源。其中垃圾填埋场产生的 PH_3 主要来源于厌氧微生物还原。

（3）燃烧煤的发电厂烟囱气、动物堆肥厂沼气中也存在 PH_3。例如，以燃煤为主的中国北方地区北京大气中的 PH_3 体积质量比世界上其他地区明显偏高，由于其排放源的随机性强、规律性差，目前研究较少。除此之外，受人类活动影响较大的养殖区沉积物、河流沉积物中均存在大量的 PH_3，说明这些局部环境也可能是环境中 PH_3 潜在人为来源。

3.1.1.2　自然源

大气中 PH_3 的自然来源主要有湿地、湖泊、海洋等。湿地的类型多种多样，这里湿地主要指自然湿地如沼泽地、泥炭地、海滩和盐沼等。

湿地是大气中 PH_3 的主要自然来源之一，Devai 等首先观测到路易斯安那盐沼地（咸水）和弗罗里达沼泽地（淡水）向大气释放 PH_3，其释放速率分别为 $0.42 \sim 3.03 ng/(m^2 \cdot h)$ 和 $0.91 \sim 6.52 ng/(m^2 \cdot h)$。同时 Devai 发现如果湿地被践踏扰动之后会加速 PH_3 向大气的释放。全球目前大约有 $2.6 \times 10^6 \sim 10.1 \times 10^6 km^2$ 湿地（不包括湖泊），估计全球湿地释放到大气中 PH_3 的通量约为 $0.10 \times 10^5 \sim 5.77 \times 10^5 kg/a$。除湿地之外另一个比较重要 PH_3 天然来源是湖泊。湖泊沉积物已被证实是水体、大气中 PH_3 的重要来源。耿金菊等通过静态箱法测得太湖水——气界面释放速率为 $1.04 ng/(m^2 \cdot h)$，远高于太湖沉积物——水界面释放速率（$0.00138 ng/(m^2 \cdot h)$），这可能是由于计算沉积物——水界面释放速率时没有考虑水-气界面释放速率和 PH_3 在水体中的氧化、络合反应。根据全球湖泊面积约为 $2.7 \times 10^6 km^2$，估计全球通过湖泊向大气中 PH_3 输送通量约为 $2.46 \times 10^2 kg/a$。除上述天然 PH_3 源外，全球每年可以通过闪电形成 $8.30 \times 10^5 kg$ PH_3 释放到大气中参与磷的循环；由于条件的限制，目前还没有直接的证据证实海洋是大气中 PH_3 的来源，但是在陆架、近海和海湾沉积物中均已检测到 PH_3 的存在。

另外，关于磷化氢的产生普遍认为是厌氧微生物作用的结果，其产生机制还有待进一步的研究。目前，磷化氢作为大气中普遍存在的痕量气体已经得到了各方面的承认，磷化氢对环境的影响也越来越引起人们的注意。在许多自然环境中，如湖底或海底沉积物、填埋场、排泄物、沼气和土壤等，都可以产生磷化氢，同时在这些地方也都检测到磷化氢，进一步证实磷化氢在自然界中普遍存在，详见表 3-1。

表 3-1 自然环境中的磷化氢

磷化氢的源	浓 度
港湾（淡水）表层沉积物/ng·kg^{-1}	0.2~56.6
牛消化道/ng·kg^{-1}	2.9~5.1
猪消化道/ng·kg^{-1}	103
牛排泄物	13.9
鱼（鳕、欧蝶）/pg·dm^{-3}	0~69
底层水（淡水和海水）/ng·dm^{-3}	0~43
淡水沉积物（0~5cm）/ng·dm^{-3}	47~826
海水沉积物（0~5cm）/ng·dm^{-3}	0.01~2.43
土壤（工业地区）/ng·kg^{-1}	17~103
土壤（乡村）/ng·kg^{-1}	0.8~2.5
污水处理厂和浅层湖泊沉积物释放的沼气/mg·m^{-3}	11.6~382
水稻田/ng·kg^{-1}	1.7~12.58
沼气/ng·m^{-3}	0~295
腐败产生的沼气/ng·m^{-3}	24~20300
填埋场大气/ng·m^{-3}	0~24646
动物污泥产沼气/ng·m^{-3}	0~295
富营养湖泊/pg·kg^{-1}	0.301~919000

3.1.2 PH$_3$ 的性质

3.1.2.1 磷化氢的物理性质

磷化氢（hydrogen phosphide；phosphine），又称膦或者磷烷，分子式为 PH$_3$，是一种无色剧毒气体。有芥末和大蒜的特有臭味，但工业品有腐鱼样臭味。于 2003 年被列入《高毒物品名录》（卫法监发 [2003] 142 号），该《名录》中规定工作场所空气中有毒物质磷化氢最高允许浓度为 0.3mg/m^3。磷化氢的物理性质如表 3-2 所示。

表 3-2 **PH₃ 的物理性质**

性　质	数值	性　质	数值
相对分子量	33. 998	三相电	$-133.8℃$
气体相对密度（空气=1）	1. 146（20℃）	临界温度	51. 3℃
气体密度	1. 153g/L	临界压力	64. 5atm
液体密度（-90℃）	0. 746g/mL	黏度：0℃时	$106×10^{-7}Pa·s$
熔点（1atm）	$-132.5℃$	15℃时	$112×10^{-7}Pa·s$
摩尔体积（标准状况下）	21. 89L/mol	在水中溶解度（1atm, 20℃）	26mL/100mL
沸点（1atm）	$-87.78℃$	生成热（25℃时）	5. 43kJ/mol
溶解热	1. 13kJ/mol	质子亲和势	$-770kJ/mol$
汽化热	16. 6kJ/mol	范德华常数 a_0	4. 631（1atm/mol）
蒸气压（21℃）	36. 6atm	范德华常数 b_0	0. 05156（1atm/mol）

注：1atm=101325Pa。

3.1.2.2 磷化氢的化学性质

磷化氢的分子结构与氨相似，是三角锥形，P—H 键长 142pm，H—P—H 的键角为 93°。磷化氢中 P 的化合价为-3，从它的标准电极电势看，磷化氢是一种强还原剂，因此，磷化氢能从 Cu^{2+}、Ag^+、Au^{3+}、Hg^{2+} 等盐溶液中还原出金属。

磷化氢水溶液的碱性比氨水弱，水合物 $PH_3·H_2O$ 相当于 $NH_3·H_2O$ 的类似物。由于磷盐极易水解，水溶液中并不能生成 PH^{4+}，而生成的磷化氢可从溶液中逸出。当温度高于 150℃时，磷化氢与空气中的氧发生燃烧反应生成磷酸。

磷化氢中的磷原子有一对孤对电子，它易于和许多过渡金属离子生成多种配位化合物。磷化氢除了提供配位的电子对外，配合物中心离子还可以向 P 原子空的 3d 轨道反馈电子，形成 σ—π 配键，从而加强配离子的稳定。磷化氢和它的取代衍生物 PR_3 能与过渡元素形成多种配位化合物，其配位能力比 NH_3 或胺强。因此 PR_3 除了提供配位电子对外，配合物中心离子还可以向磷原子的空 d 轨道反馈电子，加强了配离子的稳定性，如 $CuCl·PH_3$ 和 $PtCl_2·2P(CH_3)_3$ 等。另外，一些常见的反应为：

（1）与氧气、卤素反应：

$$PH_3 + HCl + 4HCHO \rule{2em}{0.4pt} [P(CH_2OH)_4]Cl \qquad (3-1)$$

（2）与金属反应：

$$2PH_3 + 2Fe \rule{2em}{0.4pt} 2FeP + 3H_2 \qquad (3-2)$$

（3）与铜、银、金及它们的盐类反应：

$$12CuSO_4 + 7PH_3 \rule{2em}{0.4pt} 4Cu_3P + 3H_3PO_4 + 6SO_2 ↑ + 6SO_3 ↑ + 6H_2O \qquad (3-3)$$

$$4AgNO_3 + PH_3 \rule{2em}{0.4pt} H_3PO_4 + 4NO_2 ↑ + 4Ag \qquad (3-4)$$

（4）其他：

$$PH_3 + 2O_2 \rightleftharpoons H_3PO_4 \qquad (3-5)$$

$$PH_3 + 4I_2 \rightleftharpoons PI_5 + 3HI \qquad (3-6)$$

3.1.3 PH$_3$ 的危害

在磷化氢的生产和应用过程中，很容易危害到环境和人类健康。在国内，磷化氢造成的环境污染较大部分来源于工业生产，如镁粉制备、乙炔生产，以黄磷、氧化钙和碳酸钙为原料生产次磷酸的工业过程中、用黄磷制备赤磷过程中磷蒸气与水蒸气结合时，均会产生大量有毒的磷化氢气体。电炉法黄磷生产过程中，每吨黄磷产品副产炉气约 3000m^3，炉气中富含 CO，是碳一化工的优质原料，但其中存在含量为 0.04%~0.09% 的磷化氢。磷化氢杂质的存在易使 CO 羰基合成催化剂中毒，成为限制黄磷尾气作为碳一化工原料的主要因素之一。在合成氨原料气中含有 CO、CO$_2$ 及 H$_2$S、PH$_3$、水汽等杂质，亦能使铁触媒中毒从而影响氨的合成。含有磷酸钙水泥遇水时、含有磷的矿砂遇水或湿空气潮解，以及含有磷的锌、锡、铝、镁遇弱酸或受水作用时及饲料发酵时，都可产生磷化氢。另外，磷化物杀虫剂也是磷化氢污染的一个重要来源。如磷化锌用作灭鼠药及粮仓熏蒸杀虫剂时，遇酸将迅速分解产生磷化氢，而遇水与阳光则缓慢分解产生磷化氢。磷化铝也是常用的粮仓或烟叶堆垛熏蒸杀虫剂，遇水分解亦可产生磷化氢。尽管通过改进熏蒸工艺可以减少磷化氢的污染，但是微量的磷化氢仍然是非常危险的。

在国外，磷化氢的污染主要来源于半导体工业领域。日本多家公司作了多年的研究，在工业领域，磷化氢主要用作硅半导体、化合物半导体及液晶等生产工艺中的原料气或掺杂气，或用作蚀刻气体及半导体材料的化学气相淀积。

磷化氢的产生不仅造成了环境污染，而且严重危害了人体健康。PH$_3$ 属于高毒易燃气体，吸入 PH$_3$ 会对心脏、呼吸系统、肾、肠胃、神经系统和肝脏造成影响。通常，人吸入 LCL0（能引起死亡的最低药物浓度）：$1000 \times 10^{-6}/5m^3$（相对体积）。大鼠吸入 LC50（受试动物半数死亡的毒物浓度）：$11 \times 10^{-6}/4h$（时间）。对人的毒作用：当空气中浓度 2~4mg/m^3 可嗅到其气味；9.7mg/m^3 以上浓度，可致中毒；550~830mg/m^3 接触 0.5~1.0h 发生死亡，2798mg/m^3 可迅速致死。PH$_3$ 的人经口 LD$_{100}$（绝对致死量或浓度）约为 40mg/kg。磷化氢从呼吸道吸入，首先刺激呼吸道，致黏膜充血、水肿，肺泡也有充血、渗出，严重时有点状广泛出血，肺泡充满血性渗出液，这是发生急性肺水肿的病理基础。磷化氢经肺泡吸收而至全身，影响中枢神经系统、心、肝、肾等器官。经口误服的磷化物，在胃内遇酸放出磷化氢，并从胃肠道吸收入血，与从呼吸道吸入的磷化氢所引起的中毒相似。Trimborn 的进一步研究发现，磷化氢与血红蛋白在有氧的情况下反应，使携氧血红蛋白的亚基变性，丧失携氧功能，并可转化成类似的生色团。[32]P 标记的放射性磷化氢实验发现磷与蛋白质紧密结合，并在酸水解时释放，说明了磷化氢与蛋白质作用的可能性。

哺乳动物暴露在高浓度磷化氢条件下，立即出现疲乏、安静，然后深度不安，伴随躲避、运动失调、苍白、癫痫状惊厥，并于半小时或更短的时间内死亡。这种反应物种之间差异小。中等浓度症状同前，只是发病较缓，在较低浓度下（7.5mg/m³）反复接触和吸入不产生可觉察损害，如果停止接触一天后再接触，可有轻度中毒症状直至死亡。磷化氢浓度等于或高于 7.5mg/m³ 则具有一定的累积中毒反应，而不大于 3.75mg/m³ 则不出现明显的累积中毒所出现的临床症状，只可见轻微的肾损伤。猫，豚鼠和家兔实验遵循同样规律，种间差异小。

对人而言，在不高于 0.4mg/m³ 的磷化氢浓度下间歇性暴露数日可产生头痛，但无其他症状，据 Modrejewski 和 Myslak 报道磷化氢浓度在 1.0~10mg/m³ 范围内可使人眩晕、头痛、恶心、呕吐，产生"精神神经刺激症"的症状。磷化氢浓度高于 47mg/m³ 时将导致眩晕、头痛、步态蹒跚、恶心、呕吐、腹泻、上腹部及胸骨后疼痛、胸部有压迫感呼吸困难，并有心悸症状。高浓度磷化氢条件下，人畜中毒后均出现肺水肿，脑周围小血管出血及肾脏损伤等病理反应，对人还往往并发尿毒症。

3.2　PH_3 处理技术及设备

3.2.1　PH_3 湿法处理技术

国内外磷化氢净化技术方法很多，可分为湿法和干法两大类。其中湿法主要是利用磷化氢的强还原性在吸收塔内用氧化剂或催化剂处理磷化氢的液相氧化法，包括液相氧化还原法、液相催化氧化法和湿式催化氧化法三类。而干法是利用磷化氢的还原性和可燃性，用固体氧化剂或吸附剂来脱除磷化氢或将其直接燃烧，包括燃烧法、催化分解法和吸附法。

3.2.1.1　液相氧化还原法

A　高锰酸钾法

1967 年阿达姆首先报道利用高锰酸钾作为氧化剂，用于降低乙炔生产冷却液系统中的磷化氢浓度。这一方法在抑制磷化氢的产生方面十分有效，但实际上存在过程中有二氧化锰析出而必须经常更换冷却剂的严重缺点。Herman 等人[92] 也介绍了一种利用高锰酸钾处理磷化氢毒气的方法，当进口磷化氢浓度很低时，出口磷化氢浓度最低为零，但是他未给出更高浓度下的处理数据。文中给出了反应方程式（3-7）：

$$PH_3 + 2KMnO_4 \Longrightarrow K_2HPO_4 + Mn_2O_3 + H_2O \tag{3-7}$$

国内采用高锰酸钾法吸收磷化氢已有先例，永州科达研究所就是将高锰酸钾置于真空式磷化氢净化器中实现磷化氢的净化。上海烟草集团公司对该所研制的喷射真空式磷化氢净化器进行了磷化氢残留气体的净化处理实验，工艺过程为：利用喷射真空的方法，从进气管吸入磷化氢气体，并与加压液相高锰酸钾溶液充分均匀混合并流，迅速净化磷化氢残留气体。净化后的气体从出气管流出。检测结果表明，净化器具有良好的吸附效果。但该净化器存在无法实现连续操作的缺点，且反应产物未做任何处理存在二次污染问题。

B 浓硫酸法

采用浓硫酸氧化具有强还原性的磷化氢，其基本原理[93]为：

$$PH_3 + 4H_2SO_4 =\!=\!= H_3PO_4 + 4SO_2 + 4H_2O \tag{3-8}$$

$$SO_2 + 2NaOH =\!=\!= Na_2SO_3 + H_2O \tag{3-9}$$

磷化氢中的磷元素处于最低氧化态，具有较强的还原性，能被浓硫酸氧化成高氧化态，浓硫酸逐渐被反应生成的水稀释，生成的 SO_2 被中和罐中的 NaOH 溶液吸收。该法的缺点在于反应为放热反应，为了使反应顺利进行，必须进行冷却，硫酸温度应保持在30℃左右为宜；其次，由于反应过程中有水的生成，浓硫酸逐渐被稀释，为保证净化效果必须及时更换浓硫酸；再者反应过程生成的 SO_2 污染物还需利用 NaOH 溶液进行二次处理。在利用浓硫酸法净化粗乙炔气中磷化氢时，相比于次氯酸法，在一定条件下前者在废液量、安全性、运行费用和状态方面均有优势，究其原因，一是由于浓硫酸较次氯酸钠更稳定，易于运输；二是由于浓硫酸的强吸水性，能有效地将粗乙炔气中掺杂的水分去除，基本实现废水的零排放，同时也解决了乙炔气溶于废水易造成安全隐患等问题。但是浓硫酸法也存在着稀释的酸液不易回收，排入下水管道容易造成水体污染等缺点。

C 次氯酸钠氧化法

磷化氢是一种较强的还原性，利用它的这一特性，可以选择某种合适的氧化剂使其氧化，从而达到无害的目的。氧化剂的种类很多，次氯酸钠是其中简单易行的一种氧化剂。在室温和碱性条件下，磷化氢便能与次氯酸钠反应，且反应速度非常快，反应后生成磷酸（氢）盐，从而达到了气体净化的目的，反应过程[94]分三个步骤：

$$OCl^- + H_3O^+ =\!=\!= HClO + H_2O \tag{3-10}$$

$$PH_3 + HClO =\!=\!= [PH_3O] + H^+ + Cl^- \tag{3-11}$$

$$[PH_3O] + OCl^- =\!=\!= H_3PO_2 + Cl^- \tag{3-12}$$

总反应为：

$$PH_3 + 2NaClO =\!=\!= H_3PO_2 + 2NaCl \tag{3-13}$$

程建忠等人[95]的实验结果表明，在 pH 值为 13 和室温条件下 NaClO 可将磷化氢全部转化为次磷酸钠（NaH$_2$PO$_2$·H$_2$O）；采用重结晶和阴离子交换相结合的分离方法，可将 NaH$_2$PO$_2$·H$_2$O 中的大量 NaCl 除去，得到完全合格的次磷酸钠产品。

熊辉等人[96]的实验结果表明，当 NaClO 溶液中有效氯的质量分数为 0.65%、pH 值为 9、反应温度为 12℃和气体流速为 0.6~0.8L/min 时，经二次洗气后对磷化氢的脱除率可达 99.8%，且出口磷化氢含量低于 7mg/m^3。

在净化粗乙炔气中的磷化氢方面，次氯酸钠氧化法有较多的应用。传统的次氯酸钠法具有操作简便、安全性能好、净化效果佳、成本低廉等特点，因而被广泛应用在工业生产中，但仍存在着设备尺寸过大、占地空间大、废水排放造成环境污染等缺点。针对传统次氯酸法存在的缺点，研究者们通过改进生产工艺以及增加循环再生工艺来克服上述缺陷，并且取得了可观的成效。改进后的生产工艺相比于传统工艺更加合理，实现节约资源、降低能耗的目标。最后从废治废的角度实现了净化粗乙炔气中磷化氢工艺的循环再生，即利用生产工艺的废液净化粗乙炔气。其中研究较多的是次氯酸钠溶液，通过调节相应的工艺条件，将回收的次氯酸钠溶液配制成新的清净剂重复利用。同时，该法能够实现自动化控制，使操作更加简便，并且能够减少对环境的污染和投资运营的成本。

次氯酸钠法也存在以下缺点[97,98]：首先，随着吸收反应的进行，有效氯会逐渐消耗，为保证净化效率需适时补充或更换吸收液；其次，次氯酸钠的化学性质不稳定，在储存、运输和使用过程中容易分解，且分解后产生的有害气体会影响作业人员的身体健康。

D 氯水法

将氯气溶于水，形成具有强氧化性的次氯酸，用于去除粗乙炔气中的磷化氢，其净化原理与次氯酸钠法类似，即通过次氯酸的强氧化性将磷化氢氧化为高价态的物质。此方法相比于次氯酸钠法具有效果稳定、工艺先进、成本低的优点，同时装置安全可靠且净化效果理想。相比于浓硫酸法可以避免污染地下水体，是一种理想的乙炔气净化工艺。寻克义在对比多种粗乙炔气净化工艺后，得出氯水法较其他方法具有多重明显优势的结论，其优势主要体现为：基于国外先进技术进行相应改进，氯水法工艺较其他工艺更加先进；装置安全可靠，操作方便，整个过程可以实现连续操作；净化效果理想，基本不产生三废。杨文书论述了溶解乙炔的净化方法，重点阐述氯水法净化工艺，并对工艺的选择提出意见，通过净化效果、原料性能、环境保护等多个角度进行对比，认为氯水法较其他方法具有净化效果良好、原料性能稳定易于存放且工艺不产生三废污染等优点，因此是一种值得推广应用的方法。付汉卿等通过对氯水工艺进行改进，使得工艺更加安全可靠，不仅节约纯水消耗还降低了噪声污染，取得了较好的经济效益和社会效益。

E　磷酸法

德国尤德有限公司[99]在中国申请的专利介绍了采用 70%的磷酸吸收净化磷化氢的方法。该方法先将含磷化氢的原料气通入洗涤塔中，在洗涤塔内用 70%的磷酸洗涤；接着在再生塔中通入纯氧再生洗涤酸；再生后的洗涤酸经过热交换器后重新引入到洗涤塔内进行吸收反应。反应生成的磷酸能进一步加工制备成肥料一类的产物。与硫酸法相比，磷酸法引起的腐蚀问题相对要小且不需要预干燥过程，但工艺过程较为复杂。

F　漂白精/粉法

丁百全等人[100]实验了多种吸收剂对磷化氢的吸收效果，利用磷化氢的强还原性，所选吸收剂均为强氧化剂，分别为 50%过氧化氢溶液、盐酸、溴水、重铬酸钾硫酸混合液、次氯酸钠溶液、漂白粉、高锰酸钾水溶液、高锰酸钾硫酸混合液和漂白精。结果表明，有较好吸收效果的有溴水、高锰酸钾、水溶液、漂白精。但溴水具有强挥发性，严重污染环境，刺鼻的气味使人难以忍受，因此被排除。高锰酸钾虽然吸收能力较强，但用高锰酸钾吸收后生成的沉淀 MnO_2 较黏稠，易堵塞分布器、设备和管道，且高锰酸钾处理后生成锰化合物，存在二次污染，高锰酸钾的市场价格也较贵。而漂白精吸收能力极强，在不同进口 PH_3 浓度下，出口 PH_3 均测不出来。均测不出来，且用漂白精吸收后，生成的沉淀 $CaCO_3$ 流动性好，不易堵塞分布器，漂白精还具有购买方便，价格便宜的优势。因此，从各方面分析，表明漂白精是吸收磷化氢的理想物质。反应式为：

$$2Ca(ClO)_2 + PH_3 \longrightarrow H_3PO_4 + 2CaCl_2 \tag{3-14}$$

$$Ca(ClO)_2 + 2H_2O \longrightarrow Ca(OH)_2 + 2HClO \tag{3-15}$$

$$2HClO \longrightarrow 2HCl + O_2 \tag{3-16}$$

$$HClO + HCl \longrightarrow H_2O + Cl_2 \tag{3-17}$$

$$Ca(ClO)_2 + H_2O + CO_2 \longrightarrow CaCO_3\downarrow + 2HClO \tag{3-18}$$

$$Ca(ClO)_2 + 4HCl \longrightarrow CaCl_2 + 2Cl_2 + 2H_2O \tag{3-19}$$

朱仁康提到采用次氯酸钠或漂白粉处理磷化氢，试验采用鼓泡式吸收桶，所选的环流风机的压力为 980Pa，故吸收桶的液层高度应低于 10cm。

3.2.1.2　液相催化氧化法

液相催化氧化法是在催化剂的作用下，在水溶液中吸收和氧化气体中的还原性成分。主要有过氧化氢催化氧化法和过渡金属及贵金属催化氧化法。

A　过氧化氢催化氧化法

采用过氧化氢催化氧化法[101]处理磷化氢时，最关键的因素在于催化剂的选择。若不使用催化剂，H_2O_2 几乎不与磷化氢反应，只有当过氧化氢和特定的催化剂同时作用才可以氧化净化磷化氢，且酸性和碱性介质中反应机理略有差别，其氧化产物是次磷酸钠和亚磷酸钠的混合溶液，必须采取适当的分离方法将其分离，才能得到纯的次磷酸钠产品。

在酸性或中性介质中主要化学反应为：

$$2H_2O_2 + PH_3 \longrightarrow H_3PO_2 + 2H_2O \tag{3-20}$$

$$3H_2O_2 + PH_3 \longrightarrow H_3PO_3 + 3H_2O \tag{3-21}$$

在碱性介质中反应为：

$$2H_2O_2 + PH_3 + OH^- \longrightarrow H_2PO_2^- + 2H_2O \tag{3-22}$$

$$3H_2O_2 + PH_3 + 2OH^- \longrightarrow HPO_3^- + 5H_2O \tag{3-23}$$

日本 Kyowa Kako 公司和 Furukawa Mining 公司的专利[102]介绍了用双氧水为吸收剂处理磷化氢的方法。含磷化氢的原料气从填料吸收塔底部进入塔内与从上部喷淋而下的吸收液反应，吸收液经回收后循环使用。当填料塔内的吸收液为 5%Ag、6%HClO₄ 和 3%H₂O₂ 的混合液时，能将磷化氢从 1000×10^{-6} 降到 0.05×10^{-6} 以下。流程图如图 3-1 所示。

B　过渡金属及贵金属催化氧化法

李军燕等人[103,104]考察了过渡金属 Cu(Ⅱ) 和 Co(Ⅱ) 在不同配比条件下反应温度、氧含量、磷化氢进口浓度和气

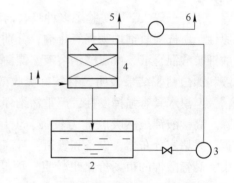

图 3-1　过氧化氢处理磷化氢流程图
1—吸收前磷化氢浓度检测口；2—液槽；
3—循环泵；4—填料层吸收塔；
5—吸收后磷化氢浓度检测口；6—排气口

体流量对脱磷效率的影响。实验结果表明，氧含量、磷化氢进口浓度和气体流量变化对脱磷效率的影响较大，当 Cu(Ⅱ) 和 Co(Ⅱ) 配比为 1∶1 时的吸收液较易承受原料气中氧含量、磷化氢进口浓度波动和气体流量的影响。相比而言，反应温度对磷化氢的去除效率较为复杂，当反应温度低于 45℃、Cu(Ⅱ) 和 Co(Ⅱ) 的配比为 3∶1 时，为保证吸收液具有较高的脱磷效率，氧含量可在 11%~25%范围内波动；而当反应温度 45~80℃、Cu(Ⅱ) 和 Co(Ⅱ) 的配比为 1∶1 时，原料气中 25%~80%的氧含量可使吸收液保持较高的脱磷效率。此法缺点在于原料气中引入过高的氧含量会使黄磷尾气中 CO 的稳定性造成威胁。

宁平、瞿广飞和易玉敏等人[105~107]研究了贵金属 Pd 离子和过渡金属离子混合溶液对磷化氢的催化氧化效果。当过渡金属离子为二价锰时，考察了原料气中氧含量、反应温度、磷化氢进口、气体流量和吸收液 pH 值变化对磷化氢去除效率的影响。实验研究表明，在 20~70℃范围内，适宜的氧含量和反应温度分别为 5%和 20℃，吸收液中较高的 pH 值有利于磷化氢的液相催化氧化净化，净化效

率可达100%。此法的缺点在于：吸收液中的金属离子会与磷化氢氧化而得的PO_4^{3-}生成沉淀，使吸收液中的催化剂脱离液相而影响磷化氢的净化效率。而当过渡金属离子为二价铜离子时，原料气中保持2%的氧含量即可满足需要，适宜的反应温度为37℃。然而，采用贵金属Pd离子和过渡金属离子混合吸收液催化氧化净化磷化氢存在成本较高且产物不易分离等缺点。

3.2.1.3　湿式催化氧化法

针对液相催化氧化法中存在使用贵金属催化剂成本较高且反应后产物不易分离等缺点，昆明理工大学的杨丽娜等人[108]开发了湿式催化氧化法用于净化低浓度磷化氢，考察了反应温度和气体流量对磷化氢去除效率的影响。结果表明，催化剂Fe-Cu-Ce混合氧化物对磷化氢的净化效率较高为76%；较高的反应温度、较低的气体流速有利于磷化氢的净化脱除。然而，此法的净化效率较低，高效适用的磷化氢湿式催化氧化净化技术还有待于进一步研究，研究方向可从催化剂和吸收液的开发方面进行。

3.2.2　PH₃干法处理技术

干法是利用磷化氢的还原性和可燃性，用固体催化剂或者吸附剂来实现磷化氢的脱除或者直接燃烧。主要包括燃烧法、催化分解法和吸附法。

3.2.2.1　燃烧法

燃烧法[109,110]是指将磷化氢在燃烧炉内与空气混合燃烧生成磷酸雾，然后在吸收塔内用水吸收制得工业磷酸，反应方程式为：

$$PH_3 + 2O_2 \longrightarrow H_3PO_4 \tag{3-24}$$

其工艺流程如图3-2所示。

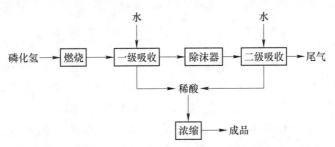

图3-2　燃烧法处理PH₃尾气工艺流程图

燃烧法技术较为成熟并且可以磷酸形式回收磷资源。但缺点在于：一是在处理磷化氢的过程中有少量磷化氢和磷酸酸雾排入大气中会造成环境污染；二是磷化氢全部转化为廉价的磷酸而非昂贵的次磷酸钠，降低了生产的经济效益。

Brent Elliot等人[111]介绍了一种利用燃烧法去除磷化氢的反应器，该反应器可使磷化氢出口浓度低于其 TLV 值（八小时日时量平均容许浓度：0.3×10^{-6}），为防止磷化氢燃烧后生成的磷酸可能引起对反应器的腐蚀问题，特地该反应器内的燃烧系统出口处安装湿洗脱系统。此法的缺点在于能源消耗大，气体驱动较困难且处理气量较小。

3.2.2.2 催化分解法

催化分解法是在热分解法的基础上，通过在反应体系中加入催化剂降低反应活化能，从而在较低温度下实现硫化氢、磷化氢向氢气和单质硫、黄磷转变的过程。这种方法相比于湿法工艺具有催化效率高、分解产物有较高经济价值以及能有效降低能耗且不产生二次污染等优点。但是，催化分解法适用于低浓度有毒有害气体的净化，且缺乏相关机理的研究，难以切实应用于实际生产中。

由于纳米材料在光、电、磁等领域的独特优势，因而被广泛应用在催化分解磷化氢的研究上。Li 等人研究了催化剂对磷化氢的分解效果，结果表明，CoP 等合金负载在纳米碳管上能有效催化分解磷化氢制得高纯度黄磷，当固定反应床在 360℃下操作，磷化氢的转化效率可以达到 99.8%，然而文中并未对磷化氢分解的机理作相应研究。Li 等人使用铁族金属（Co、Ni、Fe）负载在纳米炭上用于分解磷化氢，研究表明，催化剂分解磷化氢的活性与催化剂表面和结构相关。磷在催化剂表面发生反应，生成金属磷，对后续磷化氢分解起重要作用，结果表明，负载金属 Ni 的催化剂对磷化氢具有最高的催化活性。当温度控制在 380℃时，磷化氢的分解率可达到 99.7%。由于反应过程中先生成金属磷化物，使得磷化氢的分解变得更加简单可行。Han 等人通过制备纳米 FeCuP 合金用于分解磷化氢，结果表明，该催化剂在 400~500℃或超过 800℃，磷化氢的去除率可达 100%；同时也研究了 TiO₂ 负载在 Co-P 合金上对磷化氢分解的影响，通过对比，负载 TiO₂ 的催化剂具有更大的比表面积、更好的水热稳定性以及更高的催化活性。

张宝贵等人[112~115] 研究了 CoP 合金、Co/CNTs 和 CoCe/CNTs 等催化剂对次磷酸钠生产过程中产生的磷化氢尾气催化分解效果，催化分解后的磷化氢可回收并制成半导体级高纯黄磷。结果表明，采用 CoP 非晶态合金催化剂催化分解磷化氢时，可使磷化氢的实际分解温度从 800~1000℃降低到 470℃，且得到的黄磷纯度为 99.99%。文献中报道了共沉淀法制备而得的四种碳纳米管催化剂：Co/CNTs、CoCe/CNTs、CoCeB/CNTs 和 CoCeBP/CNTs。结果表明，四种催化剂对磷化氢的催化活性大小顺序为：CoCe/CNTs > Co/CNTs > CoCeBP/CNTs > CoCeB/CNTs。相比 CoP 合金而言，碳纳米管催化剂可将反应温度降到更低，为 360℃。总的来说，此法在磷化氢尾气的净化方面提供了新的途径，是一条将次磷酸钠生产与制备精细化工基础原料高纯磷相结合的很好的技术方案，但在净化黄磷尾气中的可行性还有待进一步探索。

3.2.2.3　吸附法

吸附法是用吸附剂通过物理吸附或化学吸附的方法去除磷化氢。主要有变温吸附法、低温吸附法、金属氧化物吸附法和活性炭吸附法。

A　变温吸附法

变温吸附法就是在较低温度（常温或更低）下进行吸附，在较高温度下使吸附的组分分离出来。由吸附等温线可知，变温吸附过程是在 2 条不同温度的吸附等温线之间上下移动进行吸附和解吸的。变温吸附磷化氢工序主要应用在黄磷尾气的预处理中，是在常温下直接吸附磷化氢，无需将磷化氢催化氧化，省去了原料气加热和配气过程，但吸附剂要加热再生，吸附气可用作燃料，其热值与处理前相当。

采用变温吸附直接脱除磷化氢的方法能否实现工业化，取决于对磷化氢的脱除精度能否满足工艺要求，投资和再生能耗是否较低。西南化工研究设计院陈中明、陈健、魏玺群等人[116~118]自行研制了几种脱磷吸附剂 CNA215、CNA815 和 CNA928，他们研究的变温吸附脱磷工艺是在常温下直接吸附杂质磷，不需将磷催化氧化，省去了原料气加热和配氧的过程。吸附饱和后需加热再生，并引入一部分净化气或是脱硫工艺的解析气作为再生气，再生后的解吸气可用作燃料或直接放空。该法在一定程度上实现了黄磷尾气中 CO 的净化，但对再生后的解吸气处置不够合理，磷化氢含量更高的再生解吸气经燃烧或直接放空后又进入了大气，并没有从本质上消除磷化氢对大气环境的污染。

B　低温吸附法

该法是一种卡在低于 10℃ 下使用的方法，与废气接触的吸附剂的组成为氧化铜、二氧化锰及氧化硅、氧化铝、氧化锌中至少一种金属氧化物。吸附剂制成片状或颗粒状，在吸附器内堆成固定床层，上游堆放传统的高容量吸附剂，下游堆放低温型吸附剂，混合气采用氢气或者氮气中体积百分比为 1% 的磷化氢气体，经磷化氢出口浓度达到 25ppb 时视为突破点。最终得到当 Cu/Mn 比值为 0.8 时，突破时间为 190min。

C　金属氧化物吸附法

该法是先将气流加热到足够高的温度，使磷化氢分解为磷蒸汽，再使气流通过一反应器，内含被加热到 100℃ 以上的氧化钙，并使氧气或者空气通过反应器。该反应器采用三个吸附段：

（1）硅吸附段：硅的纯度应大于 90%，最好的大于 97%。例如纯度约为 98.5% 的水晶材料或聚水晶材料。硅可与其他"惰性"物质混合，如氧化硅、矾土、石灰、氧化镁等，甚至可与一种或者多种金属离子，如锰离子、钴或者镍形成合金，如硅铁、硅镁或碳化硅的形式。硅吸附段中加入铜（或者富铜材料）

将对吸附有利。该吸附段温度超过 200℃，最好保持在 350~500℃。

（2）氧化钙吸附段：其中氧化钙可有以下形式：氧化钙、石灰、苏打石灰（氢氧化钙加氢氧化钠或者氢氧化钾）。上列任一形式中都可能含有"惰性材料"如石墨（或者焦炭）、石灰石（$CaCO_3$）、氧化镁、碳酸镁或者消石灰（$Ca(OH)_2$）。该吸附段温度超过 100℃，最好保持在 250~500℃。

（3）可选吸附段：该段活性组分为 CuO 或者 Cu_2O。载体为硅酸钙或者氧化钙/硅酸钙。该吸附段温度保持在 150~600℃，最好在 200~400℃。

通常磷化氢将在受热表面上发生热分解反应，氧化钙将使分解反应进一步完成，并且氧化钙亦可与分解生成的单质磷发生反应生成磷化钙。引入氧气或者空气大大加快了上述生成磷化钙的反应，将使有害的磷蒸汽难以存在。该法中磷化氢分解会生成氢气，因而必须限制引入反应器内的氧气量，使空气与氢气的体积比不超过 1:25、氧气与氢气的体积比不超过 1:100。

另外，西雷索尔[119]申请的专利中制备了一种固体吸附剂用于破坏残留气中的氢化物，其中的固体吸附剂组成为反应剂 CuO（10%~50%，质量分数）和反应促进剂 MnO_2（50%~90%，质量分数）。此外，还可含有相对总重量计的不超过 30%的以下化合物中的一种或几种，所说化合物可以是 Al_2O_3、ZnO、SiO_2、Cr_2O_3 和 $MnCO_3$。催化过程为残留气与固体催化剂接触后，残留气中的氢化物便会吸附在吸附剂表面，在反应促进的作用下与反应剂发生反应并生成惰性氧化物质。

许荣男等人[120]的专利中制备了一种用于化学吸附氢化物气体的吸附剂，该吸附剂以共沉淀法制备的或市售的二氧化钛为载体，该发明其中一种典型的吸附剂组分包括：活性组分 $w(CuO + ZnO) = 20\% \sim 65\%$，载体 $w(TiO_2) = 20\% \sim 65\%$ 和 $w(Al_2O_3) = 15\% \sim 60\%$。该吸附剂在常温条件下即可实现半导体厂和光电厂制氢尾气中有害氢化物以化学吸附的形式被去除。该法中使用较多的活性组分无疑增加了制备成本，且未提及吸附剂的再生过程。

D 活性炭吸附法

活性炭吸附法在磷化氢的净化方面研究较多，考虑到空白活性炭对磷化氢的吸附能力很差，研究主要是针对活性炭提出了不同的改性方式，其中主要包括酸碱改性、硫化改性和金属改性[121~126]，相比而言金属改性活性炭对磷化氢吸附去除的研究略多。

早在 1985 年 Hall 等人[127]便将 $AgNO_3$ 和 $CuNO_3 \cdot 3H_2O$ 负载于活性炭纤维上用于磷化氢的吸附，测试了磷化氢在 25℃时的吸附等温线。结果表明负载后的活性炭纤维可以增加磷化氢的吸附容量，且吸附容量与负载量有关。

王学谦等人[121,128]研究了盐酸改性活性炭对磷化氢的吸附净化效果，采用质量分数为 7%的盐酸对空白活性炭进行改性，给出了最佳的反应条件为 70℃的反应温度和 0.8% 的氧含量，通过吸附剂吸附前后 N_2 吸附等温线的表征可知吸附主要发生在 2nm 特别是 $0.3 \sim 1.5nm$ 的微孔范围内；笔者还认为存在于微孔中的盐酸起催化作用，将磷化氢快速氧化为磷氧化物。

WildeJurgen 专利[129]利用硫化活性炭吸附净化废气中的磷化氢，对比了未处理的活性炭和用 20% 的硫（质量分数）处理过的活性炭对磷化氢的吸附性能，结果表明，未经硫处理的活性炭对磷化氢没有吸附效果，而硫化活性炭可将磷化氢浓度从 500×10^{-6} 降到 0×10^{-6}。

郭坤敏等人[130,131]介绍了用浸渍活性炭处理磷化氢的方法。以煤质活性炭为载体，浸渍 Cu、Hg、Cr、Ag 四种组分，浸渍组分的含量分别为（质量分数，%）：Cu 7%~13%，Hg 5%~10%，Cr 1.5%~4%，Ag 0.01%~0.1%，载体粒径为 1.0~3.0mm；发明专利中的优选方案为：Cu 8%~12%，Hg 6%~9%，Cr 2%~3%，Ag 0.03%~0.06%；当采用如下实验条件时：磷化氢浓度 1000×10^{-6}，系统压力 $(900 \sim 1000) \times 10^5 Pa$，实验动力管内径 2cm，改性活性炭粒径 1.2mm，气流比速 $1L/(min \cdot cm^2)$，采用该吸附剂可以将 1000×10^{-6} 的磷化氢可净化到低于 0.3×10^{-6}，但由于该吸附剂需添加高污染性重金属 Cr、Hg 和贵金属 Ag，势必增加制作成本与日后废料的处理费用。

过渡金属铜氧化物在吸附净化磷化氢方面具有很好的优势，昆明理工大学宁平课题组[132~136]开发了系列过渡金属铜氧化物吸附剂用于吸附净化黄磷尾气中的磷化氢杂质，其原理是利用磷化氢的强还原性与活性炭上的活性组分反应生成 P_2O_3 和 P_2O_5，利用 P_2O_3 和 P_2O_5 在活性炭上的吸附能力远大于磷化氢这一特点实现黄磷尾气中磷化氢的吸附净化，但未对吸附剂的再生性、稳定性和选择性进行深入研究，有待进一步研究。

3.3 磷化氢检测设备

随着对磷化氢的相关研究的深入，越来越多的设备和方法被开发出来应用于磷化氢的检测。主要有气相色谱（GC）、冷阱二次富集——GC/FID 系统和 GC-ICP-MS 方法。

磷化氢的测定主要指自由态磷化氢、水溶态磷化氢及基质结合态磷化氢的测定。后两者主要是通过前处理将水溶态磷化氢和结合态磷化氢转为自由态磷化氢后再行检测。

（1）水溶态磷化氢的前处理：牛晓君等采用气液两相平衡法，在准确量取一定水样后，向容器内注入高纯氮气，剧烈振荡混匀，然后抽取一定量经平衡后的气体进行气相色谱检测。

（2）结合态磷化氢的前处理：现行方法是基于 Nowicki（1978 年）消解食品的方法而发展起来的。用酸或碱与样品在加热条件下进行消解反应，将释放出的磷化氢用高纯氮气置换出来，然后进行分析。研究者多采用酸消解方法。耿金菊等称取1g左右沉积物样，用5mL硫酸（0.5mol/L）加热消解5min。

（3）自由态磷化氢的检测方法主要有比色法（钼锑抗分光光度法、硝酸银试纸比色法）、气相色谱法等。

钼锑抗分光光度法测定磷化氢的基本原理是将含磷化氢的气体样品通入液态强氧化剂（如浓硫酸、高锰酸钾、浓硝酸等），将其氧化为正磷酸盐，然后加入此法所需的药剂，再用分光光度计测磷含量来间接得到磷化氢的含量，此法的主要缺点是不能定性测量，精确性不高，干扰因素较多，只适于较高磷化氢浓度的测定。由于在实际水处理研究中磷化氢含量为痕量级，不适于动态取样。

硝酸银试纸比色法依据硝酸银试纸遇磷化氢气体生成磷化银，不同浓度的磷化氢气体与硝酸银试纸所呈现的颜色不同（由淡黄色至银黑色），而制成标准比色板进行比色定量，此法灵敏度为$0.03mg/m^3$但精确度和稳定性较差。该法因其操作快速简便被广泛应用于粮食储存的残留磷化氢测定和工业尾气中磷化氢的测定。

在自然环境中，痕量磷化氢用上述两种方法测定都因其含量低而难以取得理想的效果。随着气相色谱技术的发展、冷阱富集技术的使用，气相色谱法已经成为目前研究环境中磷化氢的主流检测方法。Glindemann改进了Gassmann的实验分离技术，在气相色谱仪前加装二次冷阱富集装置（磷化氢冷却富集及检测装置图见文献）：气体样品首先通过吸附在多孔载体上的NaOH干燥剂去除水分和酸性气体等杂质气体，然后进入1号冷阱，在−110℃的液氮环境中富集并去除沸点更低的气体，再在室温下经载气吹扫通过六通阀进入2号冷阱进行第二次富集，最后以加热方式使磷化氢脱附、经载气吹扫快速进入气相色谱进行分析，其检测限可达$0.01\sim0.1ng/m^3$。

另外，检测管法、电化学传感器法、激光光声光谱法、火焰离子化检测器（FID）应用于二次富集气相色谱检测中构建了冷阱二次富集-GC/FID系统检测环境中痕量磷化氢的分析方法测定磷化氢也有报道。

4 H₂S气体净化处理技术及设备

4.1 H₂S的来源、危害及性质

4.1.1 H₂S的来源及性质

4.1.1.1 H₂S的来源

硫化氢的来源分为自然源和人为源。自然界中硫化氢气体的来源较为广泛：火山活动、地热温泉及湖泊、沼泽、下水道等中的有机质腐烂分解时都会产生H_2S气体，尤以蛋白质腐烂时生成H_2S较多；同时，自然界中存在着大量的硫酸盐，在还原条件下，可被微生物还原成H_2S气体而逸入大气。而H_2S的人为来源主要有以下几个途径：

（1）医药、制革及橡胶工业生产中均有H_2S废气产生。

（2）天然气、粗焦炉气、水煤气中均含有H_2S。

（3）石油中有机硫化合物含量达4%，在炼制及脱硫过程中都可能产生H_2S。

（4）硫酸盐纸浆、人造丝、二硫化碳等硫化物的生产过程中，常会排出含有H_2S的工业废气。

（5）煤在1000℃高温下进行干馏或汽化制造煤气过程中，煤中的有机硫化合物受热裂解变成H_2S逸入大气。

此外，在硫化染料的生产过程中，用硫化钠与中间体反应时产生的尾气中含有高浓度的H_2S；有机磷农药生产也有高浓度H_2S尾气逸出；碱法造纸煮木材，造纸黑液回收碱时，部分芒硝还原成H_2S；黏胶纤维生产和玻璃纸生产中有H_2S与其他硫化合物气体一起逸入大气。

大气中H_2S污染的主要来源是人造纤维、天然气净化、硫化染料、石油精炼、煤气制造、造纸、食品工业等生产过程及污水处理、垃圾处理场有机物腐败过程。高浓度的H_2S主要来源于工业，发生相对集中，发生量较大，所以国外研究工作较多基于工业大量的H_2S废气处理。

4.1.1.2 H₂S的性质

硫化氢是一种具有臭鸡蛋味的气体，密度比空气大，当空气中的浓度大于$0.00041×10^{-6}$时就能闻到，然而当浓度高于一定值，人的嗅觉神经就会被麻痹，反而闻不到了，H_2S是一种神经毒物，能够从呼吸道入侵致人中毒。低浓度的能

够使人眼睛因刺痛流泪、呕吐，甚至出现肺水肿、肺炎等症状；高浓度的能使人发生昏迷甚至窒息；急性中毒还伴有头痛、智力下降的后遗症，因此在环境中除去 H_2S 气体有重要的现实意义。大气中主要来源于天然气净化、人造纤维、石油精炼、造纸、硫化燃料、食品工业、煤气制造等生产过程或者污水处理、有机物腐败、垃圾厂处理过程。高浓度的气体主要产生于工业集中的地区，因此国内外的处理主要针对的是工业区产生的气体。

天然的 H_2S 主要来自含硫物质的无氧降解。大量这样的 H_2S 产生于沼泽或地热源（如火山口）而直接进入大气的硫循环。同样大量的 H_2S 存在于天然气中。天然气中 H_2S 含量随地理环境不同而不同，含量高的可达 50%，但一般低于 1%。人类工业活动中产生的 H_2S 主要来自一些化学处理过程，如加氢、加氢脱硫及煤气化等过程。

硫化氢是无色气体，其熔点 -83℃，沸点 -60.3℃，相对分子质量 34.8，相对密度 1.189，故常浓集于低处。H_2S 在水中的溶解度不大，通常情况下，1 体积水能溶解 4.7 体积的 H_2S，浓度约为 0.1mol/L。H_2S 在水溶液中发生如式 (4-1) 和式 (4-2) 的电离：

$$H_2S \longrightarrow H^+ + HS^-, \qquad K_1 = 5.7 \times 10^{-8} \qquad (4\text{-}1)$$

$$HS^- \longrightarrow H^+ + S^{2-}, \qquad K_2 = 1.2 \times 10^{-15} \qquad (4\text{-}2)$$

式中，$[H^+]^2 \cdot [S^{2-}] = 6.8 \times 10^{-24}$ 由于 S^{2-} 极易失去电子而被氧化，所以 H_2S 具有较强的还原性。在空气中易氧化燃烧，自燃点 292℃，爆炸极限为 4.3% ~ 45.5%（体积分数），当氧不足时，则被氧化成 S 和 H_2O。在一定条件下，H_2S 还能被 SO_2 氧化成 S 和 H_2O。基于这一性质发展的克劳斯法以及在此基础上发展起来的若干改进方法是目前应用最为广泛的回收利用 H_2S 废气的方法。

H_2S 易与碱作用，形成金属硫化物或硫氢化物。H_2S 还易溶于醇、环丁砜等有机溶剂。H_2S 的上述两种性质被用于净化 H_2S 废气，产生了碱液吸收法有机溶剂吸收法等净化方法。

在常温或高温下，H_2S 能与一些金属氧化物，如 Fe_2O_3、ZnO 等作用生成金属硫化物，还能与许多金属离子（除 NH_4^+ 和碱金属外）在液相中生成溶解度很小的硫化物。故可利用金属氧化物或液相中的金属离子来去除废气中的 H_2S。

H_2S 的物理和热力学性质如表 4-1 所示。

表 4-1　H_2S 的物理和热力学性质

性　　质	数值	性　　质
相对分子质量	34.8	爆炸极限（20℃体积分数）/%
熔点/℃	-85.6	上限 46
沸点/℃	-60.75	下限 4.3

续表 4-1

性　　质	数值	性　　质	
熔融热/kJ·mol^{-1}	2.375	蒸汽压力/kPa	
汽化热/kJ·mol^{-1}	18.67	60℃	102.7
密度/g·cm^{-3}（-60℃）	0.993	-40℃	256.6
临界温度/℃	100.4	-20℃	546.6
临界压力/kPa	9020	0℃	1033
临界密度/g·cm^{-3}	0.3681	20℃	1780
生成热 H(25℃)/kJ·mol^{-1}	-20.3	40℃	2859
生成自由焓 ΔG/kJ·mol^{-1}	-33.6	60℃	4347
生成熵 S(25℃)/J·(mol·K)$^{-1}$	205.7	溶解度（101.3kPa 水中）/%	
定压摩尔比热容 c_p/J·(mol·K)$^{-1}$	34.2	0℃	0.710
自燃温度（空气中）/℃	-260	10℃	0.530
		20℃	0.398

4.1.2　H₂S 的危害及毒性

硫化氢（H₂S）是有毒的环境污染物之一，具有腐蛋臭味，极易被嗅出，当空气中质量浓度在 1.5mg/m³ 时，即能辨出。如表 4-2 所示，而当其质量浓度为上述浓度 200 倍时，因嗅觉神经被麻痹，反而嗅不出来。H₂S 是强烈神经毒物，主要从呼吸道侵入人体而致人中毒。浓度较低时出现眼睛刺痛、流泪、呕吐，有时发生肺炎、肺水肿。吸入高浓度 H₂S 时，可使意识突然丧失，昏迷窒息而死。急性中毒的后遗症是头痛，智力降低等。所以对环境中 H₂S 去除的研究具有很重要的现实意义。长期在含有 H₂S 环境下工作和生活，即使其浓度在国家卫生标准以下，也会引起神经衰弱和慢性呼吸道疾病。

表 4-2　不同硫化氢对人体的影响

浓度/mg·m^{-3}	接触时间	毒　性　反　应
1400	立即~30min	昏迷并呼吸麻痹而死亡，除非立即人工呼吸急救，于此浓度嗅觉立即疲劳，毒性与氢氟酸相近
1000	数秒钟	很快引起急性中毒，出现明显的全身症状，开始呼吸加快接着呼吸麻痹而亡
760	15~60min	可能引起生命危险。发生肺水肿、支气管炎、肺炎。接触时间长者可引起头痛、激动、恶心、咳嗽、排尿困难等全身症状
300	1h	可引起严重反应——眼及呼吸道黏膜强烈刺激症状，可引起神经系统抑制，长期接触可引起肺水肿

浓度/mg·m⁻³	接触时间	毒 性 反 应
70~150	1~2h	出现眼及呼吸道刺激症状,长期接触可引起亚急性或慢性结膜炎,吸入2~15min即发生嗅觉疲劳而不再嗅出臭味,浓度越高,嗅觉疲劳发生越快
30~40		虽臭味强烈,仍能忍受。这是可能引起局部刺激及全身症状的阈浓度
3~4		中等强度难闻臭气,明显嗅出
0.035		嗅觉阈值

4.1.3 H₂S 的排放标准

4.1.3.1 标准分级

恶臭污染物厂界标准值分三级。

(1) 排入 GB 3095 中一类区的执行一级标准,一类区中不得建新的排污单位。

(2) 排入 GB 3095 中二类区的执行二级标准。

(3) 排入 GB 3095 中三类区的执行三级标准。

4.1.3.2 恶臭污染物排放标准值

恶臭污染物厂界标准值是对无组织排放源的限值,见表4-3和表4-4。

表 4-3 H₂S 厂界标准值

控制项目	单位	一级	二级		三级	
			新扩改建	现有	新扩改建	现有
硫化氢	mg/m³	0.03	0.06	0.10	0.32	0.60

表 4-4 H₂S 排放标准值

控制项目	排气筒高度/m	排放量/kg·h⁻¹
硫化氢	15	0.33
	20	0.58
	25	0.90
	30	1.3
	35	1.8
	40	2.3
	60	5.2
	80	9.3
	100	14
	120	21

1994 年 6 月 1 日起立项的新、扩、改建设项目及其建成后投产的企业执行二级、三级标准中相应的标准值。

4.1.3.3 H₂S 排放标准排放要求

（1）排污单位排放（包括泄漏和无组织排放）的 H_2S，在排污单位边界上规定监测点（无其他干扰因素）的一次最大监督值（包括臭气浓度）都必须低于或等于 H_2S 厂界标准值。

（2）排污单位经烟、气排气筒（高度在 15m 以上）排放的恶臭污染物的排放量和臭气浓度都必须低于或等于恶臭污染物排放标准。

（3）排污单位经排水排出并散发的 H_2S 和臭气浓度必须低于或等于 H_2S 厂界标准值。

4.2 H₂S 干法处理技术

4.2.1 克劳斯法

英国科学家克劳斯于 1833 年开发了 H_2S 氧化制硫的方法为：

$$H_2S + 1/2O_2 \longrightarrow 1/nS_n + H_2O + 205kJ/mol \qquad (4\text{-}3)$$

这一经典的反应，属于强放热反应，因此很难维持合适的温度，只能借助于限制处理量来获得 80%~90% 的转化率。经过不断的发展克劳斯工艺形成了改良克劳斯工艺、超级克劳斯法、CBA（冷床吸附）工艺、MCRC 工艺等。

当酸气中 H_2S 含量很低时，采用克劳斯硫回收工艺，其燃烧不足维持炉温，装置无法正常运行，这时可以采用直接氧化法工艺。直接氧化法工艺可分为两类：一类是将 H_2S 氧化为元素硫或二氧化硫，在氧化段后继之常规克劳斯催化；另一类是将硫化氢选择性催化氧化为元素硫。

直接氧化法的主要特征是将 H_2S 在固体催化剂上直接氧化为单质硫。直接氧化法的主要反应为：

（1）直接氧化反应：

$$3H_2S + \frac{3}{2}O_2 \longrightarrow \frac{3}{x}S_x + 3H_2O \qquad (4\text{-}4)$$

（2）氧化反应：

$$2H_2S + \frac{3}{2}O_2 \longrightarrow SO_2 + H_2O \qquad (4\text{-}5)$$

（3）克劳斯反应：

$$2H_2S + SO_2 \longrightarrow \frac{3}{x}S_x + 2H_2O \qquad (4\text{-}6)$$

主要发生（1）、（2）两个反应，（3）是次要反应。反应（1）属强放热反应，在绝热反应器里会引起巨大的温升。由于催化剂对 H_2S 转化为硫的选择性是有限的，所以 H_2S 有部分生成了 SO_2，温度越高生成的 SO_2 越多。一部分 H_2S 与

SO₂ 进一步反应，生成单质硫。

直接氧化法根据其处理的原料气不同可以分为贫酸气直接氧化工艺和尾气直接氧化工艺，然而它们的原理是相同的，它们的应用是可以相互延伸的。目前常见的直接氧化法工艺有 Clinsulf-Do 直接氧化工艺、Selectox 工艺及循环 Selectox 工艺、Superclaus 工艺、Hydrosulfreen 工艺、Carbosulfreen 工艺、Modop 工艺、Hi-Activity 工艺等，还有液相直接氧化法工艺：LO-CAT 法工艺。

4.2.1.1　Clinsulf-Do 直接氧化工艺

德国 Linde 公司开发的 Clinsulf-Do 工艺，主要用于从 H₂S 含量为 1%~20% 的酸气中回收硫磺。该工艺采用内冷式反应器，由绝热和等温两段构成，将 H₂S 直接氧化成硫，并极大地提高了 H₂S 转化率。酸气预热后与被加热到约 200℃ 的空气一起进入管道混合器，充分混合后进入反应器。空气与酸气混合物在反应器上部的绝热段发生反应，放出反应热用于加热反应气体，提高反应速度。充分反应后的气体进入下部等温段，通过与冷却管内水的冷却作用将温度控制在硫露点温度上，防止硫在催化剂床层中冷凝。气体离开反应器后进入硫冷凝器冷却成液态硫，然后进入硫分离器，最后进入硫磺成型、包装设备得到硫产品。汽包内的锅炉给水进入反应器冷却管内，被反应气体加热后发生部分汽化。锅炉给水是通过自然循环的方式在汽包和反应器之间循环的，从汽包内分离出中压蒸汽可用于预热酸气和空气，反应热量不足时，使用外供蒸汽补充热量。硫冷凝器内锅炉给水在冷却过程中产生低压蒸汽，冷凝成凝结水后返回硫冷凝器其工艺流程示意图如图 4-1 所示。

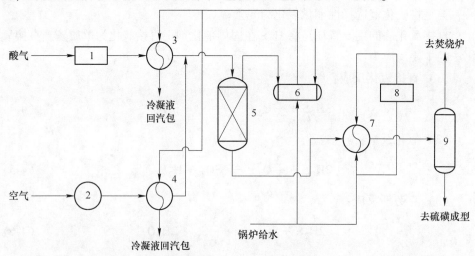

图 4-1　Clinsulf-Do 工艺流程图

1—酸气分离器；2—鼓风机；3，4—预热器；5—反应器；6—气泡；

7—硫冷凝器；8—蒸汽冷凝器；9—硫分离器

管壳式等温反应器由上、下封头、壳体和内件组成。进料部分是预热的绝热反应床，可以使反应温度迅速升高，提高反应速率，下部是一个等温段，内装有盘管式换热器，管内以水或蒸汽作为冷源或热源来调节反应器的温度，盘管外的间隙装填催化剂，通过换热控制反应器的出口温度在硫露点以上，因此化学平衡向生成硫的方向移动，达到提高 H_2S 转化率的目的。

硫分离器是带有蒸汽保温头套的容器，内部设有雾沫消除器，来消除可能夹带的硫雾沫。

Clinsulf 装置催化剂是以 TiO_2 为主体的直接氧化催化剂，主要特征是把 H_2S 直接氧化成元素硫，并且具有 COS 加氢活性。大多数 Clinsulf-Do 反应器中使用的 H_2S 选择氧化催化剂为 CRS31 型催化剂，含 $w(TiO_2)$ 约 85%。该催化剂稳定性较好，不容易出现 Al_2O_3 基催化剂的硫酸盐化，装置的运行温度过高会造成催化剂失活，因此应严格控制操作参数。因换热器串漏造成的水热失活以及硫沉积等因素，也可能造成催化剂活性减弱，尤其在开停车过程中，如果操作失误很容易造成单质硫沉积。因此，应尽可能减少因操作不当引起的催化剂失活。

Clinsulf-Do 工艺简单、易于操作，且投资和操作费用相对较低。其硫回收率可以到达 99.6%，是一种较好的硫回收工艺。该工艺的特点如下：

（1）适用于低浓度 H_2S 的回收，硫回收率可以达到 99.6%。

（2）硫产品纯度高，可达 99.97% 以上。

（3）硫分离器效率高。

（4）设置等温段，加快反应速度，控制温度很容易消除硫堵现象。

（5）与同等水平的其他工艺相比，投资和维护费用低，投资回收期短。

德国 Linde 公司开发的 Clinsulf-Do 工艺，主要用于含低浓度 H_2S 酸气的硫回收。自投产应用以来通过不断发展和完善，在装置工艺设计、单元设备改造、催化剂应用及防腐节能等方面都取得了显著的进步。

该工艺首套装置 1993 年在奥地利投产，规模为 3t/d，用于处理含 H_2S 为 1.8%~3% 的污水汽提贫酸气，硫回收率达到 92.3%~94%。

韩国 1993 年 11 月投产的 Clinsulf-Do 硫回收装置顺利运行，用于处理原料气中 S 含量为 5%~15% 的酸性气，规模为日产硫磺 8.3t，装置处理能力为（标态）1500m³/h，硫的转化率可达 90%~92%。

国内淮南化工总厂于 2002 年 4 月投产的 Clinsulf-Do 硫回收装置，用于处理从 NHD 脱硫装置排出的气量为 5000~10400m³/h 的解析气，其 H_2S 含量为 1.5%~3%，目前装置仍然运行平稳。

长庆气田第一采气厂于 2004 年建成投产的 Clinsulf-Do 硫回收装置，是国内引进的第二套采用 Clinsulf-Do 直接氧化法硫回收的装置，用于处理气量为（10~27）×10⁴m³/d。其 H_2S 含量为 1.3%~3.4% 之间，目前装置运行平稳。

长庆气田第二净化厂于 2007 年 5 月投产的 Clinsulf-Do 硫回收装置，用于处理酸气量为（12~30）×10⁴ m³/d。其 H₂S 含量为 1.55%~3.95% 之间，目前装置运行稳定。

4.2.1.2 Selectox 工艺及循环 Selectox 工艺

Selectox 工艺由美国 UOP 和 Parson 公司于 20 世纪 70 年代联合开发，一般用于从 H₂S 体积含量小于 30% 的贫酸气中回收硫或硫回收尾气净化。根据原料气中 H₂S 含量的高低分为一次通过法 Selectox 工艺和循环 Selectox 工艺。当酸气中 H₂S 含量小于 5%，可使用一次通过法，Selectox 工艺硫回收率约为 95%。其流程示意图如图 4-2 所示。

当酸气中 H₂S 含量大于 5% 时，为了控制反应温度不超过 371℃，一般采用循环 Selectox 工艺。该工艺采

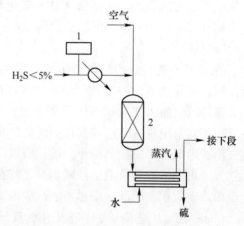

图 4-2 Selectox 一次通过法工艺流程示意图
1—分析仪；2—反应器

用一台循环鼓风机，酸气和空气一起进入装有催化剂的氧化段，此段硫回收率约为 80% 左右，然后进入克劳斯转化段，最后尾气使用 Selectox 催化剂催化灼烧后排放。循环 Selectox 工艺硫回收率约为 97%，最高可达到 99%。循环 Selectox 工艺流程示意图如图 4-3 所示。

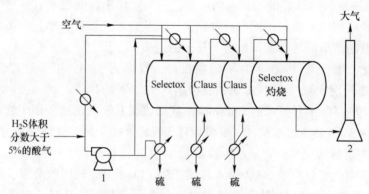

图 4-3 循环 Selectox 工艺流程示意图
1—泵；2—烟囱

Selectox 工艺的特点是采用了一种选择性氧化催化剂，装填于反应器上端，将原料气中 H₂S 选择氧化为 SO₂，在反应器下端装填活性 Al₂O₃ 催化剂，H₂S 在

催化剂作用下生成单质硫。Selectox 工艺的装置需要设置 ADA 分析仪测定尾气中 H_2S 和 SO_2 含量，并反馈以调节空气量，使得过程气中的 H_2S/SO_2 为 $2:1$。并且反应器床层和关键部位需设置多点温度记录仪，由温度控制回路调节各反应器的原料气温度。由于 Selectox 氧化反应段内同时存在 H_2S 直接氧化成硫和氧化为 SO_2 两种反应，因此其转化率高于克劳斯平衡转化率。

反应器装填 Selectox 催化剂，该催化剂分为 Selectox-32 和 Selectox-33 两种牌号，在 SiO_2-Al_2O_3 载体上大约含有 $7\%V_2O_5$ 和 $8\%BiO_2$，可以选择性氧化 H_2S 为 SO_2 和硫，而不生成 SO_3，也不氧化烃类、氢及氨等组分，具有良好的稳定性，但是芳烃可以在其上裂解成碳，所以要求酸气中芳烃的含量不超过 $1000mL/m^3$。在 Selectox 反应器下部有一个或几个 Claus 反应器均装填有 Al_2O_3 催化剂，可将 Selectox 反应器出口气流中的 H_2S、SO_2 和硫蒸气回收转化为硫，硫回收率达 $90\%\sim95\%$。当 H_2S 含量为 $1\%\sim2\%$ 时，反应器出口温度约为 260℃，即使 H_2S 含量达到 5%，出口温度也只有 370℃，仍然能够维持正常操作，对催化剂没有不利影响。但若操作参数控制不当，装置的运行温度过高，会造成催化剂失活，因此应严格控制操作参数。

首套 Selectox 循环工艺装置生产能力为 $20t/d$，直接氧化段催化剂 Selectox-33，并继以两级克劳斯转化，装置硫回收率为 95% 左右。Selectox 工艺还与 Thiopaq 生化工艺结合从而将尾气 H_2S 浓度降至 $10mL/m^3$。

4.2.1.3　Superclaus 工艺

荷兰 Comprimo 公司开发的 Superclaus 工艺意为超级克劳斯工艺，它将常规克劳斯工艺的最后一个转化器改为 Superclaus 选择性氧化反应器，用一种高活性的催化剂将 H_2S 直接氧化为单质硫。Superclaus 工艺分为 Superclaus-99 和 Superclaus-99.5 两种，前者较为常用，硫回收率在 99% 左右，后者总硫回收率可以达到 99.5%。Superclaus-99 工艺的基本流程示意图如图 4-4 所示。

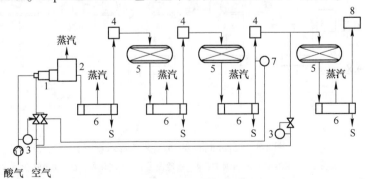

图 4-4　Superclaus-99 工艺流程示意图

1—反应炉；2—余热锅炉；3—FC；4—再热器；5—转化器；
6—硫冷凝器；7—OC；8—灼烧炉

该工艺前两个转化器采用标准克劳斯反应催化剂，后一个转化器装填新型选择性氧化催化剂，在热回收段，酸气与略低于化学计量的空气燃烧，离开第二个转化器时，尾气中含有 0.8%~3% 的 H_2S，空气流量依靠酸气流量控制仪和第二级转化器出口 H_2S 分析仪来调节。由于 H_2S 直接氧化为元素硫是一个强放热反应，因此进入选择氧化反应器的过程气 H_2S 浓度必须予以控制，以防止高温使催化剂失活。该工艺有两个特点，一是酸气与空气之比控制更简单，更灵活可靠；二是采用了一种新型的选择性氧化催化剂将 H_2S 直接氧化为单质硫。Superclaus 反应器床层温度不高于 350℃，当床层温度过高、克劳斯尾气中 H_2S 浓度太大以及 Superclaus 尾气中 O_2 浓度不合适时，克劳斯尾气就要走旁路，来保护 Superclaus 反应器。Superclaus 第一代催化剂是以 $\alpha\text{-}Al_2O_3$ 为载体的 Fe-Cr 基催化剂。第二代催化剂是以 SiO_2 以及 $\alpha\text{-}Al_2O_3$ 为载体的铁基催化剂，避免了重金属 Cr 带来的问题。第二代催化剂活性更高，进料温度为 200℃，转化率提高了 10% 总硫收率可以上升 0.5%~0.7%。新近开发的第 3 代催化剂仍以 SiO_2 以及 $\alpha\text{-}Al_2O_3$ 为载体，以 Fe 和 Zn 等作为活性组分。

由于 Superclaus-99 工艺进入选择性氧化转化段的过程气中 SO_2、COS、CS_2 不能转化，所以单质硫回收率不能进一步提高，因此开发了 Superclaus-99.5 工艺，其工艺流程如图 4-5 所示。在选择性氧化段前增加了一个加氢段，将 SO_2、COS、CS_2 加氢还原成 H_2S，从而使硫回收率增加到 99.5%。由于有了加氢段，过程气 H_2S/SO_2 对总硫收率的影响就变小了，因此，Superclaus-99.5 工艺的克劳斯段应在 H_2S/SO_2 为 2 的条件下运行，从而提高硫收率，这与 Superclaus-99 是不同的。

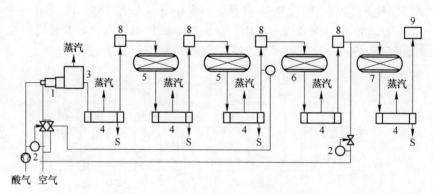

图 4-5　Superclaus-99.5 工艺流程示意图

1—反应炉；2—FC；3—余热锅炉；4—硫冷凝器；5—转化器；6—加氢转化器；

7—选择性氧化转化器；8—再热器；9—收集槽

目前采用 Superclaus 工艺的工业装置 1998 年统计已超过 70 套，大多数是 Superclaus-99 工艺，国内重庆天然气净化总厂引进的 Superclaus-99 装置也于 2002

年 10 月投产。

4.2.1.4　Hydrosulfreen 工艺

Hydrosulfreen 工艺是加氢型的 sulfreen 工艺，其流程图如图 4-6 所示。

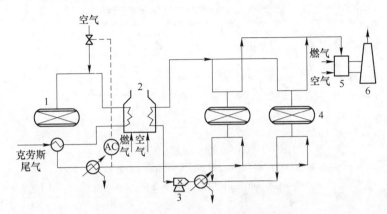

图 4-6　Hydrosulfreen 工艺流程示意图

1—水解氧化反应器；2—加热炉；3—增压机；4—Sulfreen 反应器；5—灼烧炉；6—烟囱

克劳斯尾气升温至 250℃，并在催化剂上将 COS 和 CS₂ 水解转化为 H₂S 同时温度升到 300℃左右，注入适量的空气在 TiO₂ 催化剂上，直接将 H₂S 氧化为元素硫，没有反应的 H₂S 与 SO₂ 到 Sulfreen 段上反应。有机硫转化和硫化氨氧化可以在一个反应器内连续进行。由于有机硫转化为 H₂S 了，尾气中的 COS 和 CS₂ 含量可以低到 $50mL/m^3$，因此 Hydrosulfreen 工艺的总硫回收率可以达到 99.4%～99.7%。

4.2.1.5　Carbosulfreen 工艺

Carbosulfreen 工艺是活性炭型的 Sulfreen 工艺，该工艺由两段组成。第一段是在富 H₂S 的条件下进行的低温克劳斯反应，此过程需要调整克劳斯装置的风气比；第二段是以一种活性炭直接催化氧化 H₂S，获得单质硫。其流程示意图如图 4-7 所示。

从图中可以看出在两段之间并没有加热器，因此直接氧化段的进料温度在 125～130℃。Carbosulfreen 工艺总硫收率由于受有机硫含量的影响在 99.2%～99.7%之间。

4.2.1.6　Modop 工艺

Modop 工艺是由 Mobil 公司开发的，主要用于常规 Claus 硫回收装置的尾气处理，总硫回收率可以达到 99.5%，其流程与 Selectox 相同，该工艺包括尾气加氨、过程气脱水和直接氧化 3 个部分。其工艺流程如图 4-8 所示。

Claus 尾气进入还原气发生器，被加热到合适的温度并产生还原性气体。然

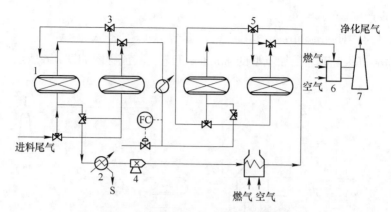

图 4-7 Carbosulfreen 工艺流程示意图

1—水解氧化反应器；2—冷凝器；3—Sulfreen 反应器；4—风机；
5—Carbosulfreen 反应器；6—灼烧炉；7—烟囱

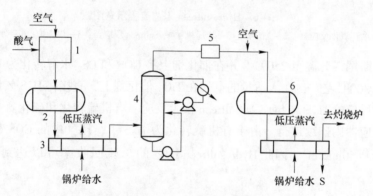

图 4-8 Modop 工艺流程示意图

1—还原气发生器；2—加氢反应器；3—加氢尾气冷却塔；4—尾气冷却冷凝塔；
5—再热器；6—直接氧化反应器

后进入催化加氢反应器进行加氢反应，含硫组分均转化为 H_2S，经加氨后的尾气再进行脱水，由一个绝热极冷塔和一个酸水气提塔完成。气流经脱水后进行最后的氧化反应生成单质硫。直接氧化反应器是 Modop 工艺的核心，采用了罗纳-普朗克生产的 CRS-31 催化剂将 H_2S 直接氧化成单质硫。CRS-31 催化剂选择性高，生成的 SO_2 少，且不会生成 SO_3，也没有其他副反应发生，但尾气中的水含量对转化率有显著影响。脱除过程气中的水分对提高硫收率起到了重要的作用。

该工艺除用于尾气处理外，还可以用于小流量酸性天然气的直接硫回收处理。1991 年，在美国建成投产了一套用于处理气井天然气的 Modop 装置。

4.2.1.7 Hi-Activity 工艺

Hi-Activity 直接氧化硫回收工艺是阿塞拜疆石油化学研究院开发的，工艺流程如图4-9所示该工艺与常规的克劳斯工艺相似，但最大不同的地方是最后一级反应器中使用高活性的对水汽不敏感的直接氧化催化剂；Hi-Activity催化剂。所以省去了急冷除水和再热步骤，从而简化了流程，节省了投资和操作费用。该催化剂有 KS-1 到 KS-5 五个牌号，它们是铁基金属氧化物，无载体，具有比表面低，孔大等特点，可用氧将 85%~95% 的 H_2S 直接氧化为元素硫，选择性为93%~97%。Hi-Activity 工艺总硫回收率可以达到 99.9%。其工艺流程示意图如图4-9所示。

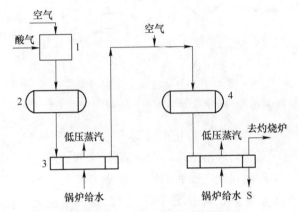

图 4-9　Hi-Activity 工艺流程示意图

1—还原气发生器；2—加氢反应器；3—加氢尾气冷却塔；4—Hi-Activity 反应器

Hi-Activity 除用于新建装置外，还可用于改造现有的克劳斯装置 Hi-Activity 工艺用于处理硫酸回收尾气时被称作 Beavon-Hi-Activity 工艺，是 Beavon 类硫回收尾气处理工艺之一。Beavon-Hi-Activity 工艺与 Beavon-Selectox 的区别就是用 Hi-Activity 反应器代替了 Beavon-Selectox 工艺的 Selectox 部分，可以看作 Beavon-Selectox 工艺的一种升级。

4.2.1.8　LO-CAT 工艺

LO-CAT 工艺属于美国 Merichem 公司的专利，是一种在低温常压下进行的硫回收工艺。其流程如图4-10所示。该工艺对进料气没有特殊要求，进料气中 H_2S 含量在 0~100% 均可以适应，对进料气中 NH_3 含量也没有特殊要求，出料气中的硫化氢含量可以达到 10mg/kg 下，并且 H_2S 脱除率高。由于硫的转化不是化学平衡反应，因此 LO-CAT 反应效率可以达到 99.99%。

自净化装置来的酸气进入酸气进料分液罐分液，酸气分液罐的凝液定期排放至污水处理厂。酸气经酸气增压机增压后通过酸气扩散分布器进入吸收/氧化反应器的吸收室，酸气中的 H_2S 与催化剂中 Fe^{3+} 反应，转化为单质硫和水，而 Fe^{3+} 还原为 Fe^{2+}。反应后的溶液自流进入氧化室，通过反应器鼓风机向氧化室内鼓入

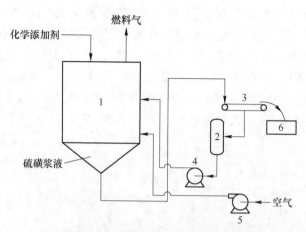

图 4-10 LO-CAT 工艺流程示意图

1—自循环式塔；2—滤液罐；3—带式真空过滤机；4—溶液循环泵；5—鼓风机；6—硫磺滤饼

大量空气，将 Fe^{2+} 氧化为 Fe^{3+}，催化剂恢复活性，然后进入脱气室。在此，一部分溶液通过溶液循环泵和循环溶液冷却/加热器进入吸收/氧化反应器以保证反应温度稳定。生成的单质硫在反应器底部的锥形段沉降后，经硫浆累送至带式真空过滤机系统脱水生成硫饼。收集的滤液通过滤液返回泵送至吸收/氧化反应器吸收室循环使用。

从吸收/氧化反应器顶部流出的 LO-CAT 氧化放空尾气，进入尾气水封罐，为确保有效的密封，进气管道需延伸到容器液面以下一定的深度。为防止出口丝网堵塞，定期对丝网喷水。容器内液体定期从罐中排出，并设有高低液位报警和连锁。尾气水封罐顶部排出的 LO-CAT 尾气进入尾气焚烧部分。

4.2.2 吸附法

吸附法是利用某些多孔物质的吸附性能净化气体的方法，常用于处理含 H$_2$S浓度较低的方法。

4.2.2.1 活性炭法

活性炭方法是 20 世纪 20 年代由德国染料工业公司提出的。活性炭是一种常用的固体脱硫剂，它在常温下具有加速硫化氢氧化为硫的催化作用并使液硫被吸附。其化学反应为：

$$2H_2S + O_2 \longrightarrow 2H_2O + 2S, \quad \Delta H_{298}^{\ominus} = -434.0 \text{kJ/mol} \tag{4-7}$$

这是一个放热反应，一般条件下其反应速度很慢。活性炭或活性炭中添加某些化合物（如硫酸铜、氧化铜、碱金属或碱土金属盐类等）就可加速其反应，起到催化氧化作用。式（4-7）表明活性炭脱硫作用上需要的 O$_2$/H$_2$S 为 0.5，但为了增加反应推动力，加快反应进行，提高脱硫效果，实际的 O_2/H_2S 需大于 3 为好。

吸附在活性炭上沉积的硫，可用 12%~14% 的硫化铵溶液萃取活性炭上的游离硫而得以回收。

多硫化铵溶液用蒸汽加热便使其重新分解为 $(NH_4)_2S$ 和硫磺。$(NH_4)_2S$ 循环使用，硫磺作为产品回收反应方程为：

$$nS + (NH_4)_2S \longrightarrow (NH_4)_2S_n(n = 2 \sim 6)(多硫化铵) \tag{4-8}$$

活性炭法的优点是操作简单，能得到很纯的硫，选择合适的炭还能除去其他有机化合物。但当气体中有焦油和聚合物时，须预先除去，而硫化氢与活性炭的反应快，接触时间短，处理气量大，为完全除去硫化氢，床层温度应保持在 60℃。由于对含硫化氢的烟气，脱硫效率达 99% 以上，净化后的气体中硫化氢含量小于 10×10^{-6}，因而多用于精制工业及废气量较小的场合。

普通活性炭脱硫剂虽已有几十年的历史，但它存在着脱硫精度差的缺点，不能满足生产发展与技术进步的要求。湖北省化学研究所自 1990 年以来先后开发 T101、T102、T103 活性炭精脱硫剂，并经过国家化工催化剂检测中心的检测。这些精脱硫剂是选用优质活性炭，添加多种活性组分与特种稳定剂后的一类新型活性炭精脱硫剂。活性炭精脱硫剂均经过高温烧结处理，强度较大。

实验结果表明：与普通活性炭相比，T101、T102、T103 特种活性炭精脱 H_2S 的硫容高 4~6 倍。过去常温氧化锌是国内外公认的硫化氢精脱硫剂，其硫容比活性炭精脱硫剂要低 4 倍，表明它们对脱除硫化氢有更快的反应速度。

EAC-4 精脱硫剂是在 T100 系列精脱硫剂基础上开发的另一特种活性炭，它在常温下不仅有较高的精脱硫化氢硫容，同时也有高的精脱 SO_2 硫容。它脱除 SO_2 的特点是精度高，已成功地应用在保护甲醇催化剂与食品 CO_2 中。

EZX 也属于特种活性炭一类的精脱硫剂，在常温下不仅可精脱硫化氢，同时还能转化与吸收 COS 与 CS_2。自 1994 年首次在保护甲醇催化剂中使用以来，已得到广泛应用。在国外尚未见到这一类特种活性炭精脱硫剂的工业应用报道。

Fang 等利用活性炭巧载金属氧化物选择性催化氧化硫化氢，实验表明负载金属锰效果最佳，当锰的负载量为 1% 时，催化剂 Mn/AC 对硫化氢的去除能力达到 142mg/g 且在 500℃ 时，催化剂可用 H_2O 和 N_2 进行再生，催化剂经历 4 个吸附-再生周期后仍保持着较高的活性。Sun 等考察富氮介孔炭低温催化氧化硫化氢，作为一种无金属催化剂，氮的掺杂水平直接影响介孔炭的活性，高的含氮量能有效提升介孔炭的催化性能，主要是吡啶氮原子对硫化氢具有催化氧化能力。结果表明，当温度为 80℃、氮含量为 10% 时，该催化剂对硫化氢的脱除效果可达到 1.8g/g，说明催化剂在低温下对硫化氢具有很高的选择性催化氧化活性，为无负载型活性炭提供了一种可持续而廉价的硫化氢去除方案。

高红等研究了Cu^{2+}和其他金属离子改性活性炭脱除硫化氢的动力学和机理问题，结果显示，减小改性炭的粒径而增大气体流量可显著提升硫化氢的脱除率，并且指出改性炭净化硫化氢是一个吸附-催化过程，目标气体首先与氧气在改性炭表面进行催化氧化反应，然后生成的单质硫沉积在改性炭表面。徐浩东等利用工业四号活性炭为载体，考察工艺条件对黄磷尾气中硫化氢净化效果的影响。结果表明，当己酸铜浓度为0.05mol/L、干燥温度和焙烧温度分别为120℃和250℃时，硫化氢的去除效率接近80%。

利用改性活性炭来脱除H_2S，选择碳酸钠溶液、氢氧化钾溶液和碘化钾溶液三种溶液作为浸渍液来进行活性炭改性。将选择好的活性炭用蒸馏水洗涤数次，然后在蒸馏水中浸泡12h，在110℃的温度下干燥24h洗涤干燥好的活性炭用一定浓度的浸渍液浸渍12h，然后在110℃的温度下干燥24h制得成品。实验的装置流程图如图4-11所示。

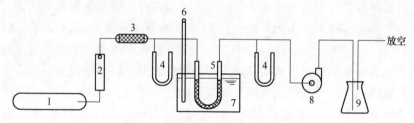

图4-11 活性炭脱硫实验装置流程图

1—气袋；2—转子流量计；3—混合罐；4—测压计；5—反应器；6—温度计；
7—恒温水浴锅；8—气泵；9—吸收瓶

浸渍液种类的影响：实验中选择碳酸钠溶液、氢氧化钾溶液和碘化钾溶液三种溶液作为浸渍液来改性活性炭进行实验。本次实验的初始条件是：H_2S的入口浓度是$1800mg/m^3$，气体的流量是30mL/min，浸渍液浓度为7%，氧含量为2%，温度为20℃。它们的穿透曲线见图4-12所示。

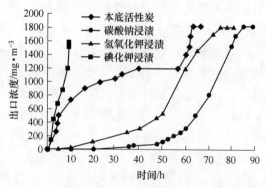

图4-12 不同浸渍液改性活性炭脱硫的穿透曲线

可以看出未浸渍的本底活性炭从一开始便发生穿透现象，且出口浓度急剧增加，在30h左右增速减缓，到57h，硫化氢出口浓度急增至入口浓度；用碘化钾溶液浸渍而成的吸附剂，很快穿透；用氢氧化钾溶液浸渍而成的改性活性炭吸附剂穿透时间大约75h，用碳酸钠溶液浸渍而成的改性活性炭的穿透时间大约是

85h，和前三者相比有很明显的效果。而且可以看出，用碳酸钠溶液和氢氧化钾溶液浸渍而成的改性活性炭的吸附容量比本底活性炭的吸附容量要大。其中碳酸钠的效果最好，吸附容量较本底活性炭提高近30%。所以确定选择碳酸钠溶液作为浸渍液进行下一步研究。

用不同浓度（1%、4%、7%、10%、13%）的碳酸钠溶液来改性活性炭，考察不同浓度浸渍液的影响。5 种不同浓度的碳酸钠溶液浸渍而成的吸附剂的穿透曲线如图 4-13 所示。

从图 4-13 可以看出，用浓度为 7%的碳酸钠溶液浸渍而成的吸附剂穿透时间最长，可达 80h 左右。而用浓度为 1%、4%、10%碳酸钠溶液浸渍而成的吸附剂在大约 15h 出口中开始出现硫

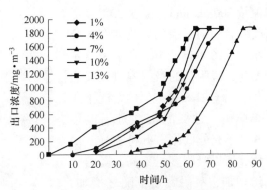

图 4-13　不同浓度的碳酸钠改性
活性炭脱硫的穿透曲线

化氢组分，13%的则一开始出口便有硫化氢穿出。由此可见，浸渍液浓度过高过低均不利于吸附。分析其原因，可能是由于浸渍液浓度过高导致吸附剂孔道阻塞，而过低又减少了吸附活性位。

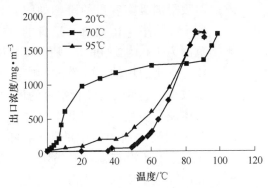

图 4-14　不同温度下改性活性炭脱硫的穿透曲线

实验中考察了 20℃、70℃和 95℃下硫化氢的穿透曲线，通过对不同温度下的穿透曲线来研究温度对催化剂的影响（反应的其他基本条件不变），如图 4-14 所示。

从图 4-14 可以看出，随着吸附的进行，20℃下出口硫化氢浓度逐渐增大，曲线比较平和，达到穿透的时间较长，吸附剂在穿透前净化效率最高。70℃下反应刚开始出口就有硫化氢流出，随后出口硫化氢浓度逐渐增大，在大约 20h 的时候，出现一个反应平台，一直到大约 90h 后，硫化氢出口浓度开始急剧增加到与入口浓度相同，可见，在 70℃净化效率不太好，5℃下反应刚开始出口就有硫化氢流出，随后出口硫化氢浓度逐渐增大，在大约 28h 的时候，出现一个反应的平台，一直到大约 45h 后，硫化氢出口浓度开始缓慢增加，直到与入口浓度相同。

20℃的低温条件有利于物理吸附，吸附效果好。而 70℃时，物理吸附减弱，而化学吸附作用不明显，导致整体吸附效果不好。95℃时化学吸附加强弥补了物理吸附的减弱，从而使其吸附效果比 70℃好。

H_2S 入口浓度 $1800mg/m^3$，气体流量 $300mL/min$，温度 20℃。考察了氧含量对反应的影响如图 4-15 所示，从图 4-15 可知，随着氧含量的变化，吸附剂的吸附容量也发生变化。由于 H_2S 在有氧的情况下生成单质硫，过低的氧含量不能使 H_2S 分子充分氧化，不利于 H_2S 的氧化，所以吸附容量不高，随着氧含量增加，吸附容量也随之增加，但是再增加，氧分子或原子会占据

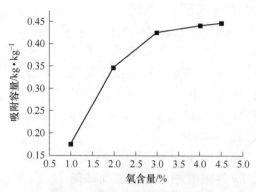

图 4-15　氧含量对吸附容量的影响

活性位，继续提高氧含量对于吸附剂的吸附容量的影响就越来越小，另外氧含量增加到 2%左右时，吸附效果已达到稳定状态，所以实验中最适合的氧含量选择 2%。

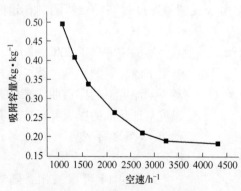

图 4-16　空速对吸附容量的影响

气流量 $300mL/min$，温度 20℃，氧含量 2%。实验中测定的不同空速对吸附剂吸附容量的影响如图 4-16 所示。从图 4-16 可知，适宜的空速范围为 $1000\sim2000h^{-1}$。随着反应中 H_2S 空速的增加，吸附剂的吸附容量减小。这是因为随着空速的增加，气体流量也增加，因此缩短了 H_2S 分子在吸附剂床层中的停留时间，H_2S 分子还没有来得及被吸附剂氧化便穿过了床层，使得床层很快就

失效，吸附容量也随着减小。

4.2.2.2　金属氧化物法

金属氧化物法是古老的方法之一，虽已有五六十年的历史，但至今仍有工厂应用。

脱硫剂是以 Fe_2O_3 为主的铁矿粉，掺入少量木屑、消石灰和一定量水加工为球形颗粒，装入吸附器中。在一定温度下，Fe_2O_3 变为 $Fe(OH)_3$。当 H_2S 气体通过脱硫剂床层时，硫化氢被吸收，进行式（4-9）的反应：

$$2Fe(OH)_3 + 3H_2S \longrightarrow Fe_2S_3 + 6H_2O \qquad (4-9)$$

脱硫剂吸附 H₂S 饱和后，效率下降，必须进行再生。再生的方法是向催化剂床层通入空气和水蒸气，在一定温度下，Fe₂S₃ 重新变为 Fe(OH)₃，如式（4-10）所示：

$$2Fe_2S_3 + 3O_2 + 6H_2O \longrightarrow 4Fe(OH)_3 + 6S\downarrow \qquad (4-10)$$

脱硫吸附器往往是若干个并联使用，脱硫操作和再生操作可以交替进行。此法的脱硫效率可达 99%。净化后的气体中硫化氢的含量可降低到 1×10^{-5} 以下，符合排放标准。此法的缺点是反应速度慢，设备庞大笨重，占地面积大。

氧化铁、氧化锌是常用的金属氧化物脱硫剂，其他金属氧化物如氧化铜、氧化锰、氧化锡、氧化钙、氧化钡也可以用作脱硫剂，但这些金属氧化物都有一些缺点。如氧化锰脱硫反应后再生过程容易硫酸化，氧化锡脱硫对使用温度有一定的限制等。

氧化铁气体净化法，是从工艺气体中脱除有害硫化物的最古老的方法之一。在 19 世纪中叶，英国最先采用了氧化铁法，替代了氢氧化钙为主体的湿式净化法。氧化铁脱硫剂与 H₂S 反应生成硫化铁，硫化铁被空气中的氧气氧化后又重新生成氧化铁从而得到再生。这种循环可以重复，工艺简单，操作容易，能耗低，但当硫元素覆盖了氧化铁表面，氧化铁颗粒间大部分间隙被遮盖，使得氧化铁失去活性，要想再继续使用，就得把元素硫去除。氧化铁净化法常用的设备有箱式净化器、深箱式净化器、塔式净化器、塔式净化箱，可以采用连续法，也可采用高压法。

氧化铁脱硫原理为：

脱硫反应：
$$Fe_2O_3 + 3H_2S \Longrightarrow Fe_2S_3 + 3H_2O \qquad (4-11)$$

$$Fe_2O_3 \cdot H_2O + 3H_2S \Longrightarrow 2FeS + S + 4H_2O \qquad (4-12)$$

再生反应：
$$Fe_2S_3 \cdot H_2O + \frac{3}{2}O_2 \Longrightarrow Fe_2O_3 \cdot H_2O + 3S \qquad (4-13)$$

$$2FeS + H_2O + \frac{3}{2}O_2 \Longrightarrow Fe_2O_3 \cdot H_2O + 2S \qquad (4-14)$$

总反应：
$$6H_2S + 3O_2 \Longrightarrow 6H_2O + 6S \qquad (4-15)$$

氧化铁有多种类型，可以用作净化剂的只有两种，即 α-$Fe_2O_3 \cdot H_2O$ 与 γ-$Fe_2O_3 \cdot H_2O$。这两种形式的氧化铁都很容易与硫化氢反应，而生成的硫化铁也很容易氧化成活化形式的氧化铁。此循环在中等温度以及碱性环境中进行最为适宜。当温度高于 50℃ 或酸性环境中时，硫化铁会失去其结晶水而变成 FeS_2 与 Fe_8S_9 的混合物。当 pH 值大于 8 时，在 90℃ 以下不会发生分解。这些硫化物不易转变为水合氧化铁，但都可缓慢地氧化为硫酸亚铁或多硫化物，这两种化合物都不能用来脱除硫化氢。

　　Sulfa Treat 公司开发一类的铁基脱硫剂，反应机理与氧化铁类似，该脱硫剂具有不易燃、比表面积大等特点。国外 Sere 等人开发了含有氧化铁、二氧化钛、二氧化硅的复合脱硫剂，在高温下表现出高的硫容是其显著的特点。刘世斌等人研究了活性氧化铁复配过渡金属氧化物，该种脱硫剂具有重复性好、活性高等的优点。近年来，我国依靠自己的科研院所已经自主开发出了一系列新型氧化铁脱硫剂产品，常温和中温氧化铁脱硫剂有些已经工业化了，产品包括 CTP-4、CTP-6 系列，PM 型、NGF 型、EF-2 型氧化铁精脱硫剂，ST801 型、ZDE 型、T-501 型、TGP 型脱硫剂等。

　　氧化锌是锌系脱硫剂，该脱硫剂的研究开发已有几十年的历史，广泛地应用在煤化工、石油炼制、合成氨、合成甲醇等行业。氧化锌脱硫剂是以 ZnO 为主要组分，为了提高颗粒的表面利用率，增加机械强度，改善脱硫活性，常常增添 CuO、MnO、Al₂O₃ 等促进剂。氧化锌法脱硫常用于精脱硫过程，氧化锌与硫化氢反应生成 ZnS，该化合物十分稳定难以解离。该法脱硫优点是精度高，氧化锌脱硫剂的主要缺点是不能通过氧化就地再生。当原料中有氢存在时，有机硫化合物发生转化反应生成的硫化氢，可以被氧化锌吸收脱除。氧化锌脱硫剂主要有高温型和低温型两种，前者使用温度为 350~400℃，后者使用温度为 180~250℃。

　　ZnO 与硫化物反应热力学方程式为：

$$ZnO + H_2S \rightleftharpoons ZnS + H_2O, \qquad \Delta H_{(298K)}^{\ominus} = -76.62kJ/mol \qquad (4-16)$$

$$ZnO + COS \rightleftharpoons ZnS + CO_2, \qquad \Delta H_{(298K)}^{\ominus} = -126.4kJ/mol \qquad (4-17)$$

$$2ZnO + CS_2 \rightleftharpoons 2ZnS + CO_2, \qquad \Delta H_{(298K)}^{\ominus} = -283.95kJ/mol \qquad (4-18)$$

$$ZnO + C_2H_5SH + H_2 \rightleftharpoons ZnS + C_2H_6 + H_2O$$

$$\Delta H_{(298K)}^{\ominus} = -137.83kJ/mol \qquad (4-19)$$

　　氧化锌脱硫剂脱除硫化氢是放热反应，降低温度可以增大平衡常数，提高脱硫精度，但也会使反应速率下降。表面形成的 ZnS 覆盖膜使反应受到内扩散和晶格扩散的影响，结构的变化也会影响进入相体参加反应。常温下氧化锌的硫容低，因此，提高氧化锌的常温硫容一直是氧化锌脱硫技术的研究重点。解决此问题主要从以下两方面入手：（1）提高脱硫剂的比表面积；（2）添加一些物质，增加反应的活性中心来提高其常温硫容。近年来国际上进行了常温氧化锌脱硫剂的研制，为了降低脱硫温度，国内外有关研究人员也从工艺上进行了改进，如欧洲专利公开了一种常温氧化锌脱硫剂，据报道，该种脱硫剂的特点是具有一定的低温活性，但其强度较差，且使用成本高。中国齐鲁石化在中国专利中公开了一种具有较高低温活性和较高强度的新型常温氧化锌脱硫剂，脱硫剂是由 ZnO、CaO、Fe₂O₃、Al₂O₃ 等组成，活性组分 ZnO 的质量含量在 80%~90% 以上。我国在 20 世纪 90 年代初把碳基硫（COS）水解—氧化锌脱硫工艺用在单醇及联醇生产中，利用国内生产的 852COS 水解催化剂串联 KT310 型氧化锌脱硫剂对工业气体进行净化，确保了精脱硫后的原料气中硫的质量浓度小于 $0.152mg/m^3$，而且脱硫温度降至 40℃。

4.2.2.3　复合金属氧化物脱硫

铁基复合脱硫剂是国内外研究的重点。Zhang 等人研究了 Mn-Fe/γ-Al₂O₃ 复合脱硫剂在 500～650℃温区脱除 H₂S 的性能，当脱硫剂在 700℃的高温、N₂ 气氛下用 3.0%（体积分数）的 O₂ 再生循环 7 次以后脱硫性能明显下降。但在脱硫剂中添加 ZnO，使得 Mn-Fe-Zn 的摩尔比例为 2：1：0.2 时，脱硫剂有更好的脱硫稳定性。这种脱硫剂在 650℃硫化后于 700℃再生，30 次连续循环后脱硫能力下降很少，这为脱硫剂的长期使用和工业应用提供了可能。

李彦旭等人对添加 CaO 的 Fe₂O₃ 复合脱硫剂研究发现，在 600℃硫化，750℃再生，Fe₂O₃ 与 CaO 等摩尔时，硫化和再生性能最佳，硫容最大。硫化后的脱硫剂用 H₂O（g）和 O₂ 再生，再生前后有 H₂S 和 SO₂ 逸出，并有单质硫生成，连续 3 次硫化再生循环后，硫容逐渐增大，累计硫容达到 123.3%，脱硫效率逐渐提高，机械强度也逐渐增强。沈芳等以钢厂赤泥为主要原料，添加不同硅铝比的层状化合物为黏结剂制得高温煤气脱硫剂。在 500℃硫化，700℃再生的实验表明该脱硫剂具有足够高的脱硫活性和机械强度，通过测定硫化和再生前后脱硫剂轴向强度变化发现：3 次硫化和再生循环后，脱硫剂的机械强度均有提高，说明此脱硫剂具有良好的抗磨损性能。结构助剂 Al₂O₃ 和 SiO₂ 在硫化、再生过程中不发生物理化学变化，但对机械强度有很大影响，可以增强脱硫剂的机械强度，克服了硫化、再生后晶格膨胀和伸缩突变造成的粉化和放热反应带来的热冲击粉化。

铁酸锌和钛酸锌是目前重点研究的锌基复合脱硫剂，铁酸锌载硫量高，但脱硫性能受温度与气体组成影响较大，高温下铁还原产物会与煤气中的 CO 形成碳化铁，导致脱硫剂的机械强度迅速降低，所以要求操作温度低于 600℃。ZnO 中由于 Fe₂O₃ 的加入，其硫化速率和硫容都比 ZnO 高，混合后形成的 ZeFe₂O₄ 可以减少锌单质的挥发损失，但仍不能完全克服 ZnO 单独使用时存在的问题。Kobayashi 等在研究铁酸锌的反应活性时认为铁酸锌中的还原产品主要是锌铁矿、红锌矿和一些依赖于还原条件的铁氧化物，在 550℃硫化时，当硫化过程中 H₂S 浓度非常高时，硫化后产品主要是 FeS 和 ZnS；但当 H₂S 浓度非常低，特别是低于 80μL/L 时，产品主要是 ZnS，此时 Fe 以还原态或纯的磁铁矿形式存在，这表明在低浓度的含硫气体里铁酸锌里的红锌矿保持了它的脱硫性能。ZnFe₂O₄-SiO₂ 在 450℃模拟煤气气氛中的还原硫化实验结果表明，硫化过程与纯的 ZnFe₂O₄ 在 550℃下的硫化过程在本质上是一样的。对 ZnFe₂O₄-SiO₂ 脱硫剂进行了 20 次循环实验之后，发现 Zn 相关的硫容降到最初的 50%，而 Fe 相关的硫容只降到最初的 91%，说明在多次循环中由于 ZnSO₄ 的生成导致了硫的残留，这些残留的硫导致总硫容的下降。这也表明 ZnFe$_2$O$_4$-SiO$_2$ 并不能完全避免 ZnO 单独使用时生成硫酸盐的现象。

许鸿雁等人研究了添加不同黏结剂的铁酸锌脱硫剂的硫化和再生性能，发现在 350℃用高岭土作黏结剂的脱硫剂脱硫效果最好，该脱硫剂在 650℃有良好的再生能力，不产生明显烧结。使用不同黏结剂制得的脱硫剂硫化再生后的机械强度均大于新鲜样品，其中高岭土作黏结剂制得的脱硫剂在 3 次循环后机械强度增加最多，说明该脱硫剂具有良好的抗磨损性能。

ZnO 和 TiO$_2$ 混合形成的钛酸锌能进一步减少锌的损失，且受气体组成的影响小，脱硫稳定性高，能使吸附温度提高到 650℃。Lew 等人对 Ti-Zn-O 脱硫性能的研究发现，在 650℃时 TiO$_2$ 的加入可以减少 ZnO 还原成单质锌而造成的锌损失，钛酸锌硫化动力学与 ZnO 相似，循环测试表明 Zn-Ti-O 与 ZnO 有同样高的脱硫效率，能把 H$_2$S 脱除到 1~5μL/L 以下。用含氯化合物制得的钛酸锌脱硫剂能够完全硫化，可以解决钛酸锌转化效率低（50%~60%）的问题。Hatori 的研究表明 TiO$_2$ 可加速 ZnS 与 O$_2$ 或 H$_2$O 的反应，当 O$_2$ 与 H$_2$O 同时存在时，与 H$_2$O 优先反应，反应式为：

$$ZnS + 3H_2O \longrightarrow ZnO + SO_2 + 3H_2, \quad 3H_2 + 1.5O_2 \longrightarrow 3H_2O \qquad (4\text{-}20)$$

为了进一步提高 ZnO-TiO$_2$ 脱硫剂多次硫化再生循环后的稳定性和脱硫活性，Jun 等人在钛酸锌中加入 Co$_3$O$_4$，结果发现加入 25%（质量分数）Co$_3$O$_4$ 可使其在中温和高温都显示出很好的脱硫能力，多次硫化再生循环无活性下降。这主要是由于 Co 溶入 Zn$_2$TiO$_4$ 晶格中形成新的尖晶石物相 ZnCoTiO$_4$，它不仅可以为脱硫过程提供活性位，而且可以阻止 Zn 向吸附剂外表面迁移，减小颗粒的膨胀和收缩。用 Co 和 Ni 作改性剂，脱硫剂在中温（480℃硫化，580℃再生）显示良好的脱硫能力，15 次吸附再生后没有观察到活性下降，而且 Co 能增加锌吸附剂的再生能力，Ni 能够阻止来自钴硫酸盐的 SO$_2$ 的滑移。

Akiti 等人提出的 Core-in-shell 型脱硫剂，可显著提高钙脱硫剂的机械强度，以石灰石为核的小球，用铝酸钙水泥作外壳，核中有 20%（质量分数）的铝酸钙而外壳中有 40%（质量分数）的铝酸钙，并且外壳厚度为 0.4mm 时，有很好的抗磨损和吸收能力。增大外壳的厚度，抗磨损能力还会增强，但吸收能力却随之下降。在 1193K 有最大反应速率，但循环再生后，反应能力会逐渐下降，这归结为再生烧结的缘故。后来他们又对比研究了用石灰石粉末和半水合硫酸钙作核，氧化铝和石灰石混合物作外壳的脱硫剂，在 1100℃下煅烧，内层转化成具有活性的 CaO，外层由于部分熔结转化成具有多孔性的外壳，整个小球状脱硫剂的机械强度由外壳的厚度决定。比较用半水合硫酸盐作核制得的脱硫剂与用大理石作核制得的脱硫剂的脱硫性能发现：前者与 H$_2$S 的反应速度比后者快，而且在 1050℃再生后重复使用脱硫性能不下降，后者硫容比前者大，但再生后脱硫性能下降。研究还发现脱硫率与 H_2S 的浓度呈正比例关系，但受外壳厚度的影响不大，而且在 840~920℃ 受温度的影响也不大。

在研究铜锰复合脱硫剂时，García 等在 950℃ 煅烧得到铜锰混合氧化物脱硫剂，研究发现虽然混合物中锰氧化物不能把还原气氛下的 Cu 稳定在+2 或+1 的氧化态，但为了把出口 H_2S 浓度降到每升几微克，铜存在于锰基脱硫剂中是必要的，增加吸附剂中铜的含量，反应活性会随之增加，但如果含量过高，热烧结会显著增加。Slimane 等人研究了用铜、锰和铝的氧化物混合物制得的脱硫剂在中高温时的脱硫性能。研究表明，该混合物制得的脱硫剂可将出口处 H_2S 气体的浓度降低到 1μg/L 以下，按不同配比制得的 3 种脱硫剂都有很好的脱硫效率和硫容。这种脱硫剂抗磨损性能也比较高，把两种该混合物脱硫剂与钛酸锌脱硫剂相比，其磨损性能是钛酸锌脱硫剂的 1/20~1/8。

Li 在研究 Cu-Cr-O 和 Cu-Ce-O 高温脱除 H_2S 时发现，在 650~850℃ 下 CuO-Cr_2O_3 和 CuO-CeO_2 可将模拟气体中 H_2S 浓度降到 5~10μg/L 以下。在脱硫剂 CuO-Cr_2O_3 中，稳定的 $CuCr_2O_4$ 的存在能将铜稳定在 Cu^{2+} 或 Cu^+ 的氧化态而有高的脱硫效率；在脱硫剂 CuO-CeO_2 中，CuO 很容易被还原为单质铜，但部分还原态铈氧化物参与硫化也使 CuO-CeO_2 脱硫剂具有高的脱硫效率，硫化再生循环后的两种脱硫剂活性稳定，650~850℃ 在 6%（mol）O_2/N_2 气氛下再生 CuO-Cr_2O_3 和 CuO-CeO_2 的硫化产物却有所不同，相对低温（650~700℃）时两种脱硫剂的再生过程中都有硫酸铜的生成；但在相对高温（750~850℃）时，CuO-Cr_2O_3 再生过程中没有硫酸盐的生成，而 CuO-CeO_2 再生过程形成了铈的硫酸盐。

Atakül 研究发现用浸渍法制得的含 8% MnO 的 MnO/γ-Al_2O_3 脱硫剂在 600℃ 时有好的硫化再生性能，穿透点的硫容随气体混合物流速的增大而缓慢减小。这可能是因为 MnO 和 H_2S 的反应有两个不同的机理：第一个过程反应很快，不受时间的影响；而第二个过程反应很慢，需要相对长的时间。当混合气体流速增大时，反应穿透时间会随之变短，穿透硫容相应降低，但总硫容没有明显下降。吸附剂活性组分在穿透点和最大硫容时的转化率分别是 16.6% 和 35.1%，也表明 H_2S 和 MnO 的硫化反应不是简单的交换反应，有可能包括一些快慢不同的物理和化学的中间过程。实验证明，硫化后的 MnO/γ-Al_2O_3 在 600℃ 能被 $N_2/H_2/H_2O(g)$ 完全再生，再生需要的时间强烈依赖于再生气体的组成和流速，水蒸气含量越低，再生所需要时间越长。高温和低气体流速是最好的再生条件，能生成高浓度硫的混合气体。

Chung 等人通过多次浸渍把 Co_3O_4 负载在 Al_2O_3 和 TiO_2 上进行 H_2S 脱除实验，结果发现 TiO_2 负载钴脱硫剂在 300~400℃ 显示了很好的硫化效率。单一 Co_3O_4 脱硫剂有很低的吸附率，只有外层氧化物被硫化成 Co_9S_8，而内层由于扩散限制没有硫化，仍以氧化物形式存在。而负载在 TiO_2 上的 Co_3O_4 有很高的吸附能力，全部氧化物能够硫化成 Co_9S_8 和 Co_3S_4，这是因为 Co_3O_4 能够很好地均匀分散在载体 TiO_2 上，尤其是分散在载体的外表面，氧化物以很小的颗粒存在，与 H_2S 的反应速率更快、反应的完全程度更高。研究同时发现负载在 Al_2O_3 上的 Co_3O_4 并没有同样高的硫化性能，这是因为 Al_2O_3 颗粒较大，而且是多孔的结构，Co_3O_4 多存在于颗粒的内部，阻碍了与 H_2S 的接触反应。这说明载体的孔尺寸和氧化物颗粒的大小及分散程度对反应进行的程度影响很大。

王青宁等人研究发现以天然非金属矿产资源凹凸棒石为主要原料，对常温凹凸棒石黏土-活性金属氧化物复合脱硫剂（简称复合脱硫剂）进行了制备，并通过实验研究了复合脱硫剂脱除高浓度硫化氢气体的脱硫性能及影响因素。将凹凸棒石黏土、实验室自制的活性金属氧化物、黏结剂均研磨成粒径为 $0.16 \sim$ $0.20mm$ 的粉末，按一定比例放入容器中充分混合均匀，混匀后加入适量水以黏合各组分，并成型。然后将脱硫剂在 105℃ 下干燥 2h，180~460℃ 温度下活化处理 3h，制成复合脱硫剂成品。

脱硫工艺流程如图 4-17 所示，启普发生器中产生的 H_2S 气体由活塞控制直接进入缓冲瓶除去大部分水雾，稳定以后经流量计后进入微型固定床反应塔，与复合脱硫剂发生脱硫反应。脱硫后的气体经碱液吸收后排空。复合脱硫剂脱硫性能测试在微型固定床，采用流动法在常温常压下进行，硫化氢体积分数为 100%，H_2S 气体流速用玻璃转子流量计控制，保持在 $6 \sim 30mL/min$，尾气用便携式硫化氢测试仪检测 H_2S 气体的含量，最低检测线为 0.5×10^{-6}，当出口硫化氢浓度超过 5.0×10^{-6} 时认为脱硫剂穿透，停止反应。

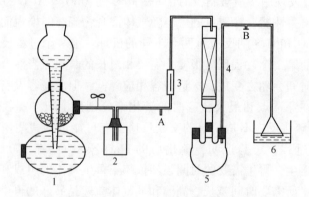

图 4-17 工艺流程图

1—启普发生器；2—缓冲瓶；3—玻璃转子流量计；4—反应塔；5—稳定瓶；6 碱液吸收瓶；

A，B—采样分析点

复合脱硫剂脱除硫化氢的过程，实质是气固相非催化反应过程。凹凸棒石以物理形式吸附含硫气体中的硫化氢，而硫化氢主要在脱硫剂的活性金属氧化物的作用下转化成相应的硫化物，在空气下氧化再生，转化成相应的单质硫析出沉淀在复合脱硫剂上，直至穿透吸附剂。

在复合脱硫剂的制备过程中，凹凸棒石的质量分数在 50%~80%、活性金属氧化物质量分数在 20%~30%、焙烧温度 250~350℃时，复合脱硫剂的穿透硫容达到最大 18.7%；硫化过程中，硫化氢气体的流速在 7mL/min 时脱硫剂的穿透时间达到 58.2h。通过对凹凸棒石原料、复合脱硫剂和硫化后各试样的 IR、XRD、比表面积的测定发现，脱硫剂的反应活性与凹凸棒石黏土的结构无关，与脱硫剂的比表面积和孔容有关。凹凸棒石黏土对硫化氢气体只有单纯的吸附作用，而添加了活性金属氧化物后，复合脱硫剂对硫化氢有吸附化学转化作用。凹凸棒石黏土 - 活性金属氧化物复合脱硫剂是一种性能优良的常温脱硫剂，在常温常压的条件下，既可以满足脱硫效率又可达到较高的硫容。

综上所述，铁、锌、钙、铈等复合脱硫剂是未来金属氧化物脱硫剂研究的重点，特别是往这些氧化物中添加活性改性剂和增强力学性能的黏结剂，既能提高反应活性和再生的稳定性，又能提高机械强度，使得大规模的工业化脱硫具有可行性。

4.2.2.4　不可再生吸附剂法

常用吸附剂是 ZnO。吸附反应为：

$$ZnO(s) + H_2S(g) \Longrightarrow ZnS(s) + H_2O(g) + 15115kJ \qquad (4-21)$$

反应的平衡常数与反应温度的关系如表 4-5 所示。

表 4-5　反应的平衡常数与反应温度的关系

温度/℃	200	300	400	500
平衡常数	$2.08×10^8$	$7.12×10^6$	$6.65×10^5$	$1.14×10^5$

300℃时经 ZnO 吸附脱硫后的净化气中 H₂S 浓度在 1.4mg/m³ 以下。

ZnO 吸附剂的主要缺点是不能通过氧化就地再生，须更换新的吸附剂。因为再生中吸附剂表面会因烧结而明显减少，机械强度也大大降低。

金属氧化物的混合物用于燃气净化研究也很活跃，Fe_2O_3 与 ZnO 按一定的比例混合制成铁酸锌，其使用温度可达 649℃，若在铁酸锌中加入皂土（Bentonite），则可在 690℃ 条件下作用，且有较好的稳定性。$ZnFeO_4$ 已经发展为氧化锌的替代脱硫剂，它具有硫容高、同硫化氢反应速度快、硫化氢脱除效率高等优点。但 $ZnFeO_4$ 在高温还原气氛下分解为 ZnO 和 Fe_2O_3，仍然存在锌的挥发、硫酸盐的形成以及由于热沉积引起的活性降低等缺点。

目前国内外使用比较广泛的干法脱硫剂性能和操作条件比较如表 4-6 所示。

表 4-6 几种干法脱硫的比较

脱硫方法	活性炭	氧化铁	氧化锌	锰矿	钴钼催化加氢
能脱硫组分	H_2S、RSH、CS_2、COS	H_2S、RSH、COS	H_2S、RSH、CS_2、COS	H_2S、RSH、CS_2、COS	C_4H_4S、CS_2、RSH、COS
出口硫（$\times 10^{-6}$）	<1	<1	<1	<3	<1
脱硫温度 /℃	常温	300~400	350~400	400	350~430
操作压力 /MPa	0~3.0	0~3.0	0~5.0	0~2.0	0.7~7.0
空速/h⁻¹	400		400	1000	500~1500
再生条件	蒸气再生	蒸气再生	不再生	不再生	结碳后可再生
杂质影响	C_3 以上氢化合物影响效率	水蒸气影响平衡	水蒸气影响硫容	CO 甲烷化倾向	CO、CO_2 影响活性，氨有毒性

4.2.2.5 可再生吸附剂

19 世纪中叶以来，采用的水合氧化铁是最早的可再生的吸附剂。存在着几种氧化铁的形态，但对于制备吸附剂而言，只能用 α-Fe_2O_3·H_2O 和 γ-Fe_2O_3·H_2O。常温氧化铁脱硫剂其原理是采用水合氧化铁（Fe_2O_3·H_2O）脱除 H_2S，其反应式为：

脱硫：

$$Fe_2O_3 \cdot H_2O + 3H_2S \Longrightarrow Fe_2S_3 + 4H_2O \tag{4-22}$$

$$Fe_2O_3 \cdot H_2O + 3H_2S \Longrightarrow 2FeS + S + 4H_2O \tag{4-23}$$

上述反应受条件影响产物易于再生为 Fe_2O_3，产物 FeS 不易再生，因此应避免式（4-23）的发生。

再生反应为：

$$Fe_2S_3 \cdot H_2O + \frac{3}{2}O_2 \Longrightarrow Fe_2O_3 \cdot H_2O + 3S \tag{4-24}$$

$$2FeS + \frac{3}{2}O_2 + H_2O \Longrightarrow Fe_2O_3 \cdot H_2O + 2S \tag{4-25}$$

据研究，如果在脱硫气体中，氧与硫化氢的分子比大于 2.5，则脱硫、再生反应可同时进行。此法主要缺点是反应速度慢、设备庞大笨重、占地面积大。

目前常用的吸附剂是活性炭、分子筛，它们的吸附过程均为物理吸附过程。气流中有足够氧气时，该过程是在活性炭表面上用氧将硫化氢催化氧化为单质硫。吸附剂用 12%~14% 的硫化铵溶液再生：$(NH_4)_2S + nS \Longrightarrow (NH_4)_2S_{n+1}$。苏联对合成沸石吸附硫化氢的能力进行了探讨，在各种牌号沸石中，NaX 沸石具有最大的容量，这种牌号的沸石推荐用来脱除膨胀气和其他不含二氧化碳的气体中的硫化氢。较新的可再生吸附剂是钛酸锌和氧化锡。钛酸锌吸附剂特别适用于净化高温气体；吸附脱硫在高温下进行，再生过程在低温下用空气把金属硫化物再生为金属氧化物且生成 SO_2；整个过程可以在移动床反应系统中进行，也可以在流化床反应系统中进行，但流化床系统对吸附剂性能（如耐磨损、耐温度变化、耐化学转化等）要求更高。氧化锡吸附剂适用的温度范围是 400~450℃，当气体含 H_2S 0.1%~1.0%时在 2~3MPa 压力下可脱除 85%~95%的 H_2S；被硫化的吸附剂在 1~3MPa、450~500℃下用蒸气再生；再生气（含过量的蒸气、再生产生 H_2 和 H_2S）先冷凝分离出蒸气，然后用于合成氨，H_2S 可送往克劳斯装置回收硫磺。

Walker 等研究了氧化锰和氧化铁在 γ-Alumina 载体上的脱硫性能，并考察了 H_2O、CO、CO_2 等的影响，该吸附剂可在 700~1000K 吸附 H_2S，并在同样温度下通过水蒸气再生。

4.2.2.6　变压吸附法

变压吸附技术是利用吸附剂对混合气体中不同组分的吸附量、吸附速度、吸附力等方面的差异以及吸附剂对不同气体组分的吸附容量随压力而变化的特性，在加压条件下进行混合气体吸附分离的方法。原料气在压力下通过吸附剂床层，容易被吸附的组分被选择性吸附，不易吸附的组分则通过吸附剂床层，即造成了混合气体的分离。然后在减压下使吸附剂解析再生，以便下一次再进行吸附分离。这种方法的特点是装置体积小、操作简单、自动化程度高、单位产品能耗低，产品气纯度可以在一定范围内任意调节等优点，目前已经得到成熟而广泛的应用。

最初的吸附分离只是作为实验室处理气体混合物的一种方法。孔径分布均一、选择性能良好的合成沸石分子筛吸附剂的深入研究和开发，为 PSA 的发展提供了条件。1958 年最早应用技术分离空气并申请了专利。与此同时 Guerin de Montgareuil 和 Domine 也在法国申请了专利。两者的差别是 Skarstorm 循环是在床层吸附饱和后，用部分低压的轻产品组分冲洗解吸，而 Guerin-Domine 循环采用抽真空的方法解吸。1960 年变压吸附分离空气技术实现工业化。1961 年利用变压吸附技术从石脑油中获得正构烷烃溶剂。1966 年变压吸附制氢实现工业化。1970 年变压吸附制氧实现工业化。1975 年变压吸附技术广泛应用于从石脑油中提取正构烷烃，经过异构化后，将产物加入到汽油中，提高了汽油的辛烷值。1976 年工业上采用炭分子筛作为吸附剂的变压吸附制氮工艺。发展到 1979 年，一半左右的空气干燥都采用变压吸附工艺，变压吸附用于空气或工业气体的干燥比变温吸附更为有效。1983 年采用分子筛吸附剂分离和制备氮气成功。目前用于气体的分离已成为较成熟工艺，并得到广泛的应用。

我国应用变压吸附技术的历史也有十几年，第一套工艺于 1982 年在上海吴淞化肥厂建成，用于回收合成氨弛放气中的氢气。该装置由西南化工研究设计院设计，该院被国家科委批准为"国家变压吸附研究推广中心"，目前已推广各种工业装置 500 多套，可以从几十种不同气源中分离提纯十几种气体，代表了我国技术的最高水平。

活性炭和分子筛吸附剂已广泛应用于脱除气体中的酸性气体。早在 1958 年，美国联合碳化物公司就开始积累关于从天然气中脱除硫化物的资料。现在，美国已有许多分子筛装置在运转。

一般来说，天然气中的硫化物，比气体中其他组分具有更高的沸点和更大的极性，分子筛对极性分子的吸附选择性，对硫化物产生了高的容量。由于它对有机硫化物一样具有很大的化学亲和力，因此，分子筛不仅可以除去 H_2S，且对 CS_2 硫醇等亦有很好的去除效率，处理后气体硫含量降至管输标准。

变压吸附法具有如下优点：

（1）能耗低，变压吸附流程只在增压时消耗功，而且工作压力较低，真空解吸流程采用鼓风机即可增压，能耗小。

（2）较好的适应性，稍加调节，即可变换生产能力，并能适应原料气的杂质含量和进口压力等工艺条件的变化。

（3）能进行自动化操作目前 PSA 装置所设置的程序逻辑控制机 PLC 可有效地控制阀的开关、调节系统和监控系统。

（4）本操作是气固分离操作，不存在溶剂损失和溶剂回收的问题。

变压吸附脱除 H_2S 的关键在于吸附剂的开发和选择，吸附剂的选择既要考虑对组分中 H_2S 的吸附选择性，同时也要考虑到吸附剂的再生性。因为吸附剂的再生程度决定产品的纯度，也影响着吸附剂的吸附能力；而再生时间决定了吸附循环周期的长短，从而也决定了吸附剂的用量。

吸附剂的成本也是吸附过程中非常值得考虑的一个因素，由于吸附剂应用于吸附过程中可能因为磨损和吸附性能的下降而更换吸附剂，因此，吸附剂的费用在吸附生产过程的投资中不容忽视。

4.2.3　低温分离法

低温分离是一种高能耗工艺，但当处理的气体含有大量的 CO_2 和 H_2S（如 CO_2 驱油伴生气）时，具有一定的竞争力。国外的工艺名称为 Ryan/Holmes 法。

复旦大学环科所通过多年研究，于 1997 年在实验室试验成功研发了用低温等离子体治理气相中污染物的方法，并于 1997 年开始与上海化纤一厂合作，对 H_2S 废气治理进行生产性中试，取得了预期的效果。等离子体是物质的第四态，由电子、离子和中性粒子组成。等离子体技术从温度上可划分为高温等离子体与低温等离子体。低温等离子体处理废气装置，是将废气在常温下通过脉冲高压放电产生高能量电子，轰击 H_2S，使 H_2S 解离，通过低温等离子体净化器转化成 SO_2、H_2O、CO_2。

转化方程式如式（4-26）所示：

$$2H_2S + 3O_2 \xrightarrow{\text{低温等离子体}} 2SO_2 + 2H_2O \tag{4-26}$$

把恶臭高毒的 H_2S 转化成低毒无臭的 SO_2 后，由于 SO_2 也是一种被控制的污染物，因此还有必要进行排放总量和排放浓度的计算。

如果在排毒气筒引风机出口装一套净化装置，那是最理想的，但几万风量几千浓度，装置的造价太昂贵，而且装置的体积太大，显然不太现实。为此，我们对上海化纤一厂几十个排放点进行 H_2S 浓度测定，比较下来 H_2S 主要在酸循环系统中，而地下槽与凝固浴槽中的 H_2S 浓度是其他地方的几十倍、甚至几百倍，故重点对酸地下槽的 H_2S 进行治理，该治理装置我们取名为 DBD 净化器（见图 4-18）。

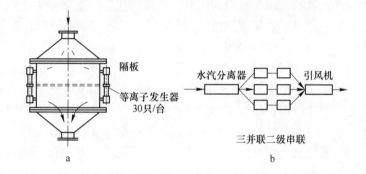

图 4-18　DBD 净化器（a）及工艺中的组合方式（b）

根据排气流量计算出需要多少个等离子发生器。上海化纤一厂配置的发生器每套 30 只，一级为三套共计 90 只发生器。中试风量 3400～3600m³/h，风速 10～11m/s，耗电 400kW·h/d 单级去除率 60% 以上。

DBD 净化装置为一级三套，有害气体去除率为 60%。如果二级六套可以在第一级去除 60% 基础上再去除 60%，可达 84%。若能把酸浴中 H_2S 气体治理 85%，再经高空排放，大气污染将明显改善。即黏胶纤维厂酸浴中的 H_2S 气体去除 85%，其废气治理问题则基本解决。

低温等离子体发生器废气治理技术优点：

（1）占地面积小，一级三套（包括电控箱）30～40m²；

（2）运行成本低，一级用电量相当于一只 15kW 电动机；

（3）灵活方便，可分几套各点进行治理；

（4）治理效果明显。

该套治理装置投入使用以来，情况基本良好，经测验 H_2S 去除率平均达到

60% 以上。该技术的应用缓解了大气污染问题，对于老厂治理 H$_2$S 较为理想，尤其是粘胶长丝产量相对较低、H$_2$S 废气严重，估计治理效果更为明显。

该技术的应用范围较广，不仅能使 H$_2$S 解离治理，而且对其他废气中的无机污染物也能治理。目前使用时间还不长，设备上的某些部件还需进一步完善，使用寿命还需经过时间考验。但该技术是成功的，应用是广泛的，相信该技术在应用推广中将对环保事业起到积极作用。

4.2.4　催化-分解法

催化-分解法是在热分解法的基础上，通过在反应体系中加入催化剂从而降低反应活化能，从而在较低温度下实现硫化氢向氮气和单质硫、黄磷转变的过程。这种方法相比于湿法工艺具有催化效率高、分解产物有较高经济价值以及能有效降低能耗且不产生二次污染等优点。但是，催化-分解法适用于低浓度有毒有害气体的净化，且缺乏相关机理的研究，难以切实应用于实际生产中。

对于硫化氢的分解主要集中在过渡金属氧化物的研究和新型材料的开发上。杨宇静等综述了硫化氢分解制氢技术，文中提到目前采用的催化剂主要是 V、Al、Mo、Fe 等过渡金属氧化物以及相应硫化物，并指出该法只能提高系统的催化活性而不能改变化学平衡。Gurunathan 等人研制复合纳米催化剂与铁的氧化物协同分解硫化氢高效制氢，获得高的氢气产生效率，但是文中没有阐明催化剂的再生方法。Zakharov 等人在低温下研究共扼化学吸附催化分解硫化氢，构造出相关模型用于阐明硫化氢分解的原理。文中提到，硫化氢分解过程分阶段进行，催化分解产物为氮气和单质硫。然而，文中并没有明确给出硫化氢的催化分解效率。Albenze 等人进行了 Ni-Mo 双金属催化剂催化分解硫化氢机理研究，由于释放大量的热能，硫化氢在催化剂表面分解是一个简易的过程；同时还比较了双金属合金与双金属硫化物对硫化氢的分解能力，结果表明双金属合金表面对硫化氢具有更好的亲和力和更好的催化效果。这为硫化氢的分解提供了新的思路。Ishihara 等人研究了钼及钼硫化合物催化剂对硫化氢分解的影响，结果表明，硫化氢中含有 N$_2$ 和 H$_2$O，可提高催化剂对硫化氢的分解效率，但是文中并未说明 N$_2$ 和 H$_2$O 参与反应的过程。Ling 等人研究了在 Fe$_2$O$_3$ 表面硫化氢的分解机制，分析表明铁的表面对硫化氢分解具有极好的催化活性；同时，适当添加金属铜、锌、钴有利于脱硫性能的提高。当综合考虑脱硫效率和经济因素，添加锌是一种比较好的方案。然而文章侧重于定性分析，缺乏相应的实验数据作为支撑。

尽管利用催化-分解法脱除硫化氢的相关文献很少，但是通过硫化氢的催化分解常用过渡金属负载在纳米材料上的方法加以实现。不难看出，纳米材料作为新兴的研究方向，势必在同时脱除硫化氢等方面具有广阔的发展前景，而催化分解同时脱除硫化氢的相关机理还有待进一步研究。

4.3 H₂S 湿法处理技术

湿法脱硫是利用特定的溶剂与气体逆流接触而脱除其中的 H_2S，溶剂可通过再生后重新进行吸收。湿法脱硫多用于合成氨原料气、焦炉气、天然气等大量硫化氢的脱除。湿法脱硫法分为湿法吸收和湿法氧化两大类湿法吸收法，主要是利用一些化学物质对硫化氢的物理化学吸附将其从气体中脱除的一类方法，要想将硫化氢彻底脱除其后还需接其他的相关工艺，整个湿法吸收法的脱硫过程存在着能耗高、产生二次污染、吸附剂再生费用高等问题。湿法氧化法脱硫由于能将硫化氢氧化成为硫磺单质，且其脱硫剂多可再生循环利用而备受关注。湿法氧化法脱硫时，由碱性吸收液碳酸钠溶液、氨水等吸收硫化氢，生成氢硫化物、硫化物，再在催化剂铁氰化物、氧化铁、对苯二酚、氢氧化铁、硫代砷酸的碱金属盐、蒽醌二磺酸盐、磺酸盐等的作用下，进一步氧化成硫磺。湿法脱硫法具有如下特点：可将硫化氢直接转化为单质硫；无二次污染；既可在常压下操作又可在加压下操作；脱硫剂可再生循环利用；运行成本低。

4.3.1 物理吸收法

物理吸收法是利用不同组分在特定溶剂中溶解度的差异而脱除 H_2S，然后通过降压闪蒸等措施析出 H_2S 而再生，溶剂循环使用。该法适合于较高的操作压力，与化学吸收法相比，其需热量一般较低，主要由于溶剂依靠闪蒸再生，很少或无须供热，也由于 H_2S 溶解热比较低，大部分物理溶剂对 H_2S 均有一定的选择脱除能力。因 H_2S 溶解度随温度降低而增加，故物理吸收一般在较低温度下进行。但物理溶剂对烃类的溶解度较大，因此不适合处理烃含量较高的气体。能够用于对 H_2S 进行物理吸收的溶剂必须具备以下特征：对 H_2S 的溶解度要比水高数倍，而对烃类、氢气溶解度要低；蒸气压必须要低，以免蒸发损失；必须具有很低的黏度和吸湿性；对普通金属基本不发生腐蚀；价格必须相对较低。物理吸收法流程简单，只需吸收塔、常压闪蒸罐和循环泵，不需蒸气和其他热源常用的物理溶剂法包括低温甲醇法、丙烯碳酸酯法、聚乙二醇二甲醚法、N-甲基吡咯烷酮法等。

4.3.1.1 低温甲醇洗

低温甲醇洗工艺（Rectisol Process）是德国林德（Linde）公司和鲁奇（Lurgi）公司共同开发的采用物理吸收方法的一种酸性气体净化工艺。具有代表性的低温甲醇洗（Rectisol）以甲醇为溶剂，在高压低温（-45～-55℃）下操作。主要用于氨厂或甲醇厂在液氮洗涤前净化合成气以及在液化天然气深冷前进行净化。该法可脱除煤制原料气中 H_2S、CO_2、NH_3、HCN、H_2O、高级烃和其他杂质；也可对转化气，特别是由部分氧化而生产的气体脱除 H_2S、COS 和 CO_2。其优点是净化度高，即使在 H_2S 与 CO_2 比例小的情况下，该法对 H_2S 的选择性也可使 H_2S 浓缩进而作后续处理之用。当甲醇溶液中含 CO_2 时，H_2S 溶解度约比无 CO_2 时降低 10%~15%。甲醇溶液中 CO_2 含量越高，H_2S 的溶解度减少也越显著。

目前全世界共有低温甲醇洗装置 80 余套。从 1960 年到 1993 年，林德公司共建设低温甲醇洗装置 26 套，总处理气量 $50.8×10^6 m^3/d$。鲁奇公司到 1994 年为止已设计和建设了 54 套低温甲醇洗装置，总生产能力为 $188×10^6 m^3/d$，其中最大的装置 1977 年在南非 SASOL 公司建成的以煤气化制合成气的生产装置，处理气量为 $412500 m^3/h$。我国从 20 世纪 70 年代开始引进低温甲醇洗技术，目前约有 15 套装置在应用中，处理气量达 $70×10^4 kmol/h$ 左右。这些装置除上海焦化厂是用于羰基合成外，其余均用于生产合成氨。在国外的大中型液化天然气装置中，原料气的净化处理也有不少是采用这一技术的。

低温甲醇洗工艺技术成熟，并且原料气中含有的 CO_2 及 H_2S、COS 等硫化物等杂质可以在保证后续工艺净化要求的基础上加以回收利用。但低温甲醇洗之所以能够普遍应用于各脱除酸性气体工艺中，同时还因为其具有其他吸收方法难以比拟的优点：

（1）可以同时脱除合成原料气中的多种杂质。在 -30~70℃ 的低温下，甲醇不仅可以同时脱除原料气中的 H_2S、CO_2、NH_3、HCN、H_2O、NH_3 以及石蜡烃、芳香烃、粗汽油等组分，而且吸收的有用组分可以在甲醇再生过程中得以回收。

（2）在低温高压下，H_2S、CO_2 和 COS 等硫化物在甲醇中的溶解度大，吸收能力强。在 8MPa 操作压力下，低温甲醇吸收的能力是 3MPa 下热甲碱液的 10 倍，1.8MPa 下水的 80 倍，在温度 -30℃、分压 981kPa 时，甲醇的吸收能力是常温水的 50 倍，化学吸收法的 5~6 倍。

（3）选择性好。甲醇对 H_2S、CO_2 和 COS 等硫化物的溶解度大，但对 H_2 的溶解度小。另外，利用甲醇对 H_2S 溶解度远大于对 CO_2 溶解度的特点，可将 H_2S、CO_2 分段吸收与解吸，以保证 CO_2 再生的纯度，满足后续产品如干冰、尿素等的生产要求。

（4）沸点低。甲醇的沸点较低，为 64.7℃，非常有利于再生，并且热再生温度低，能耗也低，而且有利于减少系统的冷量损失。

（5）比热大。25℃ 时甲醇比热容为 2.51kJ/(kg·℃)，大于绝大部分有机溶剂的比热，从而保证吸收过程中产生的温升较小，有利于低温吸收。

（6）化学稳定性和热稳定性好。甲醇不会被有机物、氰化物等杂质降解，并且在吸收过程中不起泡，对设备无腐蚀。因此，设备与管道大部分可以用碳钢或耐低温的低合金钢。甲醇的黏度不大，在 -30℃ 时，甲醇的黏度与常温水的黏度相当，因此，在低温下对传递过程有利。此外，甲醇也比较便宜且容易获得。

（7）黏度小。-30℃时，甲醇的黏度相当于常温水的黏度。-55℃时甲醇的黏度也只有常温水的两倍，有利于节省动力消耗。

（8）甲醇廉价易得。

（9）消耗指标低。蒸汽为 250kg/tNH₃，电为 23 度/tNH₃。

（10）易于萃取。在鲁奇型低温甲醇洗工艺中，含石脑油的甲醇需要再生。利用甲醇与水的互溶性，可以用水将甲醇从石脑油中萃取出来。

（11）低温甲醇洗工艺可应用城市煤气的处理与净化，并可根据用户需要联产甲醇，可处理多种指标的净化气产品。

低温甲醇法的缺点主要是吸收重烃类，工艺流程复杂，能耗高。但是使用低温甲醇法会存在一定程度的硫化氢腐蚀，在低温甲醇洗工艺中，不同流程位置，设备的硫化氢腐蚀类型也各不相同，随之相应的设备选材也会变化。研究表明，在高压设备湿硫化氢的环境下，硫化氢的腐蚀主要以硫化氢应力腐蚀开裂为主。在富甲醇、再生系统以均匀腐蚀、形成羰基化合物为主。所以，原料气冷却器应当选用不锈钢 304、321 等具有较大运行安全优势的材料。在设备焊接过程中也要选择合适的焊接工艺，从而保障焊接区域的金相组织稳定，不会发生晶间腐蚀。同时，还需要保障整体的硬度不超过 200HB，以杜绝应力腐蚀的发生。

4.3.1.2　聚乙二醇二甲醚法

聚乙二醇二甲醚净化法（国外称作 sele-xol 法）于 20 世纪 60 年代创始于美国联合化学公司。作为物理吸收剂，它能选择性地脱除合成氨原料气中的硫化物及 CO_2。聚乙二醇二甲醚法用聚乙二醇二甲醚作溶剂，旨在脱除气体中的 CO_2 和 H_2S。这种溶剂对 H_2S 的溶解度远远大于 CO_2。由于聚乙二醇二甲醚具有吸水性能，因而该法还能同时产生一定的脱水效果。该法在工业上的应用至今仍限于相对低的 H_2S 负荷气（$2.29g/m^3$）。其优点是溶剂无腐蚀，损耗小，存在缺点是溶剂还能吸收重烃。

4.3.1.3　N-甲基吡咯烷酮法

N-甲基吡咯烷酮法（Purisol 法）采用物理溶剂——N-甲基吡咯烷酮，用于对酸性气体进行粗脱。处理后的 H_2S 含量可降至符合管输标准。H_2S 在该溶剂中的溶解度较 CO_2 高，即使在 H_2S 与 CO_2 的比例相对小的情况下，也可用来选择性地除去 H_2S。Purisol 溶剂可溶解低级硫醇、H_2S、COS 和 CO_2，酸性气体不会使溶剂降解。该法用于碳钢设备中，无明显腐蚀。

4.3.2　化学吸收法

化学吸收法是利用 H_2S（弱酸）和化学试剂（弱碱）之间发生的可逆反应来

脱除 H_2S，适用于较低的操作压力或原料气中烃含量较高的场合，因化学吸收较少依赖于组分的分压，同时化学溶剂具有较低的吸收烃的倾向。化学吸收比物理吸收应用更为广泛。化学吸收法是被吸收的气体吸收质与吸收剂中的一个或多个组分发生化学反应的吸收过程，适合处理低浓度大气量的废气。目前化学吸收法一般不采用强碱性溶液作为吸收剂，而大多用 pH 值在 9~11 之间强碱弱酸盐溶液。常用乙醇胺法、氨法和碳酸钠法。该法适用于高压下的天然气脱硫，具有碱性强、与酸气反应迅速、有一定的有机硫脱除能力、价格相对便宜等优点，但不足之处是无脱硫选择性、与 H_2S、CO_2 反应热较大、存在化学降解和热降解、通常装置腐蚀较严重、溶剂只能够在低浓度下使用，导致溶液循环量大、能耗高。

化学吸收法工艺简单，技术成熟，占地面积小，在芬兰、美国等发达国家已有多年的应用历史。硫化氢为酸性气体，故可采用碱性溶液或碱性固体物质来吸收，如碳酸盐、硼酸盐、磷酸盐、酚盐、氨基酸盐等的溶液。除此之外，还可采用一些弱碱，如氨、乙醇胺类、二甘醇胺等。化学吸收的溶剂一般常压加热再生，再生所释气体分离其中水分，如采用分流再生可降低再生的能耗。在脱除 H_2S 中，化学吸收法较物理吸收用得较多，因为：（1）化学溶剂吸收一定量 H_2S 所需接触阶段数（或级数）比物理溶剂的少；（2）化学溶剂去除 H_2S 的完全程度比物理溶剂的高。

4.3.2.1　碳酸钠吸收法

含硫化氢的气体与碳酸钠溶液在吸收液塔内逆流接触，一般用 2%~5% 的碳酸钠溶液从塔顶喷淋而下，与从塔底上升的硫化氢反应，生成 $NaHCO_3$ 和 $NaHS$。吸收 H_2S 后的溶液送入再生塔，在减压条件下用蒸汽加热再生，即放出硫化氢气体，同时碳酸钠得到再生。脱硫反应与再生反应为可逆反应：

$$NaCO_3 + H_2S \Longleftrightarrow NaHS + NaHCO_3 \qquad (4\text{-}27)$$

从再生塔流出溶液返回吸收塔循环使用。从再生塔顶放出的气体中硫化氢的浓度可达 80% 以上，可用于制造硫磺或者硫酸。

碳酸钠吸收法流程简单，药剂便宜，适用于处理硫化氢含量高的气体，缺点是脱硫效率不高，一般为 80%~90%，动力消耗也较大。

4.3.2.2　氢氧化钠吸收法

氢氧化钠吸收法主要是用于硫化氢废气量不太大的情况下，例如染料厂、农药厂废气的处理。此法可以得到 Na_2S 和 $NaHS$ 副产品，反应为：

$$2NaOH + H_2S \longrightarrow Na_2S + 2H_2O \qquad (4\text{-}28)$$

当 H_2S 过量时，如式（4-29）所示：

$$Na_2S + H_2S \longrightarrow 2NaHS \qquad (4\text{-}29)$$

上面的反应可根据所需的副产品加以控制，如上海染化十厂用 30% 的 NaOH 溶液在循环塔内部循环吸收，使 Na_2S 浓度控制在 25% 左右时，即作为原料用于生产过程，用 30% 的 NaOH 溶液吸收 H_2S 废气制取 NaHS 产品。

4.3.2.3 胺法

胺法一般采用烷醇胺类作为溶剂，是迄今最常用的方法。该法从 20 世纪 30 年代问世以来，已有 70 余年的历史，先后采用的溶剂主要有：一乙醇胺（MEA）、二乙醇胺（DEA）、二甘醇胺（DGA）、二异丙醇胺（DIPA）、甲基二乙醇胺（MDEA）等。它们可同时脱除气体中 H_2S 和 CO_2。发生的反应比较复杂，主要反应为：

$$2RNH_2 + H_2S \longrightarrow (RNH_3)_2S \tag{4-30}$$

$$\frac{1}{2}O_2 + H_2O + 2Fe^{2+} \longrightarrow 2OH^- + 2Fe^{3+} \tag{4-31}$$

$$CO_2 + RNH_2 + H_2O \longrightarrow R(NH_3)HCO_3 \tag{4-32}$$

$$CO_2 + 2RNH_2 \longrightarrow R(NH_3)^+ + RNHCOO^- \tag{4-33}$$

胺法以链烷醇胺作为碱性溶剂，其中 MDEA（N-甲基二乙醇胺）法是用于天然气脱硫的烷醇胺类化合物中应用较广的一种。因不具备与 CO_2 反应的能力，因而对 H_2S 有优良的选择脱除能力，溶液的发泡倾向和腐蚀性均小于一乙醇胺和二乙醇胺，再生能耗低。其缺点是原料价格高、与有机硫化物反应能力差，因而不适用于有机硫含量高的气体净化。

配方型溶剂概念克服了常规醇胺法不能解决的难题，使醇胺法净化技术获得了迅猛的发展。其实质是以 MDEA 溶液为基础，按不同的工艺要求加入各种添加剂，从而进一步改善溶剂的脱硫性能。如：NewSulfinol 液体脱硫剂以环丁酚-MEDA 水溶液为溶剂，在脱除 H_2S 同时也能脱除大部分有机硫，对 H_2S 的吸收选择性优于 MEDA，目前在炼厂得到广泛的推广和应用。

（1）MEA 的特点是反应活性好，与 H_2S 反应最迅速，能够使净化气中的 H_2S 达到几个 10^{-4}，其再生温度较高（约 125℃），腐蚀性强，且易与 COS、CS_2 甚至是 CO_2 发生不可逆的降解反应。

（2）DEA 能够适应两倍以上 MEA 的负荷，更能抵制与 COS 等的降解，但其降解产物不容易复活，因而消耗相应较高。

（3）DGA 的稳定性及反应性与 MEA 类似，但可以在比较高的浓度下使用，故能耗比较低，但溶剂价格比较高，在 COS 等的存在下易于降解。

（4）DIPA 的特点是在原料气中同时存在 CO_2 与 H_2S 时，可以选择性的脱除 H_2S，其化学稳定性优于 MEA 和 DEA，能有效地脱除气体中的 COS，因此，在炼厂气脱硫中应用比较多，目前欧洲的大部分炼厂气脱硫装置都采用 DIPA 水溶液。

（5）MDEA 在 20 世纪 80 年代开始广泛使用，其特点是与 H_2S 的反应热较低，具有极好的选择性，且化学稳定性和热稳定性好，不易降解，蒸汽压低，同时，它的凝固点低，蒸汽压小，溶液的腐蚀性也较其他胺类弱，因此，近 20 年发展势头迅猛。但是单纯MEDA选择性吸收脱硫有一定的局限性，主要表现在以下几个方面：对有机硫化物的脱除效率低，对CO$_2$含量很高的原料气（如注入CO$_2$后采的油田气）的净化，其选择性能力不能满足要求；MEDA水溶液有发泡倾向，而且水本身的比热容比较高。

一般说来，醇胺法提浓后的H$_2$S需作进一步处理。其中，醇胺吸收-Claus硫磺回收组合工艺经多年发展，已相当成熟。但该过程存在以下问题：

（1）工艺过程复杂，流程长，设备投资大。

（2）被氧化的H$_2$S必须严格控制，操作条件比较苛刻。

（3）尾气中H$_2$S和SO$_2$的浓度仍然很高，可达（5000~12000）×10^{-6}（7067.14~32924.55mg/m^3）或者更高，不仅产生了二次污染，而且造成了资源的浪费。

（4）只有在酸气中H$_2$S浓度较高时才比较经济。

事实上胺液脱硫处理过程本身尚存在腐蚀、溶液降解及发泡等操作困难。近年来，对烷醇胺脱硫法作了许多改进，尤为明显的是改进了烷醇胺脱硫液，往烷醇胺溶液中添加醇、硼酸或N-甲基吡咯烷酮或N-甲基-3-吗啉酮，以提高同时脱除H$_2$S、CO$_2$、COS等酸性气体的效力。这些技术即所谓改良醇胺法，亦颇受关注。

4.3.2.4 石灰乳吸收法

利用石灰乳吸收废气中的H$_2$S而生成硫氢化钙，再用石灰氮与之反应生成硫脲，硫脲是有用的工业原料，可以用制造磺胺类药物，用于冶金、印染和照相行业。石灰乳吸收法的缺点是吸收效率不高，用石灰乳吸收后的废气还需进一步净化后才能排放，此法的反应过程为：

吸收：$Ca(OH)_2 + 2H_2S \longrightarrow Ca(SH)_2 + 2H_2O$ （4-34）

合成：$Ca(SH)_2 + 6H_2O + 2CaCN_2 \longrightarrow 2(NH_2)_2CS + 3Ca(OH)_2$ （4-35）

工艺流程图如图4-19所示。

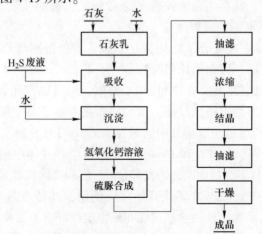

图 4-19 石灰乳脱硫工艺流程图

4.3.2.5　碱液管道喷射法

1985 年美国莫拜尔石油公司公布了碱液管道喷射法脱除 H_2S 的专利，这个方法实质是在管道内喷射碱液与同向流动的含 H_2S 接触，是气体的雷诺数（Re）大于 50000，使流动的液体的韦伯数（Weber）在 16 以上，气体和碱液接触时间在 0.1s 以内，这样可以高精度的选择性吸收 H_2S。

碱液管道喷射法的流程见图 4-20。含 H_2S 的气体沿管线经阀门 1 和量计表 2 而进入反应管系统，在管道 3 内与碱液起反应。在贮槽 4 内的碱液用泵 5 抽出，经流量计 6 和阀门 7 而喷射入管线 8 与管道 3 来的 H_2S 气体接触而被吸收。吸收了 H_2S 的碱液在分离器 9 中进行气液分离。

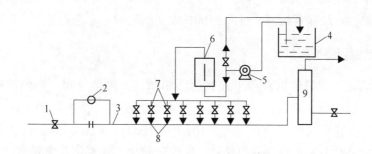

图 4-20　H_2S 的管道喷射流程

1，7—阀门；2—量计表；3—管道；4—贮槽；5—泵；6—流量计；8—管线；9—分离器

4.3.3　物理化学吸收法

物理化学吸收法是一种将化学吸收剂与物理吸收剂联合应用的脱硫方法，使其兼备两者的性质，既有化学溶剂（特别是达到较大净化度的能力）和物理溶剂（主要是再生热耗低）的特性，但也具备两者的缺点，目前以环丁砜法为常用。环丁砜脱硫法是一种较新的脱硫方法，具有明显的优点，近年来在国内外引起了普遍的重视。环丁砜法的独到之处在于兼有物理溶剂法和胺法的特点，其溶剂特性来自环丁砜，而化学特性来自 DIPA（二异丙醇胺）和水。在酸性气体分压高的条件下，物理吸收剂环丁砜容许很高的酸性气体负荷，给予它较大的脱硫能力，而化学溶剂 DIPA 可使处理过的气体中残余酸气浓度减小到最低。所以环丁砜法明显超过常用的乙醇胺溶液的能力，特别在高压和酸性组分浓度高时处理气流是有效的。环丁砜脱硫法所用溶剂一般是由 DIPA、环丁砜和水组成。实验表明，溶液中环丁砜浓度高，适于脱除 COS，反之，低的环丁砜浓度则使溶液适合于脱除 H_2S。

环丁砜对 CO_2 和 H_2S 都有很好的吸收能力，依照天然气中 H_2S/CO_2 比值不同而异，其范围为二异丙醇胺 15%~65%，水 1%~25%，其余为环丁砜。一般来说，H_2S 含量高时，二异丙醇胺 30%~40%，H_2S/CO_2 的比值小，应采用较高含水量的溶剂。水量太少，溶剂难以再生，腐蚀问题也较为严重。例如，对于含 H_2S 1.0%~1.1%（体积分数），CO_2 5%~6%（体积分数）的天然气（H_2S/CO_2 = 0.2），采用这样配比的吸收剂比较合适，环丁砜：一乙醇胺：水 = 50：20：30（质量比）。如果 CO_2 较多，则采用二异丙醇胺较好。

上述配比的溶液的优点是：吸收容量大，一体积的环丁砜溶液溶解酸性气体的能力约 4 倍于一乙醇胺，溶解硫化氢能力约 8 倍于水，所以特别适合于处理硫化氢含量高的气体；溶液的稳定性好，对 COS 和 CS_2 的化学降解低；比热小，溶液加热、再生时能耗低；净化度高，净化后的气体中硫化氢含量很容易低于 $5.56mL/m^3$，可脱除有机硫，可除去 90% 以上的硫醇；发泡趋势小，腐蚀性低。

4.3.4 吸收氧化法

吸收氧化法的脱硫机理和干式氧化法相同，而操作过程又和液体吸收法类似。该法一般都是在吸收液中加入氧化剂或者催化剂，使吸收的 H_2S 在氧化塔（再生塔）中氧化而使溶液再生。常用的吸收液有碳酸钠、碳酸钾和氨的水溶液；常用的氧化剂和催化剂有氧化铁、硫代砷酸盐、铁氰化合物复盐及有机催化剂组成的水溶液或水悬浮液。近年来该法发展较快，得到广泛利用。

有机催化剂的吸收氧化法是采用适量水溶液酚类化合物盐类作催化剂或载体的碱性溶液，这些有机化合物能借二氧化碳转变成还原态而使 H_2S 很快转化成硫，而本身与空气接触很容易再氧化，所以可循环使用，与其他氧化法相比，该类方法的吸收液无毒且排出物无污染物，副产硫的质量好，净化效率高。因此得以广泛利用。常用的方法是对苯二酚催化法和 APS 法两种。

氨水催化脱硫是一种氧化脱硫的方法。此法用稀氨水作为吸收剂，再在对苯二酚的催化作用下利用空气中的氧把硫化物氧化成硫磺而加以除去。此法采用稀氨水作为吸收剂，成本较低，脱硫效率较高，又可以回收副产品硫磺，因而是当前小合成氨厂一种较好的脱硫方法。氨水催化法脱硫主要包括氨水吸收和空气再生（氧化）两个过程。主要反应为：

氨水吸收： $$NH_4OH + H_2S \rightleftharpoons NH_4HS + H_2O \tag{4-36}$$

空气再生： $$NH_4HS + \frac{1}{2}O_2 \longrightarrow NH_4OH + S \tag{4-37}$$

但是空气再生的反应非常缓慢，不能适应生产中的需要。对苯二酚可以加速空气再生这一反应的进行，对苯二酚是一种还原剂，它被空气中的氧氧化，生成对苯二醌。

4.3.5 液相催化氧化法

液相催化氧化法处理硫化氢的研究是国内外研究最多的领域之一。各种液相催化氧化法的工艺流程大致相同，均以含氧化剂的中性或弱碱性溶液吸收气流中的硫化氢，溶液中的氧载体将 H_2S 氧化为单质硫，溶液以空气再生后循环使用。此法将脱硫和硫回收联为一体，具有流程较简单、投资较低等优点。根据硫氧化催化剂的不同，液相催化氧化法主要有铁基工艺、钒基工艺、砷基工艺等几种工艺。目前，液相催化氧化法主要的研究方向是新型高效催化剂的研制，并取得了一定的进展。

4.3.5.1 砷基工艺

（1）砷碱法（Thylox 法）。该法于 20 世纪 50 年代由美国 Koppers 公司工业化。洗液由 K_2CO_3 或 Na_2CO_3 和 As_2O_3 组成，以砷酸盐或硫代砷酸盐为硫氧化剂，主要成分是 $Na_4As_2S_5O_2$。脱硫及再生过程反应原理为：

$$Na_4As_2S_5O_2 + H_2S \longrightarrow Na_4As_2S_6O + H_2O \tag{4-38}$$

$$Na_4As_2S_6O + H_2S \longrightarrow Na_4As_2S_7 + H_2O \tag{4-39}$$

$$Na_4As_2S_7 + \frac{1}{2}O_2 \longrightarrow Na_4As_2S_6O + S \tag{4-40}$$

$$Na_4As_2S_6O + \frac{1}{2}O_2 \longrightarrow NNa_4As_2S_5O_2 + S \tag{4-41}$$

由于所用吸收剂呈剧毒，脱硫效率低，操作复杂，目前该法已基本不用。

（2）改良砷碱法（G-V 法）。G-V 工艺是对砷基工艺的改进，洗液由钾或钠的砷酸盐组成，根据气体中 H_2S 和 CO_2 浓度及 CO_2 的用途，H_2S 与亚砷硫酸盐反应生成硫代硫酸盐，再被砷酸盐氧化，同时得到硫代砷酸盐和亚砷酸盐，氧化反应催化剂是氢醌。基本反应为：

吸收 $\qquad M_3AsO_3 + H_2S \longrightarrow M_3AsS_3 + 3H_2O \tag{4-42}$

熟化 $\qquad 3M_3AsO_4 + M_3AsS_3 \longrightarrow M_3AsO_3 + 3M_3AsO_3S \tag{4-43}$

酸化 $\qquad M_3AsO_3S \longrightarrow M_3AsO_3 + S \tag{4-44}$

氧化 $\qquad M_3AsO_3 + \frac{1}{2}O_2 \longrightarrow M_3AsO_4 \tag{4-45}$

吸收反应的速度很快，随即进行熟化反应，但反应较慢，需要一定的时间，酸化反应使溶液的 pH 值降低，酸化方法随 pH 值不同而异，可分为低 pH 值、高 pH 值两种流程。高 pH 值法与低 pH 值法的主要区别在于高 pH 值法是将吸收了 H_2S 的富液先送入酸化塔，经吹入 CO_2 进行酸化后再进入氧化塔。在 G-V 法中，必须进行后续处理以除去亚砷酸盐。氧化反应是在再生塔通入空气，反应速度较慢，一般加入对苯二酚作催化剂。

G-V 法有低 pH 值、高 pH 值两种，典型组成如表4-7所示。

表 4-7　G-V 法的典型组成（低 pH 值、高 pH 值两种）

溶液类别	低 pH 值溶液	高 pH 值溶液
$Na_2O/g \cdot L^{-1}$	11.7	38
$As^{5+}/(Al_2O_3)/g \cdot L^{-1}$	36.2	80
$As^{3+}/(Al_2O_3)/g \cdot L^{-1}$	37	30
pH 值	7.4~7.6	9.0

该法应用范围较广，吸收温度从常温到 150℃，压力从常压到 7.4MPa，可以处理 CO_2 浓度较高的气体。净化后气体中的 H_2S 含量小于 $1mg/m^3$（标态），溶液的硫容量高（$0.5 \sim 8kg/m^3$）。该方法的砷碱脱硫液吸收能力已大大增强，副反应也减少，但由于其具有脱硫液毒性大、管理麻烦等缺点，现已很少使用。

4.3.5.2　钒基工艺

A　ADA 法

ADA（蒽醌二磺酸钠法）法是由英国 North Western Gas Board 和 Clayton Aniline 公司 20 世纪 50 年代开发的，亦称 Stretford 法。脱硫液是在稀碳酸钠溶液中添加等比例的 2,6-蒽醌二磺酸和 2,7-蒽醌二磺酸的钠盐配制而成。稀碱液为吸收介质，ADA 作为催化剂。脱硫原理为：

$$Na_2CO_3 + H_2S \longrightarrow NaHS + NaHCO_3 \tag{4-46}$$

$$2NaHS + 4NaVO_3 + H_2O \longrightarrow Na_2V_4O_9 + 4NaOH + 2S\downarrow \tag{4-47}$$

$$Na_2V_4O_9 + 4NaOH + H_2O + ADA(o) \longrightarrow 4NaVO_3 + 2HADA(r) \tag{4-48}$$

$$O_2 + 2HADA(r) \longrightarrow 2ADA(o) + 2H_2O \tag{4-49}$$

以上反应可分为四步：H_2S 的吸收，H_2S 转化为元素硫，钒的氧化和 ADA 的氧化。

（1）H_2S 的吸收。H_2S 的吸收与溶液的 pH 值有关，当 pH 值达到 9 时，实际上所有 H_2S 分子在溶液中离解，所以高 pH 值有利于 H_2S 的吸收，但是当溶液 pH 值高于 9.5 时 H_2S 转化为硫的速度减慢，另外会增加碱耗，因此最佳的 pH 操作值是 8.5~9.5。

（2）H_2S 转化为元素硫。硫氢根离子转化为硫的反应相当快，反应速度随溶液中钒浓度的增加而加快。

（3）钒的氧化。钒的氧化机理较复杂，在吸收塔生成的还原态 V^{4+} 同空气接触不能再还原为氧化态的 V^{5+}，但在 ADA 氧化-还原循环中产生的过氧化氢可以氧化为 V^{4+}，而还原态的 ADA 很容易被空气氧化。

（4）ADA 的氧化。ADA 同空气接触后的氧化速度很快，氧化速度是受氧在液相内的扩散控制的，而氧化的扩散速度随温度的升高，pH 值上升，接触时间增长而加快，ADA 会发生氧化降解的正常损失为 0.18%，溶液中存在的硫代硫酸盐可缓和 ADA 的氧化降解，溶液中硫代硫酸盐的浓度至少维持在 3% 才有作用。

这一机理使还原态 ADA 与溶解氧之间的反应速度受到吸收液中溶解氧的限制，迫使操作过程中溶液的硫容量维持在较低值，以防止大量硫氢根负离子进入氧化塔而引起副反应。所以初期的工厂在提高气体的净化度，硫的回收率以及降低技术经济指标方面受到了限制。

Stretford 工艺典型的操作参数为：温度 32~46℃，操作压力范围较宽，早期天然气脱硫是在 5.1MPa 下操作的。该法的工艺问题在于：（1）悬浮的硫颗粒回收困难，易造成过滤器堵塞；（2）副产物使化学药品耗量增大；（3）硫质量差；（4）对 CS₂、COS 及硫醇几乎不起作用；（5）有害废液处理困难，可能造成二次污染；（6）气体刺激性大。

ADA 法脱硫的工艺流程如图 4-21 所示。

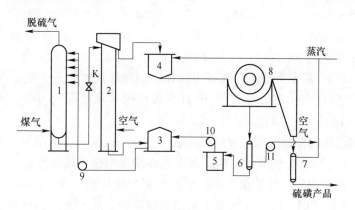

图 4-21 ADA 脱硫工艺流程图

1—脱硫塔；2—再生塔；3—溶液贮槽；4—硫泡沫槽；5—地下槽；6—滤液收集器；
7—熔硫釜；8—过滤机；9—脱硫泵；10—地下槽泵；11—真空泵

含硫煤气经脱硫塔底部进入，与塔顶喷淋下来的脱硫液逆流接触，净化后的煤气从脱硫塔顶顶部排出。

自脱硫塔底部出来的脱硫溶液，经调节阀后，减压进入再生塔上部。塔底送入压缩空气与溶液逆流接触进行氧化，使溶液再生。悬浮出来的硫泡沫自再生塔顶溢流至硫泡沫槽，再生后的溶液自塔底流入溶液贮槽，再经溶液泵打入脱硫塔循环使用。

硫泡沫在硫泡沫槽中加热至 70℃，使硫颗粒度增大，经真空过滤机过滤，得到含硫 40%~50% 的硫膏，在熔融硫中加热至 135~145℃熔融，最后获得纯度为 95%以上的硫磺产品。

真空过滤机出来的脱硫液经真空滤液收集器入地下槽，分离后的气体经真空泵后放空，真空过滤系统由真空泵抽真空。

在上述工艺中，有的已采用再生槽代替再生塔的再生流程（如：邯钢化肥厂）。主要作用是利用喷射器对脱硫溶液再生阶段进行强化反应，从而缩短了脱硫溶液再生停留时间，使设备尺寸大大缩小，装置效率得到提高。

在硫磺回收系统中，近年来有些工厂（如：邯钢化肥厂）已取消了真空过滤系统，这虽然使得硫的熔融系统设备有些加大，但使得整个硫磺回收系统设备大大减小，流程缩短。

B　改良 ADA 法

针对脱硫法中出现的一些问题，在原有脱硫液中加入螯合剂如硫氰酸盐、芳香族磺酸盐等来防止脱硫液中副产物盐的生成，加入酒石酸钾钠，阻止钒酸盐的沉淀生成，加入起稳定溶液作用的螯合剂，如少量三氯化铁及乙二胺四乙酸等。这些方法都统称为改良法。

为克服 Stretford 法工艺问题，发展了 Sulfolin 工艺，该法于 1985 年工业化。Sulfolin 工艺在溶液中加入一种有机氮化物，以克服 Stretford 法溶液中盐类的生成。Sulfolin 工艺与 Stretford 工艺的不同之处是反应罐与吸收塔分离。典型的操作压力为 0.5MPa，温度为室温，高压下操作会使操作成本上升，通过熔融处理可使产品硫纯度高达 99.8%，原料气中 H₂S 最佳的含量范围为 10%，净化气 H₂S 含量可低于 1×10^{-6}（1.4mg/m³）。

由美国加州联合油公司开发的 Unisulf 工艺是 Stretford 工艺的另一种改进。针对 Stretford 工艺生成盐的问题，Unisulf 工艺在洗液中加入硫氰酸盐、羟酸（通常是柠檬酸）和芳香族磺酸盐螯合剂，可消除副产物盐类生成，抑制微生物生长。与 Stretford 工艺不同，Unisulf 工艺不采用硫熔融炉，故无副产物盐类生成，因而无需洗液来控制盐类。洗液只与少量气态有机物作用，因而对硫有较高的选择性，在 CO₂ 含量高达 99%时也适用，净化后的气体含硫量可低于 1×10^{-6}（1.33mg/m³）。

国内对 Stretford 工艺也作了大量改进。20 世纪 60 年代初，四川化工厂等联合开发了以 Stretford 工艺为基础的 ADA 工艺，洗液中添加了酒石酸钠或钾，以防止盐类生成。又加入少量 FeCl₃ 及乙二胺四乙酸螯合剂起稳定作用，被称为改良 ADA 工艺。

改良 ADA 法脱硫精度较高（1×10^{-6}以上）、对被处理的气体中 H₂S 含量的适应性广、溶液无毒性、对操作温度和压力的适应范围较广、对设备腐蚀较轻、所得副产品硫磺的质量较好等。存在的问题是：溶液成分复杂、费用较高、悬浮的硫颗粒回收困难，易造成过滤器堵塞。

脱硫排除液回收 Na$_2$S$_2$O$_3$、NaCNS 流程图如图 4-22 所示。

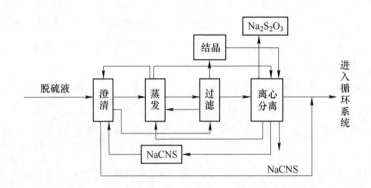

图 4-22　脱硫排除液回收 Na$_2$S$_2$O$_3$、NaCNS 流程图

C　MSQ 法

MSQ 法采用的脱硫剂是由对苯二酚、硫酸锰和水杨酸按一定比例配制而成的。溶液组成为：Na$_2$CO$_3$ 0.175~0.2mol/L、NaVO$_3$ 1g/L、硫酸锰 0.002~0.01g/L、水杨酸 0.05~0.1g/L。MSQ-2 型脱硫剂是在 MSQ 基础上增加了两种螯合剂 L 及 L'，使 Mn^{2+} 不易生成 MnCO$_3$ 沉淀，在脱硫液中能够保持较高的溶解锰含量，从而有利于提高脱硫过程中的再生性能。螯合剂 L' 与 VO^{2+} 起配位作用，减少 VOS 沉淀生成，不但能降低钒的消耗量，而且有利于发挥 V$_2$O$_5$ 在脱硫过程中吸收 H$_2$S 的作用，提高脱硫效率。MSQ-3 型脱硫剂在 MSQ-2 型的基础上增加了一种防腐剂。MSQ-3 可以和 FeSO$_4$ · 7H$_2$O，也可以和 V$_2$O$_5$ 共同用于半水煤气及变换气的脱硫。

D　栲胶法（TV 法）

栲胶法是改良 ADA 法的进一步改进和提高。栲胶法是广西化工研究所等单位于 1977 年开始研究的，是我国特有的脱硫技术，是目前国内使用最多的脱硫方法之一。主要有碱性栲胶脱硫和氨法栲胶脱硫以氨代替碱两种。栲胶是由植物的果皮、叶和干的水淬液熬制而成，主要成分是单宁，是由化学结构复杂的多羟基芳烃化合物组成，具有酚式或醌式结构。

单宁资源丰富，其产量仅次于纤维素、木质素、半纤维素的林业副产品。单宁一般是分子量为 500~3000 的多酚。也包括了相关低分子量多酚。从化学结构看，单宁可以分为水解类、缩合类和混合类。水解类单宁是酸及其衍生物与葡萄糖或多元醇主要通过酯键形成的化合物，如五棓子、橡碗单宁；缩合类单宁是以黄烷-3-醇为基本单元结构的缩合物，如落叶松、黑荆树和坚木的树皮以及茶叶中所含单宁。混合类单宁即兼含有两类混合单宁。

　　栲胶中还有非单宁和不溶物。非单宁的主要成分是糖、简单酚、有机酸、无机盐、色素、含氮物质。栲胶的种类不同，非单宁的组成不同。不溶物是 0.4% 的单宁，溶液在 20℃ 左右时，不能通过中速滤纸和高岭土过滤层的物质。主要成分是单宁的分解产物（黄粉）或缩合产物（红粉）、低分散度单宁以及果胶、树胶、无机盐、机械杂质。

　　根据原料的不同，栲胶分为橡碗栲胶、落叶松栲胶、坚木栲胶、栗木栲胶、栋木栲胶等。由于栲胶脱硫法中的栲胶多为橡碗栲胶，因此下面就着重介绍橡碗栲胶。橡碗栲胶主要由栗木精、甜栗精、栗碗灵酸，橡碗灵酸、异橡碗精酸组成。

　　碱性栲胶水代替 ADA 作为四价钒的氧化剂，并取代酒石酸钾钠作为钒的络合剂。栲胶法的脱硫机理为：

$$Na_2CO_3 + H_2S \longrightarrow NaHS + NaHCO_3 \tag{4-50}$$

$$2NaHS + 4NaVO_3 + H_2O \longrightarrow Na_2V_4O_9 + 4NaOH + 2S\downarrow \tag{4-51}$$

$$Na_2V_4O_9 + 2NaOH + H_2O + 2T(OH)O_2(醌态) \longrightarrow 4NaVO_3 + 2T(OH)_3(酚态)$$
$$\tag{4-52}$$

$$O_2 + 2T(OH)_3 \longrightarrow 2T(OH)O_2 + 2H_2O \tag{4-53}$$

$$NaOH + NaHCO_3 \longrightarrow Na_2CO_3 + H_2O \tag{4-54}$$

　　脱硫液中没有加钒酸盐，虽然脱硫效率可达 99% 以上，但再生时所需空气量比加钒酸盐的脱硫液大两倍，这说明，在不加钒酸盐的情况下，欲达到同样脱硫效果，需增大再生空气量。从脱硫效果上来看，用栲胶取代 ADA 毫无问题，也就是说在脱硫液中添加钒酸盐后，栲胶能够起到 ADA 的作用。从物料平衡原理可知，以上 5 个反应的总反应如式（4-55）所示：

$$\frac{1}{2}O_2 + H_2S \longrightarrow H_2O + S\downarrow \tag{4-55}$$

　　而加入系统中的栲胶、Na_2CO_3 和 $NaVO_3$ 在系统内循环利用，理论上没有消耗，但是实际生产中，还存在着不可忽视的副反应，使碱耗和催化剂的消耗成为生产的主要成本。

　　未净化气所含酸性气体除 H_2S 以外，常常还有 CO_2、HCN 等气体及栲胶脱硫液中未被氧化的 H_2S 一进入再生塔后将会与再生塔内大量的氧气充分接触发生作用，$Na_2S_2O_3$ 和 Na_2SO_4 不可避免会在这里生成，所以脱硫过程不可避免地发生一些副反应。

　　栲胶脱硫过程中的常见副反应为：

$$Na_2CO_3 + H_2O + CO_2 \longrightarrow 2NaHCO_3 \tag{4-56}$$

$$Na_2CO_3 + 2HCN \longrightarrow 2NaCN + H_2O + CO_2 \tag{4-57}$$

$$NaCN + S \longrightarrow NaSCN \tag{4-58}$$

$$2NaHS + 2O_2 \longrightarrow 2Na_2S_2O_3 + H_2O \tag{4-59}$$

$$Na_2S_2O_3 + 2O_2 + 2NaOH \longrightarrow 2Na_2SO_4 + H_2O \tag{4-60}$$

上述反应式中的 CO$_2$ 和 HCN 气体均是焦炉煤气中的组分，O$_2$ 主要是再生过程中鼓入过量空气带入的，因此进入吸收塔的栲胶脱硫液中含有部分溶解氧，栲胶脱硫工艺中生成的主要副产物有 NaHCO$_3$、NaSCN、Na$_2$S$_2$O$_3$ 和 Na$_2$SO$_4$。

HCN 被碱液吸收的反应是不可逆的快速反应，吸收率可达 95% 以上，生成的 NaCN 与脱硫液中的悬浮硫很快结合生成 NaSCN，此副反应严重与否主要取决于焦炉煤气中 HCN 含量的高低。

待净化气中的 CO$_2$ 对脱硫的影响有两方面，一是降低了脱硫液的 pH 值，而脱硫液 pH 值的降低将会影响到栲胶的再生，进一步会使硫氢化物氧化为元素硫的反应速度下降。另一方面将会降低硫化氢的吸收速度，当待净化气中的 CO$_2$ 浓度含量较高时，脱硫液吸收硫化氢的速度显著降低。

实际上 CO$_2$ 和水生成碳酸的水合反应的速度十分缓慢，是典型的慢速化学反应控制过程，被认为是一个典型的液膜控制过程；但 H$_2$S 能立即在水中离解为硫氢根离子和氢离子，而氢离子在溶液中又能很快地和氢氧根反应，以致它的溶解和电离都能立即进行，是个典型的飞速不可逆反应。所以栲胶脱硫液对硫化氢吸收有较高的选择性。

待净化气中的 CO$_2$ 被脱硫液吸收并与脱硫液中的 Na$_2$CO$_3$ 发生反应，不断转化为 NaHCO$_3$。当待净化气中脱除的 CO$_2$ 的量等于在再生塔中解析的 CO$_2$ 的量时，CO$_2$ 的吸收达到动态平衡，此时（NaHCO$_3$/Na$_2$CO$_3$）物质的量之比也相对稳定。

栲胶脱硫过程实际上是将栲胶、钒、碱按一定比例配成脱硫液，在一定操作条件下脱除待净化气中硫化氢的过程。如果脱硫液的组分比例失调、操作条件不当，都会严重影响脱硫进行和脱硫液的再生，导致副反应加剧。硫代硫酸钠的生成主要取决于和氧气接触前硫氢化钠转化为单质硫的情况、脱硫液的 pH 值和操作温度细分起来，副产物 Na$_2$S$_n$O 的生成主要与以下几点因素有关。

栲胶需经过熟化处理后才能用于脱硫，若栲胶浓度过低，则不利于低价钒的再生，不能使吸收塔内 HS$^-$ 很好地转化为单质硫，这些 HS$^-$ 将会进入到再生系统导致副反应加剧；栲胶浓度低会减弱钒离子的络合能力，会使 V^{4+} 生成 VOS 沉淀而增加钒耗。当其浓度大于 4g/L，再生时脱硫液因起泡过多而影响硫泡沫的正常富集、分离。

作为助催化剂的 NaVO$_3$，若其质量浓度较高，能及时将吸收塔内及富液槽中

的 HS^- 氧化为单质硫，减少副产物 $S_2O_3^{2-}$、SO_4^{2-} 的生成量，但其质量浓度应与栲胶浓度相匹配，如其浓度过高，会因未能被栲胶很好地络合而生成 VOS 沉淀造成价格昂贵的 $NaVO_3$ 流失。若其质量浓度较低，则不能及时将吸收塔内及富液槽中的 HS^- 氧化为单质硫，大量的 HS^- 进入再生系统，导致生成 $S_2O_3^{2-}$、SO_4^{2-} 的副反应加剧实际生产中，栲胶脱硫液中栲胶钒质量浓度比控制在 1.2~2 为宜。

栲胶脱硫液的 pH 值，若脱硫液的 pH 值较低，则不利于 H_2S 的吸收和栲胶的氧化，脱硫液的再生效果差。理论上讲，栲胶脱硫液有较高的 pH 值，有利于待净化气中 H_2S 的吸收，同时也提高了氧在脱硫液中的溶解度，有利于催化剂栲胶和钒的再生氧化，但却降低了 HS^- 和 $NaVO_3$ 的反应速度，造成 HS^- 在吸收塔、富液槽内来不及氧化为单质硫，就进入到再生系统内与氧充分接触，导致 $S_2O_3^{2-}$、SO_4^{2-} 的生成量增加。

在栲胶法脱硫中，由于栲胶碱性溶液具有很强的吸氧能力和栲胶组分中的羟基、羧基对四价钒离子的良好络合作用，栲胶不仅起到了还原态钒的氧载体的作用，还起到了四价钒离子的络合剂的作用，而且栲胶还是防堵剂和防腐剂，能够克服改良法中的硫堵问题。该法具有硫容高、副反应少、传质速率快、脱硫效率高且稳定、原料消耗低、腐蚀轻、硫磺回收率高、不易堵塞设备、管道等优点。但对有机硫基本无吸收能力，且栲胶需要繁复的预熟化处理过程才能添加到系统中，否则会造成溶液严重发泡而使生产无法正常进行。20 世纪 80 年代末，广西化工研究院研制了改良栲胶脱硫剂 KCA，KCA 与栲胶相比使用更简单，活性更好，性能更稳定。

E　茶酚法

浙江化工研究院开发了一种以加工茶叶筛分下来的茶灰作原料的 T 型脱硫剂，其主要成分是一种酚类化合物，它与 $NaVO_3$ 组合成脱硫液，已进行工业实验。

4.3.5.3　铁基工艺

铁基工艺采用络合铁作脱硫剂，配合铁法亦称为络合铁法，其原理是 H_2S 在碱性溶液中被络合铁盐催化氧化为硫，被 H_2S 还原了的催化剂可用空气再生，将 Fe^{2+} 氧化为 Fe^{3+}。20 世纪 70 年代，美国 Wheelabrator Clean Air Systems 公司开发了 LO-CAT 工艺。因采用铁螯合物，克服了以往只加铁而生成副产物的缺陷，脱硫效率大大提高。洗液主要包括两种螯合物、一种杀虫剂和一种表面活性剂，铁浓度一般在 $(500 \sim 1500) \times 10^{-6}$ $(3900 \sim 11700\text{mg/L})$ 之间，pH 值在 8~8.5 之间，脱硫效率靠添加铁螯合物来维持，反应方程式如式（4-61）和式（4-62）所示：

$$H_2S + 2Fe^{3+} \longrightarrow 2H^+ + S + 2Fe^{2+} \tag{4-61}$$

$$\frac{1}{2}O_2 + H_2O + Fe^{2+} \longrightarrow Fe^{3+} + 2OH^- \tag{4-62}$$

再生液中溶解氧含量与溶液中 pH 和铁的氧化态有关，也与溶液的电位势有关，为了使吸收塔中生成硫代硫酸盐的量最少，再生后溶液中溶解氧含量要求小于 1×10^{-6}，典型 LO-CAT 溶液的 pH 值为 8.0～8.5，溶液离开氧化器的电位势为 $-150\mathrm{mV}$ 或更低，在一固定的电位势值，溶解氧浓度同溶液 pH 值有关，如果溶液 pH 值上升，溶解氧含量上升。但 pH 值太低，影响硫化氢吸收效率。LO-CAT 溶液的电位势也与溶液的 Fe^{3+}/Fe^{2+} 比例有关，在 pH 值固定时，氧化-还原电位势随 Fe^{3+}/Fe^{2+} 比值升高而升高。溶液 pH 值降低，电位势则升高。为了减少硫代硫酸盐的生成与配合剂的损失，在操作中要保证溶液 pH 值不过高也不过低，一般在溶液中加入氢氧化钾中和或缓冲。在氧存在条件下也会发生该反应。

主要有以下几种方法：即常规 LO-CAT、自循环 LO-CAT 系统、Aqua-CAT 系统。该法脱硫效率高达 99.99%，具有固体盐生成少、空气量及压力不大。吸收液用量少，机械设计紧凑等，因此该方法是目前国外使用较多的一种方法。此法多用于处理废气，如克劳斯尾气。

图 4-23 为其常规工艺流程。主要用于处理含有可燃物质的工艺气体物流，如炼油厂干气、天然气和油田伴生气等。也可以处理某些不能受空气污染的高纯度气体，如饮料工业级的 CO_2 气等。

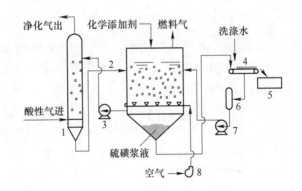

图 4-23　LO-CAT 工艺的常规工艺流程
1—吸收塔；2—氧化反应器；3—溶液循环泵；4—真空带式过滤器；
5—硫磺滤饼；6—滤液罐；7—滤液泵；8—风机

含有硫磺颗粒和 Fe^{2+} 的吸收剂溶液从吸收塔底出来后进入氧化器。在氧化器内溶液中的 Fe^{2+} 与风机鼓入的空气中的 O_2 接触，发生氧化反应，使 Fe^{2+} 再生为 Fe^{3+}，催化剂的活性由此得到恢复。循环泵将含有 Fe^{2+} 的吸收剂溶液再循环回吸收塔顶部，如此开始下一个氧化还原反应过程。

氧化器中的空气残余物从顶部排出，携带饱和水汽，但不含 H_2S。如果原料气中含有其他有害组分，则要排到火炬或焚烧炉。氧化器内溶液中的硫磺颗粒沉降到锥体部分后形成浓度较高的硫浆，排到过滤系统过滤，滤液中含有铁催化剂，回收到滤液罐，然后被泵打回到氧化器。硫磺则以滤饼的形式作为产品离开 LO-CAT 装置。过滤系统所用的过滤器不同，则硫磺滤饼中的水含量也不同。如要生产高纯度液态和固态硫磺，则可安装一套如图 4-24 所示的熔硫设备系统，由此产出的 LO-CAT 硫磺的纯度在 99% 左右。

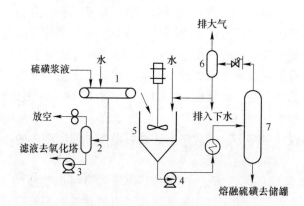

图 4-24 LO-CAT 工艺硫磺过滤或熔融流程
1—真空带式过滤器；2—滤液罐；3—滤液泵；4—硫磺浆液泵；
5—硫磺熔融器；6—闪蒸罐；7—硫磺分离罐

LO-CAT 自循环工艺流程如图 4-25 所示。主要用于处理酸性气（CO_2 或 H_2S），或处理可与空气混合的非可燃性气体。该流程与常规工艺流程的不同之处，仅在于将吸收塔移到了氧化器的中央，成为中央吸收井。吸收井的设计考虑是将 HS^- 隔离，使之避免与空气接触，防止副反应发生。由于氧化器中有空气鼓入，使吸收液的密度产生差异。从而使氧化器环形槽中的吸收液随空气气泡的上升而向上流动并落入中央吸收井内。在溶液上升的过程中，催化剂中的 Fe^{2+} 与 O_2 反应后，再生为 Fe^{3+}，并随溶液落入中央吸收井内。Fe^{3+} 与 HS^- 发生反应，使其还原为元素 S^0。含催化剂的溶液便如此在氧化器的外环部分和中央吸收井之间自然循环，故称之为自循环工艺流程，这样便省略了外循环所需的循环泵和管路及阀门等附属设备。沉淀到氧化器锥体部分的硫浆经过滤系统过滤，其后的流程与常规工艺流程完全相同。

LO-CAT Ⅱ 法采用络合铁作为催化剂，络合铁是过渡金属铁与配体形成的络合物，两者结合能防止铁离子在碱性溶液中形成氢氧化铁沉淀，从而形成稳定的络合体系。目前研究较多的能和铁配位的络合剂主要有：EDTA 及其衍生物、水杨酸、NTA、HEDTA 等。罗立文等人进行了 Fe-EDTA 系统脱硫方法研究，研究结果表明：在吸收液中加入葡萄糖能增加 $Fe(EDTA)^-$ 和 $Fe(EDTA)^{2-}$ 在碱性溶液中的稳定性。Simon Piche 等人进行了以环己烷二胺四醋酸

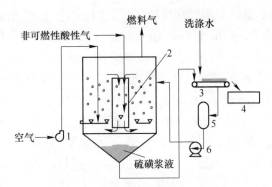

图 4-25 LO-CAT 自循环工艺流程

1—自循环容器；2—中心井吸收器；3—真空带式过滤器；4—硫磺滤饼；5—滤液罐；6—滤液泵

（CDTA）作为铁离子络合剂脱除气体中 H_2S 的实验研究，并认为络合铁可能以 $Fe^{3+}cdta^{4-}$、$Fe^{3+}OH^-cdta^{4-}$ 和 $Fe^{2+}cdta^{4-}$ 形式存在。马豫等人以磺基水杨酸与铁离子形成络合物，进行了湿式氧化法脱除硫化氢的动力学实验研究，得出其吸收反应对 H_2S 是一级反应，并求出了反应的活化能。据国外文献报道：EDTA、HEDTA 能牢固的络合 Fe^{2+}，防止 FeS 沉淀生成；还原性糖可络合 Fe^{3+} 防止生成 $Fe(OH)_3$ 沉淀。

采用 LO-CAT 工艺上述两种流程的工业生产装置，均需向系统添加几种化学品，才能使实际生产长周期平稳运行。

这几种化学品是：

（1）螯合剂：主要作用是提高铁离子在溶液中的溶解度。

由于硫饼带走了少量的滤液，损失了少量催化剂和螯合剂。此外，在长年累月的运行过程中，螯合剂会发生老化和降解，使其溶解铁离子的能力减弱，需要向系统补充。

（2）铁催化剂：如螯合剂一样，也需要补充。

（3）菌类繁殖抑制剂：由于 LO-CAT 工艺是在常温和常压下操作，随空气带入的细菌在溶液中会滋生繁殖，甚至影响到溶液的物理化学性质，因此需向系统加入抑制菌类繁殖的化学品。

（4）表面活性剂：为了加速硫磺固体颗粒的沉降，使之从吸收剂溶液中分离出来，需要加入一定量的表面活性剂。

（5）pH 值调节剂：除螯合剂外，为使铁催化剂在水中的溶解度保持较高的水平，同时也是为了控制副反应的发生，防止硫代硫酸盐和碳酸盐的生成和沉淀，需将吸收剂溶液的 pH 值控制在 8~9，常用的 pH 值调节剂有：NaOH、KOH 和 NH_3。

Sulfint 工艺是法国 Le Gaz In Tegral Enterprise 的专利，是对 LO-CAT 工艺的改

进，一般用于处理小量的阴沟气和焚烧气，试剂损失少，投资成本低。

Sulferox 工艺是 Shell Oil 和 Dow Chemical 公司的专利，是 LO-CAT 工艺的另一种改进，适用于高 CO$_2$ 含量气体的选择脱硫，如用于回收 CO$_2$ 气体的脱硫、地热气的脱硫。溶液还可脱除气体中的有机硫，硫醇脱除率 50%～90%，羰基硫（COS）、CS$_2$ 通过水解为 H$_2$S 与 CO$_2$ 而脱除。气液接触时间长，脱硫效率高，一般 CO$_2$ 的脱除率为 30%～60%。其显著特点是溶液铁含量高达 4%，理论硫容为 11.5g/L，是 LO-CAT 法的 80 倍。因而可以使用较小的设备和较低的循环量。该法同样有 3 种流程，分别对应于高压气体、低压气体和间歇式处理 3 种工况。

国内对 LO-CAT 工艺也作了一些改进，其中包括：FD 法、HEDP-NTA 法、ATMP-Fe 法、龙胆酸-铁法等，FD 法使用磺基水杨酸络合盐作脱硫剂，已经工业化。FD 脱硫工艺：此工艺基本上与 ADA 相同。进入脱硫工段的煤气依次进入串联的空喷脱硫塔和填料脱硫塔，与脱硫液逆向接触，煤气脱除了 H$_2$S 和 HCN。1 号和 2 号脱硫塔有自己独立的再生系统，吸收了 H$_2$S 和 HCN 的脱硫液分别送入各自对应的再生系统，在空气作用下溶液得到再生，循环使用；硫泡沫自硫泡沫槽，经搅拌澄清分层，进一步熔融生成硫磺产品。本法以 FD 溶液中的碱性物质来吸收气体中的 H$_2$S，经液相催化反应把吸收的 H$_2$S 氧化成单质硫，还原的催化剂经空气氧化，分离出硫磺，脱硫液获得再生，返回吸收循环使用。应用 FD 法工艺取得较好的技术经济效益，脱硫原料费用降低 50%，精炼工段与脱硫效果成因果关系的能耗降低一半。由于净化度提高后，减轻变换工段第一热交换器的腐蚀，使交换器的使用寿命大大延长，节省设备开支。此外，应用 FD 法后还稳定了合成氨过程的生产操作，减轻或避免变换触媒中毒，碳铵产品洁白。由于吸收反应是在较低温度下进行的，吸收剂再生是利用蒸气蒸馏来进行的，所以这种方法的冷却水用量和蒸耗量较大。

磺基水杨酸的价格比 EDTA 便宜，它与 Fe^{3+} 络合的 K 值和 EDTA-Fe^{3+} 的络合 K 值相近，而与 Fe^{2+} 络合 K 值比 EDTA-Fe^{2+} 要低，所以 FD 法再生时间较长，选用的磺基水杨酸/铁的比值为 15.8。ATMP-Fe 法再生困难，但加入 EDTA 后，可克服再生中的问题。龙胆酸-铁法中铁盐是以酒石酸稳定，其过程是 Fe^{3+} 氧化 H$_2$S，龙胆酸氧化 Fe^{2+}，而空气氧化龙胆酸，构成循环体系。但工业应用较少。

魏雄辉等提出了以碱性水溶液为吸收液络合铁为催化剂的脱硫剂，并且通过添加酚类物质作为再生过程的载氧体，再生彻底，解决了 Fe^{3+} 再生难度大的缺点，但溶液组成不稳定，铁离子损耗大。鄂利海等采用填料塔对酸性条件下的 Fe^{3+} 盐溶液吸收 H$_2$S 的过程进行了初步的考察，并采用了单极压滤机式电解槽对吸收液进行了再生，再生效率初步达到了 60%，基本满足处理过程的要求。吸收液成分简单，不存在配体的溶解，解决了碱性条件下 $S_2O_3^{2-}$、SO_4^{2-} 等副产物的生成，但在高温条件下，吸收液中盐酸挥发，再生成本高的缺点。

朱菊华等人利用玻璃筛板吸收瓶对酸性条件下的 $Fe_2(SO_4)_3$ 盐溶液净化 H_2S 工艺进行了探讨，本工艺脱硫过程除消耗空气中的氧，产生硫磺和水外，不消耗任何其他化学品，无二次污染，克服了螯合铁法脱硫过程中吸收剂降解问题，同时也克服了加热条件下，$FeCl_3$ 盐溶液净化 H_2S 过程中 HCl 挥发问题。

张俊丰等人提出了 Fe/Cu 体系湿式催化氧化高效脱除 H_2S 废气的新方法，阐述了其反应机理、实验装置和工艺流程，该体系除消耗 O_2 外，过程不消耗任何原料，不产生二次污染，体系无降解问题，产物硫磺纯度高易分离。在此基础上黄妍等对板式塔内 Fe/Cu 体系沉淀/氧化脱除废气中硫化氢工艺进行了中试研究，考察了操作风量、液气比、起始 pH 值和硫化氢入口浓度对硫化氢脱除效率的影响及鼓风量、液柱高度对 Fe^{3+} 氧化再生的影响；并进行了综合实验，结果表明，含 120g/L Cu^{2+}、70g/L Fe^{2+} 及 70g/L Fe^{3+} 的吸收体系即能对硫化氢体积分数为 $1000×10^{-6}$ 的硫化氢废气 100% 稳定脱硫，除消耗空气外，过程不消耗任何原料，不产生二次污染，体系无降解问题，产物硫磺纯度高易分离。

严召等人提出了 Zn/Fe 体系湿法催化氧化脱除沼气中 H_2S 新工艺，阐述了反应机理、实验装置和工艺流程，此工艺设备简单，操作弹性大，试剂价廉易得，脱硫液可以吸收再生循环利用，产物硫磺易分离，脱硫容量大，再生方便，运行成本低，过程除消耗电能外不消耗任何化工原料，不会产生二次污染，体系无降解问题。

4.3.5.4 蒽醌法（Takahax）

蒽醌法是日本 Tokyo Gas Co 的 Hasebe 于 1970 年开发，主要用于焦炉煤气脱硫，在日本已有上百个工厂使用，中国也引进了此法用于焦炉煤气脱硫。

蒽醌法用蒽醌（NQ）化合物作氧载体，最适宜的溶液是 1,4 蒽醌-2-磺酸的碱性溶液，溶液 pH 值为 8~9，碱性介质可以用碳酸钠，也可以用氨，在蒽醌法醌化合物的氧化-还原电位比 ADA（Stretford）法中的蒽醌二磺酸高 2 倍，由于较大的电位促进了 H_2S 迅速转化为元素硫，因此在蒽醌溶液中不加钒。

蒽醌法有用氨或碱溶液两种工艺，以氨为溶液的适用于原料气含氨的气体，硫酸铵为副产品。以碱为溶液的蒽醌法可以生产元素硫或硫酸作为副产品。

蒽醌法的基本反应为：

吸收反应： $\quad NH_4OH + H_2S \longrightarrow NH_4HS + H_2O \quad$ (4-63)

$$NH_4OH + HCN \longrightarrow NH_4CN + H_2O \quad (4-64)$$

$$NQ + NH_4HS + H_2O \longrightarrow NH_4OH + S + H_2NQ \quad (4-65)$$

再生反应： $\quad 2H_2NQ + O_2 \longrightarrow H_2O + 2NQ \quad$ (4-66)

$$NH_4HS + 2O_2 \longrightarrow (NH_4)_2S_2O_3 + H_2O \quad (4-67)$$

$$S + NH_4CN \longrightarrow NH_4SCN \tag{4-68}$$

$$NH_4OH + 2O_2 \longrightarrow (NH_4)_2SO_4 + H_2O \tag{4-69}$$

吸收反应是 H_2S 与 HCN 和氨反应生成硫氢化铵和氰化铵，然后硫氢化铵被蒽醌氧化为元素硫与氢蒽醌，再生塔中与氧反应生成 NQ，硫化氰铵，硫代硫酸铵与硫酸铵，部分元素硫与氰化铵反应生成硫氢化铵。

蒽醌法的工艺特点：

（1）蒽醌法中，硫氢化物氧化为元素硫的反应在吸收塔瞬时完成，因此在吸收塔出口不需要反应槽。此工艺不需要蒸汽，在室温条件下操作。

（2）蒽醌法的主要缺点是还原态的蒽醌氧化速度慢，因此要求增长再生的停留时间。用蒽醌法脱硫，既使原料气含有大量二氧化碳，净化气中 H_2S 也可降至 $10mg/m^3$（标态），原料气中 85%~95% 的 HCN 可除去。

（3）蒽醌法产生的硫非常细，不能通过浮选来分离，只能当硫在溶液中积累到一定含量后，引出一部分支流去压滤。

4.3.5.5　PDS 法

PDS 是酞氰钴磺酸盐系化合物的混合物，主要成分为双核酞氰钴磺酸盐。该技术是通用液相催化氧化法的发展，由于将常用的 ADA、对苯二酚等催化剂改成具有超高活性的双核酞氰钴磺酸盐，从而提高了活性效果。PDS 无毒、无腐蚀、催化活性好、用量少、消耗低，在脱除 H_2S 的同时能脱除部分有机硫，脱硫过程生成的单质硫易分离，无硫磺堵塞塔板的现象。诸多优点显示了新型氧化催化剂的强大作用力，成为液相催化氧化法的亮点。近年来，PDS 脱硫技术经过不断改进和完善，脱硫催化剂已由最初的原型，开发为 PDS-4 型、PDS-200 型发展至目前的 PDS-400 型，催化剂各方面的性能有了较大的改进和提高。

PDS 脱硫催化剂的主要成分是双核酞氰钴磺酸盐。酞氰钴磺酸盐为蓝色，在酸碱性介质中不分解、热稳定性、水溶性好、无毒、对硫化物具有很强的催化活性。这种高活性的产生根源在于它的分子结构的特殊性，即贯通于整个分子的大 π 电子共扼体系与中心金属的可变性能及酞氰环对中心金属离子不同价态的稳定作用相结合是构成这类化合物特殊催化性能的基础。动力学研究发现：

（1）当有双核酞氰钴类参与的液相催化吸收反应过程的活化能较低（20~60kJ/mol）。

（2）氧在催化剂分子上配位结合，且从催化剂分子获取电子被活化成 O_2^-，同时中心金属离子发生相应的变化。

（3）双核酞氰类化合物的稳定构型以及 O_2 与催化剂分子结合的最佳方法。

综上所述，双核酞氰钴类化合物催化下的 H_2S 液相氧化反应过程为自由基反应，其中 HS^- 和 O_2 在催化剂分子上实现电子转移是自由基的引发过程。由于

HS·自由基和 O_2^- 在催化剂分子上的两个中心金属离子上协同产生，且 O_2^- 通过交换反应可以产生新的 HS_x·自由基，因而奠定了在所有目前已合成的金属酞氰类化合物中，唯有双核金属酞氰类化合物在催化液相 H₂S 反应中可能表现出极高的催化活性，其作用机理可分为四步：

（1）在碱性溶液中溶解的氧被吸附而活化。

（2）将硫化物吸附到高活性离子表面，即酞氰类有机金属化合物原来吸附的活化氧将硫化物氧化，生成硫和多硫化物，同时也有硫代硫酸盐或二硫化物形成。

（3）新产物从活性离子表面解析。

（4）脱硫液中活性离子重新吸附氧而再生。只要活性大分子在溶液中不与其他物质反应或溢出系统外，催化剂使用寿命将是相当长久的。

PDS 目前在工业上一般还是与 ADA、栲胶配合使用，只需在原脱硫液中加入微量 PDS 即可，因此消耗费用低。PDS 活性好、用量少、消耗低。脱硫过程中生成的单体硫易分离，没有发现硫磺堵塞脱硫塔的问题。在脱除 H₂S 的同时能脱除部分有机硫。PDS 无毒，脱硫液对设备不腐蚀。PDS 单独使用时，可以不加钒，副反应小，无废液排放。

4.3.5.6 杂多化合物氧化法

杂多化合物脱硫是近年才发展起来的新工艺，它多用于低含硫天然气中硫的脱除。王睿等人在这方面作过详细研究，指出：单一的杂多酸体系再生过程非常缓慢，难以实用；钒类化合物能够加速杂多酸的再生，两种钒类化合物对再生过程的催化性能相近。磷钼酸钠（NaHPA）对 H₂S 具有较好的脱除效果，空气对磷钼酸钠有很好的再生效果；磷钼酸钠杂多化合物体系的脱硫性能与其组成密切相关——NaCl 能加速体系再生、NaCO₃ 能提高体系对 H₂S 的吸收速率、NaVO₃ 对脱硫体系的贡献表现在对再生过程的催化作用和对 H₂S 的辅助吸收；体系的脱硫性能随温度提高而有所降低，随进气 H₂S 浓度提高而相应降低，随吸收剂浓度提高而显著增强。发现以下特点：（1）吸收剂浓度提高，脱硫效果增强；（2）温度提高，吸收效果稍有降低，但变化幅度不大，实际操作可选择常温；（3）进气 H₂S 浓度提高，吸收效果增强；（4）复配体系的脱硫性能优于单一体系；（5）吸收反应对磷钼酸钠及硫化氧的反应级数分别为 0.339 与 1.05。

4.3.5.7 氨水液相催化法

氨水液相催化法（Perox 法）采用的脱硫溶液的一般组成为：氨 10~20g/mL、对苯二酚 0.2~0.3g/L，pH 值为 9。在氨水中加入催化剂，H₂S 或 NH₄HS 在催化作用下被氧化为元素硫，可用的催化剂有对苯二酚、萘酚和苦味酸等，目前广泛应用的是对苯二酚，化学反应方程式为：

$$2NH_4OH + H_2S \longrightarrow (NH_4)_2S + 2H_2O \tag{4-70}$$

$$C_6H_4O_2 + (NH_4)_2S \longrightarrow C_6H_6O_2 + \frac{1}{2}S_2 + 2NH_4OH \tag{4-71}$$

$$Na_4As_2S_5O_2 + 2H_2S \longrightarrow Na_4As_2S_7 + 2H_2O \tag{4-72}$$

$$Na_4As_2S_7 + \frac{1}{2}O_2 \longrightarrow Na_4As_2S_6O + S \tag{4-73}$$

$$C_6H_6O_2 + \frac{1}{2}O_2 \longrightarrow C_6H_4O_2 + H_2O \tag{4-74}$$

$$C_6H_4O_2 + H_2O + (NH_4)_2S \longrightarrow C_6H_6O_2 + \frac{1}{2}S_2 + 2NH_4OH \tag{4-75}$$

$$NH_4CN + \frac{1}{2}S_2 \longrightarrow NH_4SCN \tag{4-76}$$

氨水液相催化氧化流程很简单。首先含硫化氢气体与含催化剂的氨水在吸收塔内逆流接触，生成 NH_4HS_2，然后吸收液送入再生塔，同时通入压缩空气，在对苯二酚的催化作用下析出硫磺，氨水得到再生。再生的同时，也有副反应发生，一部分硫氢化铵进一步氧化成硫代硫酸铵。硫在再生装置中随空气泡浮起，形成泡沫硫。硫泡沫进行分离脱去一部分的水得到含水 40%~80% 的硫膏，将硫膏装入硫釜，用蒸汽加热至 120~130℃，使硫膏熔融，可得到纯度高的硫磺。

国外主要将其用于焦炉气的脱硫净化，而国内主要用于较小规模合成氨厂的煤气脱硫。氨水催化法的过程比较简单，可以利用废氨水，缺点是存在副反应，硫回收率低。

4.3.5.8 离子液体法

离子液体是指在室温或室温附近完全由离子组成的呈液态的物质，它一般由有机阳离子和无机或有机阴离子组成。离子液体中的阳离子主要分为 N, N′-二烷基咪唑阳离子、N-烷基吡啶阳离子、烷基季铵阳离子三类，其中尤以烷基取代的咪唑阳离子的稳定性最好而倍受很多研究者的青睐。离子液体中的阴离子类型也可分为两类：无机阴离子如 BF_4^-、PF_6^-、$FeCl_4^-$、NO_3^-、ClO_4^- 等，有机阴离子 $CF_3SO_3^-$、$CF_3CO_2^-$、CH_3COO^- 等。

与传统的溶剂相比，离子液体具有很多优良的理化性质：

（1）液态温度范围宽，有些离子液体的液态温度范围可达 300℃，这使得一些以前无法在高温反应下进行的反应可以在离子液体中进行，从而为现代化工的发展提供了更大的空间。

（2）溶解性能好，离子液体能够溶解很多气体物质如二氧化碳、二氧化硫、氧气等，还能跟很多过渡金属盐如 Cu、Fe、Zn 等的无机盐复合形成新的离子液体，还对许多有机化合物和高分子材料都表现出良好的溶解能力从而利于均相反应的进行。

（3）几乎没有蒸汽压，不挥发，在使用和储藏过程中不易损耗和污染环境，可循环使用，符合绿色环保的要求。

（4）不易分解，不易燃烧，有较好的热稳定性和化学稳定性。

（5）电导率高，电化学窗口宽，可作为许多物质电化学研究的电解液，为其在电化学方向的应用打下了良好的基础。

（6）结构可调变、可设计性，通过改变离子液体阴阳离子的组成和结构来调变离子液体的物理化学性质。

离子液体具有一般脱硫剂无法比拟的优势：蒸气压极小避免了吸收剂因挥发而造成的损失和污染；功能化离子液体对酸性气体中的含硫组分具有优异的吸收能力；其吸收性能可通过选择适宜的阴阳离子及其取代基而进行设计和调变，从而满足实际需要。Guo 等研究了己内酰胺四丁基溴化铵离子液体对 H_2S 的吸收与空气氧化，结果表明 H_2S 在这种功能化离子液体中具有较高的溶解度，并且溶解度随着己内酰胺比例的增加而增大，随着温度的升高而急剧降低。Heintz 等制备了离子液体混合物 TEGO IL K5（椰油烷基二羟乙基甲基氯化季铵盐乙氧基化物），并研究了其对 H_2S 和 CO_2 的吸收性能，结果表明，较高的 H_2S 溶解性能使得该离子液体更适于对 H_2S 的捕集。

离子液体的合成方法可归结为直接合成法和两步合成法两大类。

直接合成法是通过酸碱中和反应或者季铵化反应一步合成离子液体，该方法具有操作经济简便，没有副产物，产品易纯化等优点。

例如可用乙胺的水溶液与硝酸中和反应后制得硝基乙胺离子液体将烷基咪唑与所需阴离子的酸在一定溶剂中进行中和反应，也可得到所需的室温离子液体另外可通过季铵化反应合成出许多种离子液体，如［Bmim］Cl、［emim］Cl 等。

在很多情况下，通过上述一步反应无法得到理想的离子液体，此时就需要通过进一步的反应来合成，该方法主要分为季铵化和离子交换两步：

第一步，通过有机卤代盐与叔胺类物质通过季铵化反应生成含目标阳离子的季铵的卤化物盐；

第二步可分为两种情况：其一为用含有目标阴离子的酸或者金属盐与季铵的卤化物作用生成目标离子液体和交换了阴离子的酸或金属盐沉淀物；其二为加入 lewis 酸类金属卤化物为如无水 $AlCl_3/FeCl_3$ 等，直接与季铵的卤化物作用得到目标离子液体。

H_2S 与醇胺溶液反应生成铵盐，铵盐经过加热分解而恢复为醇胺并同时释放出 H_2S。复配脱硫剂中离子液体与 H_2S 的作用是物理吸收还是化学吸收或两者兼有与离子液体的种类有关。Pomelli 等研究了 H_2S 与［Bmim］⁺ 离子液体（［Bmim］Cl，［Bmim］BF_4，［Bmim］PF6，［Bmim］TfO 和［Bmim］Tf2N）的相互作用，通过对 1H、13C、31P、19F 和 11B 的核磁检测，发现这些离子液体

并不与 H_2S 反应。因此，［Bmim］Cl 和［Bmim］BF_4 离子液体与硫化氢的作用仅为物理吸收。功能化离子液体［TMG］L 和［MEA］L 对 H_2S 既有物理吸收又有化学吸收；对于［Bmim］HCO_3 离子液体，其阴离子 HCO_3^- 与 H_2S 不反应，因此也只有物理吸收。由于实验在常压下进行，因此相对于化学吸收来说，物理吸收可以忽略。结合脱硫效率发现，只有物理吸收的离子液体复配脱硫剂脱硫效率要高于同时有物理和化学吸收的功能化离子液体复配脱硫剂，因此，脱硫效率与离子液体和 H_2S 之间的作用关联不大。

低温有利于复配脱硫剂对 H_2S 的吸收；在室温下，相同质量配比的复配脱硫剂脱硫效果为［Bmim］Cl-MDEA-H_2O ＞［Bmim］HCO_3-MDEA-H_2O＞［Bmim］BF_4-MDEA-H_2O＞MDEA-H_2O＞［TMG］LMDEA-H_2O＞［MEA］L-MDEA-H_2O。单一 MDEA 水溶液 60min 后的脱硫效率为 87%，添加［Bmim］Cl，［Bmim］HCO_3 和［Bmim］BF_4 离子液体后，脱硫效率可高达 97%，明显优于单一 MDEA 水溶液；除了［TMG］L，其他离子液体均具有不同程度的消泡作用，其中［Bmim］HCO_3 离子液体消泡效率最高，为 46.4%，并且随着［Bmim］HCO_3 在脱硫剂中比例的增加而升高。通过密度泛函理论计算，在 H_2S 的吸收效率方面，离子液体和 MDEA 结合的稳定性为主要贡献因素。复配脱硫剂［Bmim］BF_4-MDEA-H_2O，［Bmim］HCO_3-MDEA-H_2O 和［Bmim］Cl-MDEA-H_2O 通入空气可基本再生，并且再生效率分别为 94.89%、94.74%和 94.66%。

4.3.5.9　金属离子液相催化氧化法

砷基工艺因为环保原因不再使用，钒基工艺由于使用含钒洗液，也会受到环保法规的限制；PDS 脱硫技术由于所用催化剂 PDS 需要合成，脱硫成本相应要高，较有发展前途的脱硫工艺将是铁基工艺，但目前这类方法在溶液稳定性、副反应控制以及再生方面等尚存在问题。因此目前金属离子的液相催化氧化提上了研究进程。

对硫化氢的脱除研究主要集中在过渡金属上，大量研究表明适量负载 Cu^{2+} 和 Fe^{3+} 有利于硫化氢的脱除。于丽丽等采用铁离子作催化剂，用于催化氧化硫化氢。结果表明，当反应温度为 60℃、铁离子浓度为 0.05mol/L、pH 值为 9.0 时，向溶液中添加适量的表面活性剂和稀土助催化剂后，吸收液的净化效率可达 98%以上。但是，文中缺少对催化剂回收利用的相关研究。Baaziz 等用磁性纳米 Fe_3O_4 颗粒通过溶剂热分解的方法改性石墨烯，材料在 673K 条件下处理后，能使纳米 Fe_3O_4 颗粒保持一定粒径范围内，可在液相中选择性催化氧化硫化氢；并且在外加磁场的作用下，催化材料易于实现分离；然而，纳米材料的使用会间接增加投资成本，难以直接用于工业生产。Yi 等通过 Fe^{3+} 溶液中掺杂 Ce^{3+} 用于催化氧化低浓度硫化氢，结果表明，在 60℃下向 Fe^{3+} 溶液中添加 Ce^{3+} 离子有利于硫化氢的脱除，而最佳的配比为每 50mL 的 Fe^{3+} 溶液中添加 0.08g 的 $Ce(NO_3)_3$，硫化氢的脱除效率最高，可达到98%。由于催化剂均匀分布在溶液之中，很难进行分离回收。Shields 等在液相硫溶液中，利用氧化铁和负载氧化铁的 α-Al_2O_3 的双催化剂探究硫化氢的转化和二氧化硫的产生过程，研究表明，当催化剂处于稳定状态时，开始产生二氧化硫并且产生量与氧气的含量正相关。只要严格控制二氧化硫产生系统，通过添加 α-Al_2O_3 可实现硫化氢的转化率达到97%以上。但是，催化氧化生成二氧化硫不仅降低了产物的回收利用价值，同时也存在二次污染的风险。Lee 等考察了 CuO/MgO 催化剂中 CuO 的负载量对硫化氢去除效果的影响，研究表明，Cu^{2+} 的添加有利于硫化氢的去除，Cu^{2+} 离子浓度为 4%、焙烧温度为 500℃时，硫化氢的去除效果最好，可维持在99%以上达 18h。

张家忠等根据 H₂S 的液相催化氧化原理，通过实验考查了 Mn^{2+}、Zn^{2+}、Fe^{2+} 等三种金属离子在液相状态下对 H₂S 的净化具有催化氧化作用，其催化性能排序为 $Fe^{2+}>Zn^{2+}>Mn^{2+}$，且 Fe^{2+} 催化性能远远大于其他两种离子。用 Fe^{2+} 作催化剂时，其催化性能随 Fe^{2+} 浓度的增加而提高，净化效率可达 99%以上，吸收液具有较大的硫容量，这对低浓度 H₂S 尾气的净化相当有利。

于丽丽等的研究发现稀土元素有大量的空轨道作为中心离子，可接受配位体的孤对电子，其活性仅次于碱金属和碱土金属元素。稀土具有较高的氧化性和稳定性，已广泛应用于石油工业，但随着无铅汽油的推广，稀土在石油催化方面的应用有所下降。随着我国对环保重视程度的提高，稀土催化剂在环保方面的需求及应用将增长。如汽车尾气催化、天然气催化、工业废气净化及可挥发性有机废气脱除等。采用鼓泡反应器进行净化实验研究。鼓泡式反应器气液接触面积很大，传质和传热效率高，液相的滞留量大，反应持续时间长，能使反应有效地进行；同时，鼓泡式反应器的结构相对简单，投资及维修费用低，操作简单。实验具体流程见图4-26。实验步骤为首先按照实验流程连接好实验装置，并检查气路气密性。其次当原料气浓度稳定后在采样瓶中装5mL的碘液，控制流速在 300mL/min，采样 3min，然后用 0.005mol/L 硫代硫酸钠滴定，记下消耗的硫代硫酸钠的体积 V，然后转动三通的阀门 1、2，使H₂S 气体先通过吸收瓶，然后在流量和温度稳定 15min 后，进行采样分析。

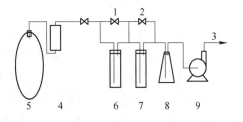

图 4-26　实验流程图

1，2—旁路；3—排空；4—流量计；
5—硫化氢气袋；6—鼓泡吸收瓶；
7—碘吸收瓶；8—氢氧化钠溶液；9—泵

根据先前的实验研究（唐晓龙等，2005年）得出 Fe^{3+} 液相催化氧化 H_2S 的实验结果，优化的实验条件见表 4-8。在优化的实验条件下，Fe^{3+} 液相催化氧化 H_2S 的净化效率在 90% 时硫容量为 2.1g。此后各实验条件均为表 4-8 所示的优化条件。

表 4-8 Fe^{3+} 液相催化氧化 H_2S 的实验优化条件

温度/℃	pH 值	Fe^{3+} 浓度/mol·L⁻¹	$m_{(磺基水杨酸)}:m_{(Fe)}$	流量/mL·min⁻¹
60~70	9.0	0.05	15	200

从图 4-27 可以看出，在优化的实验条件下，随着稀土质量的增加净化效率先增加后降低。加入 $Ce(NO_3)_3$ 和 $La(NO_3)_3$ 后净化效率分别提高了 4.33% 和 2.46%，均比未加稀土时有所提高。为了进一步研究稀土对液相催化氧化反应的影响，考察了非优化实验条件下稀土的作用。

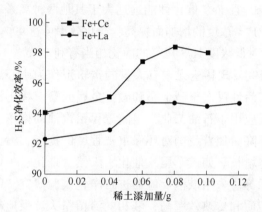

图 4-27   优化条件下稀土添加量对净化效率的影响

（气体流速：200mL/min；吸收液：50mL；Fe^{3+} 浓度：0.05mol/L；吸收液 pH=9.0；
吸收液温度：60℃；硫化氢浓度：720mg/m³；磺基水杨酸质量：2.1g）

从图 4-28 可以看出，在非优化的实验条件下添加稀土 $Ce(NO_3)_3$ 和 $La(NO_3)_3$ 对 H_2S 的净化效率的影响很明显，添加稀土 $Ce(NO_3)_3$ 和 $La(NO_3)_3$ 的结果恰好相反。可以看出，$Ce(NO_3)_3$ 和 $La(NO_3)_3$ 对 Fe^{3+} 离子液相催化氧化 H_2S 的作用机理是不同的，在其他实验条件未优化的情况下，随着 $La(NO_3)_3$ 的加入 H_2S 的净化效率得到提高，当加入 0.08g 的 $La(NO_3)_3$ 时，其净化效率增加了 4.3%，$La(NO_3)_3$ 的质量超过 0.08g 时净化效率略有下降；而 $Ce(NO_3)_3$ 的加入未能使净化效率得到提高，其净化效率先降低后略有升高，净化效率的增加值未超过初始值。

从图 4-29 可以看出，加入 $Ce(NO_3)_3$ 和 $La(NO_3)_3$ 后净化效率均比 Fe^{3+} 溶液

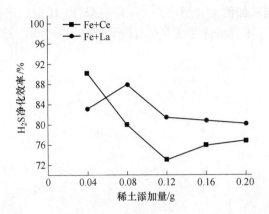

图 4-28 非优化条件下稀土添加量对净化效率的影响

(气体流速：300mL/min；吸收液：50mL；Fe^{3+}浓度：0.05mol/L；吸收液 pH=9.0；

吸收液温度：70℃；硫化氢浓度：720mg/m³；磺基水杨酸质量：1.4g)

的净化效率高，温度对 3 种吸收液的影响相似，净化效率都随温度的升高先增大后略有降低，适宜温度为 60~70℃。因为此反应的活化能较低，温度升高到一定程度后净化效率有所下降，故对该吸收过程来说温度并不是越高越好。加入 $Ce(NO_3)_3$ 和 $La(NO_3)_3$ 后改变了反应的活化能，因此，净化效率最大值对应的温度不同。但是，综合考虑反应速率、吸收净化效率、析出硫产品以及能耗等因素，温度控制在 60℃ 左右较为合适。

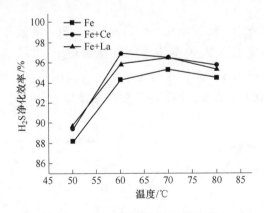

图 4-29 反应温度对净化效率的影响

(气体流速：200mL/min；吸收液：50mL；Fe^{3+}浓度：0.05mol/L；吸收液 pH=9.0；

稀土质量 0.08g，硫化氢浓度：720mg/m³；磺基水杨酸质量：2.1g)

从图 4-30 可以看出，pH 值对 3 种吸收液的作用相同，净化效率都随 pH 值的增大而升高，pH=9.0 时净化效率达到最高点，但 pH 值在 7.0~10.0 变化时，净化效率变化不明显，能保持较稳定的状态。稀土的加入对净化效率的提高有一定的促进作用，与未加稀土时相比，并未改变最佳 pH 值的条件。为了平衡反应速率和吸收效率，pH 值维持在 9.0 左右较为理想。

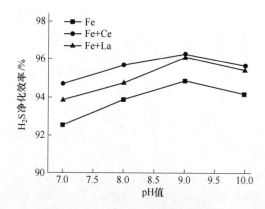

图 4-30　pH 值对净化效率的影响

(气体流速：200mL/min；吸收液：50mL；Fe^{3+} 浓度：0.05mol/L；吸收液温度：70℃；
稀土质量 0.08g，硫化氢浓度：720mg/m³；磺基水杨酸质量：2.1g)

　　在优化的实验条件下，考察了吸收液的稳定性对净化效率的影响。从图 4-31 可以看出，0~600min 时，两种吸收液的净化效率均在 90% 以上；当超过 600min 时，Fe^{3+} 溶液的净化效率下降较快；900min 时已经下降到 50%。对比 Fe^{3+} 与 $Ce(NO_3)_3$ 的复合吸收液，800min 时净化效率仍达 90%，900min 以后净化效率下降较快。

　　从图 4-32 可以看出，硫容量在 0~2.1g/L 时，Fe^{3+} 溶液和添加 $Ce(NO_3)_3$ 后的复合金属溶液净化 H₂S 的效率均维持在 90% 以上。Fe^{3+} 溶液在硫容量超过 2.1g/L 后，净化效率明显下降，这是由于随着反应的进行，溶液中的 Fe^{3+} 不断减少，溶液的 pH 值不断增加，使得净化效率在维持一段时间后开始下降。从图

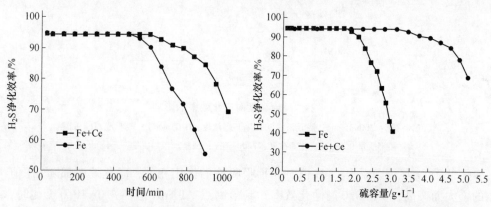

图 4-31　净化效率随时间变化曲线　　　　　图 4-32　净化效率随硫容量变化曲线

4-32 可以明显看出，添加了 $Ce(NO_3)_3$ 的吸收液净化效率和硫容量都得到了增加，Fe^{3+} 与 $Ce(NO_3)_3$ 的复合溶液在硫容量超过 4g/L 后明显下降。因为 $Ce(NO_3)_3$ 能增加氧的储备和氧的传递速率，有利于 Fe^{2+} 的再生，故可以增加硫容量，使 H_2S 的净化效率长时间维持在较好的水平。

水杨酸及其衍生物大多具有 O、N、S 等多个配位原子，很易与金属形成稳定的配合物，大量研究成果证实，配合物的生物活性较原配体会有不同程度的提高，毒性作用有所降低；而稀土离子具有独特的电子结构和性质，与水杨酸主要通过羟基进行配位，利用稀土元素的协同作用将有助于提高催化剂的活性。祝万鹏等报道，Cu 催化剂中加入稀土元素 Ce 以后，晶体大小和孔径分布更均匀、空隙增大，提高了催化剂的整体性能。稀土元素 Ce 作为活性成分，可以起到分散剂和稳定剂的作用，使催化剂具有良好的电子转移特性和活性。从图 4-28 可以看出，在优化的实验条件下添加 $Ce(NO_3)_3$ 和 $La(NO_3)_3$ 后，H_2S 的净化效率均得到了提高，但并不是稀土质量越高越好，超过一定量后继续添加稀土反而会降低 H_2S 净化效率。原因可能是适量的稀土与磺基水杨酸配位后形成的化合物使 Fe^{3+} 溶液的稳定性得到提高，稀土的助催化作用得以显现；而当稀土质量过高时，稀土元素结合过量的磺基水杨酸削弱了 Fe^{3+} 络合磺基水杨酸后溶液的稳定性，从而使得 H_2S 的净化效率略有降低，但 H_2S 的净化效率仍高于未加稀土时溶液的净化效率。

从图 4-32 可以看出，在非优化的实验条件下添加 $Ce(NO_3)_3$ 后净化效率先降低后升高。其原因可能是吸收液中起催化作用的是与稳定剂络合的 Fe^{3+} 离子基团，且稳定剂具有氧化性；由于加入稳定剂的量减少了，导致吸收液中起主要催化作用的络合 Fe^{3+} 离子基团数量减少，催化性能也随之下降。在添加稀土元素后，由于稀土元素亦可与稳定剂——磺基水杨酸形成稳定的络合物，所以造成体系中络合 Fe^{3+} 离子基团数量继续减少，导致吸收液的净化性能进一步下降；但随着稀土元素的持续添加，其助催化作用逐渐显现，弥补了 Fe^{3+} 离子基团数量不足的不利影响，吸收液整体净化效率慢慢恢复，但恢复速度较慢。$La(NO_3)_3$ 的加入对净化效率的影响则恰好相反，其原因可能是 $La(NO_3)_3$ 和 $Ce(NO_3)_3$ 与稳定剂形成配合物的稳定性不同，$Ce(NO_3)_3$ 可能先与稳定剂结合再起助催化作用，而 $La(NO_3)_3$ 则恰好相反。由于 La 的脱硫能力大于 Ce 的脱硫能力，因此对于提高 H_2S 净化效率 $La(NO_3)_3$ 大于 $Ce(NO_3)_3$。

4.3.5.10　矿渣脱除法

矿渣是在高炉炼铁过程中的副产品。在炼铁过程中，氧化铁在高温下还原成金属铁，铁矿石中的二氧化硅、氧化铝等杂质与石灰等反应生成以硅酸盐和硅铝酸盐为主要成分的熔融物，经过淬冷成质地疏松、多孔的粒状物，即为高炉矿渣，简称矿渣。

矿渣的化学成分有 CaO、SiO₂、Al₂O₃、MgO、MnO、Fe₂O₃ 等氧化物和少量硫化物如 CaS、MnS 等，一般来说，CaO、SiO₂ 和 Al₂O₃ 的含量占 90% 以上。因此利用矿渣中的金属元素来液相催化氧化 H₂S 是一个以废治废的过程，锰渣单独脱除的效果最高可以达到 100%，但是不能维持很长时间，因此需要添加添加剂来提高脱除效果。单独锰渣的脱除效果如图 4-33 所示，添加添加剂之后效果如图 4-34 所示。

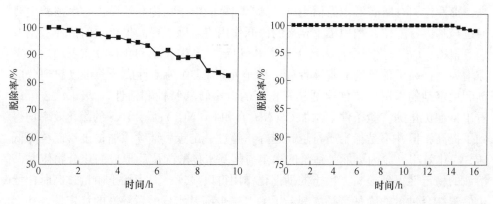

图 4-33　单独锰渣 H₂S 脱除效果　　　　图 4-34　锰渣添加硫酸铜 H₂S 脱除效果

利用矿渣来脱硫，主要是利用矿渣中的过渡金属元素的液相催化氧化来脱除硫化氢，利用矿渣添加添加剂来脱硫是一种很好的以废治废的方法，在未来应该有很大的研究进展以及应用。

4.4　其他方法

4.4.1　微生物法脱硫

微生物分解法的原理是通过微生物菌群的作用，经生物化学过程将硫化物氧化为单质硫并回收。自然界中能够氧化硫化物的微生物主要有：丝状硫细菌、光合硫细菌与硫杆菌。它们能将硫化物氧化成硫酸盐，同时以单质硫、硫代硫酸盐、连多硫酸盐、亚硫酸盐等为中间产物。微生物法是近年来才发展起来的脱硫新工艺，用以替代常规脱硫技术，但是提高单质硫的产率、优化工艺等方面仍需加大研究力度。

微生物脱硫的基本原理是将硫化物溶解于水中，然后利用微生物对硫的氧化作用将之催化氧化成单质硫或硫氧化物而除去。净化过程主要由三个阶段构成：

（1）利用气液相之间存在的浓度梯度，废气中的硫化物从气相转移到液相或固相表面。

（2）液相或固体表面液膜中的被微生物吸附、吸收。

（3）进入微生物细胞作为营养物质被微生物分解、利用。

微生物催化氧化的反应式为：

$$O_2 + 2H_2S \xrightarrow{Bac.} 2H_2O + 2S + 能量 \qquad (4-77)$$

$$2S + 3O_2 + 2H_2O \xrightarrow{Bac.} 2H_2SO_4 + 能量 \qquad (4-78)$$

脱硫菌在氧化后，在细胞内或细胞外积累硫，单质硫又可被进一步氧化成硫酸。当负荷高时只进行第一步反应，可累积大量的单质硫，从而可回收硫磺。

自然界的硫转化主要是在微生物参与下完成的，能够氧化硫化物的微生物。根据其营养类型可分为异养型硫氧菌和自养。

异养型硫氧化菌分布广、种类多，包括土壤细菌、放线菌和真菌等。这些异养硫化菌不能从硫的氧化过程中获得能量，只能从有机物的氧化中获取。少数异养型细菌对硫化物的代谢具有独特性。

光合细菌是自然界单质硫的主要作用者。光合细菌种类繁多，但只有紫色硫细菌和绿色硫细菌的一些种类能代谢硫化物，紫色无硫细菌只有极少数能忍受并利用较高浓度的硫化物，光合细菌以 H_2S 为供氢体，还原 CO_2 合成菌体细胞，而 H_2S 被氧化成 S 或进一步氧化成硫酸。

自然界中能够氧化硫化物的微生物主要有丝状硫细菌、光合硫细菌与硫杆菌（见表4-9）。它们能将硫化物氧化成硫酸盐，同时以单质硫、硫代硫酸盐、连多硫酸盐、亚硫酸盐等为中间产物。表4-9列出了自然界中能够氧化硫化物的部分微生物。它们大多是光能自养或化能自养型细菌即为碳源。但已发现一些化能异养菌，如 Hyphomicrobium sp 155、xanthomonas sp DY44、Pseudomonas putida CHII 等能氧化 H_2S，因此它们也可用于微生物脱硫工艺。

表 4-9　自然界中一些能够氧化硫化物的微生物

微生物	代谢特征	适宜 pH 值	适宜温度/℃
Chlorobium fatophilum	光能，专性自养	7.5	30
Prosthecochloris aestuariii	光能，专性自养	6.5	23
Thiomicrospira sp. CVO	化能，兼性自养	7.4	32
Thiobacillus ferrooxidans	化能，专性自养	1.4~6.0	28~35
Thiobacillus thiooxidans	化能，专性自养	0.5~6.0	10~37
Thiobacillus denitrificans	化能，专性自养	4.0~8.0	28~30
Thiobacillus thioparus	化能，专性自养	4.5~10.0	11~25
Thiobacillus neapolitamus	化能，专性自养	3.0~8.5	28

采用生物脱硫技术可以脱除不同领域中所含的气体，该技术与传统的脱硫化氢方法相比具有以下优点：（1）脱除率高。（2）操作成本低，常温常压操作，

其操作成本较低。（3）脱除选择性高。（4）零排放，无二次污染。（5）副产物硫磺纯度高。（6）应用领域广，可用于炼油厂和天然气加工中气体净化，工业废气和沼气脱硫，发酵厂脱臭等。

根据终产物不同，微生物法脱除硫化氢的工艺可分两类，一类将最终氧化为硫酸盐，另一类仅将氧化为单质硫。后者相对来说更具优势，主要原因是：

（1）单质硫比硫酸盐更容易从液相中被分离出来，并且回收价值更大。

（2）与硫酸盐相比，单质硫对环境无二次污染。

（3）在好氧氧化工艺中，以单质硫为目的产物可减少通氧引起的能耗。

（4）最近发现，与普通硫磺产品相比，这种由微生物氧化作用产生的单质硫也称生物硫具有亲水性，颗粒也较细，因此使用性质更为优越，特别是作为硫素肥料或微生物湿法冶金领域的应用效果更好。

在废气的生物处理中，微生物的存在形式可分成悬浮生长系统（生物洗涤）和附着生长系统（生物滤床）两种。悬浮生长系统的典型形式有喷淋塔、鼓泡塔、穿孔板塔等洗涤装置，而附着生长系统的典型形式有土壤、堆肥等材料构成的生物滤床，生物滤床则同时具有悬浮生长系统和附着生长系统的特性。

国内外在生物脱硫方面进行的研究主要有生物膜填料塔净化低浓度硫化氢、弹性填料生物膜法处理含硫化氢气体、恶臭气体生物脱除速率的研究、固定化微生物处理气相污染物硫化氢气体等。目前，在工业上应用得比较多的脱硫细菌是硫杆菌属的氧化亚铁硫杆菌和脱氮硫杆菌，而从两种细菌出发推出了截然不同的两种脱硫工艺：Bio-SR 工艺和 Shell-paques 工艺。

Bio-SR 工艺是由日本钢管公司京滨制作开发的，该工艺用硫酸铁来脱除，然后再用氧化亚铁硫杆菌将 Fe^{2+} 氧化为 Fe^{3+}。其脱硫原理为：

$$Fe_2(SO_4)_3 + 2H_2S \longrightarrow 2FeSO_4 + S^0 + H_2SO_4 \tag{4-79}$$

$$4FeSO_4 + O_2 + 2H_2SO_4 \xrightarrow{\text{T. ferrooxidans}} 2Fe_2(SO_4)_3 + 2H_2O \tag{4-80}$$

Bio-SR 工艺的脱硫过程为在 H₂S 吸收塔中硫酸铁吸收液与含 H₂S 的酸性气体接触，Fe^{3+} 将 H₂S 氧化生成元素硫，Fe^{3+} 自身也被还原成 Fe^{2+}，吸收液经固液分离并回收得到硫磺后经液泵加入生物氧化塔，吸收液中的 Fe^{2+} 被生物氧化塔中的氧化亚铁硫杆菌催化氧化生成 Fe^{3+}，再次进入吸收塔参与 H₂S 反应，从而实现了循环式脱除与硫回收的目标。

Bio-SR 工艺过程中无溶液降解，也无废物处理，仅需补充少量的无机盐供细菌生长。因此，该工艺对化学药品与能源的消耗低，而且也无二次污染。细菌通过氧化亚铁为高铁获取能量，同时利用二氧化碳合成自身细胞骨架，而且在32℃，pH＝1.5~2.5 的条件下生长，杂菌不易生存。

国内的郑士民等在实验室条件下，采用固定化氧化亚铁硫杆菌以穿流栅孔板塔为气体吸收塔对工业沼气进行脱硫。据称，其脱除率可达到99.99%，脱硫后排出气中 H_2S 含量在 $10×10^{-6}$ 以下，副产品硫磺纯度可达99.99%以上，操作成本是传统工艺的50%。

Shell-paques 工艺是由荷兰 Paques 公司开发的，它采用以脱氮硫杆菌为主的混合菌群在碱性条件下脱除硫化氢。该技术采用碱液吸收硫化氢，然后在常压下于生物反应器中使其氧化为单质硫，在硫含量较低时，也可直接进入生物反应器脱硫。从1993年起，该工艺就已成功用于生物气（ CH_4 、 CO_2 和 H_2S 的混合物）的脱硫。

纵观 Bio-SR 工艺和 Shell-paques 工艺操作过程，二者都是采用的化学与生物结合的工艺过程，而且都能同时实现单质硫的回收，Shell-paques 工艺氧化硫化氢是利用细菌，而 Bio-SR 工艺则利用化学氧化脱硫，通过氧化亚铁硫杆菌来再生高铁。由于在适宜条件下，氧化亚铁硫杆菌对亚铁的氧化速度是单独化学氧化速度的200000倍左右，所以利用氧化亚铁硫杆菌的间接氧化作用而开发出来的化学-生物法脱硫化氢技术成为当今物理化学方法的有力竞争者。

DDS 法由北京大学开发，是"铁-碱溶液催化法气体脱碳脱硫脱氰技术"的简称，DDS 脱硫技术是使用络合铁并结合生化过程的生化湿法脱硫技术，已经成功应用于70余家化工厂的变换气和半水煤气的脱硫装置。DDS 脱硫技术的脱硫液，是在碱性物质的水溶液中配以 DDS 催化剂、酚类物质和活性碳酸亚铁而构成的，同时加入好氧菌芽孢和/或好氧菌。DDS 催化剂是一种聚（或多）羧基类铁络合物，由天然植物提取物经过半合成得到的，不仅具有较强的载氧能力，而且在碱性溶液中不易降解，稳定性高。另一方面，在吸收和再生过程中的少量硫化铁和硫化亚铁等不溶性铁盐被好氧菌分解，产生的铁离子返回到溶液中，保持了溶液中各种形态铁离子的稳定性。此外，脱硫液在酚类物质的作用下再生，再生速度快，再生彻底。

4.4.2　电化学法脱硫

电化学法是利用电极氧化还原反应脱除硫化氢和二氧化硫的一种新方法。该方法因其处理效率高、操作简便、易实现自动化、环境兼容好、无副产物产生和二次污染等优点，所以发展前景非常广阔。其脱除 H_2S 原理是：首先将硫化氢溶于碱性水溶液中生成硫化物溶液，电解该水溶液，在阳极可得到单质硫，阴极产生氢气。

湿式吸收—电解再生，以 $FeCl_3$ 溶液为 H_2S 的吸收液，吸收后的溶液通过电解再生，再生后的吸收液循环使用。吸收 H_2S 及电解再生吸收液的反应为：

吸收：　　　　　$H_2S + 2FeCl_3 \longrightarrow 2HCl + S + 2FeCl_2$ 　　　　　(4-81)

再生：　　　　　$2FeCl_2 + 2HCl \longrightarrow H_2 + 2FeCl_3$ 　　　　　(4-82)

总反应：$\qquad\qquad\qquad H_2S \longrightarrow H_2 + S \qquad\qquad\qquad\qquad$ (4-83)

该工艺电解反应的理论分解电压为 0.771V，低于水的理论分解电压（1.23V），可大幅度降低耗电量。在实验条件下，H_2S 的吸收率可达 85%，电解制氢和氧化液再生反应能在低电压下进行，氧化液可循环使用，阳极将 Fe^{2+} 再生为 Fe^{3+} 的效率与阴极析氢效率均接近 100%。李永发等在小试的基础上，建立了 100~120 L/h 的电解法 H_2S 分解制氢的扩大试验装置，用于处理含 H_2S 体积分数为 85%~95% 的废气。控制氧化吸收过程的操作条件为：吸收液中 Fe^{3+} 浓度大于 2.5mol/L、操作温度 60℃、液气体积比大于 1.5，H_2S 吸收率大于 99%，每生产 1m³ 氢气耗电约 2.9kW·h。该工艺中氧化吸收与电解反应独立进行，可以处理 H_2S 含量范围较宽的工业废气，产氢的单位耗电量较低。邢定峰等在此方面进行了大量的研究工作，为该工艺的产业化奠定了基础。但研发价格合理、使用寿命长、性能优异的电极材料以及设计合理的电解装置仍然是该工艺的关键。

4.4.3　分解法脱硫

高温热分解法工艺是在非催化条件下，通过热裂解，将 H_2S 分解为硫和氢气的过程。H_2S 分解为强吸热反应，即使在反应温度很高（1000K 以上）的条件下，分解反应的平衡转化率仍很低（小于 10%）。

钱欣平等在 H_2S 热分解制氢实验中，考察了分解温度（800~1400℃）和混合气中 H_2S 含量（体积分数 5%~95%）对分解反应的影响。实验结果表明，温度越高、H_2S 含量越低，H_2S 热分解制氢效果越好。当 H_2S 体积分数为 5% 时，H_2S 的转化率是 H_2S 体积分数为 95% 时的近 4 倍。

Faraji 等在 1000~1200℃ 内，以总压为 0.1MPa 的 H_2S 与 N_2 或 He 的混合气为原料，进行了 H_2S 热分解的研究。H_2S 的转化率随热分解温度的升高和 H_2S 分压的下降而提高。同时发现，增加空速可有效地抑制逆反应的发生。在反应器内填充石英片可加快热量的传递，使 H_2S 热分解反应在较短的停留时间内达到平衡，转化率可达 65.8%。

高温热分解工艺需要在很高的温度下完成，原料气中 H_2S 含量越低越有利于热分解反应的进行。从能源消耗角度考虑，该工艺是不可行的。

进行了 FeS、COS、NiS、MoS_2、WS_2、CrS_3、Co/Mo、Pt、Pd 等用作催化剂的研究，Zazhigalov 等通过实验将催化剂按活性排列为：COS_2 > NiS = WS_2 > MOS_2 > FeS_2 > Ag_2S > CuS > CdS > MnS > ZnS。

硫化氢高温分解是热力学不可逆反应，低的平衡转化率使反应不能继续进行而膜反应器则可以在反应过程中移走产物，消除平衡控制的影响，因而膜反应器用于硫化氢分解的研究一直很活跃。D. J. Fdlund 等用金属复合膜（V、Pd）在 Pt 催化剂的作用下，700℃ 时转化率可超过 99%。T. Kameyama 用硼化玻璃做膜材料，在 MoS₂ 催化作用下，800℃时的转化率为平衡转化率的 2 倍。

微波技术可用于将天然气的 H₂S 分解为 H₂ 和硫磺。据美国《C-EN》报道，将俄罗斯开发的微波技术应用到美国的石油、天然气工业的研究正在进行。该技术将用于把天然气中的 H₂S 分解为硫和氢，这样氢就能和硫一同被回收，用做燃料或用于油品炼制。马文等研究了在微波作用下，以硫化亚铁为催化剂，将硫化氢分解为氢气和硫磺的反应，该方法可利用微波的特性从分子内部激发 H₂S 分子，提高分子能级，从而在短时间内使其转化率达 87.95%。利用脉冲流光电晕放电消除硫化氢，结果表明：在其他条件相同情况下，用负脉冲流时硫化氢消除率可达 88%，能量利用率为 6.74g/(kW·h)；用正脉冲流时硫化氢消除率为 45%，能量利用率为 2.27g/(kW·h)。

4.5 H₂S 净化设备

4.5.1 天然气净化设备

从井口出来的含 H₂S、CO₂ 天然气，在输送前虽然已经内部集输处理，仍不能满足生产、生活和商业用气的需要，还需进一步在天然气净化厂中进行脱烃、脱硫、脱水处理，所需的设备主要有脱硫吸收塔、脱水吸收塔、再生塔、三甘醇再生器、过滤分离器、气液分离器、活性炭过滤器等。这里主要介绍脱硫设备：脱硫吸收塔，再生塔。

4.5.1.1 脱硫吸收塔

脱硫吸收塔（见图 4-35）的作用是利用溶剂来吸收天然气中的部分 H₂S，达到管输标准和满足下游用户要求。脱硫吸收塔通常采用的是浮阀塔盘，它具有处理能力大、操作弹性大、塔板效率高、压力降小、气体分布均匀、结构简单等优点。由于对塔盘的密封要求不是很高，故制造和安装都较为容易。

从集输站场来的原料天然气经分离和过滤后，从塔的下部进入，自下而上流动；脱硫剂从塔的上部进入，自上而下流动；两者在塔盘上逆向接触进

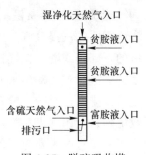

图 4-35 脱硫吸收塔

行传质和传热，经数层塔盘后，原料气中的 H₂S 被脱硫剂吸收，成为 H₂S 含量在允许范围内的净化气，并从塔顶流出。

因原料天然气中含有 H₂S 等酸性介质，故其材质的选择不但要考虑操作温度、操作压力、介质腐蚀性、制造及经济合理等综合因素，还要考虑 H₂S 可能引起的应力腐蚀开裂（SSC）和氢诱发裂纹（HIC）等因素。通常采用的材料有碳素钢、低合金钢以及不锈钢等，用于壳体的材料通常要进行超声检测。设备要进

行整体热处理，焊缝应作硬度检查。

4.5.1.2　再生塔

天然气净化厂中通常是采用溶剂吸收法来脱除天然气中所含的 H_2S、CO_2。脱硫剂吸收 H_2S 后由"贫液"变为"富液"。再生塔的作用就是将富液再生成贫液，使脱硫溶剂能循环使用。再生塔可以采用板式塔（见图4-36），也可采用填料塔。采用何种形式的塔更为经济合理，应根据处理量的大小、溶液的洁净程度等因素来确定。通常，处理量较大时，宜采用板式塔；处理量较小或溶液比较洁净时，可采用填料塔。

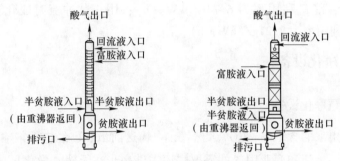

图 4-36　再生塔

吸收了 H_2S 的富液在换热到 90℃ 左右后，由塔的上部进入塔内自上而下流动，与塔底重沸器提供的 120℃ 左右的蒸汽逆流接触进行传热传质。富液在向下流动过程中，随着温度的不断升高，其中的 H_2S 不断被汽提出来，当到达塔下部最后一层塔盘或集液箱底部（填料塔）时，温度达到 120℃ 左右，此时的溶液也称为"半贫液"。半贫液从塔中抽出后进入重沸器中加热，使其部分汽化，以提供塔所需要的汽提蒸汽。当采用热虹吸式重沸器时，重沸器出口为气液两相，并从塔的下部进入塔内，气相即为向上流动的汽提蒸汽，液相部分流入塔底成为再生后的贫液。被汽提出来的酸性气体（主要是 H_2S、CO_2 和水蒸气的混合物）从再生塔顶排出，经冷凝冷却后分为气液两相，气相（即酸气）去硫磺回收装置回收硫磺；液相（即酸性水）进入再生塔顶作为回流。

当采用胺法脱硫时，再生塔接触的介质除酸气（含 H_2S 的气体）外，还有碱液。因此在材料的选择上，不仅要考虑 H_2S 的各种腐蚀，还应考虑高温下碱的各种腐蚀，特别是碱性应力腐蚀开裂（碱脆）。通常采用的材料有碳素钢、低合金钢等，用于壳体的材料通常要进行超声检测。设备要进行整体热处理，焊缝应作硬度检查。

4.5.2　焦炉煤气净化设备

焦炉煤气回收净化后不仅可以作为民用和工业燃气使用，而且还可以用来发电和生产甲醇、合成氨、二甲醚、尿素、海绵铁等化工产品。焦炉煤气中 H_2S 含量一般在 $2\sim6g/m^3$（因煤含硫量高低而异），脱硫是焦炉煤气净化中重要的一个环节。

超重力技术是近年来新发展的强化相间传质、反应及微观混合的新型技术，在许多化工领域显示出十分重大的经济价值和广阔的应用前景。在超重力法脱除气体中 H_2S 方面，采用加压胺法脱硫的报道较多。曹会博等在超重机中应用MDEA 进行脱硫的实验中；李华等研究了超重机中 MDEA、DEA、NCMA 3 种有机胺溶液对 H_2S 的吸收性能；山西丰喜集团采用超重力位阻胺脱硫技术脱除变换气中 H_2S；李振虎等在磁力驱动超重机中，以 MDEA 水溶液为脱硫剂，选择性脱除炼厂气中 H_2S。以上实验研究与工业化应用均取得了 95% 以上的脱硫效率，但加压胺法脱硫技术不适用于焦炉煤气脱硫过程。在超重力湿式氧化法脱硫方面，冷继斌、韩江泽、祁贵生等分别对模拟天然气、模拟含硫气体和化肥厂含硫气体中的 H_2S 脱除过程进行了实验研究，结果表明在超重机中可实现快速脱硫，气液接触时间小于 1s，获得了 98% 以上的脱硫率。

本工作以传统的 PDS 法脱除焦炉煤气 H_2S 工艺为基础，选用 Na_2CO_3 作为脱硫碱源、PDS 作为催化剂，超重机作为脱硫设备，对超重力湿式氧化法脱硫工艺进行了小试研究；并在小试研究的基础上以 Na_2CO_3 为脱硫碱源，CoS 为催化剂，对超重力湿式氧化法脱硫工艺进行了工业化应用研究。

实验装置及流程图如图 4-37 所示，模拟焦炉煤气经转子流量计计量后进入超重机内，在旋转的填料层内与经贫液泵从贫液槽送入超重机的脱硫贫液相遇，气液两相在大气液接触面、高湍动及高速界面更新的情况下，实现 Na_2CO_3 溶液对 H_2S 的吸收过程；脱硫后的气体被放空之前还需经附设的氢氧化钠吸收槽进一步吸收。吸收 H_2S 后的脱硫贫液变为富液，流入富液槽，由富液泵输送到再生塔

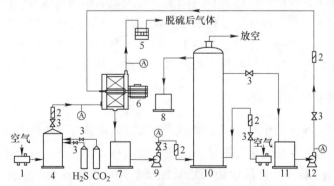

图 4-37　超重力湿式氧化法脱硫装置示意图

1—空压机；2—流量计；3—阀门；4—缓冲液；5—NaOH 吸收值；6—旋转调料床；7—富液槽；
8—硫泡沫槽；9—富液泵；10—再生塔；11—贫液槽；12—贫液泵

底部，与由空压机引入的空气发生氧化反应后，硫离子（HS⁻）被氧化为硫单质（S），经空气浮选后进入硫泡沫槽。再生后的脱硫贫液经贫液泵引入超重机循环使用。

超重力湿式氧化法脱除焦炉煤气中硫化氢装置的主要工艺参数如表 4-8 所示。脱硫主体设备采用放置填料床，与传统塔设备相比，设备高度降低，贫液泵扬程降低，节省电耗。旋转的填料中，脱硫液为超重力作用下的强制流动，对填料表面有冲刷作用，延缓了填料的结垢堵塞；填料体积仅 $0 \sim 3 m^3$，便于更换，可为企业节省运行及维修成本。

采用单因素试验（见表 4-10）考察了液气比、超重力因子、碱液浓度、进口 H_2S 浓度等对脱硫率的影响，确定的适宜工艺条件为：液气比 $8 \sim 10 L/m^3$，超重力因子 50，Na_2CO_3 浓度 $10g/L$，CoS 浓度 $15mg/kg$。

表 4-10　工艺参数表

参　数	内　容
煤气量/$m^3 \cdot h^{-1}$	≤10000
进装置煤气硫化氢含量/$mg \cdot m^{-3}$	≤4000
脱硫主体设备/mm	旋转填料床（ϕ1400×3350）
超重力装置填料	$0.3m^3$，轴向高度200mm
再生方式	自吸喷射槽式再生
碱源	碳酸钠
脱硫催化剂	CoS 高效脱硫催化剂
液体循环量/$m^3 \cdot h^{-1}$	$0 \sim 120$
脱硫及再生温度/℃	$30 \sim 38$

在此条件下，脱硫率可达到98%以上。在湿式氧化法脱硫过程中，脱硫效率与所选用的脱硫工艺、碱源、催化剂、脱硫设备、再生设备、硫颗粒分离等情况均有关系，脱硫装置的运行效果与技术、装备和运行管理均有很大的关系。在实际的脱硫装置运行过程中，各操作条件对于脱硫效率的影响，并不十分明显。

4.5.3　油田伴生气净化设备

我国油田的油井分布广，海上油田、边远地区油井、气井含 H_2S 天然气及油田伴生气的处理，存在着单井气量小或操作空间小等特点。现有技术通常是将气体汇总后（油气集输站）集中使用塔器脱硫处理。含硫原料气长途集输会对管道产生腐蚀，需配套昂贵的抗腐蚀特种管材，高硫气源影响更严重，基础投入和运行维护成本支出很大；同时边远地区油井、气井含硫天然气、伴生气的产能波动较大，生产上的不确定性使得油田和勘探单位对分散的含硫天然气油气井的开采极为慎重。炼厂、化工厂广泛使用的塔式脱硫装备机动性和移动性差，经济性和实用性低，造成了众多的高含硫油气井成为事实上不可开采资源，其经济和社会价值无从体现。旋转填充床（RPB）又称超重力机，是 20 世纪 80 年代引入我国的一种强化传质与反应过程的新型设备，具有传质强度高、设备体积小、停留时间短、操作灵活等优点，科研工作者为此展开了广泛的研究。

油田伴生气经凝缩油分离罐分离凝缩油后进入超重力机，与脱硫液逆流接触后，将气体中的 H₂S 脱除，脱硫后伴生气由超重力机的气相出口排出，经气液分离罐分离其中的液相后外输。吸收 H₂S 的富脱硫液由超重力机的液相出口进入液位控制罐，在压力差作用下进入富液槽，由富液泵抽送到自吸式空气再生槽再生，硫离子被氧化成单质硫。漂浮在再生槽上方的硫泡沫由再生槽上部的硫泡沫溢流口溢流至硫磺泡沫槽，再依靠液位差自流至离心分离机，分离出的清液返回系统，硫膏包装成半成品硫磺。再生后的贫脱硫液由再生槽的中上部引出，进入贫液槽由贫液泵送至超重力机液相进口循环使用。

工艺流程图如图 4-38 所示，油田伴生气处理量 6250m³/h；伴生气 P(H₂S)= 2500mg/m³；设计压力 1.6MPa；设计温度 80℃；脱硫液碱质量浓度（以下简称碱度）25g/L；脱硫液循环量 80m³/h。超重力机的工艺参数：直径 1400mm，高 3000mm。单机伴生气处理量（V）680~4500m³/h，伴生气温度 25~35℃，压力 0.15~0.30MPa；脱硫液温度 35~40℃，常压再生；单机脱硫液循环量 20~40m³/h；净化气 P（H₂S）420mg/m³；超重力机转速 600~800r/min。

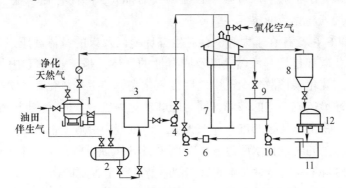

图 4-38　超重力络合铁法脱 H₂S 工艺流程示意图

1—超重力机；2—液位控制罐；3—富液槽；4—富液泵；5—贫液泵；6—过滤器；
7—再生槽；8—泡沫槽；9—贫液槽；10—加料泵；11—离心机；12—配液槽

5 有机硫气体净化处理技术及设备

本章针对羰基硫（COS）和二硫化碳（CS_2）的来源、危害、处理处置和相关脱除技术进行了总结和概述。目前，常用的有机硫脱除技术方法包括催化氧化法、液相吸收法、吸附法和催化水解法。由于催化水解法具有更低的副产物、更简单的操作条件和环境友好性，已经成为了当前的研究热点。本章针对水解催化剂的制备、水解反应过程、水解反应深层理论机理进行了概括和总结。

5.1 COS、CS_2气体的来源、危害及性质

5.1.1 COS 和 CS_2的来源及危害

羰基硫（COS）和二硫化碳（CS_2）广泛存在于大气环境中。它们的来源分为自然源和人为源，其中人为源是大气中有机硫的主要来源。自然源是来自于海洋和陆地活动中释放出的气体，例如火山爆发、潮汐活动中含硫气体的释放等。人为源主要来自于工业生产过程中含硫尾气的排放，广泛存在于煤气、天然气、水煤气、焦炉气和克劳斯尾气中。

COS 和 CS_2广泛存在于大气中会对生态环境以及人的身体健康造成损害。羰基硫和二硫化碳都是具有可燃性以及剧毒性的气体，是工业废气中的常见成分。当羰基硫和二硫化碳扩散到大气中之后被氧化光解产生二氧化硫，进一步形成酸雨，对生态环境造成一定的破坏，同时能够转化为硫酸盐的气溶胶引起大气中臭氧的消耗，加快全球变暖的进程。在工业生产过程中会造成催化剂中毒，影响催化剂使用寿命。同时催化水解过程中会产生 H_2S 腐蚀设备，提高了生产运行的维护费用。COS 和 CS_2还会对人体的身体健康造成一定程度的伤害。其中 COS 会损害人体的神经系统，而 CS_2会通过呼吸系统和消化系统进入人体，作用于人体器官，造成神经衰弱、神经麻痹等症状，危及人的身体健康。

5.1.2 COS 和 CS_2的性质

5.1.2.1 有机硫的物理性质

COS 又称氧硫化碳、羰基硫，是一种无色无味的有毒性气体。分子结构与二氧化碳和二硫化碳相似，是一种直线型分子，一个碳原子以两个双键分别与氧原

子和硫原子相连。微溶于水，易溶于部分有机溶剂。实验室纯 CS$_2$ 是一种有淡甜味的无色液体，工业用 CS$_2$ 是一种具有烂萝卜味道的淡黄色液体，因为 CS$_2$ 是一种低沸点的液体，只有在混合气体中含量较低的情况下才能以气体的形态存在。COS 和 CS$_2$ 主要物理性质如表 5-1 所示。

表 5-1　COS 和 CS$_2$ 的物理性质

名　　称	羰基硫	二硫化碳
分子式	COS	CS$_2$
相对分子量	60.07	76.13
密度/kg·m^{-3}	2.10	1.26
沸点/℃	50.20	46.23
熔点/℃	138.80	111.90
临界压力/atm	58.00	75.20
临界密度/g·cm^{-3}	0.43	0.37
临界温度/℃	102	279

注：1atm=101325Pa。

5.1.2.2　有机硫的化学性质

COS 和 CS$_2$ 化学性质相对稳定，可以与水发生水解反应，与氧气发生氧化反应，与氢气发生还原反应。主要的化学反应为：

（1）水解反应

$$COS + H_2O \longrightarrow CO_2 + H_2S \tag{5-1}$$
$$CS_2 + H_2O \longrightarrow COS + H_2S \tag{5-2}$$
$$CS_2 + 2H_2O \longrightarrow 2H_2S + CO_2 \tag{5-3}$$

（2）氧化反应

$$2COS + 3O_2 \longrightarrow 2SO_2 + 2CO_2 \tag{5-4}$$
$$CS_2 + 3O_2 \longrightarrow 2SO_2 + CO_2 \tag{5-5}$$

（3）还原反应

$$COS + H_2 \longrightarrow CO + H_2S \tag{5-6}$$
$$CS_2 + 4H_2 \longrightarrow 2H_2S + CH_4 \tag{5-7}$$

5.2　COS、CS$_2$净化技术

5.2.1　COS、CS$_2$湿法处理技术

常用的湿法脱除羰基硫的技术包括碱性溶液吸收法、醇类、有机胺类吸收法

等。碱性溶液吸收法通常使用氢氧化钠、氢氧化钾、氨等碱性溶液。有机胺类吸收法常用的溶液，包括一乙醇胺、二甘醇胺、甲基二乙醇胺等。湿法脱除二硫化碳方法包括乙醇胺法、溴水吸收电解法、铁螯合剂法等。

湿法脱除存在很多缺点，如二硫化碳易与乙醇胺生成降解产物难以分解，导致了乙醇胺的量不断降低；溴水吸收电解法生成溴酸和硫酸，其对设备防腐性能要求较高等。此外湿法脱除装置设备大、能耗高、脱硫精度低，不适合对精细脱除二硫化碳。

5.2.2　COS、CS_2 干法处理技术

干法脱除有机硫多采用固定床反应器，使含硫气体通过固定床，使得气体中的有机硫被脱除。常采用的方法催化水解法、加氢转化法、吸附法、化学转化吸收法等。

王红妍等人用活性炭催化剂，使用锰氧化物对催化剂进行改性，对采用催化水解法，在反应温度为 40℃，空速为 $1000h^{-1}$，以氮气为载气，在相对湿度为 2.4% 的环境下，反应时间为 1h 时，COS 的脱除率可达到 90%。赵海等人使用铁锰复合氧化物催化剂，并利用氧化铈掺杂入催化剂中，发现添加氧化铈增大了金属氧化物在体系中的金属分散度，从而增加了脱除羰基硫的有效活性位点，降低了脱硫的初始还原温度，提高了脱除羰基硫的精度；同时发现添加少量的氧化铈有助于提高羰基硫的脱除效率，但过多的氧化铈会降低羰基硫的脱除效果。李敏等人制备活性炭催化剂，并在活性炭上负载了过渡金属。研究发现，Ag^+ 在活性炭表面易被还原成 AgO 降低了催化剂与二硫化碳的络合作用；使用碳酸钾处理能够有效增加活性炭载体的比表面积和微孔数量；K_2CO_3-Cu（NO_3）$_2$ 改性后，催化剂（CuKAC）脱除二硫化碳的效果最佳，其硫容可以达到 77.32mg/g。

5.3　COS、CS_2 催化水解技术及设备

目前，脱除 COS 和 CS_2 的水解催化剂主要有两类：

（1）金属氧化物，包括 γ-氧化铝、二氧化钛和锰铁复合金属氧化物等复合金属氧化物；

（2）非金属氧化物，主要是炭材料。通过向炭材料表面负载碱金属、碱土金属、过渡金属氧化物、稀土金属氧化物、混合金属氧化物和纳米金属氧化物等活性组分，可以极大地提高炭基材料的脱硫效率。当前，研究得最多的是负载型有机硫催化水解催化剂，负载型水解催化剂主要由催化剂载体和活性组分组成。

5.3.1　金属氧化物为载体催化剂催化水解 COS、CS_2

有机硫水解催化剂中的金属氧化物载体主要是指 Al_2O_3 和 TiO_2。此外，铁锰

金属氧化物在脱除 CS$_2$ 和 COS 上也表现出较好的脱除效果。在这些催化剂载体中，氧化铝作为目前研究较为深入和应用广泛的催化剂，具有比表面积大、表面活性高、热稳定性好等特点。Al$_2$O$_3$ 本身也对 COS 具有一定的催化水解作用。Shangguan 等人研发了一种 Al$_2$O$_3$ 催化剂，这种催化剂在不添加任何额外组分的情况下能够达到 51.2% 的 COS 转化率。然而，这种催化剂的抗硫性较差，一旦催化剂表面有硫酸盐生成，催化剂的催化活性就急剧下降。通过在催化剂表面加入一定量的碱性组分，可以提高催化剂表面的碱性位点强度和数量，这能够进一步提高催化剂对 CS$_2$ 和 COS 的催化水解活性，同时也能提高催化剂的使用寿命和抗中毒能力。

TiO$_2$ 和 Al$_2$O$_3$ 一样也具有催化水解 CS$_2$ 和 COS 的能力，其抗硫性能比 Al$_2$O$_3$ 更高。TiO$_2$ 具有较高的催化活性和较高的机械性能。虽然 TiO$_2$ 的比表面积较低、购买成本较高、不能直接大规模地在工业中应用，但是向廉价的 Al$_2$O$_3$ 中掺入少量的 TiO$_2$ 能够极大地提高催化剂的抗硫中毒性能。而且通过扫描电镜还可以发现，复合载体颗粒的分布均匀，分散性也较高。

梁丽彤[137]制备了改性氧化铝基催化剂用于脱除高浓度羰基硫。高浓度羰基硫水解催化剂不同于精脱硫用的 COS 水解催化剂，精脱硫用的催化剂处理的是微量的 COS，被处理气体先经过了脱硫化氢处理，所以反应前后气体中的硫含量均不高，处理高浓度的羰基硫气体则不然，反应前后气体中均有很高浓度的含硫物质。所以处理高浓度 COS 的催化剂必须有很强的抗硫性能，另外还须有合适的孔道，减少气体中氧与反应产物硫化氢的反应，利于硫化氢排出反应系统。

以干混方式将制备载体的原料、催化剂的活性组分与造孔剂的粉料混合在一起，用液态的黏结剂调和、混捏、挤条成型，然后干燥、焙烧，制备了一系列催化剂。通过对这些催化剂进行活性评价、TPD、红外、XRD、电镜、BET 吸附等表征，得到了如下一些结论：

（1）氧化钾含量增加，催化剂初始吸附的 COS 与 H$_2$S 均增加；催化剂的碱性过强，则其脱附活化能高，不利于产物的顺利脱附，以致在催化剂表面上形成硫酸盐，使催化剂表面有效的碱中心数目减少，催化剂活性下降。从催化剂 COS 水解转化率和产物 H$_2$S 脱附两方面考虑，催化剂的氧化钾含量以 9.5% 左右比较适宜。

（2）氧化钛的加入，增强了催化剂的抗硫中毒性能；氧化锆的加入，没有显示出抗硫中毒性能。加入氧化钛的催化剂其表面碱性比较适宜，即利于催化剂水解活性的提高，也利于水解产物硫化氢的脱附，在催化剂表面没有硫酸盐类物质生成；加入氧化锆后，表面碱性过强，不利于产物硫化氢的脱附，在催化剂表面生成了硫酸盐，使催化剂活性下降。

（3）造孔剂的加入，使催化剂的中孔分布由单峰变为双峰，随着造孔剂种类的增加，中孔平均孔径及中孔孔容均下降。使用有机物与无机物联合造孔的催化剂，形成的孔道结构降低了氧与产物 H_2S 的反应机会，利于产物硫化氢顺利扩散，具有最好的活性和稳定性。

（4）纯氧化铝的催化剂和氧化钛改性后的催化剂的水解反应均为一级反应。

（5）纯氧化铝催化剂的活化能为 7.256kJ/mol，氧化钛改性后催化剂的活化能为 78.89kJ/mol，但后者的指前因子为 4.36×10^{12}，比前者的指前因子 2.54×10^{11} 大，活化能与指前因子间存在补偿效应。

（6）氧化钾含量 9.5%、氧化钛含量 10%、氧化铝含量 80.5%，并使用三种造孔剂制备的催化剂有适中的表面碱强度和适宜的孔道，在反应中表现出最好的活性；在 50℃、1000h^{-1}、COS 含量 2500mg(S)/m^3、O_2 含量 12%下，水解转化率达 95%以上。

（7）催化剂在高纯 CO 气氛下，会因积碳而活性下降；在高纯 CO_2 气氛下低温水解转化率特别低，随温度升高转化率增大。

5.3.2 活性炭基催化剂催化水解 COS、CS$_2$

市售活性炭主要是以煤和木质为原材料制备得到的活性炭。

以煤为原料制得的活性炭也称作煤质活性炭。煤质颗粒活性炭强度高、孔隙发达、比表面积大，尤其微孔容积大而独具优点。陈炜等人使用市售煤质活性炭在 20℃下吸附脱除 CS$_2$。研究发现，在较低的空速（1200h^{-1}）和微氧（1%）条件下，煤质活性炭具有 7.14mg(S)/g 的硫容。相比 ZSM-15、13X 和 NaY 吸附剂，煤质活性炭表现出更好的脱硫效果。邱娟等人将煤质活性炭进行改性，用于脱除矿冶废气中的低浓度 CS$_2$。研究发现，经过酸洗和碱洗过后的活性炭表面出现了更多的官能团，这些官能团提高了活性炭的化学吸附能力，且改变了活性炭表面的物理化学特性。

以木材、木屑、木块等为原料制得的活性炭也称作木质活性炭。木质活性炭具备更发达的纤维结构和更少的杂质含量。同时，木质活性炭还具有高强度、低灰分、孔径分布易调整的特点。卢春兰等人并考察了采用木屑制备的木质活性炭表面的物化特性。研究表明，木质活性炭表面含有大量的—OH 官能团，这些官能团有利于提高对酸性气体的吸附性能。刘海弟等人研究了木质活性炭的孔隙结构特性对吸附性能的影响。研究表明，木质活性炭表面比煤质活性炭具有更多的规则孔隙结构，同时木质活性炭表面存在大量的纤维状结构。这种特性可以经过进一步地改性用于特定气体的脱除。

孙黎明等人使用改性稻草制备活性炭脱硫。研究发现，随着炭化温度的升高，活性炭的酸性表面官能团减少、碱性官能团增加。碱性官能团的增加有利于含硫污染物的去除。但是过高的炭化温度会造成活性炭得率的降低。相关报道考察了玉米秸秆及改性条件对废水中污染物的脱除。研究表明，经过 NaOH 浸渍的玉米秸秆活性炭具有更高的吸附性能，同时对酸性物质的吸附效果有所提高。黄周满等人采用小麦秸秆制备活性炭用于处理酸性生活污水。研究表明，秸秆活性炭对水中的酸性污染物的去除效果好于碱性污染物。但是，秸秆活性炭对金属的吸附脱出能力较差。

卢春兰等人采用烟杆制备活性炭，考察制备条件对活性炭吸附性能的影响。研究发现，对活性炭吸附能力影响最大的因素是活化温度和活化剂用量。采用先蒸汽活化再稀盐酸脱灰处理的方法，能够进一步提高活性炭的吸附能力。张利波等人采用氯化锌法制备烟杆活性炭。研究发现，采用微波辐射法制备的活性炭具有丰富的孔隙结构和较大的比表面积。当前制备方法能够缩短制备时间，同时提高活性炭的机械强度。

刘亚纳等人制备花生壳活性炭并测试了活性炭的吸附特性。研究表明，花生壳活性炭的比表面积能够达到 $789m^2/g$，但是主要是以介孔为主。通过观察活性炭的表面形貌可以发现，活性炭表面存在大量不规则孔隙结构。张腾化等人研究了磁性花生壳活性炭对染料废水的吸附效果。研究表明，经过磷酸活化的花生壳活性炭具有丰富的孔结构，经过化学共沉淀法改性的花生壳活性炭对水环境中 pH 的改变受到的影响较小。

马柏辉等人采用氯化锌法制备竹活性炭。研究发现，通过化学活化法制备出的竹竿基活性炭具备较高的吸附能力，且比相同方法制备得到的木质和煤质活性炭吸附能力更强。鲍秀婷等人通过物理活化法制备竹竿基活性炭。研究发现，先用 N$_2$ 活化后用 CO$_2$ 活化，能够提高活性炭的得率和吸附性能，且得到的活性炭表明孔隙分布规则。

王广建等人采用椰壳制备活性炭并考察了活性炭的脱硫性能。研究发现，经过硝酸活化的活性炭具备最高的脱硫效率。同时，通过向活性炭上负载 Ce，能够提高活性炭的抗硫中毒能力。刘少俊等人研究了椰壳活性炭表面性质对脱硫的影响。研究发现，椰壳活性炭表面的含氧官能团能够促进 SO$_2$ 的吸附脱除，但是活性炭表面的灰分含量会影响 SO$_2$ 的解吸。李晓梅等人以椰壳活性炭为原料，通过盐酸改性，考察改性活性炭的吸附性能。研究发现，经过盐酸改性的活性炭的比表面积达到了 $1117m^2/g$，且活性炭表面的孔隙结构得到了扩展。

焦豫滨采用 NH$_4$H$_2$PO$_4$ 改性-马弗炉法制备核桃壳活性炭。研究发现，核桃壳活性炭适合在酸性条件下去除水中的有机污染物。郭晖等人采用 KOH 活化法制备核桃壳活性炭。研究发现，核桃壳活性炭的高比表面积特性能够用作制备超级电容器材料。

宋辛等人使用不同的生物质原材料通过化学活化法制备不同的生物质活性炭。对比制备出的活性炭和商业活性炭的脱硫性能，结果如表 5-2 所示。从表5-2

可以看出，相比其他生物质活性炭，使用核桃壳制备出的活性炭具有最好的同时脱除 COS 和 CS_2 效果，也比商业活性炭的脱硫效果高 10.2%。这可能是因为不同原材料制备出的活性炭具有不同的孔结构分布所致。由于核桃壳制备出的活性炭具备较高的机械强度和耐磨性能，因此核桃壳适合用来制备脱除 COS 和 CS_2 的生物质活性炭。

表 5-2　不同活性炭的 COS 和 CS_2 脱除效果

（反应条件：60mg/m^3 CS_2；980mg/m^3 COS；空速 10000h^{-1}）

活性炭	脱除 COS 硫容/mg(S)·g^{-1}	脱除 CS_2 硫容/mg(S)·g^{-1}
核桃壳活性炭	14.16	5.42
椰壳活性炭	11.09	3.85
竹竿活性炭	8.37	3.26
烟秆活性炭	10.74	4.38
秸秆活性炭	5.49	1.95
杏壳活性炭	7.63	2.36
商业煤质活性炭	9.88	3.76
商业木质活性炭	12.79	4.59

通过改变活性炭的制备条件能够调整成品活性炭的吸附性能和表面物化特性。但是，未改性的活性炭对有机硫的脱除效率不高，而且硫容量也较低，因此，需要对活性炭进行改性。

常用的改性方式包括物理改性和化学改性。物理改性通常是采用热处理法、微波法和低温等离子体法等对催化剂的表面物理结构进行改性。研究者发现，通过物理改性处理过后的活性炭，表面的孔结构和孔体积发生了改变，同时表面的部分官能团的分布也受到了影响。化学改性通常是采用表面氧化法、化学气相沉积法和浸渍法等对催化剂的表面官能团和表面活性位点进行改性。通过化学改性，能够改变活性炭对不同污染物的吸附性能，增强选择性和吸附容量。

Wang 等人制备 Co_3O_4 催化剂用于水解脱硫。研究表明，利用碳酸盐或其他活性组分能够提高 CS_2 和 COS 的催化转化效率，同时也能提高 H_2S 的转化效果。大连物化所研制的 3018 脱硫剂在 800℃ 下具有较好的脱硫性能，且大部分产物为单质硫。

He 和 Ning 等人制备了改性微波椰壳活性炭催化剂用于 COS 和 CS_2 的脱除。研究发现，改性条件会对催化剂的最终脱硫性能产生很大的影响，通过 Ni、Ce 等金属的改性，催化剂的抗中毒性能得到提高。

5.3.2.1　碱金属和碱土金属改性炭基催化剂

通过在 γ-Al_2O_3 上负载碱金属和碱土金属，可以调节载体表面的碱性位点分布和碱性强度。研究表明，碱金属对碱性强度有较大的影响，碱土金属对碱性位点的分布有较大的影响。

Xin 等人向改性活性炭表面浸渍 KOH 来同时脱除 COS 和 CS$_2$。研究发现，K 的加入能够增强活性炭表面活性组分的分布，同时提高改性活性炭的催化水解活性和化学吸附能力。在水解过程中加入微量氧气还能提高催化剂的脱硫效果。Li 和 Tan 等人利用氧化物浸渍碱金属和碱土金属，制备了一系列的脱硫催化剂。研究发现，催化剂的催化活性与负载金属的含量和种类密切相关。此外，碱土金属之间的相互作用能够对催化剂在不同反应温度下的反应速率进行补偿。Shangguang 等人在 ZnO 表面负载 K$_2$CO$_3$ 用于催化水解 COS。研究发现，K$^+$ 可以提高催化剂对 COS 的化学吸附能力，同时 K$^+$ 和 ZnO 的协同作用能够提高催化剂的催化水解效果。

邱娟[138]制备了氢氧化钾改性活性炭用于催化水解 COS。

(1) 以活性氧化铝为载体，考察了活性组分种类、负载量、焙烧温度对煤质活性炭吸附剂吸附净化 COS 的影响，给出了活性氧化铝吸附剂的最佳制备条件和活性组分的最佳配方：5.0%（质量分数）KOH 浸渍改性，300℃ 温度煅烧制得吸附剂在入口浓度为 2020mg/m^3，2.0% O$_2$，80℃ 条件下，COS 的吸附效率能持久保持在 95% 以上。

(2) 以煤质活性炭为载体，考察了活性组分种类、负载量、焙烧温度对煤质活性炭吸附剂吸附净化 COS 的影响，给出了煤质活性炭吸附剂的最佳制备条件和活性组分的最佳配方：碱式碳酸铜，磺化酞菁钴和氢氧化钾为活性组分前驱体，等量浸渍法制备，110℃ 干燥 12h，350℃ 焙烧 6h。煤质活性炭吸附剂较适宜的吸附过程条件为：吸附温度 60℃，相对湿度 30%RH，COS 进口浓度 745×10^{-6}，氧含量 1.0%，此时 COS 在 Cu-Co-KW 上的穿透吸附容量为 33.23mg/g。

(3) 以 Cu-Co-KW 为吸附剂，考察了杂质气体 CS$_2$、H$_2$S、C$_4$H$_4$S、PH$_3$ 对 COS 吸附的影响，其中 COS 浓度为 727.8~750.65×10^{-6}，CS$_2$ 浓度为 430.3×10^{-6}，H$_2$S 浓度为 1757×10^{-6}，C$_4$H$_4$S 浓度为 89.07×10^{-6}，PH$_3$ 浓度为 295.5×10^{-6}，由于杂质气体竞争吸附的存在，不同程度地降低了 COS 的穿透吸附容量，对于 CS$_2$，H$_2$S，C$_4$H$_4$S，PH$_3$，COS 穿透吸附容量（mg/g）降低的程度分别是 42.55%，41.44%，18.03%，46.70%。吸附容量分子摩尔比分别是 0.1188，9.103，0.4663，0.0322。

(4) 采用 TPD 脱附热再生法和水蒸气冲洗再生法对活性氧化铝和活性炭进行再生，吸附剂 TPD 脱附产生的气体组分中包括 COS，H$_2$S，SO$_2$。分析结果表明 COS 吸附过程包括物理吸附和化学吸附，COS 的产生是由于物理吸附，H$_2$S 的产生是由于吸附剂表面吸附的水蒸气和 COS 在高温下水解导致，SO$_2$ 的产生是由于部分 COS 在吸附过程中被氧化成硫酸盐、高温分解产生。吸附剂再生不但能恢复原吸附剂大部分的吸附性能，而且防止二次污染，回收产物。

5.3.2.2 过渡金属、复合金属氧化物和纳米金属改性炭基催化剂

West 等人将 Fe^{3+}、Co^{2+}、Ni^{2+}、Cu^{2+} 和 Zn^{2+} 负载到氧化铝表面制备脱硫催化剂。研究表明，过渡金属活性组分能够增强催化剂的催化水解 COS 能力。此外，还发现不同的金属组分的水解活性和氧化活性与金属活动顺序有关。Ning 等人将 Fe_2O_3 负载到活性炭表面用于 COS 的催化水解脱除。研究发现，Fe_2O_3 在所有单一金属氧化物改性催化剂中具有最高的催化水解效率。Li 等人以 Cu 为主要组分制备类水滑石催化剂用于 CS_2 的催化水解。研究发现，Cu 能够减少水解产物 H_2S 的氧化，提高催化剂的抗中毒性能和使用寿命。

王芳芳等人用共沉淀法制备了锰铁复合金属氧化物。研究表明，强还原气氛下能够提高有机硫的催化水解效率。Huang 等人使用 ZnO 和 Al_2O_3 复合金属氧化物制备 COS 水解催化剂。研究表明，ZnO 的添加能够降低催化剂中毒的速率，提高催化剂的使用寿命。

王会娜[139]制备了 V_2O_5-K_2O 改性的催化剂用于中温脱除 COS。

（1）制备的负载碱金属氧化物 K_2O 催化剂能提高 COS 水解转化率和降低 H_2S的吸附率，但负载量存在最佳范围，负载 5% K_2O 单一活性组分负载型催化剂 K 样品 COS 水解活性最佳。

（2）制备的 V_2O_5-K_2O 负载型催化剂 M 样品是所有加入过渡金属氧化物助剂中 COS 水解活性最好，在 $10000h^{-1}$、300℃反应气氛 N_2，M 样品的 COS 水解转化率高达 99.7% 和 H_2S 吸附率仅为 21.16%。

（3）加入五氧化二钒作为助剂，增强了催化剂的抗氧中毒性能；且使催化剂表面碱性比较适宜，有利于催化水解活性的提高，也有利于水解产物 H_2S 的脱附。

（4）五氧化二钒含量为 10% 时，复合载体催化剂不但具有较高的转化率，且有较低的 H_2S 吸附率，当五氧化二钒的含量超过 10%，催化剂强度就会下降，导致催化剂易粉化。

（5）与单一或双造孔剂相比三种造孔剂组合的加入能提高催化剂上 COS 水解转化率和降低 H_2S 吸附率，使用羧甲基纤维素、聚乙烯醇、碳酸氢铵联合造孔的催化剂，形成的孔道结构有可能提高了硫化氢向催化剂外表面的扩散，减缓了催化剂表面的硫中毒。

（6）氧化钾含量 9.5%、五氧化二钒含量 10%、氧化铝含量 80.5%，使用羧甲基纤维素、聚乙烯醇、碳酸氢铵造孔剂制备的催化剂在 300℃、$12000h^{-1}$、O_2含量 12%，水解转化率达到 99% 以上。

（7）复合金属氧化物基催化剂在氧气浓度 12%，转化率高达 99%，对催化剂做的红外和 XRD 表征分析，都没有中毒的迹象。

（8）复合金属氧化物基催化剂在二氧化碳浓度12%，转化率没有明显的下降趋势，说明产物CO$_2$在中温条件下并不影响COS水解反应的进行。

（9）五氧化二钒的加入不仅改善了催化剂的抗氧性能，还改变了催化剂的碱性位，有利于COS的吸附。

5.3.2.3　稀土金属氧化物

Colin等人研究了稀土元素对Al$_2$O$_3$催化脱硫的促进作用。研究表明，催化剂表面能够产生更多的—OH官能团，这能提高催化剂的催化水解活性。Zhang等人向Al$_2$O$_3$和TiO$_2$表面负载稀土元素，如La、Ce、Pr、Er等。研究发现，稀土元素的添加能够提高催化剂的催化活性。此外，添加了稀土元素后，催化剂对空速的变化影响产生了较大的抗性。

肖忠斌等人研究了稀土氧硫化合物对CS$_2$和COS催化水解的影响。研究表明，稀土硫氧化合物能够提升催化剂的抗氧化能力。虽然含硫物质会导致催化剂失活，但是稀土元素的加入能够可逆地恢复催化剂的活性。Zhao等人向类水滑石催化剂中掺杂Ce元素用于脱除COS。研究发现，Ce的加入不仅能提高催化剂的催化水解活性，还能够防止H$_2$S在微氧条件下的氧化。Wang等人向CoNiAl催化剂中加入Ce用于COS的催化水解反应。研究表明，Ce能够抑制硫酸盐和单质硫在催化剂表面的形成，提高催化剂的使用寿命。同时，Ce的加入还能够降低水分子在催化剂表面产生水膜，提高催化剂的吸附能力。

5.3.3　类水滑石催化剂催化水解COS、CS$_2$

近年来，源于类水滑石的金属氧化物受到很多研究者的关注，这是因为其具有独特的结构特性。类水滑石（HTLCs），也被称作层状双金属氢氧化物（LDH），是一类阴离子黏土。其化学结构一般是$[M(Ⅱ)_{1-x}M(Ⅲ)_x(OH)_2]^{x+}(A^{n-})_{x/n}\cdot mH_2O$的形式，其中M(Ⅱ)和M(Ⅲ)分别是处于八面体位置的二价和三价内层离子，x是M(Ⅱ)和M$_{total}$的比例，其取值范围是0.17~0.33，A^{n-}是可交换的内层离子。在高温焙烧条件下，类水滑石会失去结晶水，同时，其层间阴离子和羟基也将会被拆除。因此，类水滑石在焙烧后表面积会增加，同时金属氧化物也能产生。

Zhao和Yi等人研制了类水滑石水解催化剂。研究表明，在CoNiAl类水滑石中掺杂Ce能够提高催化剂的吸附能力和抗毒性能，但是有氧气存在的条件下，水解产物会被进一步氧化为单质硫和硫酸盐。

赵顺征[140]制备了类水滑石复合衍生物催化水解羰基硫。

（1）采用共沉淀法合成Zn/Al二元类水滑石，经过焙烧获得的其衍生氧化物对COS的低温水解具有较好的催化活性。Zn/Al比、合成pH值以及焙烧温度对催化剂的活性有很大的影响，Zn/Al比为0.5~1，合成pH值范围为9.5~10，焙烧温度为 400℃ 的催化剂具有最佳的催化效果。反应温度的升高有利于催化剂活性的提高。适量的水有利于催化水解 COS 反应的进行，而水分过量会阻碍水解反应的进行。在氧气存在的情况下，COS 水解的产物 H_2S 氧化速率加快，导致了催化剂活性降低。微量氧的存在对 COS 水解反应影响较小，说明 Zn/Al 类水滑石衍生氧化物催化剂具有较好的抗氧中毒能力。

（2）Ni/Al 类水滑石衍生氧化物对 COS 低温水解也有较好的催化作为，最佳的催化剂合成条件为：Ni/Al 比为 2，合成 pH 值为 10，300℃ 焙烧。

（3）采用共沉淀法合成 Zn/Ni/Al 三元类水滑石，经过焙烧获得的其衍生氧化物对 COS 的低温水解具有较好的催化活性。最佳的催化剂制备条件为 Zn/Ni 比为 0.2~0.3，M^{2+}/M^{3+} 比为 3~4，合成 pH 值为 10，焙烧条件为 350℃ 焙烧 3h。反应温度的升高有利于催化剂活性的提高，空速增大会导致 COS 水解转化率的降低，适量的水可以促进 COS 水解反应的进行，而水分过量则会阻碍水解反应的进行。在氧气存在的情况下，COS 水解的产物 H_2S 氧化速率加快，导致了催化剂活性降低。

（4）适量稀土元素铈的添加可以提高水解催化剂的活性，在 Al/Ce = 50 时水解催化剂的活性最高。虽然铈的添加会导致焙烧产物中氧化态结晶度的降低，但可以使催化剂表面形态趋于一致，活性组分在催化剂上的分布更加均匀，从而提高了催化剂活性。

（5）失活催化剂的 XRD 谱图分析表明：失活的催化剂没有恢复类水滑石结构，催化剂的主要成分仍然是 NiO。因而催化剂失活的原因并非是因为衍生氧化物恢复类水滑石结构所造成的。孔结构及表面积的测定表明催化剂失活的主要原因是微孔减少，造成微孔减少的原因可能是水解反应生成的单质硫及金属硫酸盐堵塞了微孔结构。失活催化剂的元素分析表明失活催化剂表面存在着较多数量的硫。

（6）采用碱浸渍—水洗—烘干—焙烧的再生方法可以使催化剂活性较好的恢复。再生浸渍溶液的种类、浸渍温度、水洗以及焙烧对再生催化剂性能有很大的影响。使用 $NaOH+Na_2CO_3$ 浸渍的效果最好，浸渍温度越高，催化剂再生后的活性恢复的越好。

（7）通过对反应机理的初步探索，本研究认为在催化剂上的反应主要包括两个步骤：COS 的水解以及水解反应生成的 H_2S 的氧化，其中 COS 在催化剂表面的水解是反应的控制步骤，随着反应的不断进行，吸附的 COS 和水在活性中心上不断地反应生成 CO_2 和 H_2S，H_2S 在催化剂的氧化中心上被氧化成单质硫或金属硫酸盐。

6 HCN 气体净化处理技术及设备

6.1 HCN 气体的来源、危害及性质

6.1.1 HCN 气体的来源及危害

6.1.1.1 HCN 气体的来源

氰化氢（Hydrogen Cyanide），又称山埃，分子式为 HCN，在自然界中含量极少，它是一种剧毒且致命的气体。氰化氢是工业排放废气中最为典型"非常规"有毒有害污染物，对人类健康及生态环境均具有极大的危害。HCN 的来源很广泛，其中，少量存在于天然的物质中，广泛产生于化学加工以及工矿业的生产工程，生产实践中 HCN 主要来源于黄磷尾气，煤的气化、液化、焦化及热解工艺以及 PAN 基碳纤维的高温炭化处理过程等非自然排放，生活中的 HCN 还产生于火山爆发、森林火灾、发动机燃料燃烧，建筑装饰材料引发的火灾和烟草燃烧，卷烟烟气、生物质燃烧等自然排放。

HCN 气体的典型来源包括以下几种：

（1）煤的热解与燃烧过程。煤等化石燃料的燃烧过程，会有少量的化石原料被转化，从而产生大量的 HCN。在煤的热解过程中，还原气氛下气体中的氮主要以 HCN 和 NH_3 的形式存在，会发生一系列的化学反应，产生 NH_3、N_2 和 HCN 等物质。煤中的氮主要存在于两种形式的基团中，即化学性质不稳定的基团和化学性质相对稳定的基团，存在于前者中的氮在低温下就可以被分解生成 HCN，存在于后者中的氮，会在较高的温度下被分解生成 HCN。因此，焦炉煤气、水煤气等各类煤制气中均含有大量 HCN。现今，洁净煤技术（如：整体煤气化联合循环发电（IGCC））得到了大力的发展和重视，对于煤制燃气，提高发电效率和满足环保要求是关键性的问题。

（2）矿热电炉的尾气。利用矿热电炉进行黄磷化工及电石的工业生产时，通常使用焦炭或半焦作为还原剂，在高温熔融状态下与矿石发生化学氧化反应，生成高浓度的 CO 及大量的 HCN、HAS、PH_3、COS 等杂质的矿热电炉尾气。尾气中 HCN 的生成，主要借助于安氏反应，以及 C 与 NH_3 的反应。N_2 和 H_2 作为这一系列反应的原料气，主要从原料进料中获取，以及原料中焦炭或半焦的高温热解和进料过程中带入的空气中的氮气与炉内物质反应生成。

（3）含氰化工产品加工与利用过程。如：NaCN 及碳纤维的生产过程中会产生大量的 HCN，NH_3 等有害气体；利用间苯二甲氨氧化法制备间苯二甲腈，在生产过程中会产生大量的 HCN 气体；聚丙烯腈基炭纤维（PANCF）及其复合材料具有比强度高、比模量高和耐烧蚀等优点，PANCF 是国防、航空航天、汽车、体育等产业的新材料，但是在 PAN 基炭纤维制取过程中，PAN 分子内、分子间发生交联、环化、稠环化，逐步形成乱层石墨结构，而产生大量的挥发性小分子物质，如 HCN、NH_3、CO_2、CO、H_2 和烃类物质等，尤其是在高温条件下，PAN 分子中的氮主要是以 HCN 的形式析出。

（4）废气中氮氧化物的脱除过程。氮氧化物（NO_x）主要源于工业废气及汽车尾气，NO_x 的排放对于大气环境会产生严重的影响，是产生雾霾天气的原因之一。选择性催化还原技术（SCR）是目前 NO_x 的主要净化方法，而该脱硝过程会产生 HCN。主要原因是：在 SCR 催化剂表面上，有一个重要的步骤是吸附态的 NO_x 与 HC 发生反应产生 C—N 键，从而使得在脱除 NO_x 的 SCR 脱硝工艺中不可避免的生成少量的 HCN。黄磷化工中的尾气中含有大量的包括 HCN 在内的众多杂质气体，会影响化工生产的效益，这对于工业生产是亟待解决的重大问题。

（5）生物质的高温热解过程。生物质中的氮元素，主要存在于生物体内的氨基酸和蛋白质中。在生物质的高温热解过程中，氮主要以 NH_3、HCN、HNCO 等形式释放出体外；在煤和生物质的气化和热解的过程中，挥发性的氮主要是通过热裂解而产生 HCN 气体。香烟燃烧也会产生微量的 HCN 气体，对人体是有害的。生物质中的木质素经高湿热解，其中的蛋白质、半纤维素和纤维素聚合生成的大量杂环氮也是导致生物质高温热解生成大量 HCN 的原因，生物质燃烧产生的 HCN 会与对流层中的羟基自由基反应生成 CN^- 和 H_2O，从而影响海平面的升降。

（6）建筑装饰材料引发的火灾。随着新的建筑材料和装饰材料的不断出现，火灾中除产生大量 CO 气体之外，还同时产生 HCN 和 NO_x 等有毒气体。其中，HCN 产生为材料中的含氮有机物干馏或不完全燃烧所致，且对人体的窒息性和毒性比 CO 更大，同时，火灾烟雾中的 CO 和 HCN 的毒性效应之间有协同作用，当非致死浓度的 CO 和 HCN 的中毒作用累加后，能达到动物的致死浓度。

6.1.1.2　HCN 气体的危害

HCN 气体是一种极具危害性的气体，对人类健康、空气质量、生态环境均具有极大的危害，各国都对 HCN 气体在空气中的允许浓度和接触限值作了严格规定。HCN 本身的毒性足以严重威胁人体的健康，其存在还能引起酸雨等二次污染，危害生态环境；HCN 和氧气共同存在时，更能生成具有腐蚀性的 NO_x，而 NO_x 和 HCN 都会导致设备的腐蚀，毒害催化剂，影响化工生产，增加生产成本。随着国家化工行业的可持续发展和人们对环境保护意识的增强，对于 HCN 的排放标准限值和浓度标准限值的要求越来越严格，尽力减少对人体健康和环境的危害。

A HCN 气体对人体的危害

HCN 气体是一种剧毒的化合物，其进入人体的方式有很多种，如：通过人体呼吸从呼吸道进入、通过皮肤接触进入和通过饮食从食道进入等方式。HCN 气体进入人体后，达到一定的含量，会使人体中毒，其中毒机理主要是导致人体缺氧而使人体窒息。其主要过程为：HCN 进入人体后，解离为氢氰酸根离子（C—N⁻），容易与人体内的细胞线粒体内的氧化型细胞色素氧化酶中的 Fe^{3+} 结合，生成氰化高铁细胞色素氧化酶，从而阻止 Fe^{3+} 的还原，使其丧失传递电子的能力，造成呼吸链中断，使细胞组织不能利用氧而产生细胞内窒息性缺氧，导致组织细胞缺氧，引起组织缺氧而致中毒，窒息身亡。

在 HCN 体积含量为 0.002% 的空气中暴露数小时，会引起轻度中毒；在 0.005% 浓度中暴露 1h 会引起身心失调；0.01% 浓度下暴露 30~60min 会很危险；暴露于 0.03% 浓度中能迅速致命。正常的皮肤能缓慢吸收 HCN，当空气中含有 2% 的 HCN 时，通过皮肤吸收，3min 内可引起中毒。即使佩戴防毒面具，在含 0.05% HCN 的空气中暴露 30min 以上，也会产生症状。它对人的最低致死量为 1mg/kg 体重。

HCN 气体导致的中毒程度及症状不尽相同。急性中毒：短时间内吸入高浓度氰化氢气体，可立即导致呼吸停止而死亡。非骤死者临床分为四个时期：

（1）前驱期有黏膜刺激、呼吸加快加深、乏力、头痛；口服有舌尖、口腔发麻等。

（2）呼吸困难期有呼吸困难、血压升高、皮肤黏膜呈鲜红色等。

（3）惊厥期出现抽搐、昏迷、呼吸衰竭。

（4）麻痹期全身肌肉松弛，呼吸心跳停止而死亡。可致眼、皮肤灼伤，吸收引起中毒。慢性影响：神经衰弱综合征、皮炎。氢氰酸的毒性是可逆的，在非致死剂量范围内，氰化物在体内能逐渐被解毒。这是因为体内的 β-硫基丙酮酸在断裂酶的作用下释放出的硫能被体内代谢产生的亚硫酸根所接受，生成硫代硫酸盐。硫代硫酸盐与氰根在硫氰生成酶的作用下，能生成硫氰化物，通过尿液排出。但是，这种体内解毒能力是很有限的，如摄入的氰化物超过了解毒的负荷，达到中毒的浓度，便会引起中毒甚至死亡。氰化物与人体直接接触后，可被皮肤组织吸收，最终进入血液。

对于 HCN 气体导致的人体中毒进行了一些实践。当人因氰化物中毒完全失去知觉，而心脏仍跳动时，如能及时采取救护措施和给以适当的硫代硫酸钠，使氰基转化为低毒的硫氰酸盐，则仍能恢复正常。中毒严重时，能使人很快死亡；低浓度时，无积累作用；初闻到时，有不同程度的刺激作用：口内有苦杏仁味，口舌发麻，紧接着头痛、胸闷、呼吸困难、身体不支、意志消失、强直性痉挛、最后全身麻痹以至死亡。在第二次世界大战中，纳粹德国常把氰化氢作为杀人毒气使用。

综上所述，HCN气体对于人体的危害极大，反应快、时间短、毒性强。所以，随着经济水平的提高，人们对于健康、环保的重视，会逐渐增强对于HCN气体的限制力度。

B　HCN气体对工业生产及环境的危害

工业应用上，由于HCN具有很强的腐蚀性、毒性，在工业废气后续生产或处理过程中，会对生产设备、管道产生极强的腐蚀。HCN含量高的合成氨厂，HCN对设备的腐蚀现象十分明显，容易被腐蚀的设备主要是半水煤气水冷却塔（进气柜前）、气柜、半水煤气脱硫塔及再生槽、变换气脱硫塔及再生槽等。HCN能引起合成气化学反应催化剂的中毒失活，严重影响最终产品的收率和质量。由于HCN具有极强的配位能力，能与催化剂的活性成分发生反应，通常是不可逆的，因而会大量消耗碱，降低脱硫效率。HCN无论是作为工业合成的原料气，还是用于燃料气，都必须采用相适应的工艺方法进行脱硫脱氰处理，以此减少设备的腐蚀和工业上其他方面的损失。

从工业废气及汽车尾气中排放得到的HCN由于含有氮元素，往往会随着环境的迁移，最终以氮氧化物和硝酸的形式构成酸雨，破坏地表植被、湖泊等生态环境。含氰废水进入地面水流域，则会毒害鱼类，当水中的CN^-达到$0.3 \sim 0.5 mg/L$时，可使鱼致死。而当CN^-达到$0.04 mg/L$时，就可以使虾类致死。HCN的毒性又以游离的大于络合的，无机的大于有机的。用作灌溉用水则会增加作物及其果实的氰化物含量，当用含氰水灌溉时，农作物的生长及收成并没有明显的不良影响，但作物及其果实中的氰化物的含量却会增加。人类长期食用这种粮食和蔬菜，是否会引起慢性氰化物中毒目前尚无定论，这也是值得我们进一步探讨的问题。

HCN虽是弱酸，但它极易腐蚀铁，原因是容易生成$Fe(CN^-)_6^{4-}$离子。而$Fe(CN^-)_6^{4-}$的稳定常数$\lg\beta_6$为35，即达到化学平衡时：$\dfrac{\left[Fe(CN^-)_6^{4-}\right]}{\left[Fe^{2+}\right]\left[CN^-\right]^6} = 10^{35}$。这说明$Fe(CN^-)_6^{4-}$十分稳定，极易生成，易引起对铁的腐蚀作用。如式（6-1）所示：

$$6HCN + Fe \Longrightarrow H_4[Fe(CN)_6] + H_2\uparrow \qquad (6-1)$$

在脱硫液中，它以$NaH_4[Fe(CN)_6]$或$[NH_4]\cdot[Fe(CN)_6]$的形式存在。在变换气中存在HCN时，其腐蚀性更为明显，这是由于变换气脱硫一般压力大（$0.8 \sim 2.0 MPa$）及CO_2含量高（一般为29%）所引起。另外，HCN生成NaSCN后，也会引起脱硫塔、再生槽及设备管道的腐蚀，其腐蚀是缓慢而长期的，但比

NaCl 引起的腐蚀强。

HCN 会影响脱硫效率。在络合铁脱硫法中，HCN 的存在，会与 Fe^{2+} 迅速生成十分稳定的 $Fe(CN^-)_6^{4-}$，使络合铁法失去脱硫能力。因此，近数十年来，国外开发的 EDTA 等络合铁法，国内开发的 FD 脱硫法（磺基水杨酸络合铁，福州大学开发）、FHN 脱硫法（（HEDP—MrA）络合铁，郑州大学开发）、FNS 脱硫法（MrA-水杨酸络合铁，郑州大学开发）以及近年来提出的 DDS 脱硫法均未能在半水煤气脱硫中得到长期、有效的推广应用，原因是难于排除 HCN 的干扰。而一般在只含极少量 HCN 的变换气脱硫中，络合铁法才有较成功的应用。对于其他脱硫方法，HCN 除增大碱耗外，对脱硫效率不会有明显的影响。

HCN 会增大碱耗。半水煤气中，HCN 与 Na_2CO_3 反应生成 NaCN 后还可以进一步与硫反应生成 NaSCN：

$$NaCN + S = NaSCN \tag{6-2}$$

因此，HCN 会降低脱硫液的总碱度，增加碱耗。若半水煤气中含 HCNO $2g/m^3$，则生产 1t 合成氨约引起碱耗 1.296kg。一般半水煤气在脱硫过程中，每吨氨碱耗为 0.7~2.0kg。

6.1.2 HCN 气体的性质

氰化氢为第一类 A 级无机剧毒品，在标准状态下为液体，易于均匀地弥散在空气中，且在空气中可以燃烧。HCN 在空气中的含量达到 5.6%~12.8% 时，具有爆炸性，属于剧毒类物质。HCN 的水溶液为氢氰酸，氢氰酸自身会发生水解反应，产物为甲酸与氨气。

6.1.2.1 物理性质

HCN 为无色透明液体，有轻微苦杏仁气味的剧毒物质，沸点 26℃（79℉）略高于室温，相对密度 0.697（18℃），易挥发，冷却至 -14℃ 后凝聚成固体。它能与乙醇、乙醚、甘油、氨、苯、氯仿和水等混溶。

6.1.2.2 化学性质

HCN 分子中 C 原子以 sp 杂化轨道成键、存在碳氮三键，分子为极性分子。HCN 的酸性极弱，与碱作用生成盐，不论在无水状态或水溶液中，只有和少量无机酸或某些其他物质共存时才是稳定的。如果没有这些物质存在或者有微量强碱存在时，HCN 在存放期内就会渐渐转变成暗色的固体聚合物。氰离子的一个重要特点是容易与某些金属形成络合物，按照络合物形成体的化合价和它的配位数，氰络合物的组成有不同的类型，氰是烃基与氰基的碳原子相连接的化合物。在常温下，低碳数的是液体，高碳数的是固体，氰有特殊的臭味，毒性比 HCN 低得多。HCN 的水溶液沸腾时，部分水解生成甲酸铵。在碱性条件下，与醛、酮化合生成氰醇，与丙酮作用生成丙酮氰醇。气态氢氰酸一般不产生聚合，但有水分凝聚时，会有聚合反应出现，空气（氧）并不促进聚合反应。液态氢氰酸或其水溶液，在碱性、高温、长时间放置、受光和放射线照射、放电以及电解条件下，都会引起聚合。聚合开始后，产生的热量又会引起聚合的连锁反应，从而加速聚合反应的进行，同时放出大量热能，引起猛烈的爆炸，爆炸极限 5.6%~40%（体积分数），HCN 的蒸气燃烧呈蓝色火焰。空气中有氢氰酸存在时，用联苯胺-乙酸铜试纸测定呈蓝色反应，用甲基橙-氯化汞（Ⅱ）试纸测定由橙色变粉红色，用苦味酸—碳酸钠试纸测定由黄色变为茶色。HCN 的化学反应方程式（其中，反应的条件为强热）：

$$NH_3 + C \Longrightarrow HCN + H_2 \tag{6-3}$$

由于 HCN 的酸性比碳酸弱，比碳酸氢根强，因此不能与碳酸盐反应放出 CO_2，相反氰化物会吸收 CO_2 并生成碳酸氢盐，反应方程式为：$CN^- + CO_2 + H_2O \Longrightarrow HCN + HCO_3^-$。

HCN 易溶于水，其水溶液称为氢氰酸，是一种弱的酸，$K = 4.93 \times 10^{-10}$。HCN 能与碱、氨等反应生成氰化物：

$$HCN + Na_2CO_3 \Longrightarrow NaCN + NaHCO_3 \tag{6-4}$$

$$HCN + NH_3 \cdot H_2O \Longrightarrow NH_4CN + H_2O \tag{6-5}$$

其中，NaCN 的水溶液呈强碱性。

HCN 是一种还原剂。氢氰酸能与溶于水的微量氧反应生成氰酸（HOCN）。它能与 H_2O 反应生成 NH_3 和 CO_2，反应方程式为：

$$2HCN + O_2 \Longrightarrow 2HOCN \tag{6-6}$$

$$HOCN + H_2O \Longrightarrow NH_3 + CO_2 \tag{6-7}$$

CN^- 是一种常见的配位体，能与 Ag^+、Au^+、Fe^{2+}、Fe^{3+}、Hg^{2+}、Ni^{2+}、Zn^{2+} 等形成稳定的配位离子，如 $Ag(CN^-)_2$、$Au(CN^-)_2$、$Fe(CN^-)_6^{4-}$、$Fe(CN^-)_6^{3-}$、$Hg(CN^-)_4^{2-}$、$Ni(CN^-)_4^{2-}$、$Zn(CN^-)_4^{2-}$ 等。

6.1.2.3 毒理性质

氰化氢曾是原始地球大气的成分之一，后转化为其他含氮物质进入生物圈。现在许多含氮塑料燃烧产生的气体中含相当多的 HCN，因而许多在火灾中丧生的人都是因为 CO、HCN 气体窒息而死。HCN 属剧毒物质，致死剂量远小于砒霜等一般药品，是鹤顶红的主要成分，空气中 HCN 所允许的最高浓度国家有明确规定。空气中氰化物的浓度高低不同，对人体的危害也不同。HCN 的最高容许浓度为 $0.3 mg/m^3$，致死量为 $1 mg/kg$（体重），急性毒性 LC_{50} 为 $357 mg/m^3$（小鼠吸入，5min）。氰根离子能抑制组织细胞内 42 种酶的活性，如细胞色素氧化酶、过氧化物酶、脱羧酶、琥珀酸脱氢酶及乳酸脱氢酶等。其中，细胞色素氧化酶对氰化物最为敏感。氰根离子能迅速与氧化型细胞色素氧化酶中的（三价铁离子）结合，阻止其还原成（二价铁离子），使传递电子的氧化过程中断，组织细胞不能利用血液中的氧而造成内窒息。中枢神经系统对缺氧最敏感，故大脑首先受损，导致中枢性呼吸衰竭而死亡。此外，氰化物在消化道中释放出的氢氧离子具有腐蚀作用。吸入高浓度氰化氢或吞服大量氰化物者，可在 $2\sim3\min$ 内呼吸停止，呈"电击样"死亡。氰离子与血液中的结合形成 $[Fe(CN)_6]^{4-}$，使血液运输氧的能力下降，该过程为：$6CN^- + Fe^{2+} = [Fe(CN)_6]^{4-}$。

HCN 的毒理作用的表现：氰化物对人体的危害分为急性中毒和慢性影响两方面。氰化物所致的急性中毒分为轻、中、重三级。轻度中毒表现为眼及上呼吸道刺激症状，有苦杏仁味，口唇及咽部麻木，继而可出现恶心、呕吐、震颤等；中度中毒表现为叹息样呼吸，皮肤、黏膜常呈鲜红色，其他症状加重；重度中毒表现为意识丧失，出现强直性和阵发性抽搐，直至角弓反张，血压下降，尿、便失禁，常伴发脑水肿和呼吸衰竭。氢氰酸对人体的慢性影响表现为神经衰弱综合症，如头晕、头痛、乏力、胸部压迫感、肌肉疼痛、腹痛等，并可有眼和上呼吸道刺激症状。若皮肤长期接触后，会引起皮疹，表现为斑疹，丘疹，极痒。

HCN 中毒又可分为急性中毒和慢性中毒。

（1）急性中毒。口服氰化物，可在胃内解离成氢氰酸，迅速吸收进入血液中。在血液中，氢氰酸可以立即直接与红细胞中的细胞色素氧化酶相结合，从而使其功能受到抑制，这是由于氰基与氧化型细胞色素氧化酶结合，并阻碍其被还原为还原型细胞色素氧化酶，因而使体内的氧化还原反应不能进行，造成细胞窒息、组织缺氧。由于中枢神经系统对缺氧特别敏感，也由于氰化物在类脂中的溶解度较大，所以中枢神经系统首先受到危害，尤其是呼吸中枢更为敏感。呼吸衰竭是氰化物中毒致死的主要原因。

（2）慢性中毒。有关氰化物的慢性中毒多见于吸入性中毒，而由水引起的人的慢性中毒却较为罕见。其症状为头痛、呕吐、头晕等，若长期接触则会发生帕金森综合症，主要原因是神经系统发生细胞退行性变和引起甲状腺功能低下。

氰化氢中毒实例与分析：1992 年 7 月 27 日上午 10 时左右，上海某化工厂二车间丙氰醇工段氢氰酸管道发生堵塞，该工段长周某即进行检修，在排除故障过程时，周某发现已拆下旋塞阀的氢氰酸管道有轻微滴漏，即赶到四楼平台，本想关闭滴漏管道的旋塞阀，却匆忙中误将氢氰酸储槽总旋塞阀打开了，造成槽内 60kg 氢氰酸外漏。在呼叫撤离过程中，处于下风向的其他工段的部分职工来不及逃离，吸入了大量氰化氢气体，导致 4 人发生急性氰化氢中毒，其中 1 人急性氰化氢中毒伴脑外伤死亡。

6.1.3　对 HCN 气体的防护措施

在氰化氢存在的环境中一定要做好安全防护，一旦发现中毒，应立即前往医院救治，以免贻误病情。对于氰化氢中毒的人员，在就医之前应该采取一些急救措施。在进行医治之前，首先，将患者转移到空气新鲜处，脱掉受污染衣服；接着，用清水和0.5%硫代硫酸钠冲洗受污皮肤，经口中毒可用0.2%高锰酸钾，5%硫代硫酸钠或3%过氧化氢彻底洗胃，注意镇静，保暖及吸氧，亚硝酸异戊酯吸入及时注射3%亚硝酸钠10~15mL，心跳及呼吸骤停应施行人工呼吸，直至送到医院。医疗措施主要是利用亚硝酸钠-硫代硫酸钠疗法。对中、轻度病人应用亚硝酸异戊酯吸入及时用3%亚硝酸钠静注，然后注射50%硫代硫酸钠10~20mL。对重症患者用10%的四-二甲氨基苯酸2mL肌肉注射，再加用硫代硫酸钠10g；如症状反复，可在1h后重复半量。在上述治疗的同时，给予吸氧，昏迷时间长，缺氧严重者，应积极防治脑水肿。当然通过不同途径使HCN进入人体应该采取不同的急救措施，主要分为四种：

（1）皮肤接触：立即脱去污染的衣着，用流动清水或5%硫代硫酸钠溶液彻底冲洗至少20min。就医。

（2）眼睛接触：立即提起眼睑，用大量流动清水或生理盐水彻底冲洗至少15min。就医。

（3）吸入：迅速脱离现场至空气新鲜处。保持呼吸道通畅。如呼吸困难，给输氧。呼吸心跳停止时，立即进行人工呼吸（勿用口对口）和胸外心脏按压术。给吸入亚硝酸异戊酯，就医。

（4）食入：饮足量温水，催吐。用1∶5000高锰酸钾或5%硫代硫酸钠溶液洗胃，就医。

从三个方面展开HCN防护措施。

（1）接触机会：其主要应用于电镀业（镀铜、镀金、镀银）、采矿业（提取金银）、船舱、仓库的烟熏灭鼠，制造各种树脂单体如丙烯酸树脂、甲基丙烯酸树脂等行业，此外也可在制备氰化物的生产过程中接触到本物质。

（2）就地治疗：立即将亚硝酸异戊酯1~2安瓿包在手帕内打碎，贴在口鼻前吸入，同时进行人工呼吸，注意生命体征。

（3）防毒面具的选择：因为氢酸气的剧毒性，在选择和佩戴防毒面具时一定要谨慎，国内常用GB 2890—82 IL型滤毒罐，在使用其他型号滤毒罐时应认真阅读说明书和生产日期，一般在3g/m³氰酸气浓度中有效滤毒时间仅为50min左右；在使用前应用氰化物测试一下滤毒罐的有效性和防毒面具的穿戴是否妥当，若进行大型氢氰酸熏蒸时建议一个熏蒸队至少有一套自给式呼吸装置，以防不测。

6.1.4　HCN气体的测定

氰化物的检测主要有比色法、离子色谱法和气相色谱法等。现今，卷烟主流烟气中氰化氢的测定普遍采用连续流动法和离子色谱法，这两种方法的待测液不稳定，要求样品在处理完成后 6h 内测定完毕，难以实现批量处理。因此，在以往研究的基础上，建立了次氯酸钠衍生化、顶空-气相色谱测定卷烟主流烟气中氰化氢的方法，旨在提高待测液的稳定性和方法的可操作性。

HCN 的测定方法主要有异烟酸-吡唑啉酮分光光度法、异烟酸钠-巴比妥酸钠分光光度法、流动注射分析法、间接气相色谱法、离子选择性电极法、检测管法、电化学传感器法、容量法等。由于除了检测管法、电化学传感器法和容量法之外的其他方法均用到剧毒 KCN 固体或标液，但因其受公安部严格限制往往很难买到，而分光光度法和流动注射分析法又均用到化学性质不稳定、容易失去有效氯的氯胺 T 试剂，容易使实验产生误差。有研究显示，采用 $AgNO_3$ 容量法测定黄磷尾气中的 HCN，并与直接式的检测管法和电化学传感器法作对比，取得了较好的实验结果。下面简单地介绍几种检测方法：

（1）分光光度法测定 HCN 气体。该方法的原理：在中性条件下，样品中的氰化物与氯胺 T 反应生成氯化氰，与异烟酸作用，经水解生成戊烯二醛，再与吡唑啉酮缩合反应生成蓝色染料，其色度氰化物含量成正比，符合朗伯-比尔定律，在波长 638nm 比色进行光度法测定。显色反应是一种化学反应，需要一定时间方能达到反应平衡，同时不同显色反应所需时间也不相同。而且形成的有色络合物吸光度随时间的稳定性也不一样，因此经显色后的有色溶液必须在适当的时间范围内进行测定。

（2）检测管法测定 HCN 气体。在分析进样体积小，操作条件又比较苛刻（否则将引起较大的分析误差），又由于受方法的制约，很难到现场进行快速实测检验，而生产中有时要求快速测出结果。在这种状况下就适合选用检测管法，它是一种能快速测定气体中氰化氢含量的直读式检测管，分析一个样品只需 2～3min，完全可以代替化学法和分光光度分析法。

检测管法的原理：当含有氰化氢的气体通过经氯化汞——甲基橙乙醇溶液处理过的活性硅胶后，生成粉红色的变色柱，氰化氢含量与变色柱的长度是呈正比关系，在检测管上直接读取测定的含量。其反应式如图 6-1 所示。

$$2HCN + HgCl_2 \longrightarrow 2HCl + Hg(CN)_2$$

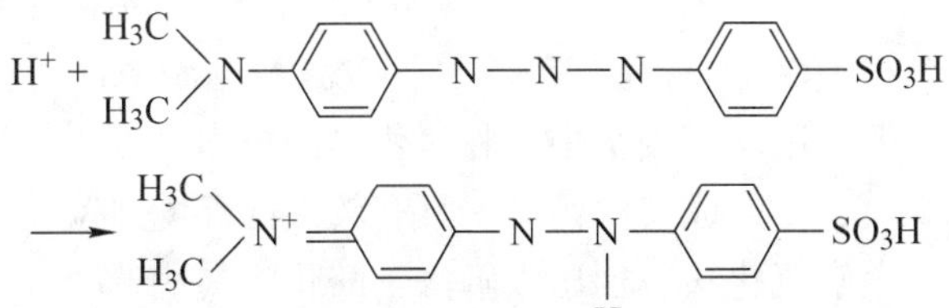

粉红色

图 6-1 HCN 反应过程

检测管的使用方法：用 100mL 医用注射器或 100mL 气体进样器抽取被测样品 100mL，将检测管的两端封口用尖嘴钳夹断，用 $\phi 3mm \times 5mm$ 的医用乳胶管将注射器的出口与检测管的入口处相连接，以 $1mL/s$ 的速度使被测气体均匀地通过检测管，由变色柱的高度，即可在管上直接读取氰化氢的含量。

（3）离子选择电极法。该方法的原理：混合气体中的氰化氢被氢氧化钠溶液吸收，以氰离子选择电极测量吸收液的电位值，电位值的变化与溶液中氰离子活度的对数成能斯特线性关系，根据电位值和标准曲线，计算氰化氢的质量浓度。离子选择电极法测定范围较广，为 $0.1 \sim 10mg/L$，且测定过程简单，能用于一般工业废气中 HCN 的测定，值得研究发展。

次氯酸钠衍生化、顶空-气相色谱测定卷烟中主流烟气中氰化氢的方法。通过稀释主流烟气气相吸收液和粒相萃取液，提高了样品溶液的稳定性。该方法检出限低、灵敏度高、环保高效，适合于卷烟主流烟气中氰化氢的测定。

6.2　HCN 气体净化技术及设备

由于 HCN 一般在还原性环境下生成，含 HCN 的工业废气通常含有大量 CO、H_2、CH_4 等值得资源化利用气体组分。HCN 净化不只是环境保护的需求，也是工业废气资源化利用及工业气体净化的需要。HCN 具有强毒性和腐蚀性，不仅容易引起原料气体管道的腐蚀，降低设备的使用寿命，还容易造成下游催化剂的中毒，增加生产的成本。因而净化工业废气中的氰化氢不仅可减轻其对环境的污染，还有利于尾气的资源化。

目前国内外脱除 HCN 废气的方法主要为吸收法、吸附法、催化氧化法、催化水解法、燃烧法等。下面对以上各种 HCN 净化处理方法做进一步介绍。

6.2.1　吸收法净化 HCN

吸收法是一种应用非常广泛的工业废气净化处理方法，其工艺比较成熟，应用在许多工业废气的预处理工段，处理效果较高。HCN 废气可通过碱性液体吸收净化。其基本原理是将烟气中的 HCN 通入碱性液体进行吸收，气相中的酸性 HCN 被碱性吸收液吸收后发生电离，电离出 CN^-，然后再对含 CN^- 的吸收液进行后续处理，最终将 HCN 无害化处理。尽管 NACN 等副产品等是重要的化工原料，有市场需求，但从废气、废水中回收氯化物的技术难度大，剧毒化学品管理困难，难以形成规模，易造成二次污染，具有较大的环境风险。吸收法包括解吸法、碱性氯化法、电解氧化法、加压水解法、酸化曝气法等。

6.2.1.1　解吸法

吸收 HCN 废气的碱性吸收液为 Na_2CO_3 溶液，吸收后溶液中生成 CN^-，然后加入铁盐，CN^- 与 Fe 发生反应生成 $Na_4Fe(CN)_6$。解吸法是使用最早的氰化物吸收净化方法。因为 HCN 是弱酸性气体且极易溶于水，Na_2CO_3 是强碱弱酸盐，其水溶液呈碱性，HCN 电离出的 H^+ 与 Na_2CO_3 水解所生成的 OH^- 发生中和反应，使得 CN^- 转移至吸收液中，由于在碱性环境中 CN^- 不易发生水解，从而保证了吸收过程的稳定性与不可逆性。其反应方程式为：

$$2HCN + Na_2CO_3 \longrightarrow 2NaCN + CO_2 + H_2O \tag{6-8}$$

$$2HCN + Fe \longrightarrow Fe(CN)_2 + H_2 \tag{6-9}$$

$$4NaCN + Fe(CN)_2 \longrightarrow Na_4Fe(CN)_6 \tag{6-10}$$

该方法曾在工业尾气中 HCN 的脱除中得到广泛应用，由于其原理相对简单，操作比较方便，且对气相中 HCN 的脱除效果明显。由于 CN^- 转移到液相中，并没有彻底转化氰化氢，使得 HCN 处理不彻底，而且铁氰化物的生成导致出水带有颜色。另外，液体中的氰化物毒性远大于气相中的氰化物毒性，反而加重了环境风险，因此，解吸法脱除 HCN 废气到现在没有进一步发展和应用。

6.2.1.2 碱性氯化法

该方法适用于处理低浓度含氰废气。碱性氯化法可以采用两种方法对吸收的含氰化物废水进行处理。第一种方法，将含氰化物废水的 pH 值调至 8.5~9，然后调节投氯量达到 10%~30%。这种方式操作较为简单，但处理效果稍逊于第二种方法。第二种方法分为两个阶段，第一个阶段是先向含氰化物废水中加碱，使液体 pH 值维持在大于 10，然后加氯氧化；第二阶段再向含氰化物废水中加酸，调整 pH 值为 7.5~8，继续加氯氧化。这种方式处理效果相对较好，操作较为复杂。其基本反应方程式为：

$$NaCN + 2NaOH + Cl_2 \longrightarrow NaCNO + 2NaCl + H_2O \tag{6-11}$$

$$2NaCNO + 4NaOH + 3Cl_2 \longrightarrow 6NaCl + 2CO_2 + N_2 + 2H_2O \tag{6-12}$$

尽管 NaCN 副产品等是重要的化工原料，有市场需求，但从废气、废水中回收氰化物的技术难度大，剧毒化学品管理困难，难以形成规模，易造成二次污染，具有较大的环境风险。碱性氯化法是目前使用较多的方法，但存在处理后余氯、设备腐蚀严重、运行费用较高等缺点。

6.2.1.3 电解氧化法

工业尾气中的氰化氢被氢氧化钠、氢氧化钾等碱性溶液吸收后，使用电解的方法进行后续处理也是一种较为传统的方法。一般以石墨、放电顺序靠后的金属等作为电极，在阳极失去电子，在该过程中由于电场力的作用碳氮三键容易发生断裂，生成一系列中间体，最终氰离子会转化为氰酸盐、氮气、二氧化碳等物质。在水溶液中氰化物含量较低的情况下，液相导电能力有限，电阻过大，电解过程不宜进行，此时可以在液相中加入一定量的工业用盐，工业盐的选取应遵循放电能力弱于氰离子的原则, 以免干扰氰化物的电解。通常来说, 电解是对大部分有机的或者无机的物质都有效的一种方法, 该方法的处理能力与所加电场的强度密切相关, 理论上只要合理的增大电压, 水溶液中的氰化物总能够被降解掉。而在实际操作中, 过高的操作电压将带来更高的能耗, 生产成本, 操作的安全性也将进一步的降低, 直至丧失理论上的可行性为止。另一方面在电解过程中所发生的反应极其复杂, 难以理清其反应机理, 降解的效率也并不能保持稳定。在大多数时候, 用电解法处理水溶液中氰化物的过程中, 会生成氰酸盐, 甚至氮氧化物等有害气体, 对环境造成了二次污染。在水溶液中氰化物含量较低情况下, 即使加入工业用盐增强导电性, 液相中氰离子的去除率仍然会明显的下降, 比功耗也会显著增大。而在水溶液中氰离子含量较高的情况下, 一级处理往往难以达标, 生成的副产物也相应增大。其反应方程为:

$$2CN - 2e \longrightarrow (CN)_2^{2-} \tag{6-13}$$

$$(CN)_2^{2-} + 4H_2O \longrightarrow (COO)_2 + 2NH_4^+ \tag{6-14}$$

以上种种限制了电解法在处理氰化氢吸收液中氰化物上的应用, 但理论上在电解法去除其他有害物质的同时兼顾去除一定的氰化物仍然有很大的意义, 目前也有相关的研究, 但大都不够成熟, 尚需进一步深入。

6.2.1.4　加压水解法

加压水解法是将吸收氰化氢废气后的含氰化物溶液置于密闭容器中。在碱性环境中升温加压, 使得溶液中的氰化物发生水解反应, 将氰化物转化成有机酸盐和 NH_3 等物质。加压水解法主要反应方程式为:

$$NaCN + 2H_2O \longrightarrow HCOONa + NH_3 \tag{6-15}$$

同时, 在反应过程中, 还可通过引入空气引进氧气进行氧化水解反应, 在一定的条件下将 CN^- 转化为化 N_2、CO_2 等:

$$4NaCN + 2H_2O + 5O_2 \longrightarrow 4NaOH + 2N_2 + 4CO_2 \tag{6-16}$$

加压水解方法不仅可以处理游离的氰化物, 而且还可以处理络合氰化物, 对含氰化物废水浓度的适应范围较广, 同时反应更加彻底, 产物更好。但是加压水解法资金设备的投入较高, 工艺较为复杂, 增加了运营成本, 从而限制了其在实际中应用较广泛。

6.2.1.5　酸化回收法

酸化回收法是金矿和氰化电镀厂处理含氰废水的传统方法。早在 1930 年国外某金矿就采用了此法处理含氰污水。经过六十余年的技术改造, 酸化回收法工艺和设备已达到了较为完善的程度。

酸化回收法的原理是: 在酸性条件下, CN^- 以 HCN 形式存在, HCN 易从液相逸出, 通过加热、气提、吸收等分离回收 HCN, 达到处理回收利用含氰废水中 HCN 的目的。由于部分 HCN 是由氰化物络离子在酸性条件下解离而形成的,故 HCN 的解脱程度由废水 pH 值和络合物中心离子的性质（络合物稳定常数）决定。解脱过程是一个旧的解离平衡被打破而形成新的解离平衡的连续过程，其推动力不仅是由于在一定酸度下，氰化物趋于形成 HCN 以及气相中 HCN 始终处于未达到平衡的状态使液相中 HCN 不断逸入气相，而且是由于中心离子与废水中的其他组分形成更稳定的沉淀物。这几种推动力促使反应不断地向右进行。用气体（称载气）吹脱酸化后废水得到的含 HCN 气体用 NaOH 吸收，生成 NaCN 该反应在瞬间完成。由于 HCN 是弱酸，吸收液必须保持一定的碱度才能保证吸收完全，一般控制吸收液中残余 NaOH 在 1%~2%。此法主要用于高浓度含氰废水的预处理回收 CN。

工业实践证明，酸化回收法具有如下优点：药剂来源广、价格低、废水对药剂影响小；可处理澄清的废水，也可以处理矿浆；废水中氰化物浓度高时具有较好的经济效益；易实现自动化；处理澄清液时，除了回收氰化物外，亚铁氰化物、绝大部分铜、部分锌、银和金也可得到回收。酸化回收法的缺点是：废水中氰化物浓度低时，处理成本高于回收价值；由于生成的 HCN 气体具有极强的腐蚀性，大多数设备需防腐，与相同规模的氯氧化法相比，投资高 4~10 倍；经酸化回收法处理的废水一般还需要进行二次处理才能达到排放标准综合治理闭路循环是酸化处理的最新趋势。加拿大 Agnico-Eagle 银精炼厂利用酸化回收法达到了回收氰同时回收贵金属的效果。辽宁省黄金冶炼厂通过对含氰废水的简易酸化治理达到除杂净化的目的。既可节省全面污水治理达标排放的高额费用，又可解决尾矿坝浆式堆存厂地的不足，同时还可改善贫液闭路循环后的生产指标，缓解水源缺乏的不利局面，一举多得。采用该简易废水治理工艺可提高金总回收率1.07%，累计节省污水治理成本 99 万元，综合回收氰化钠 36.2t，节约用水 6 万多立方米，经济效益相当明显。

6.2.1.6　酸化曝气法

酸化曝气法是一种生物处理方法，同样首先吸收含 HCN 废气再用碱性吸收液吸收工业尾气中的氰化氧之后，将所得吸收液调至中性，于曝气池中静置，借助于水体中的氧气、微生物的作用，可以缓慢的去除吸收液中的氰离子。在呈酸性的环境中该方法效果也不错，但过低会导致水体中微生物的种类发生变化，以及水解与挥发，从而影响整体的去除效果。由于氰化物易挥发，故相关曝气池最好有遮阳设施作为配套。在酸化曝气法处理吸收液中的氰离子的过程中，也可以用风机等设备进行曝气，适量氧气的加入有助于降解过程的加速。

与加压水解法相比，酸化曝气法在常温常压下进行，不需要对操作压力和操作温度进行精确地控制，极大地减少了操作成本。由于不需要对操作用力进行控制，也使得连续的处理成为了可能。但相比加压水解法来说，酸化曝气法的处理效率更加低下，难以在大规模的工业过程中进行应用。

6.2.1.7　膜吸收法

膜吸收法同样先吸收含 HCN 废气，对吸收液进行处理，美国明尼苏达大学 M. J. Semmens 教授，1987 年提出离子交换-气态膜法回收氰化物是回收氰化物最有效的方法。废水能达排放标准，也可返回电镀车间作洗涤水，实现水的闭路循环。离子交换-气态膜法分四步进行：

（1）含氰废水经凝胶型强碱性阴离子交换树脂，废水中的 CN^-，$Zn(CN)_4^{2-}$ 被树脂捕捉。

（2）树脂吸附饱和后，用酸洗脱，使氰化物转变为挥发性的 HCN。

（3）将含 HCN 的洗脱液涌至疏水性微孔膜的一侧，水及可溶性盐类不能浸润和透过膜，但水中可溶性的挥发组分 HCN 可在膜表面挥发，以气态形式透过膜孔向膜的另一侧迁移。

（4）通过膜孔迁移的 HCN 与膜另一侧吸收液中氢氧化钠反应，生成不能逆迁移的 CN^-，从而以氰化钠形式在吸收液中被富集回收。简单地说，该流程可分为交换-洗脱-脱除-吸收四步，任钦等用该法处理电镀含氰废水（氰化物浓度 50500mg/L），将国产 Cl 型树脂彻底转变成 $R_2[ZnCl_4]$ 络阴离子型树脂，用 6mol/L 盐酸洗脱树脂，2mol/L 氢氧化钠溶液作吸收液。树脂对氰化物的工作交换容量达 58.62g/L，远比 M. J. Semmens 教授的 32.48g/L 要高，且树脂的洗脱率及再生率都近似 94%。

中空纤维膜脱氰回收技术，是在借鉴国外膜分离技术基础上开发的新一代氰化物回收技术。中空纤维膜是由疏水性的聚合物制成的纤维微孔膜，是一种具有选择性的分离膜。使用时，膜一侧流动的是酸化的含氰废水，另一侧流动的是除去杂质的液碱。在两侧氰化氢化学位差的推动下，废水中的 HCN 通过膜微孔向碱吸收液中扩散，并与吸收液中的碱（NaOH）反应生成 NaCN 而被吸收。这一过程连续、自发进行，直到废水中的 HCN 全部转移到吸收液中为止。在处理和回收含氰吸收液方面，中空纤维膜氰脱技术有以下独特的优点：处理效果好，可以把吸收液中不同浓度的氰化物一步处理到排放标准；吸收液中氰化物可全部得到回收，并可用于生产，无二次污染；能耗低、操作方便，有较好的经济效益和巨大的社会效益。不足之处在于：从运行情况看，膜设备还不够完善，需要继续加以改进，特别是在膜的耐污染能力和再生性上，需进一步提高，以利于大范围的推广应用。

液膜回收氰化物采用油包水型体系。液膜是悬浮在液体中很薄的一层乳液微粒。乳液通常由溶剂、表面活性剂、添加剂、内相试剂等组成。溶剂构成膜的基体。表面活性剂含有亲水基和疏水基，定向排列以稳定膜型。膜的内相试剂与液膜是互不相溶的，而膜的内相与膜的外相是互溶的，将乳液分散在第三相中就形成了液膜。废水中的 HCN 能溶于油相，经膜迁移进入内水相形成 NaCN。钠盐不溶于油相，故不能返回外水相，从而达到 CN⁻ 在内相富集的目的。反应后乳化液经破乳分层，油相可重新制乳回用，水相可回收 NaCN。中国化工矿山设计研究院成功地用液膜技术回收了农药废水中的氰化物，迪等人也对液膜分离处理甲氰菊酯生产含氰化钠废水做了实验研究。

6.2.1.8 离子交换法

离子交换法就是用阴离子交换树脂吸附 HCN 废水中以阴离子形式存在的各种氰络合物，当流出液 CN⁻ 超标时对树脂进行酸洗再生，从洗脱液中回收氰化钠。大部分洗脱液经再生并重复用于树脂的酸洗再生，价格昂贵，经济性较差，且离子交换树脂再生困难，操作较复杂，工作量大。因此，该法还处于实验室或半工业试验阶段。

6.2.1.9 其他方法

在 HCN 废气的处理过程中，除了上面的吸收方法，此外，在用吸收液对工业尾气中的氰化氢进行吸收后，还可以使用臭氧、高锰酸钾等强氧化剂对吸收液进行后续处理。另外也有人用离子交换法、光化学法、生物降解法等对吸收液进行后续处理。这些方法要么需要强氧化剂，操作成本较高，要么所需配套设备昂贵，难以大规模应用，类似于生物降解法的工艺处理能力相对有限。这些工艺相对的不够成熟，应用较少，尚需进一步研究。吸收法的共同之处是先用特定吸收液洗去工业尾气中的氰化氢，再进一步使用氧化、水解、生物法等各种方法对吸收液进行后续处理。由于氰化氢的理化性质，决定了第一步极易进行，对工业尾气中氰化氢的脱除也较为彻底。以上不同工艺的区别在于第二步中。由于液相中氰离子非常稳定，碳氮三键的键能较低，不宜破坏，故第二步的处理目前还没有特别有效的方法，前面所述各种方法或多或少都有较大的问题，从而限制了吸收法的应用。作为最为传统与成熟的一种方法，吸收法目前在实际中的应用相对较少，大多数工艺转向了吸附法。但是吸收法仍然是对气相中氰化氢去除最为彻底的一种方法，操作也相对简单，如果能解决后续吸收液中氰离子的降解问题，吸收法将得到新生。故从长远看，吸收法仍然有较高的研究价值与改进的余地。

6.2.2 吸附法净化 HCN

吸附法是利用吸附剂将气相中的 HCN 吸附固定，可以减少 HCN 废气的排放，从而控制 HCN 废气污染。吸附温度是吸附过程中一个十分重要的操作条件。在工业气体中氰化氢的吸附行为中往往同时伴随着物理吸附和化学吸附两种过程。物理吸附的吸附量一般与温度成正相关的关系，而化学吸附能力往往是相反的结果。在一定的温度以上，往往可以摒除物理吸附的影响，使得吸附过程变为完全的化学吸附过程。对于工业尾气中氰化氢的脱出来说，纯粹的物理吸附意义不大，将面临和吸收法一样的难题，即后续处理的问题，否则就不能做到无害化。故一定的吸附温度是保证吸附过程以化学吸附为主的重要因素。另外吸附所用催化剂也需要一定的温度才能激活并保持活性。而从能耗控制的角度来看，吸附温度则又越低越好，故在保证催化剂活性的前提下尽可能地降低吸附温度就成为了氰化氢吸附过程中一个至关重要的问题。

在使用吸附法净化工业尾气中氰化氢的过程中，由于反应以化学吸附为主，气相中的氰化氢和固相表面的活性物质发生了不同类型的化学反应，使得吸附剂比表面积减少，孔隙率减少，活性组分失活，最终彻底丧失净化能力。由于吸附剂的成本问题，吸附剂不可能简单地作为一次性材料来使用，所以在吸附法处理工业尾气中氰化氢的过程中，吸附剂的再生就显得尤为重要。吸附剂再生直接决定着吸附剂的使用寿命问题，也是吸附剂最终能否走向工业化道路的重要影响因素。吸附剂在穿透后处于饱和状态，工业尾气中的氰化氢在和吸附剂发生作用的过程中会转化为一系列的反应产物，这些反应产物相当一部分吸附在吸附剂表面。另外氰化氢以及中间产物都有可能和吸附剂表面的活性组分发生反应，生成一些惰性物体，使得催化剂中毒，丧失吸附能力。催化剂的再生是指在特定的条件下，使得吸附剂表面所吸附的分子发生解吸，脱离固相表面，同时使得催化剂表面生成的惰性物质发生解离，重新恢复活性的过程。在该过程中催化剂的物理结构应基本不发生变化，催化剂的比表面积，孔隙率，和活性中心数量应能基本恢复到初始状态，否则吸附剂的吸附容量就会有所减少，在经过几次再生后，可能就不能再作为吸附剂来使用了。目前工业上广泛应用的用来进行吸附剂再生的工艺主要有以下一些。

（1）热再生。对于热稳定性较好的吸附剂，可以在一定的温度下饱和吸附进行加热处理。较高的温度不利于物理吸附的进行，故饱和吸附剂中残留的一些反应产物在高温下由于分子平均动能的增大，就会从吸附剂表面脱离下来。另外在高温下饱和吸附剂中的惰性物质一般会发生分解，使得活性组分重新解放出来。对于热稳定性不好的吸附剂，特别是活性炭，在热再生过程中应注意加热温度不宜过高，特别是在有氧条件下，应防止活性炭被氧化掉，最好再有惰性气体保护的情况下对活性炭进行热再生处理。而对于分子筛、活性氧化铝等热稳定性极好，抗氧化能力也很出色的吸附剂，则可以在有氧条件下直接进行热再生。氧气的参与能够对饱和吸附剂表面的附着物质进行氧化，从而使热再生处理进行的更顺利，更彻底。

热再生一般由以下几个步骤组成：

1）碳化：在该过程中将饱和吸附剂置于加热装置中，根据吸附剂的不同选择是否隔绝氧，饱和吸附剂中的有机和无机组分发生分解，解吸等过程，一部分可能发生碳化，从而成为活性炭的一部分，留在活性炭体系中。该过程中对加热温度和时间的控制尤为重要，在大规模应用前应尽可能地进行补充实验，以确定方案的可靠性，避免实际操作时造成损失。

2）活化：根据吸附剂的不同选择合适的加热温度，使得碳化过程中残留在吸附剂空隙间的小分子物质以气态的形式脱离吸附剂表面，使得吸附剂的比表面积，孔隙率恢复到初始状态。

3）冷却：一般情况下，经过前两步处理的吸附剂应在再生装置中静置直至冷却，对于活性炭为载体的吸附剂最好在惰性气体的保护下自然冷却，防止活性炭和空气中的氧化剂发生反应，使得活性炭的结构发生变化。

（2）吹脱法：将饱和吸附剂置于再生装置中，持续地通入特定的惰性气体，在气相与饱和吸附剂发生接触的过程中，由于气相中目标组分的浓度为零或低于与固相中目标物质浓度所对应的气相平衡浓度，则固相表面的目标物质就开始发生解吸附，脱离固相表面，被气相带离吸附剂体系。在该过程中可以配合加热措施，在一定温度下进行吹脱效果往往更好。这种方法适用于饱和吸附剂内部只存在一些简单小分子，且催化剂体系没有中毒的情况下，相比热再生来说，适用范围较窄。

（3）减压法：吸附剂对一些物质的吸附容量与操作压力密切相关，故可以将饱和吸附剂置于减压装置中，改变操作压力，使得吸附剂的吸附容量大大减少，从而使得吸附剂表面附着的反应产物自然脱离，使得吸附剂重新恢复吸附能力。该方法同样适用于，催化剂表面只有一些简单小分子的情况，对于以化学吸附为主的吸附过程，由于活性组分往往参与了反应，该方法往往不适用。

对于用吸附法处理工业尾气中氰化氢的过程来说，吸附过程一般尽可能地以化学吸附过程为主，导致吸附剂丧失活性的重要原因往往是活性组分与氰化氢以及中间反应产物发生反应生成了一些盐类等物质，故热再生法是该过程中吸附剂再生的最佳选择，另外两种方法更适用于物理吸附的过程，但可以作为辅助措施来使用。

常用吸附剂通常包括载体和活性组分两部分。载体的选择尤为关键，一般来说载体应具有较大的比表面积，较大的孔隙率，表面结构易于捕获氰化氢分子。由于吸附过程首先是氰化氢分子和载体表面发生作用，在分子间作用力的作用下被载体捕获，进一步和催化剂表面的活性组分发生作用，生成各种化合物，从而被降解掉。合适的载体和活性组分，合理的催化剂制备流程都是取得良好吸附效果的保证。使用较为广泛的载体有以下一些。

6.2.2.1 活性炭

活性炭是最常见的一种多孔活性炭吸附材料，其成分主要是无定形碳，混含一些氮、硅、氧和其他元素和灰分。活性炭可以分成不同的种类，根据材料、制备方法和粒径大小。例如，依据制作原料的不同可分为：骨炭、煤质炭和椰壳炭等；依据粒径的大小可分为：粉状炭、粒状炭；依据不同的制备方法可分为：粉状炭、粒状炭；依据不同的制备方法可分为：化学炭、物理炭。可以用来制作活性炭的原料很多，原则上大部分的有机材料由于含有大量的碳，都可以用来制备活性炭，比如椰壳、动物骨骼、果壳、木材、核桃壳等。活性炭的活化过程通常用以上一些原料，在高温、高压、缺氧的条件下完成。在活化过程中，原材料中的有机物，发生裂解等变化，脱去了大部分氢、氧、硫等元素，同时表面结构发生巨大的变化，比表面积显著增大，并形成大量复杂的空隙。这些决定了活性炭对氰化氢的物理吸附能力。活性炭中的毛细孔使得活性炭的比表面积进一步增大，有利于和氰化氢分子发生接触，在分子间作用力的作用下吸附在固相表面。活性炭的理化性质决定了活性炭能够和大多数有机分子和无机分子发生作用，并且活性炭较容易进行改性，不同活性基团的加入会对吸附效果造成很大的影响，故改性活性炭一直都是吸附剂的首选。

活性炭作为一种优良的吸附材料具有下特点：

（1）大比表面积：一般活性炭材料的比表面积高于 $1000m^2/g$。

（2）发达孔隙结构：活性炭材料有大量的微孔、中孔及大孔，如表 6-1 所示。

（3）稳定性较好：具有耐酸碱性和化学稳定性。

（4）吸附作用好：活性炭既可以吸附非极性分子也可以吸附一些极性分子。此外，活性炭材料也有廉价且容易获得、容易再生、有一定机械强度等特点。

表 6-1　活性炭孔结构

孔隙种类	孔径/nm	孔体积	表面占比	备　注
大孔	>50	0.20~0.50	—	不发生毛细凝结
中孔	2~50	0.02~0.20	<5	能起毛细凝结作用
微孔	<2	0.15~0.50	95	小至如分子大小

活性炭对 HCN 的吸附效应最显著，研究得最深入，应用也最广。宁平等的研究表明，活性炭表面负载过渡金属 Cu、Cr、Co、Zn 等时，对 HCN 的化学吸附表现得尤为明显，在改性炭在制备过程中适当增加 NaOH 的浓度有利于提高其吸附 HCN 的能力。活性炭对 HCN 的吸附，既有物理吸附，也存在化学反应，特别是当毡状活性炭（ACC）中填充有某些过渡金属离子如 Cu（Ⅱ）、Cr（Ⅵ）、Zn（Ⅱ）时，化学反应表现得尤为明显。P．N．Brown 等人的研究表明同时填充有 Cu（Ⅱ）与 Cr（Ⅵ）的 ACC 在吸附 HCN 时，首先在 Cu（Ⅱ）上生成（CN）$_2$。然后（CN）$_2$ 在 Cr（Ⅵ）催化下生成（NH$_2$CO）$_2$，形成 HCN-（CN）$_2$-Cu（Ⅱ）O-Cr（Ⅵ）系统，即：

$$2CuO + 4HCN \longrightarrow 2CuCN + (CN)_2 + 2H_2O \tag{6-17}$$

$$(CN)_2 + H_2O \longrightarrow (NH_2CO)_2 \tag{6-18}$$

这不仅使活性炭具有更大的吸附能力，而且大大提高了其吸附速度。虽然活性炭具有很高的吸附能力,但其吸附容量毕竟是有限的。因此在其吸附饱和之后必须对其再生或更换活性炭之后,才能继续使用。为了避免频繁的更换活性炭,提高活性炭的使用寿命,Venka 采用 BPL Carbon,设计了一个循环吸收系统。其设计思路为:在由两块活性炭组成的一个系统中,其中的一块在 5 ℃进行吸附,同时另一块在 150 ℃进行再生,交替使用,从而使吸附剂具有较长的使用寿命,减少了更换吸附剂的次数。由于吸附剂再生时依然会失去部分吸附力而导致无法完全再生,因此这种循环系统对提高吸附剂的寿命只是具有相对的优势。

某些气体组分会影响活性炭对 HCN 的吸附作用。比如当废气中含有较多水蒸气时,水蒸气与 HCN 存在竞争吸附现象,使被吸附的 HCN 解吸而大大降低了处理效果。当水蒸气体积含量超过 50%时,活性炭就不再吸附 HCN。因此当废气中含有影响吸附的组分时,应对其进行必要的预处理。

6.2.2.2　沸石分子筛吸附法

分子筛是 Mac Bain 于 1932 年提出的概念。分子筛（又称为人造沸石）是一种硅铝酸盐多孔性结构的晶体。常用分子筛为晶体态的硅酸盐或硅铝酸盐,整齐的晶体结构使得其具有完美的分子尺寸大小（一般为孔道和空腔体系。分子筛固体晶格中往往存在着一些金属离子如 Na^+, K^+ 等）,这使得结构中的负电荷被中和掉。由于这种物种具有均匀的微孔,孔径的大小刚好与常见分子大小相当,故称为分子筛。特定孔径的分子筛只允许比其孔径小的分子进入,更大的分子则会被拒之门外,故能对常见物质起到按分子大小进行筛选作用。根据晶体结构以及晶格中附加元素的不同,一般将分子筛分为 X 型、Y 型、A 型、H 型等。工业上和实验室中一般用分子筛来作为特殊吸附剂、催化剂等,在一些离子交换过程中也有运用。因吸附分子大小和形状不同而具有筛分大小不同的流体分子的能力。目前已发现的天然沸石有很多种,但是由于天然沸石资源的稀少,以及天然沸石的结构不够理想等原因,目前工业上大量使用人工合成的分子筛。由于人造分子筛技术现在比较完备,大量的人造分子筛被运用在各种过程中。

分子筛具有结构稳定性好、热稳定性好、抗氧化能力好的优点,目前分子筛是除了活性炭外另一种重要的吸附剂载体。

6.2.2.3　硅胶吸附法

硅胶是一种高活性非晶态的吸附材料,其化学分子的主要成分为二氧化硅,故物理结构和化学性质,热稳定性等都极为出色。和橡胶一样,硅胶属于非晶体,几乎不溶于水和其他溶剂。硅胶的化学性质极其稳定,一般只能与氢氟酸和一些强碱发生反应。硅胶的型号众多,不同制造工业得到的硅胶内部空隙结构往往区别很大。一般按照硅胶内部孔隙结构的不同,把硅胶分为大孔硅胶、粗孔硅胶、B 型硅胶、细孔硅胶等。

硅胶有很强的吸附能力和吸水能力,工业上往往通过在硅胶结构中加入钴等金属制成变色硅胶，用以脱除气体中的水蒸气，并作为检测水蒸气的指示剂使用，需要注意的是变色硅胶往往因一些金属的存在而含有毒性，日常使用中应做好自我保护。

按照制造工艺和内部结构的差别，往往把硅胶区分为有机硅胶和无机硅胶两大类。其中通常由硅酸钠和硫酸反应，具有优良的吸附性能，常用来作为吸附剂使用。有机硅胶则是有机硅化合物的混合体，有机硅胶中含有大量的碳硅键，大量的官能团直接或者通过氮、氧、硫等其他原子和硅原子相连。硅胶的理化性质极其稳定，耐热性能好，无毒无味，力学性能好，且具有出色的吸水吸附能力，硅胶物理吸附 HCN 的同时也存在化学吸附在工业尾气中氰化氢的吸附中具有广泛的应用。

6.2.2.4 活性氧化铝吸附法

活性氧化铝吸附法是使用一种特殊的方式来处理氧化铅，具有较大的比表面积，是高分散度多孔固体材料。其微孔表面具备吸附、表面活性、良好的热稳定性等特点，广泛的用作吸附剂载体。

由于吸附法具有操作简单，对反应条件要求较低，吸附剂经济廉价，故吸附法广泛应用于 HCN 废气的工业净化。有关 HCN 废气的吸附研究也比较多。P. Ning 等人研究了金属改性沸石吸附脱除氰化氢。将金属（Cu、Co 或 Zn）负载于 ZSM-5 或 Y 分子筛上，研究结果表明，负载 Cu 的沸石分子筛对 HCN 吸附性能显著增强。Oliver 报道了合成活性炭脱除空气中氰化氢的研究，合成含铜的多孔磺化苯乙烯/二乙烯基苯树脂活性炭，利用离子交换特性来脱除 HCN，其化学式为：

$$2CuO + 4HCN \longrightarrow 2CuCN + (CN)_2 + 2H_2O \tag{6-19}$$

$$2CuO + 6HCN \longrightarrow 2CuCN + 2(CN)_2 + 2H_2O + H_2 \tag{6-20}$$

$$2CuO + 4HCN \longrightarrow 2Cu(CN)_2 + 2H_2O \tag{6-21}$$

Nickolow 等人报道了浸渍改性活性炭的组成和多孔材质对 HCN 废气的研究。M. J. Huson 等人报道了利用改性介孔硅酸盐对 HCN 废气的吸附净化研究。

目前针对 HCN 废气的吸附法研究相对较多，吸附方法以物理吸附过程为主，亦或存在化学吸附，但多数没有对 HCN 废气进行彻底的降解和转化，如果不能对吸附饱和的吸附剂及解析产物进行合理的处理，必然会产生二次污染。

6.2.3 燃烧法净化 HCN

工业实际生产中排放的含氰废气中通常包含大量的可燃组分，因此可以通过燃烧方法，将含氰废气中的 HCN 分解转化为无毒无害的氮气、二氧化碳和水。燃烧法包括直接燃烧法和催化燃烧法。

6.2.3.1 直接燃烧法

HCN 组分与氧的浓度处在某一范围, 且在某一点点火所产生的热量可以继续引燃周围的混合气体, 使燃烧继续, 就可采用直接燃烧法处理 HCN 尾气。其工艺流程如图 6-2 所示。

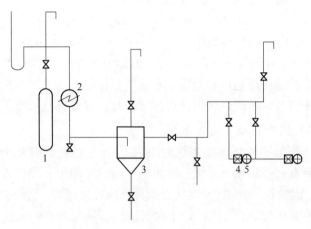

图 6-2 尾气燃烧流程示意图
1—吸收塔; 2—气体加热器; 3—脱水罐; 4—阻火器; 5—瓦斯燃烧器

直接燃烧法针对高浓度含氰废气 (HCN 的体积分数 3%~6%), 将混合气加热, 在高温作用下分解有害物质为无害物质。直接燃烧法在实际操作中应注意合理控制温度, 过低的温度燃烧不充分, 甚至不会燃烧。850~900℃温度条件下几乎完全分解 HCN, 而温度过高会导致强氧化反应生成 NO_x 等有害物质导致二次污染。HCN 气体的爆炸极限的体积分数为: 6%~41% (100kPa, 20℃)。因此进入反应器的 HCN 尾气浓度的体积分数应小于 6%, 即在其爆炸下限以下。当尾气中含有其他可燃组分时, 废气亦应进行必要的处理, 使进气浓度严格控制在混合气体的爆炸下限以下, 以保证生产安全。当废气中含有的 H_2O 体积分数为 3%时, 大于 600℃的温度下会发生 HCN 水解反应生成 NH_3, 在 710℃时氨的浓度达到最大值。然后逐渐降低至 820℃, 在此温度以上则观察不到 NH_3 的生成。在此温度区间内, NO 与 NH_3 具有类似的变化规律, 即 NO 导致 NO 污染浓度的增加, 而且 H_2O 的存在会增加燃烧能耗, 浓度 650℃后急剧上升, 到 730℃达到最大, 之后逐步下降直至 820℃, 随后又逐渐上升。而 N_2O 的生成则几乎完全被抑制。这可能是由于发生了以下反应:

$$HCN + H_2O \longrightarrow NH_3 + CO \tag{6-22}$$

$$2NH_3 + \frac{5}{2}O_2 \longrightarrow 2NO + 3H_2O \tag{6-23}$$

因为 HCN 水解生成的 NH_3 主要被氧化为 NO, 因而导致 NO 的释放量提高,

而 N_2O 的排放量却大大降低。但含有水蒸气的废气在冬季输送过程中，其中的饱和水会凝结在管道内，引起管道堵塞，而且水蒸气的存在会导致燃烧能耗的增加。因此，尾气预处理时应考虑脱水，必要时设置尾气加热器。Schafer 等人认为当反应器中填充有石灰石时，会影响生成氮氧化物的选择性，与混合气中含水蒸气时，石灰石在高温下与 HCN 发生以下反应：

$$CaO + 2HCN \longrightarrow CaCN_2 + CO + H_2 \qquad (6\text{-}24)$$

$$CaCN_2 + H_2O + 2H_2 + CO \longrightarrow CaO + 2NH_3 + 2CO \qquad (6\text{-}25)$$

反应生成 NH_3，提高了 NO 的释放量，但却大大降低了 N_2O 的排放量。故燃烧法在保证安全的前提下还应尽量降低水蒸气的体积、含量。本法操作简单、投资较小，适用于高浓度的废气，但反应温度较高，对安全技术要求高。

6.2.3.2 催化燃烧法

催化燃烧法作为一种处理有机废气的有效方法，已经具有几十年的历史。由于催化燃烧法具有起燃温度低、无二次污染、余热可回用、操作管理方便、运转费用低等优点，因此在处理 HCN 尾气方面具有独特的优势，已经引起了人们的广泛注意，是一种很有前途的方法。对于含氰废气，催化燃烧的实质是活性氧参与的剧烈氧化作用。催化剂活性组分在一定温度下连续不断地将空气中的氧活化，活性氧与反应物接触时，将自身获得的能量迅速转移给反应物分子而使其活化，使 HCN 氧化反应的活化能降低。王德库等人采用铅、钴贵金属作为活性成分，对碳纤维含氰化物废气进行催化燃烧净化处理，净化处理后尾气中氰化物含量小于 $1mg/m^3$，净化效率接近 100%。图 6-3 和图 6-4 为 Pt 催化剂在不同温度下对 HCN 的脱除率和有效速率系数的影响。

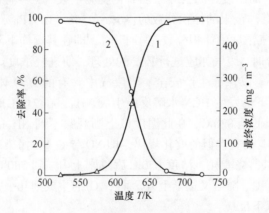

图 6-3　温度对 HCN 脱除率的影响

（空气含量：10%；空速：10000 h^{-1}；HCN 入口浓度为 471.90mg/m^3）

1—脱除效果；2—最终浓度

由图 6-3 可以看出，HCN 催化燃烧的转化率与反应温度的曲线呈"S"形。

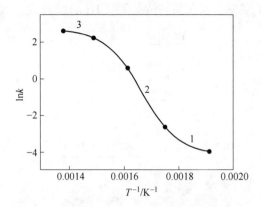

图 6-4 温度对催化反应有效速率系数的影响

（空气含量：10%；空速：10000 h⁻¹；HCN 入口浓度为 471.90mg/m³）

温度低于 573K 时，转化率主要由化学反应速率控制；高于 673K 时，转化率主要由物质传递速率控制。理想中的最佳操作点（温度）应在 653K 附近，这样的操作条件能最大限度地利用预热入口气体来提高转化率，而使用最少体积的催化剂。当温度从 573K 升高到 673K 时，转化率由 2.52% 提高到 96.84%，而若继续升高到 723 K 时，转化率却只提高到 99.27%，转化率随温度的上升速率明显降低。但考虑到 HCN 的排放标准比较严格，于 723K 方能达到排放要求，因此常选取 723K 作为催化燃烧 HCN 的处理温度。

如维克（Wicke）所指出的，图 6-4 中 ln$k$ 随温度的增加可以观测到三个不同的催化反应区间。在温度低于 573K（T^{-1}>0.001745）时，化学反应速率系数很小，对 k 起决定作用，因此该反应区内能够观测到化学反应的本征动力学。随着温度的升高，传质速率系数只有缓慢的增加，而本征反应速率系数则按指数率增加，因此传质对 k 的影响增加。由于催化剂内孔中的浓度梯度常常先于环境流体中的浓度梯度变为显著，所以在第二反应区中内孔扩散是重要的，当温度进一步升高到 673K（T^{-1}<0.001486)时，传质对 k 的影响逐渐增加，催化剂外表面与流体间的浓度差逐渐变得重要。在此反应区中，反应物浓度在催化剂外表面附近就变为零了；整个反应的速度控制步骤是催化剂外部的传质过程，这时显示的特征与主体扩散相同。在这一反应区中，不管本征动力学如何，显示的总是一级反应，因为传质过程是一级过程。HCN 催化燃烧反应的机理至今仍不清楚，我们可通过 X. Guo 等人的一系列的测试表征数据大致勾勒出催化燃烧 HCN 时的反应途径。如图 6-5 所示，当 HCN 吸附在含活性氧的 Pt 表面时，首先分解为 CN(a) 与 H(a)，二者或者在洁净 Pt 表面上重新结合生成 HCN 、C_2N_2 与 H_2，或者与 Pt 表面上的活性氧反应生成 H_2O 与中间体 NCO(a)；然后 NCO(a) 中的 N≡C—键断裂生成 CO(a) 与 N(a)，CO(a) 在一定温度下脱附或当含足够量氧时进一步氧化为 CO_2 脱附，

N(a)可以结合为 N_2 脱除，或在某些情况下与 H(a)结合成为 NH_3 脱除。

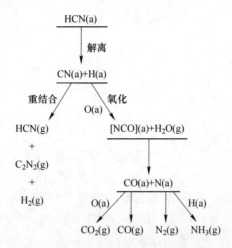

图 6-5　HCN 与 O_2 吸附在 Pt 表面上时的可能反应模型

　　采用催化燃烧法具有较大的优势。但对 HCN 的催化燃烧研究，目前尚未见到成熟的工业化报道，还主要处于实验室研究阶段。如何在提高催化剂氧化性和选择性的同时增强催化剂的抗外界干扰能力，将是今后开发的关键技术。因为在实际脱除 HCN 的过程中，烟道气中不可避免地含有大量可能导致催化剂中毒的气体，如二氧化硫和水蒸气等。此外，实际工业反应过程中气体的温度、空速、HCN 浓度与气体组成等都会在一定范围内波动。这样在温和的实验室条件下优良的催化剂并不一定是最适于工业化的催化剂，因而在现有研究成果的基础上对催化剂的各方面性能进一步研究直至实现工业化还有很多的工作要做。

6.2.4　催化氧化法净化 HCN

　　催化氧化法一般是废气中的氧气和 HCN 在一定温度下通过改性吸附剂载体，HCN 在催化剂表面发生催化氧化反应，从而使 HCN 得到降解。Zhao 等研究了在氧气含量为 6% 的条件下，HCN 在 Pt/Al_2O 催化剂上的催化氧化反应。结果表明被催化氧化为 N_2O、NO 和 NO_2，其转化率和选择性受反应温度、反应气体组分的共同影响，特别是含 N 组分；反应温度达 250℃时，转化率达到 95% 以上；此外，反应温度在 200℃ 和 250℃ 之间时，HCN 反应生成 N_2O 的含量最高，同时提高反应温度会增加产品中的 NO_x 比例；H_2O 和 C_3H_6 对转化率影响小，但 C_3H_6 的加入会导致 NO 的产量增加，NO_2 的产量降低，可能是由于对氧具有竞争吸附。日本日挥株式会社公开了"混合气体中的氧硫化碳和氰化氢的转化方法"即在蒸汽存在时，使混合废气 Cr_2O_3-Al_2O_3 与催化剂接触，使混合废气中的 HCN 进行转化，活性温度范围为 150℃ 和 200℃，该法针对典型工业废气净化尚无具体的工业化应用。中科院山西煤炭化学研究所公开了一系列以钌、钼、钯为主的脱氰专利，利用贵金属催化剂在空气气氛中于较低温度下对 HCN、NH_3 和焦油等气体进行催化氧化，使氧化为无害的 H_2O、CO_2、N_2，焦油一类物质氧化为 CO_2 和 H_2O，氧化为 N_2、H_2O 和 CO_2，从而实现含废气的脱除，很明显，此类专利主要是针对以焦炉煤气为主的工业废气。

目前有关气相 HCN 催化氧化的研究逐渐增多，在系统中存在一定含量氧的条件下，将 HCN 通过催化剂床层，在合适的反应条件（湿度、气时空速等）下，催化氧化 HCN 为 NH_3 和 CO，理想的反应式为：

$$4HCN + 5O_2 \longrightarrow 4CO_2 + 2N_2 + 2H_2O \tag{6-26}$$

H. Zhao 等人利用 $0.5Pt/Al_2O_3$ 催化剂进行了详细的 HCN 催化氧化反应研究。他们发现主要的反应产物为 N_2，N_2O，NO，NO_2，CO_2 和 H_2O，但由于强氧化性的条件使得没有 NH_3 和 CO 生成。在 250℃ 下，$HCN+O_2$，获得最大的 N_2 选择性约为 25%，氰化氢的转化率>95%。然而，系统同时输入 H_2O 对 HCN 转化率或者 N_2 的选择性没有影响，其推导的反应为：

$$4HCN + 5O_2 \longrightarrow 4CO_2 + 2N_2 + 2H_2O \tag{6-27}$$

$$4HCN + 6O_2 \longrightarrow 4CO_2 + 2N_2O + 2H_2O \tag{6-28}$$

$$4HCN + 7O_2 \longrightarrow 4CO_2 + 4NO + 2H_2O \tag{6-29}$$

$$4HCN + 6O_2 \longrightarrow 4CO_2 + 2N_2O + 2H_2O \tag{6-30}$$

O. KrScher 和 M. Elsener 研究了 Cu-ZSM-5、MnO_x-Nb_2O_5-CeO_2 和 Pd/Al_2O_3 等催化剂对 HCN 的氧化去除效率。与以贵金属为活性组分的催化剂相比 Cu-ZSM-5 和 MnO_x-Nb_2O_5-CeO_2 更适合用作 HCN 的氧化催化剂，对 N_2 生成具有很高很好的选择性，而且不含贵金属，经济实用。另外，在 NO 气体存在的情况下，在 Cu-ZSM-5 催化剂上，HCN 被高选择性的氧化为 N_2。在 O_2 和 H_2O 同时存在的条件下，利用 Cu-ZSM-5 催化剂，在 400℃ 时 N_2 的最大选择性达到 40%。当加入附加的 NO，N_2 选择性得到明显提高。

6.2.5 催化水解法净化 HCN

目前有关气相 HCN 催化水解的研究较少，它是近年发展起来的一种 HCN 净化方法，在系统中存在 H_2O 的条件下，将 HCN 通过催化剂床层，在合适的反应条件（温度、气时空速等）下，催化水解 HCN 为 NH_3 和 CO，总的反应式为：

$$HCN + H_2O \longrightarrow NH_3 + CO \tag{6-31}$$

以上反应从热力学角度看是可行的。1952 年 Marsh 等人证明在无氧条件下将尾气中 HCN 水解。国际壳牌研究有限公司于 2006 年公开了从气流中除去 SO_2、HCN 和 H_2S 及任选的 COS、CS_2 和 NH_3 的方法，通过阶段性气流循环的方法将 HCN 水解催化为 NH_3 和 CO。国外 O. KrScher 等人近年来对于气相 HCN

催化分解的研究较为充分和系统。他们认为锐钛晶型 TiO_2 表现出最高的水解活性，Al_2O_3 约 2 倍以上。Fe-ZSM-5 将 HCN 转化为 NH_3 的能力与 TiO_2 相近；形成的 NH_3 在氮氧化物存在的条件下，能进行反应 SCR 生成氮气；用于 SCR 系统中余氨处理的含 Pd 和 Pt 的氧化催化剂，在 250～300℃下具有非常高的 HCN 转换活性；与 NH_3 的氧化生成相同的反应产物，也就是说除了从氮气外，N_2O 和 NO_x 这些不需要的反应产物是否出现取决于反应温度和气体组成；在同样高 HCN 转换率下，Cu-ZSM-5 和 MnO_x-Nb_2O_5-CeO_2 具有明显更好的选择性；水解催化剂能促使水与氰化氢进行反应，形成甲酸铵，然后分解成氨和甲酸，最终甲酸分解成水和 CO，氧化催化剂第一步先将 HCN 氧化成 HCNO，然后变成不稳定的氨基甲酸，氨基甲酸分解成二氧化碳和氨，氨仍然可以被氧化成 N_2O、NO 和 NO_2，但 HCN 在催化水解的过程中，可能产生有毒的中间产物 $(CN)_2$。

目前已见报道具有催化水解的催化剂一般以 γ-Al_2O_3、TiO_2 等金属氧化物为载体，活性组分包括四类：碱金属、碱土金属氧化物及其盐；Pt、Pd、Rh 等贵金属；Co、Mo、Ni、Cr 等过渡金属氧化物、稀土氧化物。O. KrScher 和 MElsener 也同时研究了 HCN 水解催化剂，TiO_2 可以作为 HCN 的水解催化剂催化 HCN 转化成 NH_3 和 CO。另外，添加 La_2O_3 可以进一步提高 HCN 的催化水解效果。J. D. F. Marsh 等人研究了在 400℃温度及无氧气流条件下 Al_2O_3 催化水解 HCN。氧化铝可以用作 HCN 水解催化剂，但 HCN 的去除率约 50%。S. Schafer 和 B. Bonn 两人以氧化钙为催化剂，研究 CaO 对 HCN 的水解情况，在两人的研究中 HCN 作为氮氧化物形成的前驱体，以获得氮氧化物为目的。其反应机理如下，第一步是要通过水解催化 HCN 为 NH_3，然后将 NH_3 氧化为 NO：

$$HCN + H_2O \longrightarrow NH_3 + CO \tag{6-32}$$

$$2HCN + CaO + O_2 \longrightarrow CaCN_2 + H_2O + CO_2 \tag{6-33}$$

$$CaCN_2 + 3H_2O \longrightarrow CaO + 2NH_3 + CO_2 \tag{6-34}$$

$$4NH_3 + 5O_2 \longrightarrow 6H_2O + 4NO \tag{6-35}$$

而从工业应用的情况来看，尽管催化水解是一种非常有应用前景的 HCN 废气净化技术，但国内外均很少有专门针对净化开发的催化剂，通常是利用 COS、CS_2 等水解催化剂对于水解也有一定催化作用来实现的，因而净化效果并不理想。常用的贵金属催化剂在对 HCN 进行催化的同时也会对共存的 CO 等还原性组分产生氧化作用，因而在黄磷尾气和电石炉尾气等需要对废气进行加工利用或资源的场合，特别是含高浓度 CO 气体的净化显然不能达到目的。因此，为实现催化水解在含 HCN 废气净化处理中的应用，需要开发专门针对 HCN 的水解催化剂，该催化剂应具有以下特性：(1) 起活温度低，活性温度范围宽；(2) 催化剂载体有较大的比表面积和孔容，对 HCN 有较高选择性吸附能力和吸附容量；(3) 有较好的水热稳定性和抗毒稳定性；(4) 催化剂能重复使用，较易再生；(5) 采用非贵金属类物质作为催化剂的活性组分以降低成本。

6.2.6 催化氧化催化水解联合净化 HCN

燃料的再燃是利用燃料本身作为还原剂来还原燃烧产物中的 NO_x, 从而降低锅炉烟气中氮氧化物的排放量。煤粉在气化和热分解时产生 HCN 和 NH_3, 其中, NH_3 是还原的重要还原剂, 而燃料型的 NO_x 主要由 HCN 在 O_2 充足的情况下氧化而成:

$$4HCN + 7O_2 \longrightarrow 4NO + 4CO_2 + 2H_2O \tag{6-36}$$

$$2NO + O_2 \longrightarrow 2NO_2 \tag{6-37}$$

若控制 HCN 在富氧条件下被氧化, 则可以减少 NO_x 的排放量。可能的控制方法为: 降低废气和烟气中的氧含量, 并同时通过催化剂引导烟气中的 HCN 水解为 NH_3, 为 NO_x 的还原分解提供充足的还原剂, 其反应为:

$$4HCN + 5O_2 \longrightarrow 4CO_2 + 2N_2 + 2H_2O \tag{6-38}$$

$$HCN + H_2O \longrightarrow NH_3 + CO \tag{6-39}$$

$$4NH_3 + 4NO + O_2 \longrightarrow 4N_2 + 6H_2O \tag{6-40}$$

$$2NH_3 + NO + NO_2 \longrightarrow 2N_2 + 3H_2O \tag{6-41}$$

该过程中, HCN 同时被催化氧化和催化水解。一些研究者在实验室通过 Cu、Fe 改性分子筛 ZSM-5 催化氧化和催化水解废气中的 HCN, 在 $250\sim550℃$ 的反应温度下, 混合气中 H_2O 的含量为 5%、O_2 含量为 10%时, 浓度为 50×10^{-6}, HCN 被同时催化氧化和催化水解, 反应后气体中 N_2 和 CO_2 急剧增加, 而原气氛中的 NO_2 则降低明显。

总之, 从大气污染防治和废气资源化利用的要求出发, HCN 净化方法的要求为: 高效净化, 无二次污染; 适应废气组成和气氛含水、氧、硫、氨; 同时对共存 COS、CS_2、H_2S 等杂质具有净化作用; 有较高选择性和较低活性温度, 保证系统安全, 且不破坏 CO、H_2 等具有回收利用价值的组分。以上分析可见 HCN 净化技术存在以下问题: (1) 吸收法将从 HCN 气相转移到液相, 处理更困难、流程更复杂, 存在二次污染; (2) 直接燃烧或催化燃烧方法难以满足含 HCN 废气资源化的需要; (3) 催化氧化分解技术反应温度高、选择性差, 难以适应气体组成变化; (4) 活性炭吸附时水蒸气、硫化氢的存在会产生竞争吸附, 选择性较差, 不适宜高浓度复杂废气处理; (5) 具有催化水解活性的贵金属 (Pt、Pd、Rh) 催化剂成本高, 处理复杂组分气体时常因 COS、H_2S、等的存在发生不可逆硫中毒, 制约了 HCN 催化水解技术的应用。因此, 运用多种方法联合逐级脱除含废气是今后发展的趋势, 同时, 还需针对不同种类来源的废气, 结合具体相对应的 HCN 净化脱除方法, 并通过长时间的测试和工业化实验进行检验。

6.3　工业废气中氰化氢脱除技术的工业应用研究

我国是生产、销售、使用煤炭的大国。煤炭在高温燃烧过程中发生一系列复杂的化学反应，生成的煤气中常含有一定的 HCN、电石炉气、黄磷尾气及焦炉煤气等工业废气，其中除含有硫、磷、砷、不饱和烃等杂质外，均含有高含量的 HCN。

电石炉气是电石生产过程中的废气，我国目前电石产量接近 2500 万吨/年，据此计算副产的电石炉气约 100 亿立方米/年，我国每年有约 90%的电石炉尾气用于低附加值的工业燃气或放空烧掉。

焦化工业是煤炭综合利用的主要方式之一，我焦炭产量超过 4 亿吨/年原焦炉煤气产量超过 1800 亿立方米/年。

磷化工是云、贵、川、鄂等省的重要支柱产业，目前我国黄磷产量约 60 万~70 万吨/年原副产黄磷尾气近 20 亿立方米/年。如何采用合理有效的方法净化除去这些工业排放气中的杂质，使其得到有效的资源化利用具有十分重要的现实意义。

6.3.1　目前工业废气中净化 HCN 方法存在的问题

目前国内外脱除工业废气中的 HCN 主要有 4 种方法：吸收法、吸附法、燃烧法和催化氧化法。

（1）吸收法：该方法不是在气相中处理 HCN，而是先将含有 HCN 的废气通过碱液进行吸收生成 CN^-，然后对吸收液中的 CN^- 进行处理。总体而言，后续溶液处理工艺复杂，处理成本较高。

（2）吸附法：采用吸附剂吸附 HCN 其中研究重点是 HCN 吸附载体的改性工作，可以部分满足低含量气源中 HCN 脱除需要，但是物理吸附过程没有对 HCN 进行降解转化，将不可避免产生二次污染问题。

（3）燃烧法：分为直接燃烧法与催化燃烧法两种。直接燃烧主要是针对高浓度 HCN 气体，对低浓度 HCN 废气治理无法利用。催化燃烧法缺点是以贵金属为催化活性成分，活性温度大于 450℃，无选择性。

（4）催化氧化法：采用氧化剂将 HCN 催化氧化后再行脱除，荷兰壳牌公司公开了"一种从废气物流中去除 HCN 工艺"，日本日挥株式会社公开了"一种催化去除 HCN 的方法"，但目前对典型工业废气净尚无工业应用。

对以上 4 种方法进行分析可发现，吸收法和吸附法并没有真正处理 HCN，只是将其转入水中或吸附剂上，存在二次污染。燃烧法既消耗了有效的 CO、H_2，又造成后面需要脱硝装置，这种方法不可取。催化氧化法，其实催化燃烧就是催化氧化法，氧气就是氧化剂，目前只有荷兰和日本的专利，尚无工业应用报道。

6.3.2 催化水解净化HCN新技术工业运用

针对目前工业废气中HCN脱除现状，2008年湖北省化学研究院与昆明理工大学共同承担了国家"863"课题"典型有毒有害工业废气净化关键技术及工程示范"氰化氢混合废气净化技术与设备的研究任务，在湖北省化学研究院原有DJ-1多功能净化剂的基础上，开发出一种催化水解法解决工业废气中的HCN的新技术。将工业废气中的HCN催化水解为NH_3，然后在后续的湿法脱硫中将NH_3和硫化物一起脱除，脱除原理为$HCN + H_2O \rightarrow CO + NH_3$。该技术在川投$10000m^3/h$黄磷尾气示范项目中使用，HCN脱除率达90%。

在此之前，湖北省化学研究院开发的DJ-1多功能净化剂已成功应用于兖矿国泰化工有限公司和兖矿鲁南化肥厂。2008年5月，"煤制合成气多功能净化技术的研发与应用"项目通过中国石油和化学工业协会组织的成果鉴定，获得中国石油和化学工业协会科技进步三等奖。并于2009年获得山东省煤炭科学技术二等奖，并在随后几年中在华能绿色煤电天津250MW级IGCC示范电站项目中应用，即将在东莞电化实业股份有限公司天明电厂120MW级IGCC示范电站项目中应用，能将原料气中的COS和HCN分别水解为H_2S和NH_3。

6.3.3 在兖矿IGCC燃气发电并联产甲醇项目中的应用

兖矿国泰化工有限公司某化电联产项目，包括处理煤1000t/d的新型气化炉。20万吨/年醋酸原配套24万吨/年甲醇，联产71.8MW发电，2003年6月开工建设，2005年6月建成投产。

煤气净化工艺流程原由气化来的水煤气进入水煤气废热锅炉换热降温后进入煤气水分离器，分离掉冷凝水。出分离器后的煤气先后进入水解气加热管，发电气废热锅炉，锅炉给水加热器和脱盐水加热器，进一步降温以降低煤气中的水汽比后进入水解气加热器的壳程，被预热到$140\pm5℃$，然后进入到DJ-1多功能净化剂槽，在多功能净化剂槽内COS和HCN被水解为H_2S和NH_3，出多功能净化剂槽的发电气，再进入脱盐水加热器和发电气水冷器，降温至40℃后进入燃气发电气脱硫系统，脱除合格的煤气进入燃气轮机燃烧发电。DJ-1多功能净化剂槽直径3400mm，高8200mm。催化剂共装填一层高度约3600mm，装填量约为$53.5m^3$。设计气体流量$Q_n = 87300m^3/h$，进气组成见表6-2。

表6-2　兖矿国泰进入净化剂槽气体组成　　　　　　　　（%）

CO	H_2	CO_2	H_2S	COS	HCN
45.49	35.38	17.27	1.15	0.05	0.01

在净化剂槽内，煤气中的 COS 和 HCN 被水解为 H_2S 和 NH_3，运行数据见表6-3。

表6-3 兖矿国泰煤气净化工业应用数据

时 间	进口 COS/10^{-6}	出口 COS/10^{-6}	进口 HCN/10^{-6}	出口 HCN/10^{-6}
20060817	12	1	77.6	19.7
20060824	12	1	88.9	20.0
20060921	20	2	88.7	19.6
20061018	38	9	76.8	18.9

从实际生产状况数据采集分析，DJ-1 多功能净化剂反应灵敏、副反应少、活性好、对 COS 的平均转化率约80，各条件下均能达到 φ_{out}（COS）在 10×10^{-6} 以下，对 HCN 的平均水解约80%，φ_{out}（HCN）为（$18 \sim 20$）$\times 10^{-6}$（由于气体中硫化物含量高对 HCN 的分析干扰很大，实际出口 HCN 含量远远低于此值），为后续装置的正常运行提供了保障。

6.3.4 在兖矿鲁南化肥厂甲醇项目中的应用

兖矿鲁南化肥厂甲醇分厂是以美国德士古公司水煤浆气化技术生产水煤气，采用国内先进的全气量变换，NHD 脱硫脱碳工艺生产甲醇，其甲醇工艺为低压合成法，采用国内"绝热-管壳复合型"甲醇合成塔，设计压力5.0MPa，甲醇产能15万吨/年。为满足甲醇催化剂对气体质量的要求，针对德士古水煤气中高硫化氢高羰基硫的特点，工艺设置了国内最新研制开发的中、低温水解配常温精脱硫气体净化工艺，自2000年5月投运，在首炉甲醇催化剂的工业应用中取得了寿命3年1个月，$1m^3$ 催化剂生产精甲醇 13942t 的好成绩。

气体净化工艺流程：由气化工序来的 2.75MPa、200℃、水汽比1.4 的水煤气，经废热锅炉降温分离冷凝水，水汽比降至合适要求后换热进入变换炉发生 CO 变换反应，出口变换气 $V(H_2)/V(CO)$ 约2.2，气体降至160℃左右进入 DJ-1 多功能净化槽，在催化剂作用下发生 COS 和 HCN 的水解反应，该气体再经冷却送入 NHD 脱硫工序。

DJ-1 多功能净化剂槽直径 2400mm，高 11.9m，分上下两层，共装填 $16.3m^3$。设计气体流量 $Q_n = 65000m^3/h$，进气组成见表6-4。实际运行数据见表6-5。

表6-4 入口气体组成 （%）

CO	H_2	CO_2	H_2S	COS	HCN
20	46	32.5	0.8	0.01	0.005

表 6-5 鲁南化肥厂工业应用数据

时 间	进口 COS/10^{-6}	出口 COS/10^{-6}	进口 HCN/10^{-6}	出口 HCN/10^{-6}
20060521	58.9	8.1	45.3	9.8
20061219	73.8	21.6	43.6	9.5
20070105	69	11.6	47.2	10.5
20070418	72.66	21.5	44.7	9.6

由表 6-5 可见，DJ-1 的 COS 水解活性比较稳定，出口基本可以达到设计指标。DJ-1 多功能净化剂对 HCN 的水解转化率大于 80%，能有效降低工况中的 HCN 含量。气源中 CO_2 的含量影响 DJ-1 的水解效率，从兖矿国泰化工有限公司和兖矿鲁南化肥厂的工业应用数据可以看出，由于气源中高含量 CO_2 的影响，COS 和 HCN 的水解率仅为 80%，电石炉气、黄磷尾气及焦炉煤气等典型工业废气中 CO_2 体积分数较低（1%~5%），COS 和 HCN 的水解率应大于 90%。

DJ-1 多功能净化剂可在含硫乃至高硫气源中使用，尤其适用于电石炉气，黄磷尾气及焦炉煤气等气源中含硫的工业废气，催化水解后再经过湿法脱硫脱除硫化物和 HCN 的水解产物 NH_3 简化了净化工艺，减少投资。

7 其他典型气体污染物净化技术及设备

7.1 AsH₃气体净化技术

7.1.1 AsH₃的产生、性质及危害

砷化氢（arseni, arseni chydride），又称砷化三氢、砷烷、胂，化学式为 AsH_3。标准状态下，AsH_3 是一种无色，密度大于空气，可溶于水（200mL/L）及多种有机溶剂的气体。它本身无臭，但空气中有大约 $0.5×10^{-6}$ 的胂存在时，它便可被空气氧化产生轻微类似大蒜的气味。常温下稳定，在水中迅速水解生成砷酸和氢；遇明火易燃，燃烧时呈蓝色火焰生成三氧化二砷；温度高于230℃时便迅速分解。

7.1.1.1 AsH₃的产生

砷化氢在工业上可用于合成与微电子学及固态镭射有关的半导体材料，也用于军用毒气、科研或某些特殊实验。日常生产和生活中接触的砷化氢，主要来源于生产过程中的副反应产物或环境中自然形成的污染物。

含砷矿石在冶炼、加工、贮存过程中与酸类发生反应，或用水浇含砷矿石的热炉渣，或遇水、潮湿空气时均会产生砷化氢。锌、锡、锑、铝、铅、锡、镍、钴等金属矿石中常含有砷，黄磷尾气、焦炉尾气、密闭电石炉尾气、矿热冶炼废气、化石燃料的燃烧、乙炔生产合成燃料以及一碳化工各个领域的工业废气中都含有砷。金属产品的酸洗、蓄电池充电、生产合成燃料，电解法生产硅铁，生产和使用乙炔等，均可产生砷化氢。无机砷或有机砷水解也可生成砷化氢，水中某些微生物在一定条件下腐败也可产生砷化氢。AsH_3 是一种重要的电子工业特种气体，即砷烷，主要用于外延硅的 N 型掺杂、硅中 N 型扩散、离子注入、生长砷化镓（GaAs）和磷砷化镓（GaAsP），以及与ⅢA/ⅤA族元素形成半导体化合物等。这些过程产生的工业尾气中往往含有较高 AsH_3 浓度的，也是重要的污染源。砷化氢的发生，通常认为是经历了氧化还原反应。其过程大致为：

$$As^{5+} + 2e \xrightarrow{\ H\cdot\ } As^{3+} \tag{7-1}$$

$$As^{3+} + 3e \xrightarrow{\ H\cdot\ } As^0 \tag{7-2}$$

$$As^0 + 3e \xrightarrow{\ H\cdot\ } AsH_3 \uparrow \tag{7-3}$$

在适宜的还原剂和反应条件下，反应常从式 (7-1) 进行到式 (7-3)，但在特定的条件下，反应也会终止在式 (7-2) 或只进行式 (7-2) 和式 (7-3)。

7.1.1.2 AsH$_3$的特性及危害

A 引起催化剂中毒

S、P、As、CN 等还原性气态杂质会使催化剂中毒，从而导致催化剂失活或者失效。AsH$_3$就是潜在的能使催化剂中毒的污染物之一，在一碳化工产业中它会使羰基变换催化剂以及合成催化剂中毒。随着工业生产的发展，催化剂在化工领域的使用越来越频繁，其对原料气中的 S、P、As、CN 也变得越来越敏感，微量的 AsH$_3$就可能导致催化剂中毒，从而失去活性，所以在实际生产中原料气中的总砷含量被要求脱除到 1mg/m^3 以下，以确保催化剂的催化效果和使用寿命不受影响。

B 导致管道设备腐蚀

在湿热条件下或者有氧存在时，AsH$_3$这种酸性气体很容易吸附在金属或者金属氧化物的表面，会对管道设备及计量仪表产生缓慢而长期的腐蚀。这不仅会给工业生产本身带来严重的经济损失，而且还提高了设备的投资和产品的成本。

C 对人体的危害

砷及其化合物对人体内酶蛋白的巯基具有特殊的亲和力，特别是与丙酮酸氧化酶的巯基结合成为丙酮酸氧化酶与砷的复合物，可影响细胞正常新陈代谢，导致细胞死亡，损害神经细胞，引发多发性周围神经炎，对肝脏、肾脏、心脏实质器官造成损害。大气中的砷可经呼吸道进入人体，引起严重的肺和支气管损伤甚至死亡。砷化氢是一种剧烈的溶血性毒物，导致过氧化氢的积累和细胞膜的破坏。在砷的各种化合物中，砷化氢毒性最大，它的毒性至今没有有效的药来解毒。砷化合物的毒性顺序为：砷化氢三氧化二砷（砒霜）＞亚砷酸＞砷酸＞单质砷。

在有色金属冶炼过程中，人们经常接触到硫化氢、二氧化硫、氯气这一类有毒气体。硫化氢具有强烈的恶臭，二氧化硫和氯气具有强烈的刺激性气味，人们容易发现。而砷化氢只有在浓度较高时方可觉察到大蒜气味。一些有毒气体工作地点的最高允许浓度比较如表 7-1 所示。

表 7-1 有毒气体工作地点允许的最高浓度 （10^{-6}）

砷化氢	氯气	二氧化硫	氰化氢	硫化氢	氨	氟利昂
AsH$_3$	Cl$_2$	SO$_2$	HCN	H$_2$S	NH$_3$	CFCl$_3$
0.05	0.5	5	10	10	50	1000

砷化氢的毒性比路易氏毒气大 7 倍，比卡可基砷酸钠大 400 倍。此外，冶炼厂"下烟"的情况时有发生。尽管排二氧化硫的烟囱很高，但是"下烟"时比

砷化氢分子量小的二氧化硫、硫化氢都接近地面，在"下烟"的情况下，地面附近砷化氢浓度将增大很多，注意到砷化氢的分子量是空气平均分子量的2.7倍。表7-1的数据充分说明了砷化氢的毒性。一些冶炼厂位于人口密集的居民区，冶炼厂附近的居民长期深受砷化氢气体的毒害，特别是在生产第一线工作的操作人员。砷化氢的环境污染问题必须解决。

7.1.2　AsH₃气体的检测方法

目前 AsH₃ 的检测方法主要有：分光光度法、原子吸收光谱法（AAS）、氢化物发生原子荧光光谱法（HG-AFS）、电感耦合等离子体发射光谱法、电化学方法、X-射线荧光法（XRF）、电感耦合-等离子体质谱法（ICP-MS）等。

其中分光光度法对气态混合物中 AsH₃ 的测定主要用砷化氢-钼蓝光度法和荧光猝灭法。在酸性介质中，砷化氢被碘液吸收后，在硫酸溶液中与一定浓度的钼酸铵反应，产生砷钼杂多酸，用硫酸肼还原成钼蓝，形成稳定的蓝色络合物。而其他的方法主要用在溶液中及固态混合物中砷元素的测定。我国的国标检测方法为二己氨基二硫代甲酸银分光光度法，该法灵敏度低、操作复杂，而且最低检测浓度大于职业接触限值，对于较低浓度的砷化氢测定有限，应用性受到一定限制。

而目前常用的是利用原子荧光测定砷原理，采用冲击式吸收管做砷化氢发生器。底部加入定量的砷标准液和5%盐酸溶液，根据三价砷与硼氢化钾反应生成砷化氢方程式的反应系数，缓慢加入过量的还原剂硼氢化钾溶液，生成的砷化氢用活性炭管作为吸收介质。大气采样仪以 100mL/min 的流量采集。装置见图7-1。

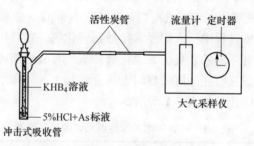

图 7-1　砷化氢在线生成采集装置

按照式（7-4）将采样体积换算成标准采样体积：

$$V_0 = V \times \frac{293}{273 + t} \times \frac{p}{101.3} \tag{7-4}$$

式中，V_0 为标准采样体积，L；V 为采样体积，L；t 为采样温度，℃；p 为采样点大气压，kPa。

按照式（7-5）计算空气中砷化氢的浓度：

$$X = \frac{(C - C_0) \times V \times K}{V_0 \times E} \times 1.04 \times 10^{-3} \tag{7-5}$$

式中，X 为工作场所中砷化氢的浓度，mg/m^3；C 为样品溶液的砷浓度，$\mu g/L$；C_0 为空白样品砷浓度，$\mu g/L$；V 为待测液定容体积，mL；K 为稀释倍数；V_0 为采样体积，L；E 为解吸效率，%；1.04 为砷化氢转化系数。

7.1.3 AsH₃气体的净化方法

7.1.3.1 化学吸收法

对于 AsH₃ 尾气的净化，早期采用化学吸收法，该法主要利用氧化性物质如硝酸、高锰酸钾、次氯酸钠、硝酸银、硫酸铜、氯化汞和三氯化磷等水溶液与 AsH₃ 发生氧化还原反应，使其氧化为无毒或低毒物质，主要反应如表 7-2 所示。

表 7-2 不同 AsH₃ 吸收剂及化学反应

吸收剂	所涉及化学反应
硝酸溶液	$AsH_3 + 8HNO_3 = H_3AsO_4 + 8NO_2 \uparrow + 4H_2O$
高锰酸钾溶液	$AsH_3 + 2KMnO_4 = K_2HAsO_4 + Mn_2O_3 + H_2O$
强酸性高锰酸钾溶液	$5AsH_3 + 8KMnO_4 + 12H_2SO_4 = 5H_3AsO_4 + 4K_2SO_4 + 8MnO_4 + 12H_2O$
硝酸银溶液	$AsH_3 + 6AgNO_3 = AsAg_3 \cdot 3AgNO_3(黄) + 3HNO_3$ $AsAg_3 \cdot 3AgNO_3 + 3H_2O = 6Ag(黑) \downarrow + H_2AsO_3 + 3HNO_3$
硫酸铜溶液	$2AsH_3 + 6CuSO_4 = 2As \downarrow + 3Cu_2SO_4 + 3H_2SO_4$ $2AsH_3 + 3Cu_2SO_4 = 2As \downarrow + 6Cu \downarrow + 3H_2SO_4$ $2AsH_3 + 3Cu_2SO_4 = 2Cu_3As \downarrow + 3H_2SO_4$

胡述容曾在某厂进行 AsH₃ 的化学处理工作，该厂铅锌矿冶炼所得烟道灰富含可作半导体材料的锗，用湿法工艺提取。原工艺为用硫酸浸出后即沉淀为单宁锗。为提高单宁锗品位，改用易获得的铁屑处理硫酸浸出液，然后再加单宁沉淀，可提高锗含量达百分之二十以上。二为减少酸耗、提高设备利用率创造了条件，有明显的经济、技术意义。但是，在还原过程中有极毒气体 AsH₃ 产生。据 AsH₃ 的化学性质，用吸收液 HNO₃、CuSO₄ 和 KMnO₄ 进行实验。气体发生瓶中的 AsH₃，先通过一盛有吸收液的吸收瓶，未吸收完的则与 HgBr₂ 纸片作用。反应结束后，取下纸片与标准色差比较，可知吸收液的吸收能力，结果见表 7-3。

表 7-3 吸收液吸收 AsH_3 的能力

吸 收 液	用量/mg	标准砷用量/μg	未吸收的砷量/μg	备 注
饱和 $CuSO_4$	200	100	三层 $HgBr_2$ 纸变黄	吸收能力弱
HNO_3	50	300	无	
0.11mol/L $KMnO_4$	200	100	20~30	
0.11mol/L $KMnO_4$ 100mL+2mol/L H_2SO_4 100mL	200	400	10~20	吸收最好

为了便于生产应用，用饱和 $KMnO_4$ 液（浓度约为 2.83%）200mL，加浓 H_2SO_4 3mL 酸化，用生产中的高酸浸出液代替砷标准液和 HCl，铁屑代替锌粉，维持温度 70~80℃，1h。反应结束后，观察 $HgBr_2$ 纸片的颜色，如未变黄，即将反应瓶中之溶液及渣倒出，又另加高酸浸出液及铁屑，如前操作。这样一直连续做到高酸浸出液累积体积 600mL，铁屑累积量 70g，$HgBr_2$ 纸条才微有黄色，而 $KMnO_4$ 溶液的紫色仍浓。可见，用酸化的 $KMnO_4$ 氧化处理 AsH_3，不排出此有毒气体是可行的。

通过高锰酸钾体系、重铬酸钾体系、次氯酸钠体系、双氧水体系对砷化氢气体的吸收效率比较得出高锰酸钾浓度为 0.01mol/L 时，其对砷化氢的吸收酸性体系下优于中性体系及碱性体系，并且高锰酸钾的浓度越高。吸收效果越好，0.01mol/L 酸性高锰酸钾溶液能够完全去除气体中的砷化氢。但是对于次氯酸钠体系来说，溶液浓度的提升对吸收砷化氢能力提升的效果并不明显，致使次氯酸钠溶液体系达不到深度净化的要求。重铬酸钾作为一种强氧化剂，在碱性条件下能与碱直接反应，但是实验结果表明，重铬酸钾溶液吸收砷化氢的能力很弱，0.01mol/L 的溶液吸收砷化氢不到 30%。双氧水在某些特定情况下能够产生羟基自由基，羟基自由基具有极强的电子能力也就是氧化能力。只要体系中能维持羟基自由基产生，并迅速氧化砷化氢，双氧水的脱除效果将不亚于高锰酸钾体系。但是实验结果表明，单纯的双氧水对砷化氢的吸收并不理想。添加硝酸银催化剂后，吸收效率达到了 100%。最终得出用浓度为 0.2mol/L 高锰酸钾中性溶液体系在可以对浓度为 700mg/m³ 砷化氢获得较理想、经济的吸收效果。而且，高锰酸钾吸收液越多，气相接触时间越长，反应更充分，对砷化氢的吸收更有利。

7.1.3.2 燃烧法和催化氧化法

用化学吸收处理，往往存在设备腐蚀严重以及吸收液的二次污染等问题，因此研究人员先后开发了直接燃烧法和催化氧化法来处理 AsH_3。采用燃烧法处理含砷化氢尾气，其燃烧机理为：

$$2AsH_3 + 3O_2 \longrightarrow As_2O_3 + 3H_2O \qquad (7\text{-}6)$$

但是对于低浓度的 AsH_3 气体的燃烧需要添加大量的助燃剂如甲烷和丙烷，并且燃烧后的能量又难于回收。因此基于此性质开发了催化氧化法，而催化氧化法就是在燃烧法的基础上，加入催化剂（铂、钯等），有助于 AsH_3 的充分燃烧。然而燃烧法在低浓度下所需燃料（甲烷、丙烷）量较多，而燃烧热量又难于回收，能量利用不合理，燃烧过程中生成的 As_2O_3 需冷凝后捕集，否则会造成二次污染，催化氧化法也必须提供足够的热量以达到催化剂（铂、钯）的活性温度，因此，燃烧法和催化氧化法很快便被淘汰。

7.1.3.3 氧化还原法

砷化氢是强还原性气体，它能与氧化铜等物质发生氧化还原反应本身被氧化成高价的固体砷化物，反应为：

$$3CuO + 2AsH_3 \longrightarrow Cu_3As + As + 3H_2O \qquad (7\text{-}7)$$

$$3ZnO + 2AsH_3 \longrightarrow Zn_3As_2 + 3H_2O \qquad (7\text{-}8)$$

通过承载于多孔性物质上的活性组分氧化铜并复配活性氧化锌与砷化氢发生气-固相非催化反应而将其除掉。实验证明氧化铜-氧化锌系脱砷剂具有较高的脱砷容量和脱砷深度，在温度为 200℃、空速为 $2.7 \times 10^4 h^{-1}$ 的条件下，穿透脱砷容量为 270.9mg/g，脱砷深度在 1×10^{-8} 以下。并且该脱砷剂的穿透脱砷容量随温度升高而逐渐增大，特别在 160~200℃ 的范围内增长迅速；同时该脱砷剂可以承受较高的空间速度，在空速为 $(2.7 \sim 3.5) \times 10^4 h^{-1}$ 的范围内仍具有较好的脱砷效果，砷穿透容量随空速降低而增加，最后将趋于稳定。

7.1.3.4 化学吸附法

气-固相反应是一类十分重要的化学反应，这类化学反应有两种相态的反应物或产物分别为气相和固相。气-固相反应广泛应用于煤炭燃烧、有色金属冶炼、纯碱制造、催化还原活化和气体净化等领域。20 世纪 80 年代人们开始采用化学吸附手段吸附 AsH_3，主要吸附剂有金属氧化物（氧化铜、氧化铅、氧化钡）、金属卤化物（三氯化铁、氯化亚铅）以及金属有机化合物（三烷基铝）等。化学吸附法由于设备简单，脱除率高，操作简单，无二次污染，受到人们的关注。

有关 AsH_3 催化剂的研究，目前主要以 Al_2O_3、活性炭、分子筛为载体，负载金属氧化物或硫化物，将 AsH_3 氧化为 As^{3+} 或 As^{5+} 加以去除。负载的金属氧化物或硫化物主要有 Cu 系、Pb 系、Mn 系和 Ni 系四大类，其中以 Cu 系最为常见。Cu 系脱砷剂又分为金属铜、$CuO \cdot Al_2O_3$，活性炭载 $CuO \cdot Cr_2O_3$ 和用 BaO 促进 $CuO \cdot Cr_2O_3$ 等。在载体表面分布的 CuO 或者 Cu 氧化物将 AsH_3 固定成 Cu_3As 或者元素砷。Pb 系主要是 $PbO \cdot Al_2O_3$，Mn 系以 MnO 为主，也有采用人工沸石，硅酸钙等无机载体制得的脱砷剂，Ni 系可直接采用 $NiO \cdot MoO_3/Al_2O_3$，其原理主要为：

$$2AsH_3 + 3O_2 \Longrightarrow 2H_3AsO_3 \tag{7-9}$$

$$AsH_3 + 2O_2 \Longrightarrow H_3AsO_4 \tag{7-10}$$

在此催化氧化过程中，H_2O 对整个反应有较大的影响。气体中同时含有 H_2O 和 AsH_3 时，H_2O 会优先吸附在 Al_2O_3、活性炭等亲水性载体表面，当 H_2O 的含量较低时，少量吸附的 H_2O 对 Al_2O_3 的催化氧化反应可起到促进作用；而当 H_2O 的含量较高时，H_2O 会大量占据催化剂表面的活性位点，导致脱砷效率下降。

Yan 等通过浸渍法制备了改性的 $\gamma\text{-}Al_2O_3$ 吸附剂，并用于脱 AsH_3 的研究。结果表明，用 $Cu(CH_3COO)_2$（表示为 Cu/Al_2O_3）改性的 $\gamma\text{-}Al_2O_3$ 增强吸附净化 AsH_3 的能力，最佳吸附容量为 $28.9mg\ AsH_3/g_{Cu/Al_2O_3}$。Poulston 等人报导了 Pd 能够用来改性 Al_2O_3，在 204℃ 和 208℃ 的温度下从模拟烟气中吸附 AsH_3。只有很少的报导在 100℃ 下吸附 AsH_3。在反应温度为 60℃，氧含量为 4% 的条件下，Jiang 等人发现用 CoPcS 和 $Cu(NO_3)_2$ 改性的活性炭能有效地吸附 AsH_3，而且 AsH_3 的吸附容量能达到 35.7mg/g 吸附剂。Haacke 等用浸渍法制备了含 Cu 和 Cr 的活性炭，用于吸附废气中的 AsH_3，研究发现，Cu 和 Cr 通过氧化/还原反应促进了吸附过程，显著提高了活性炭的吸附性能。

7.2 CO 气体净化技术

7.2.1 CO 的产生、性质及危害

7.2.1.1 CO 的来源

一氧化碳（carbon monoxide，CO）是由于含碳物质不完全燃烧而产生的一种有毒气体，是大气中常见的污染物。CO 的来源分为天然来源和人为来源。天然来源：

（1）空气中 CH_4 和 OH· 的氧化作用：$CH_4 + OH· \rightarrow CH_3· + H_2O$，$CH_3·$ 随后转化为 CO。

（2）海洋是 CO 的另一个来源，因为海洋表面水中的 CO 分压远比大气中的 CO 分压要高。

CO 的人为来源，主要是来自含碳物质的不完全燃烧，多种工业生产过程均可产生 CO，如冶金工业中炼焦、炼铁、锻冶、铸造和热处理的生产；化学工业中合成氨、丙酮、光气、甲醇的生产；碳素石墨电极制造；燃料的不完全燃烧；以及矿井放炮、煤矿瓦斯爆炸事故等。炸药或火药爆炸后的气体含 CO 约 30%~60%。使用柴油、汽油的内燃机废气含 CO 约 1%~8%。

7.2.1.2　CO 的特性及危害

一氧化碳（CO）无色、无嗅，且具有较强毒性，其密度比空气略小，难溶于水，属于Ⅱ级毒物。由于 CO 不易溶于水和吸湿性差，所以大气中的 CO 很难被雨水冲刷降落到地面，因此又加重了一氧化碳对大气的污染及对人体的危害。关于大气中 CO 的归宿是令人感兴趣的问题之一。目前的科学研究已初步探明了 CO 归宿的三种途径：（1）在对流层的 CO 和 OH·基反应：$CO+OH·\rightarrow CO_2+H·$；（2）对流层中的 CO 迁移到平流层后再和 OH·基反应；（3）大气中的 CO 可被土壤吸收。

CO 与血红蛋白结合的能力是氧气的 200~300 倍，而解离能力极差。其对人体的危害主要是通过损伤对缺氧最敏感的组织，如脑、心、肺及消化系统、肾脏等，当 CO 与血红蛋白（Hb）结合后，使氧气在人体内无法释放，短时间内即可造成人体窒息甚至死亡。CO 的来源主要是爆炸、燃烧等过程中燃烧不完全的含碳化合物，小部分来自人体代谢过程，且由于 CO 本身性质比较稳定，所以会存在浓度的累积。通常炸药或火药爆炸后的气体中 CO 约含 30%~60%，使用柴油、汽油的内燃机尾气中也含约 1%~8% 的 CO。我国车间空气中的最高容许浓度为 $30mg/m^3$（24×10^{-6}）。当吸入的空气中 CO 浓度达到时 $240mg/m^3$，呼吸 3h 后人体血红蛋白中 COHb 会超过 10%；当 CO 浓度达 $292.5mg/m^3$（234×10^{-6}）时，可使人产生严重的头痛、眩晕等症状，COHb 可增高至 25%；CO 浓度达到 $1170mg/m^3$ 时，可使人发生昏迷，COHb 约高至 60%；CO 浓度达到 $11700mg/m^3$（9360×10^{-6}）时，数分钟内可使人致死，COHb 可增高至 90%。研究表明，长期接触低浓度 CO 会损伤心血管系统、对脂类代谢产生不良影响，甚至影响肾功能；CO 浓度比较高时，短期接触吸入即可致急性中毒。能否较好地净化密闭环境内有毒有害气体，直接关系到密闭环境下工作的劳动者的健康和工作效率。

此外，除了危害人体健康，CO 还会对许多工艺流程造成严重影响。质子交换膜燃料电池因其无污染、低温启动快、比功率和能量转换率高等优势引起世界各大汽车公司的广泛关注，目前被认为是未来电动车的首选电源。当以纯氢为电池燃料时，其贮存和输送存在巨大安全隐患。因此，甲醇、乙醇、汽油等水蒸气重整制氢技术替代纯氢作为燃料成为目前研究的热点。但重整气中通常含有较多的 CO，即使经过水气变换反应后，其体积分数依然在 0.5%~1%，对燃料电池阳极 Pt 催化剂危害甚大，导致电池性能严重下降，因此，必须把氢源中的 CO 体积分数降至很低的范围。粗煤气经过 CO 变换、低温甲醇洗工序后，工艺气中仍含有微量的 CO、CO_2、O_2、CH_3OH 等气体，这些含氧化合物的存在会使氨合成催化剂中毒、失效，必须彻底除净（一般要求其总含量 $<10\times10^{-6}$）。在石油化工行业，随着催化裂化技术的不断改进，特别是深度催化裂化工艺技术的开发应用，可使丙烯收率高达 27%，其纯度也达到 99%，甚至更高。但随之带来的是丙

烯中硫、砷（以砷化氢的形式存在）、水、CO 等杂质含量的升高，可使丙烯聚合催化剂中毒，使其活性降低，进而导致产品质量不合格，甚至出现不聚合的现象。

7.2.2　CO 的净化方法及设备

目前，对空气中 CO 污染的控制方法主要包括源头控制和末端控制两种方法。源头控制，顾名思义，就是要从释放 CO 的污染源入手进行污染物的控制与消除。正如前述所说，CO 的主要来源包括人为来源和自然来源。对于 CO 的自然来源，我们无法控制其产生过程，因此在这不做考虑。就 CO 的人为来源来说，要想从源头控制 CO 污染可以采取以下措施：淘汰部分耗油量大、污染物排放量严重超标的机动车；强化机动车生产及使用过程，进行车用燃料清洁化；对于化学工业，改进生产过程中所使用的燃料结构或生产工艺，选用清洁燃料，降低 CO 的排放量；对路边烧烤等餐饮业加大管制力度，改革居民生活中使用的燃具灶具等。CO 污染的末端控制是指在污染物 CO 被排放到空气中之前，对其采取的一些物理的、化学的或是生物的手段和方法，从而减少其最终排放到环境中的量或减轻其对人体的危害。目前，对于 CO 污染的末端控制主要包括物理方法和化学方法。

物理方法主要包括变压吸附法、多孔材料吸附法。变压吸附（PSA）工艺对高浓度 CO 工业废气（20% V/V）有较好的回收利用价值，可适用于工厂的集中制氨。但 PSA 技术使用的设备庞大，不仅初期投资大而且运行管理成本也很高，而且回收低浓度（低于 20% V/V）气体 CO 产生的经济价值很低。多孔材料（如活性炭）吸附法在室内小范围低浓度 CO 的处理中用得比较多，其缺点是需要定期更换吸附饱和的吸附剂，且对吸附剂的回收处理难度大、成本高。

化学方法主要包括铜氨溶液吸收法、水煤气变换法、甲烷化法和高效催化氧化（催化燃烧）法。铜氨溶液吸收工艺吸收产品分离难度大，产生的经济价值低，废液的处理需额外投资，很难适用于 CO 浓度大、持续排放时间长的行业。水煤气变换法是将 CO 和水蒸气在催化剂作用下生成 CO_2 和 H_2 的方法，该方法优点是能去除高浓度 CO，缺点是对低浓度 CO 去除效果不理想。甲烷化法是利用催化剂催化 CO 和 CO_2 与 H_2 反应生成甲烷的一种方法，这个过程会消耗大量的氢气，且容易与水煤气变换反应同时发生而影响 CO 的去除。目前，对于浓度为 10% 左右甚至更低的低浓度 CO 的处理，催化氧化法不仅可使尾气 CO 排放浓度低于 $100×10^{-6}$，还可用尾气热量作为工业生产的能源。

7.2.2.1　催化氧化法

目前，工业上主要采用催化氧化法来净化 CO。因为该法具有工艺设备简单、易操作、脱除效率高等优点。CO 催化氧化反应是一个表面的双分子反应，许多学者将其作为一个典型的催化氧化模型。其反应方程式为：

$$CO + \frac{1}{2}O_2 \longrightarrow CO_2, \quad \Delta H = -284.9kJ/mol \tag{7-11}$$

目前常见的 CO 催化氧化机理主要包括 Langmuir-Hinshelwood 机理，Eley-Rideal 机理，氧化-还原机理，金属-载体相互作用（IMSI）机理等。

（1）Langmuir-Hinshelwood（L-H）机理与 Eley-Rideal（E-R）机理。

1）Langmuir-Hinshelwood（L-H）机理：金属表面吸附 CO 分子，当 CO 分子脱附时为 O_2 分子打开吸附位点，从而使部分 O_2 分子和 CO 分子同时吸附金属表面，吸附的 O_2 分子解离为吸附态 O 原子，与化学吸附在金属表面的 CO 分子反应生成 CO_2，此类反应无需晶格氧的参与。近年来，Cu 催化剂表面 CO 的氧化反应机理已被广泛研究。Wang 等对 Sm 掺杂的 CeO_2 负载的 Cu 催化剂的催化机理的研究表明，Cu 催化剂上的 CO 氧化反应遵循 Langmuir-Hinshelwood（L-H）机理，与 Pt 系贵金属催化剂相似。CO 和 O_2 同时吸附在催化剂表面并直接接触反应生成 CO_2。

2）Eley-Rideal（E-R）机理：在氧化性的条件下（即 $CO/O_2 \approx 1$），金属表面以氧气分子的吸附为主，抑制了 CO 分子的吸附。是吸附在金属表面的 O_2 解离为吸附态 O 原子和吸附性弱的 CO 进行的反应。在氧化性的条件下，金属 Ru 催化 CO 氧化表现为 Eley-Rideal（E-R）机理。Langmuir-Hinshelwood（L-H）机理与 Eley-Rideal（E-R）机理是绝大多数气-固相催化反应最常见的机理。

（2）氧化-还原机理。

氧化-还原机理：CO 吸附在催化剂表面且被活化，与催化剂表面的晶格氧发生反应，消耗掉的晶格氧由气相中的氧补充，形成气相氧-吸附态氧-晶格氧的循环，实现 CO 的持续氧化。Sedmak 等提出了铜氧化物的氧化-还原催化机理，CO 吸附在铜与载体的界面处且被活化，然后与周边晶格氧发生氧化反应。在生成二氧化碳的同时，Cu^{2+} 被还原，铜铈界面形成氧空位，由气相氧填补空位。另有研究认为，反应过程中 CO 可能会吸附在催化剂表面生成的氧空位上，如果这种吸附是不可逆的，就会造成催化剂失活。

（3）金属-载体相互作用（IMSI）机理。

负载在活性载体（如 CeO_2）上的金属氧化物，其 CO 催化氧化活性往往较高。这是因为对于这类催化剂，载体与金属之间存在相互作用。O_2 在界面（金属-载体接触面）的吸附起到了非常重要的作用。在金属和载体的界面处，由于载体上产生氧空穴，形成了非常活跃的活性中心，从而有利于提高催化活性。Liu 等提出吸附在催化剂表面的 CO，是由于 Cu^{2+} 对 CO 的吸附，而 CuO 与 CeO_2 间的协同作用能使 Cu^{2+} 物种稳定存在，从而使催化剂对 CO 的吸附作用增强。另外，反应所需的氧由氧化-还原过程提供。Ce 化存在 Ce^{4+}/Ce^{3+} 氧化还原循环，能够将气相氧活化为 CO 氧化所需的氧，使 CO 氧化持续快速进行。

催化氧化法的核心是脱除 CO 的高效催化剂，CO 氧化催化剂的种类繁多，例如贵金属催化剂（Pt、Pd、Ru、Au 等），非贵金属催化剂（Cu、Mn、Ni、Fe、Co、Cr 等），金属氧化物催化剂（Cu_2O、ZnO 等），尖晶石型催化剂（亚络酸铜、锰钴酸盐等），钙钛矿型催化剂等。

A　贵金属催化剂

在催化氧化 CO 反应中，贵金属以其良好的 CO、O_2 吸附和活化能力而被认为是将 CO 完全催化氧化的首选催化剂。贵金属主要指金、银和铂族金属（钌、铑、铅、铱、铂）等 8 种金属元素，都已经被用于 CO 的催化氧化应用中。这与贵金属的理化性质有关，这些贵金属大多有空置的 d 电子轨道，很容易与载体或反应物配位，形成活性中间体，从而具有较高的催化活性。并且贵金属稳定性好，一般不参与化学反应，具有耐高温、抗氧化、耐腐蚀等优良特性，因而被广泛应用于催化材料中。Pt、Pd 等贵金属是 CO 氧化催化剂中使用最多的材料。

早期科研人员应用 Pt、Pd 的金属线或金属薄片进行催化氧化 CO 研究，由于其比表面积较小、分散度较差，催化活性较低，因此制备的催化 CO 氧化催化剂催化效果较差。后来研究人员利用交叉分子束技术研究了 Pd 单晶颗粒上 CO 氧化行为，证明单晶 Pd 在中高温条件下具有较高的催化 CO 氧化为 CO_2 生成速率，使人们逐渐认识到高分散性是制备高催化活性催化剂的必要条件。在这个思想的指导下，国内外的研究者进行了大量的实验研究，并取得了较为理想的研究成果。Schryer 和 Sheintuch 等制备了 Pt/SnO_2 和 Pd/SnO_2 的一系列催化剂，对比金属 Pt 和 Pd 的催化剂，研究发现新制备的催化剂活性明显更高。他们认为拥有较高的分散度，且载体上 CO、O_2 的溢流作用也提高了催化活性。由于贵金属 Pt 和 Pd 价格昂贵，且储量有限，因此研究人员将目光转向了通过添加少量过渡金属元素或稀土元素以及载体改性等手段来提高催化剂的活性的方向上，同时也使催化剂中贵金属含量大幅降低，所制备的催化剂更具经济性。Margitfalvi 等人制备了 $Sn-Pt/SiO_2$ 催化剂，发现催化剂具有良好的 CO 催化氧化活性。Lee 和 Chen 报道了 Pt/Al_2O_3 催化剂对 CO 催化氧化和丙烯氧化反应具有高活性。Aksoylu 等人制备的 Pt/SnO_x 催化剂在低温 CO 催化氧化中有很高的活性。该催化剂之所以具有较高的活性，是因为氧化锡和铂之间的协同作用使一氧化碳中的 C＝O 键弱化，从而激活分子间作用力提高活性。Femandez-Garcia 等人制备了以 Pd 为活性组分的催化剂。当以 CeO_2 作为载体时，CO 催化氧化的初始温度比其他催化剂低 130℃，其原因是形成了 Pd-Ce 界面空穴，CeO_2 促进了 O_2 的活化。Wang 等人制备了 $Pd/Ce_{0.8}Zr_{0.2}O_2$ 催化剂用于 CO 氧化反应，结果表明氧离子缺陷结构对催化剂的活性有很大的影响，且氧空穴的形成能够促进电子的传递并增强晶格氧的移动性，使得催化剂的催化性能提高。Bera 等通过采用溶液燃烧法合成了 1Pt/

CeO_2（质量分数）催化剂，H_2吸收研究结果显示在$-25℃$时，每个 Pt 可以占据至少 6 个氧原子，且氧空穴的存在导致了催化剂中存在强烈的 Pt^{2+}-CeO_2 相互作用，进而使催化剂对 CO 表现出较高的催化活性。陈喜蓉等采用分步浸渍法制备了一系列 Ru_1-La_x-O_y/γ-Al_2O_3 复合氧化物催化剂，在固定床微反应装置中对 CO 的选择性催化氧化性能进行研究。考察了催化剂上不同 La_2O_3 添加量、不同再生方法对催化剂 CO 选择性氧化反应性能的影响，并通过 TPR、XRD 等手段对催化剂进行了表征。结果表明，添加 $w(La)$ = 10% 的 Ru_1-La_{10}-O_y/γ-Al_2O_3 催化剂在 110~170℃ 温度区间具有 99% 以上的 CO 转化率，并且催化剂的选择性相对较高。经氮气、氢气及氧气再生处理后的 Ru_1-La_{10}-O_y/γ-Al_2O_3 催化剂，其催化活性有所不同，其中经氧气处理后的催化剂，表面吸附氧含量较高，活性恢复较好。

另外一种贵金属——金（Au）由于其化学惰性，一直以来人们都认为其不能作为催化剂的活性组分，这主要是因为 Au 的熔点（1063℃）远低于 Pt（1550℃）、Pd（1769℃）等其他贵金属，采用传统的浸渍法很难得到高分散、高活性的催化剂。但近年来的研究表明，纳米金催化剂（<10nm）具有良好的催化活性，纳米金催化剂的性能与其制备方法及载体的选择密切相关，催化活性良好的纳米金催化剂上金的粒径一般小于 5nm，其原因尚不明确，是金的电子性质发生了变化还增加了新的活性位使得机理发生了变化还待于进一步研究。早在 1925 年，研究者就开始把金作为活性组分制备成催化剂并应用于 CO 催化氧化反应中。1987 年，Haruta M 等人发现金纳米颗粒高度分散在金属氧化物载体（CeO_2，TiO_2，Al_2O_3，ZrO_2，ZnO 和 MgO）上时，在 CO 催化氧化反应方面表现出极高的活性。金纳米催化剂还可以应用于 NO_x 的净化，烃类物质的催化燃烧等一些环保化工领域。从那时起，大量的研究者开始着手于金催化剂的研究，并取得了较大的突破，关于金催化剂在 CO 催化氧化反应方面也有很多相关的专利。

Johnny Saavedra 等提出，对 Au/TiO_2：催化剂预处理时间过长或者温度过高会导致其催化 CO 反应活性降低，这可能是由于 Au 颗粒的团聚而不是尺寸增大，并且，根据 Michaelis-Menten 动力学模型，失活的主要原因是催化剂表面的活性位数量减小。D. Widmann 等用相同的制备方法对比了以 Al_2O_3、TiO_2、ZnO、ZrO_2 为载体制备 Au 催化剂，探究其对于 CO 氧化反应的催化作用，结果发现，Au 催化剂的氧存储能力和催化活性与载体材料有很大关系，例如不同载体的还原能力不同。2014 年，该课题组提出 H_2 氧化与 CO 氧化有相同的机理，活性氧物种位于 Au 与载体 TiO_2 的界面处，可以与 H_2 或 CO 反应，但是如果两种反应气体同时存在，CO 将优先被选择。Ruiru Si 等人采用程序升温表面反应测试对 Au/TiO_2 催化氧化 CO 反应进行研究，提出在有 H_2O 存在的情况下，80℃ 以下，可能存在 4 种反应过程：

1）H_2O 氧化吸附在载体上的 CO，形成 Ti-COOH 中间体，进一步将其氧化

成 CO_2 和 H_2O。

2）CO 吸附在 Au 上被 H_2O 氧化生成 CO_2。

3）CO 吸附在 Au 上被 H_2O 氧化生成 H_2 和 CO_2。

4）CO 吸附在 Au 上被 O_2 氧化成 CO_2。

他们认为在 CO 氧化过程中，当有 H_2O 存在时，H_2O 与 O_2 对反应物的氧化是同时进行的。Haruta 等人将实际含量（质量分数）为 1.8% 的 Au 沉积在 SiO_2 载体上，所得的催化剂进行 CO 催化氧化测试时发现 T_{50} 仅为 $-20℃$。Carriazo 课题组制备了一系列 Au 负载在 Fe、Ce 以及 Al 的柱状膨润土上的催化剂，研究结果显示这些 Au 催化剂都对 CO 表现出较高的催化活性，并且在反应气流中水汽浓度达到 $6700×10^{-6}$ 之前，其室温催化 CO 氧化的活性随着水汽浓度的增加而持续升高。

目前普遍接受的 Au 催化剂催化 CO 反应的原理是认为会产生氧空穴，聚集大量的氧分子或者以过氧离子（O^{2-}）的形式吸附为：

（1）氧的吸附反应，此不可逆过程在氧化物上发生，且与载体无关：

$$2h_v^+ + O_2 + 2e \longrightarrow 2h_v^+ - O_{ads}^- \tag{7-12}$$

式中，h_v^+ 表示空穴位。

（2）吸附氧的溢流过程，发生在金粒的表面，此过程与粒径的大小有密切关系：

$$h_v^+ - O_{ads}^- + Au \longrightarrow Au - O_{ads} + e + h_v^+ \tag{7-13}$$

（3）CO 的可逆吸附，发生在金粒表面：

$$Au + CO \longrightarrow Au - C - O \tag{7-14}$$

（4）CO 与吸附氧发生反应：

$$Au - C - O + Au - O_{ads} \longrightarrow 2Au + CO_2 \uparrow \tag{7-15}$$

从 Au 催化剂的催化原理出发，研究发现其催化性能主要受制备条件，合成方法以及载体等 3 方面的影响。

浸渍法是常见的负载型催化剂制备方法，普通浸渍法制备时，金以球状粒子的形态附着在载体表面，和载体表面间的亲和力比较弱，所制备的金催化剂的催化活性一般不高，故需要使用其他的制备方法，提高制备金催化剂的活性。针对不同的体系，金催化剂的制备方法也有很多种，除了传统的浸渍法（impregnation，IM）、共沉淀法（co-precipitation，CP）、沉积-沉淀法（deposition-precipitation，DP）、溶胶-凝胶法（sol-gel）以及离子交换法（ion exchange）外，还有化学气相沉积法（chemical vapor deposition，CVD）、电化学沉积法（electro chemistry deposition）、惰性气体浓缩法（inert gases condensation，IGC）和溶剂化金属原子浸渍法（solvated metal atom impregnation，SMAI）等。现将常见制备方法及特点列表如表 7-4 所示。

表 7-4 各种制备方法及特点

制备方法	特 点	举 例
共沉淀法	室温下活性物质能有较高活性，负载量大，但部分活性物质在负载内部，不参与 CO 的催化氧化	Au/Fe_2O_3
沉积-沉淀法	活性物质以多种形式存在于载体上，但酸性氧化物不能成为催化剂的载体	Au/CeO_2-Co_3O_4
化学气相沉积法	粒子直径小于 2nm，酸性和弱碱性的载体都适用	Au/MCM-41
电化学沉积法	低温控制电子可以引导粒子的化学成分和形态	AuNPs

就活性而言，用沉积沉淀法制备的催化剂要远远大于用浸渍法和光化学沉积法制备的样品的活性。因而目前认可度比较高的方法是共沉淀法，得到的一般是粒径 5nm 左右的金颗粒催化剂，分散均匀并呈半球形，制备所得金催化剂活性较高。

影响到催化剂各种性能的制备条件主要包括沉淀 pH 值、焙烧温度以及预处理。王东辉认为 pH 值会改变负载 Au 颗粒的大小或有效负载量，这可能是催化剂活性变化的原因，并经过一系列实验比较得出最适宜的 pH 值一般为 8~9。制备过程的焙烧目的在于通过热分解使载体中的易挥发组分挥发，保留一定的化学组成，改变催化剂的结构，对催化剂的活性有很大影响。Visco 等的实验结果表明焙烧温度与活性成反比，并认为 $Au_2O_3 \cdot nH_2O$ 比焙烧后获得的金属金有更高的活性。张文祥等的实验结果也证明，焙烧应该有适当的温度，既不能温度过高使催化剂烧结，又不能温度过低不能形成超微细结构。因此，当控制焙烧温度在 250~350℃时，制备的金催化剂具有最好的稳定性和活性。

载体的作用是提供能够激活反应物的活性位，或激活某种反应物。在常温常湿条件下，金系催化物是否负载在载体上对其催化活性影响很大，并且氧化物负载物不同的金基催化剂的 CO 氧化性有很大差别。可用于负载 Au 的载体大致上分为两类，一类是可还原的过渡金属氧化物，如 TiO_2、Co_3O_4、Fe_2O_3、CeO_2 及 MnO_x 等，另一类是不可还原的氧化物如 SiO_2、Al_2O_3、MgO 及 ZrO_2 等。前者用作负载型 Au 催化剂的载体时具有更加优良的活性，被称为活性载体。活性载体表面由于氧空位而产生大量的氧活性物种，在 Au 催化 CO 的过程中，这些氧活性物种参与反应，并能快速补充消耗掉的氧，因此 Au 负载在这类载体上对 CO 有较好的催化氧化活性。后一类载体被称为惰性载体，一般只起到承载和分散金粒子的作用。负载型 Au 催化剂的优点是在低温下对 CO 催化具有很高的活性，但其缺点是稳定性差，温度窗口窄，并且 Au 催化剂合成成本高。目前，最有效的载体被认为是 3d 过渡金属氧化物和碱土金属氧化物及其氢氧化物。王桂文、张文祥用共沉淀法制备了一系列 Au/MeO$_x$ 以金属氧化物为载体的催化剂（Me = Al，Co，Cr，Cu，Fe，Mn，Ni，Zn），考察了这些催化剂在常温常湿条件下的 CO 氧化性能。且得到了相同反应条件下 CO 完全转化时的稳定性从高到低依次为：Au/ZnO、Au/α-Fe$_2$O$_3$、Au/Co$_3$O$_4$、Au/γ-Al$_2$O$_3$、Au/NiO。而以 Cu、Mn、Cr 等氧化物为载体的金基催化剂则表现出较差的活性，表明了氧化物种类对催化剂活性具有很大的影响。目前贵金属催化剂的研究以围绕 Au 的研究最多，陈宗杰等人制备了一种低负载量的金催化剂，该催化剂中 $n(Au)/n(Au+Fe)$ 为 0.72%，25℃时可在饱和水汽中持续工作 20h 以上，实现 CO 的完全氧化，说明低负载量的金催化剂同样有很高的活性，并能够在抗水性方面取得进一步突破。纳米金催化剂虽然对低温催化 CO 氧化具有很高的活性，但容易失活，失活原因可能有以下两方面原因：一是 CO 在催化剂表面累积生成碳酸盐；二是金颗粒的聚集。因此，如何防止金催化剂失活，就成为该类催化剂研究面临的最大挑战。

B 非贵金属催化剂

贵金属催化剂由于成本较高且储量有限，近年来人们在用过渡态非贵金属元素、稀土元素为主体的催化剂来替代贵金属催化剂方面进行了大量深入研究，并取得了很大进展。金属氧化物对 CO 催化有其独特的优势，特别是 Mn、Fe、Co、Ni、Cu 等过渡元素的复合氧化物或混合物，因其价格低廉、原料易得引起了广泛关注。目前，用于 CO 氧化反应的非贵金属催化剂主要包括简单氧化物和复合氧化物催化剂两大类。

单组分的金属氧化物催化剂目前主要是集中在铜、铈、钴及锰等几种催化剂体系上。Feng 等考察了 CuO 纳米线对 CO 催化氧化的行为，研究结果显示在接受短时间的氩或氢射频等离子体处理之后，CuO 纳米线对 CO 的催化性能得到显著提高。这种等离子体增强效应主要归结于晶粒边界的形成和 Cu（Ⅱ）到更加活化的 Cu（Ⅰ）的还原。Co$_3$O$_4$ 的这种尖晶石结构是由填充于八面体位置的 Co^{3+} 和填充于四面体位置的 Co^{2+} 组成的，前者是六配位的，后者是四配位的，因此 Co$_3$O$_4$ 的晶体场稳定性比较高。当周围温度低于 800℃ 时，Co$_3$O$_4$ 可以稳定的存在。Co$_3$O$_4$ 对 CO 氧化反应表现出极高的催化活性。Co$_3$O$_4$ 等纳米颗粒和超大比表面积材料表现出 0℃ 以下完全转化的超低温 CO 催化氧化性能。研究表明，Co$_3$O$_4$ 上 CO 氧化反应性能与 Co^{3+}/Co^{2+}、氧的吸附与活化密切相关，关注以上性能的调控衍生出两种设计与制备高性能 Co$_3$O$_4$ 策略。一方面，人们利用纳米材料可控合成技术，实现了 Co$_3$O$_4$ 上 Co^{3+}/Co^{2+} 的精确调控，合成了性能优异的催化剂。Xie 等在用共沉淀法制备 Co$_3$O$_4$ 的过程中加入乙二醇络合剂，结果发现制成的 Co$_3$O$_4$ 纳米棒表现出很高的活性，在 -77℃ 即可将 CO 完全转化。但是在原料气中加入 3~10×10^{-6} 的水汽时，25℃ 反应 65h 后，催化活性迅速下降。Hu 等采用水热法合成了以（011）为主要暴露晶面的 Co_3O_4 纳米带和以（001）为主要暴露晶面的纳米立方体，发现（011）面上 Co^{3+} 对 CO 氧化反应性能较（001）面上高，从而决定了以上两种纳米材料活性的差异。Ren 等以 KIT-6 为硬模板剂合成了介孔 Co_3O_4，在 400℃ 用 O_2（8%）预处理后，可在 -50℃ 下实现 1% CO 的完全转化。Yu 等研究了不同的预处理条件对 Co_3O_4 催化性能及稳定性的影响。结果表明，在 150℃ 干燥的 N_2 气氛预处理的 Co_3O_4 活性和稳定性都最好，升高预处理温度或改用还原性气体或水蒸气含量高的气体预处理都会使其催化活性和稳定性明显下降。可见 Co_3O_4 易失活，且抗水性能差。Matthew 等通过原位技术分析了 Co_3O_4 催化剂失活的原因，认为 Co_3O_4 活性位会吸附反应中生成的 CO_2，继而生成碳酸盐，导致 Co_3O_4 的活性位失活。Wang 等在研究过程中发现通过简易的液体沉淀法制备的 Co_3O_4 在 300℃ 煅烧之后，可以在室温下将 CO 完全氧化的活性维持近 500min。有文献报道 Co_3O_4 中的 Co—O 价带很弱，因此在还原过程中晶格氧具有较高的反应活性，进而在 CO 反应中能够获得较好的活性。余运波等研究发现，Co_3O_4 低温催化氧化 CO 反应是一颗粒尺寸与表面氧空穴敏感反应。采用沉淀法制备的 Co_3O_4 颗粒尺寸及比表面积与焙烧温度密切相关，在 150~300℃ 焙烧的样品具有较高的比表面积，较小的颗粒尺寸，因而具备了优异的低温催化氧化 CO 的活性。Co_3O_4 催化氧化 CO 的耐久性与表面氧空穴团的含量呈正相关。合适温度（150~250℃）下 N_2 预处理促进了 Co_3O_4 表面氧空穴团的形成，提高了吸附与活化分子氧的能力，延长了其催化氧化 CO 的耐久性。同时，重新预处理可使反应失活的 Co_3O_4 催化剂吸附分子氧的能力得以恢复，使其催化氧化 CO 的活性得以再生，进一步确认了氧空穴在 Co_3O_4 低温催化氧化 CO 中的关键作用。Iablokov 等制备了一系列的 MnO_x 并将其应用于 CO 氧化反应中，活性测试结果显示这些 MnO_x 能够在室温甚至更低的温度下催化 CO 完全氧化。Camposeco 等用溶胶凝胶法制备了活性 TiO_2 纳米管，并在 10mol/L 的高浓度 NaOH 溶液中 160℃ 水热处理，形成了具有 $H_2Ti_3O_7$ 稳定相的大比表面积材料。比表面积高达 $290m^2/g$，纳米颗粒为 15nm，并表现出良好的 CO 催化氧化活性。

与单组分的金属氧化物催化剂相比，负载或复合型催化剂可以利用它们的性质互补，通过金属间的共助催化作用，制备出含有两种或两种以上金属的复合氧化物催化剂，这些催化剂具有廉价、容易制备等优点，在活性方面和贵金属相当，且热稳定性比贵金属有很大提高。因此，近些年来，越来越多的研究人员把目光转移到了负载或复合型金属氧化物催化剂上。对于 CO 氧化反应，铜铈、钴铈以及锰铈等负载/复合型金属氧化物研究的较多。

目前研究的最多的非贵金属催化剂是 Cu 基催化剂，铜氧化物系列催化剂通过比表面积的扩大和 MnO_x、CeO_2 等助剂组分的添加，表现出 100℃ 以下将 CO 完全转化的低温催化活性，有望成为取代贵金属的贱金属催化剂。最具代表性的为霍加拉特催化剂，其主要成分为 CuO 40%、MnO_x 60%，最早应用于第二次世界大战战场防护士兵 CO 中毒。此类催化剂，特别是霍加拉特催化剂广泛应用于矿井、防空洞等环境，近年来的研究热点在于增加非贵金属催化剂的各种抗性以及各种载体对催化剂的影响，使其适应复杂的使用环境。朱锦东等利用聚四氟乙烯乳液，对以活性炭为载体的负载铜锰型催化剂进行了表面憎水处理，考察憎水处理对催化剂活性的影响。结果表明，得到的憎水型 CO 常温氧化催化剂活性并未下降，5 次负载后的催化剂将混合气中的 $\varphi(CO)$ 从起始的 40×10^{-6} 降至 12×10^{-6} 仅需要 5min。王海涛考察了 γ-Al_2O_3，轻质 MgO，Y 型分子筛，ZSM-5 分子筛等载体对 Cu-Mn-O 体系催化剂的影响。结果表明，$CuMn_2O_4$ 晶相是否明显是决定催化剂活性的关键因素，Y 型分子筛载体上 $CuMn_2O_4$ 晶相则很明显，ZSM-5 载体上活性组分则呈高度分散状态，因而这两种载体制备的催化剂具有很高的 CO 氧化活性；而 Al_2O_3 载体上 $CuMn_2O_4$ 晶相不明显，对 CO 的氧化活性较低。李明等制备了铜锰氧化物催化剂，探索得到最佳制备条件：室温下（20℃）以 $c(Cu)/c(Mn)=1/2$ 的铜锰混合溶液滴加到沉淀剂 Na_2CO_3 溶液中，在 pH = 9.0 下老化 2h。制得的催化剂同购得的商品化的霍加拉特剂相比，具有更好的反应初活性和活性稳定性。Kanungo 等人制备了 MnO_x 和 Mn-Cu-O 催化剂，结果表明 Cu 的引入能够明显增加 CO 的氧化活性，且氧化锰的高度分散是促使催化剂具有高活性的原因之一，但随着氧化锰颗粒的增大，其催化活性也会随之降低，这说明负载量的大小对催化活性有较大的影响。李鹏等人用浸渍法制备了 $CuMn/TiO_2$ 催化剂，发现载体与 Cu-Mn 之间的协同作用提高了其催化活性。Xi 等用浸渍的方法制备了 CuO/SiO_2 催化剂，并另外用共同浸渍制备了 CeO_2-CuO/SiO_2、MnO_2-CuO/SiO_2、Fe_2O_3-CuO/SiO_2 催化剂，并研究 Ce、Mn、Fe 的添加对催化剂催化性能的促进作用。结果发现，对 CuO/SiO_2 催化剂的促进作用从强到弱顺序为 CeO_2＞MnO_2＞Fe_2O_3，CeO_2-CuO/SiO_2 在 160℃将 CO 完全转化，比 CuO/SiO_2 的完全转化温度低 80℃。Amini 等用一种简单方便的溶胶凝胶法合成 $CuFe_2O_4$ 催化剂，用环氧丙烷作凝胶剂，其中 CuO 的含量为 15%时，空速 $30000h^{-1}$，150℃将 CO 完全转化。许等以 SiO_2 气凝胶为载体，采用溶胶凝胶法将铜盐与正硅酸乙酯制备成胶体，并利用超临界干燥制备了一系列 Cu/SiO_2 气凝胶催化剂。相比于常规的浸渍法，采用这种方法制备的催化剂成品，气凝胶网络结构保持完整，比表面积大，因此催化剂 CO 催化氧化活性好。当铜含量为 5%时，Cu/SiO_2 在经氢气 400℃还原 2h 预处理后，在 150℃时即可转化 90%的 CO。王育等采用共沉淀法制备了 $CuO/ZnO/ZrO_2$ 催化剂，研究了 $m(CuO):m(ZnO):m(ZrO_2)=70:15:15$ 的催化剂脱除乙烯物料中 CO 的情况。在反应温度 90℃、反应压力 2MPa、空速 $3000h^{-1}$ 的条件下，$CuO/ZnO/ZrO_2$ 催化剂可将乙烯物料中体积分数为 2.4×10^{-6} 的 CO 深度脱除至 3×10^{-8} 以下，它的活性明显优于工业 BR9201（$m(CuO):$

$m(\text{ZnO}) = 30 : 70$）催化剂。表征结果显示，$CuO/ZnO/ZrO_2$ 催化剂中的 ZrO_2 主要以无定形的状态存在。对比工业 BR9201 催化剂和 $CuO/ZnO/ZrO_2$ 催化剂得知，虽 CuO 质量分数从 30% 提高到 70%，但 CuO 晶粒的尺寸由 12.9nm 减小到 6.0nm，ZrO_2 的引入促进了 CuO 活性位的分散，大大提高了催化活性。Wang 等的研究结果表明，CuO 和载体接触界面形成的表面氧离子是主要的氧化 CO 的活性氧物种，同时在还原气氛下，体相 CuO 表面形成的亚稳态离子 Cu^+ 也可能起到了催化氧化 CO 的作用。他们还发现用乙醇、丙醇洗涤载体，载体比表面积大、粒径小，CuO 在载体上沉积后分散度高、粒子小，催化剂性能优于载体经水洗涤后的催化剂性能。

CeO_2 是一种具有萤石结构的氧化物，通常具有阳离子迁移和在较高温度下对 CO 具有良好的催化氧化活性的性质。CeO_2 已经作为添加组分广泛应用于净化汽车尾气的三效催化剂中，其中 CeO_2 的主要作用是：（1）在贫氧条件下促进 CO 氧化；（2）稳定和分散负载的活性组分；（3）在氧化还原环境下储氧和释氧。铜作为主要的活性物种，通常能和 CeO_2 形成铜铈协同效应，从而大幅度提高催化剂的催化性能。近年来有关将铜铈催化剂应用于 CO 催化氧化反应的研究报道较多，铜铈催化剂已经成为该领域的一个研究亮点。Luo 制备了 CuO/CeO_2 催化剂，结果表明 CuO 能与 CeO_2 很好地结合在一起，显著提高催化剂对 CO 氧化的活性，这归因于 CuO 高度分散在 CeO_2 载体上，对 CO 氧化活性有显著提高。罗孟飞等人采用软模板法合成了具有较高比表面积的 $CuO\text{-}CeO_2$ 复合氧化物，这种催化剂对 CO 氧化具有较高的活性，其中在含有 $12mol\%CuO$ 的 CuO/CeO_2 复合氧化物上获得了最高的 CO 氧化活性（$T_{90} = 80\text{℃}$）。Avgouropoulos 等将 $CuO\text{-}CeO_2$ 与文献中 $PtAl_2O_3$、$Pt/mordenite$、$Pt/A\text{-}zeolite$、$Pt/X\text{-}zeolite$ 和 Au/MnO_x、$Au/\alpha\text{-}Fe_2O_3$ 进行比较，指出 $CuO\text{-}CeO_2$ 性能优于 Pt 催化剂，$CuO\text{-}CeO_2$ 上 CO 转化率 $Au/\alpha\text{-}Fe_2O_3$ 稍微偏低，CO 选择性较 $AAu/\alpha\text{-}Fe_2O_3$ 上 CO 选择性高，$CuO\text{-}CeO_2$ 有更大的应用性。Ratnasamy 等发现 $CeO_2\text{-}ZrO$ 和 CeO_2 使 CuO 更分散、粒径更小，同时更容易被还原，因而 $CuO\text{-}CeO_2\text{-}ZrO_2$ 和 $CuO\text{-}CeO_2$ 有很高的活性和 CO 选择性。由于 CeO_2 有着良好的储放氧能力，充当了氧气缓冲器的作用，当氧气富足的时候通过 Ce^{3+} 转变为 Ce^{4+} 从而吸收氧，当氧气不足时又释放氧。但是气体温度很高，纯 CeO_2 会因为老化烧结而导致其储氧能力降低。锆离子的引入，补偿了由 Ce^{4+} 向 Ce^3 变化引起的体积膨胀，使晶格结构更加均匀，使氧离子扩散的活化能得到降低，提高了体相氧的迁移和扩散速率，大大提高了催化剂的氧化还原活性。CeO_2 晶格产生畸变，形成更多的缺陷和晶格应力，这就大大能提高耐温性。铈锆固溶体 $CeO_2\text{-}ZrO_2$ 比 CeO_2 具有更高的储存氧能力、热稳定性和低温还原特性，是一类性能比较优良的催化材料。Chen 等在 $CuO\text{-}CeO_2$ 催化剂中掺杂 Ni，结果发现掺杂少量的 Ni 有利于提高催化剂的 CO 催化性能，当 $Cu : Ni = 5 : 0.4$

时，该催化剂 CO 催化活性最好，在 70℃ 即可将 CO 完全转化。

除了上述铜、铈催化剂外，还有大量研究报道了其他非贵金属复合催化剂用于催化氧化 CO 的研究。周桂林等以 Co 和 Ni 为催化剂活性组分、活性炭为载体，通过饱和浸渍法制得非贵金属催化剂，由 XRD 研究表明，CN250（35）催化剂主要以 NiO 和高分散 Co_3O_4 物相构成。TPD 研究结果表明，催化剂吸附 O_2 分子的能力随着金属氧化物负载量的增加而增加，且催化剂对 O_2 分子的吸附能力强于 CO_2 分子。催化剂表面具有高活性的用于 CO 氧化的氧物种，吸附于催化剂表面的 CO 分子很容易被氧化成 CO_2 分子，且该催化剂具有较强的 CO_2 吸附能力，导致氧化产物 CO_2 分子与反应物 O_2 和或 CO 分子在催化剂表面形成竞争吸附而影响 CO 催化氧化活性。催化剂对于组成为 $CO：O_2：H_2 = 1.0：1.0：98$ 的原料气具有较高的 CO 选择性催化氧化活性，在 433~473K 时混合原料气中的 CO 氧化脱除率达 99.6% 以上，O_2 的氧化选择性达 50% 以上，即在高选择性下可将 CO 浓度降到 $40×10^{-6}$ 以下达到 PEMFC 对富氢燃料气的要求。混合气中水蒸气和或 CO_2 的存在对催化剂的催化活性具有不同程度的影响，CO_2 存在对催化活性产生了明显的影响。原料气中同时存在水蒸气和 CO_2 时，反应温度为 463~493K 时 CO 氧化转化率仍达 99.5% 以上，即该催化剂体系具有较强的抗水蒸气和 CO_2 的能力。谭海燕等采用溶剂法合成了热稳定性高的金属有机骨架材料 MIL-53(Al)（MIL：Materials of Institute Lavoisier），用此材料为载体负载钴催化剂用于 CO 的催化氧化反应，并与 Al_2O_3 负载的钴催化剂进行了对比。TG 和 N_2 物理吸附-脱附结果表明，载体 MIL-53(Al) 有好的稳定性和高的比表面积；XRD 以及 TEM 结果表明 Co/MIL-53(Al) 上负载的 Co_3O_4 颗粒粒径（平均约为 5.03nm）明显小于 Al_2O_3 上 Co_3O_4 颗粒粒径（平均约为 7.83nm）。MIL-53(Al) 的三维多孔结构中分布均匀的位点能很好地分散固定 Co_3O_4 颗粒，高度分散的 Co_3O_4 颗粒有利于 CO 的催化氧化反应。H_2-TPR 实验发现 Co/MIL（Al）催化剂的还原温度低于 Co/Al_2O_3 催化剂的还原温度，低的还原温度表现为高的催化氧化活性。CO 催化氧化结果表明，MIL-53(Al) 负载钴催化剂的催化活性明显高于 Al_2O_3 负载钴催化剂，MIL-53(Al) 负载钴催化剂在 160℃ 时使 CO 氧化的转化率达到 98%，到 180℃ 时 CO 则完全转化，催化剂的结构在催化反应过程中保持稳定。

C 钙钛矿型催化剂

钙钛矿型复合氧化物的晶格类似于 $CaTiO_3$，所以其通式是 ABO_3。其中 A 位离子大多是以稀土或碱土金属为主（La、Ce、Pr、Cs、Sr、Ba、Ca 等），B 位离子一般是以过渡金属为主（Co、Fe、Cu、Ni、Cr 等）。A、B 离子分别有 12 个和 6 个氧离子与其配位，生成 AO_{12} 和 BO_6 配位型多面体。钙钛矿型复合氧化物具有非常稳定的结构，当其 A 位或 B 位金属离子被其他金属离子取代后，其催化活性会发生很大变化，特别是 B 位含 Co 或 Mn 的钙钛矿复合氧化物具有很高的完全催化氧化 CO 性能，因此被广泛应用于汽车尾气净化、接触燃烧、固态电解质燃料电池电极等领域。

在理想状况下，ABO_3 钙钛矿型结构具有空间群为 $Pm3m$ 的立方对称性。一般来说，A 位处于这个立方晶胞的每个顶点上，与 12 个氧离子配位，B 位则处于这个立方晶胞的体心，与 6 个氧离子配位，O 则处于每个面的中心，这样即形成了一个 BO_6 的八面体。A 位为半径大于 0.09nm 的稀土或碱土离子，B 位为半径大于 0.051nm 的金属离子，A 位离子和 O 离子形成了紧密堆积的立方晶胞，而 B 位离子则被包裹在八面体晶胞的间隙中。合成钙钛矿氧化物时，各种离子半径需要符合一定的条件，否则钙钛矿晶格不稳定，易发生畸变或生成其他物质结构。通常用容限因子 t（tolerance factor）来表示离子半径大小和物质结构的关系。其表达式为：$t=(r_A+r_O)/(r_B+2r_O)^{\frac{1}{2}}$。其中 r_A、r_B、r_O 分表代表 A 位离子、B 位离子和氧原子的半径大小。当 $t<0.75$ 时，物质为铁钛矿结构；当 $t>0.75$ 时，物质则以方解石或者文石的形式存在。所以在理想状况下，只有当 $t=1$ 时，才会形成对称性非常高的立方晶格。

A、B 位离子都可以被其他离子部分取代，但依旧保持原有的钙钛矿型结构。借助这一特点，人们制备了多种多样的钙钛矿型复合氧化物催化剂。经过大量的实验证明，ABO_3 型催化剂的活性主要取决于 B 位的金属元素，而 A 位起到固定结构的作用，并不参与催化反应。部分取代 A 位离子（$A_xA'_{1-x}BO_3$）可以改变 B 位离子的氧化状态和其氧空位的量。部分取代 B 位离子（$AB_xB'_{1-x}O_3$），可以用一些过渡金属（Cu、Co、Fe 等）来调节 B 位离子的氧化态的分布，改变催化剂的氧化还原能力，从而改变催化剂的催化性能。

在 ABO_3 钙钛矿型催化剂中，B 位作为活性中心组分已经被众多研究者所报道，对 B 位上金属的选择也受到广泛重视。B 位阳离子通常选择 Co、Cu、Ni，Mn 和 Fe，经大量文献证明这些金属对氧化反应比其他金属活性要高。Li Wan 研究了钙钛矿型催化剂对 CO 催化氧化反应性能，结果发现由镧系元素和过渡金属组成的钙钛矿型氧化物的 CO 催化氧化性能，与 B 元素简单氧化物进行比较，发现活性顺序是一致的。N. Yamazoe 制备了 B 位由多种元素组成的钙钛矿型催化剂，发现 B 位离子之间会产生协同效应，使催化剂活性比普通氧化物催化剂催化活性要高。当 B 位离子被不同的价态的离子部分取代时，就会引起晶格空位或使 B 位的其他离子产生变价。J. M. D. Tascon 等人考察了不同 B 位元素对 CO 催化氧化的性能，结果表明在室温下 $LaMO_3$（M＝Cr、Mn、Fe、Co、Ni）型催化剂中的 M 为 Fe 时，CO 催化氧化活性最高，这是根据 B^{3+} 阳离子的电子构型决定的。H. Yasuda 等人制备的 $LaMn_{1-x}Cu_xO_3$ 催化剂比 La_2CuO_4 催化活性要高，这归因为 Mn 和 Cu 的协同作用，Cu 对 CO 具有活化作用，而 Mn 则对 O_2 有活化作用，Mn 的掺杂使 Cu 容易被还原，且两者共同促进了反应，从而提高了 CO 催化活性。

在钙钛矿结构中，作为活性位的 B 位离子，例如 Fe^{3+}、Mn^{3+}、Cu^{2+} 等，它们能够氧化成不同的高价态稳定离子，因此通过对 B 位离子的部分取代，可以实现对 B 位离子价态的变化。

在 ABO_3 钙钛矿型复合氧化物催化剂中，B 位阳离子作为活性中心，而 A 位阳离子的作用是稳定钙钛矿型结构，并不参与催化反应。当 A 位离子被其他离子取代时，就会引起 B 位离子价态的变化，一方面可以使 B 位离子的价态变得稳定，另一方面也可能引起晶格缺陷，从而使晶格氧的化学位发生改变。Fang 等人研究了不同 A 位元素取代对 CO 催化氧化性能的影响，结果表明当 A 位元素为 La 时，其化学吸附氧和晶格氧最强，活性最高。当制备的催化剂是由 Sr 部分取代 La 时，此种催化剂的活性是最高的。Wang 等人制备了 $La_{1-x}M_xMnO_3$（$M = Li$，Na，K，Rb 等）催化剂，结果表明在 CO 催化氧化反应中，A 位的 La 被 K 部分取代后，其活性是最高的，甚至可以与贵金属铂催化剂的催化性能相比。ABO_3 催化剂中 A 位可以被高价或者是低价离子取代，两者所产生的效果不相同。当 A 位离子被高价离子取代时，可能会导致 A 离子空位或者是 B 位离子的价态降低；当 A 位离子被低价离子取代时，可能会形成氧空位或者是使 B 位离子的价态升高。Seiyama 等人制备了 $La_{1-x}Sr_xCoO_3$ 催化剂，结果表明在 B 位化学组分一定时，A 位离子的部分取代可以调变钙钛矿型催化剂中 Co 的价态，使晶格氧发生变化，使其催化性能提高。Ilenia Rossetti 等人研究了催化剂 $La_{1-x}A_xCoO_3$ 和 $La_{1-x}A_xMnO_3$ 的相关性能，结果表明当 A 位掺杂 Sr 部分取代 La 之后，使 Co 和 Mn 的价态发生改变，使其产生了最高价态，提高了催化剂的催化活性。

长期以来，人们把 CO 氧化反应作为研究钙钛矿型复合氧化物的催化活性与结构缺陷性质之间的关系的一种探针反应。众所周知，ABO_3 钙钛矿型催化剂，A 位离子不起催化作用，仅起到结构支撑的作用，而 B 位离子是活性中心，起到催化作用。从众多文献报道来看，钴基钙钛矿型催化剂和锰酸盐催化剂的活性最高。例如 $LaMnO_{3+\delta}$，$LaMn_{1-x}Cu_xO_{3+\delta}$，$LaCoO_{3+\delta}$，$La_{1-x}Sr_xMO_{3+\delta}$（$M = Mn$、Co、Cr、Fe）等催化剂具有良好的 CO 催化氧化活性。实验结果表明，钙钛矿型复合氧化物催化剂上的 CO 氧化反应是一种"表面反应"，在此过程中，靠近 Fermi 能级的电子能带结构起到了关键性的作用。$LaBO_3$（$B = V$、Cr、Mn、Fe、Co、Ni）系列钙钛矿型氧化物催化剂中，$LaCoO_3$ 的催化活性最高，$LaCrO_3$ 的催化活性最差。在钙钛矿型催化剂中，CO 反应包括表面吸附和表面反应，即吸附态的 CO 和 O_2 发生反应产生 CO_2，此过程中晶格氧并没有参与反应。接着 O_2 的快速解离吸附在催化剂表面上，与此同时，CO 竞争吸附在催化剂表面上，活化的 O 原子与 CO 分子发生碰撞反应，生成的 CO_2 吸附在催化剂表面，并与气相 CO_2 达成平衡。钙钛矿型复合氧化物催化剂中的表面吸附氧或是表面晶格氧的反应性强弱反映了催化剂的 CO 氧化活性的高低，对 A 位或者是 B 位的掺杂都可以改变钙钛矿型催化剂的表面吸附氧和表面晶格氧，从而改变催化活性。Iramur M 制备了 $La_{1-x}Sr_xCoO_3$ 催化剂，将 Sr 部分取代 La，结果表明吸附氧能进入更深的表面层，从而大大提高催化剂的 CO 氧化活性，作者又将 Sr 和 Mn 分别掺杂到催化剂的 A 和 B 位上，结果表明在 130℃时催化剂 CO 转换率就达到了 80%，说明表面物种即吸附氧或是晶格氧的反应直接影响着催化剂的活性。所以钙钛矿型复合氧化物催化剂的 CO 氧化活性与催化剂结构中的晶格氧和吸附氧的反应以及所形成的氧空位引起的 B 位元素的变价有着密切的关系，这是影响催化活性的主要因素。

ABO_3 型钙钛矿型催化剂的性能（例如对 CO 的催化氧化性能、抗硫中毒性能等）与它的组成密切相关。通过在其 A 位或 B 位掺杂不同的过渡金属离子，可以达到改善催化剂性能的作用。因此，需要进一步研究催化剂的不同组成和性能之间的关系。该类型催化剂在催化时常常因为硫中毒而失活，对其中毒机理的研究对开发此类催化剂具有指导意义。王海等运用非晶态配合物法合成了 $LaCoO_3$，$La_{0.9}Sr_{0.1}CoO_3$，$LaCo_{0.3}Mn_{0.7}O_3$ 和 La_2CuO_4 钙钛矿型纳米粉体催化剂，研究了其 CO 催化氧化活性及 SO_2 中毒性能，初步推断了中毒机理。结果表明用该方法可以在较低温度下合成具有纯钙钛矿结构的纳米粉体催化剂，该催化剂具有很好的 CO 催化氧化活性，其中 $LaCoO_3$ 系列的催化活性优于 La_2CuO_4。所有催化剂经 SO_2 中毒后催化活性均有所下降，研究表明钙钛矿结构的破坏是硫中毒失活的主要原因。此外，Co 系钙钛矿型复合氧化物（即 B 位为 Co 的 ABO_3 型在化合物）是一类对一氧化碳及烃类等可燃气体具有良好性能的氧化催化剂，同时它又是可用作气敏传感材料的 P 型半导体。气敏性传感材料是国内外研究比较活跃的领域，气敏传感材料的气敏性能与气体在材料表面的化学吸附及催化剂的催化作用机理密切相关。研究 Co 系钙钛矿复合氧化物的催化作用及气敏性能，对于弄清其催化及气敏作用机理、开发这类性能优异的功能材料都是很有意义的。黄庆等考察了 $La_{1-x}Sr_xCoO_3$（$x = 0$，0.2，0.4）系列钙钛矿型化合物对 CO 氧化的催化性能及气敏性能，发现其催化及气敏性能均很好。Co 系钙钛矿在还原气氛中呈高电阻，在氧化气氛中为低电阻，电阻电子跃迁幅值很大达 2 个数量级，可望作为燃料的空气燃料（A/F）比传感材料。机理分析研究表明，Co 系钙钛矿的催化及气敏作用机理为晶格氧反应机理。A 位 Sr^{2+} 含量越多，B 位伪离子价态越高，晶格氧活泼性越大，CO 催化活性越好与之密切相关的气敏性能也越好。李金林等采用原位水热合成法，以硝酸镧、硝酸铈、硝酸钴和柠檬酸为原料，一步合成了钙钛矿型复合氧化物催化剂 30% $La_{1-x}Ce_xCoO_3$/SBA-15（$x = 0.05 \sim 0.25$），研究了 Ce 的不同掺杂量对催化剂结构及对 CO 催化氧化反应的性能。结果表明：原位合成的钙钛矿型复合氧化物催化剂 30% $La_{1-x}Ce_xCoO_3$/SBA-15（$x = 0.05 \sim 0.25$）具有类似 SBA-15 的二维六方有序中孔结构，随着 Ce 掺杂量增加，钙钛矿型催化剂颗粒尺寸先增加后降低，CO 催化氧化反应的活性先增加后降低。

当 Ce 的掺杂量为 0.2 时，催化剂在 380℃时，CO 的转化率达到 100%（完全转化）。这是由于 Ce 的掺杂导致钙钛矿结构缺陷的变化，使晶格氧浓度增加，吸附氧更易移动，有利于提高 CO 催化氧化活性。

在基于钙钛矿氧化物的催化体系中，催化剂的表面结构与催化剂所处的气体环境密切相关。催化剂的表面组分和结构经常随着气氛条件的不同而发生动态变化，而氧化和还原气氛是催化剂处理和催化反应中最常见的条件。一方面，可以通过氧化-还原处理有效控制催化剂的表面结构以及反应性能；另一方面，需要研究催化剂结构对气体环境的响应来理解催化剂活化或失活的机制。例如，Nishihata 等提出智能催化剂的概念，利用 $LaFe_{0.57}Co_{0.38}Pd_{0.05}O_3$ 和 $LaFe_{0.95}Pd_{0.05}O_3$ 等钙钛矿氧化物用于汽车尾气净化处理。他们发现当催化剂处于氧化气氛中，贵金属 Pd 以氧化态的形式进入氧化物晶格中，同时伴随反应活性的降低；当其处于还原气氛中，Pd 离子从体相中偏析并以纳米粒子的形式分散到表面上，从而表现出良好的反应活性。通过氧化还原气氛的交替变换实现贵金属物种从氧化态到金属态的交替变化，这抑制了贵金属粒子的烧结，进而实现担载催化剂的再生。Scott 课题组研究了 $BaCe_{0.95}Pd_{0.05}O_3$ 催化剂的动态结构变化及其对 CO 氧化反应活性的影响，认为 Pd 在氧化气氛中以 Pd^{2+} 的形式进入 $BaCeO_3$ 晶格，产生氧空穴，提高了晶格氧的迁移率，从而表现出良好的 CO 氧化活性；而在还原气氛下 Pd 以金属 Pd 的形式从晶格中析出并在表面团聚，因此晶格氧的迁移率降低，导致活性降低。在这些研究结果的基础上，高康等研究了钛酸钡和钛酸钙担载的 Ag 和 Pt 纳米催化剂的表面结构随氧化-还原处理过程的动态变化及其对 CO 完全氧化反应性能的影响。发现氧化物担载的 Ag 催化剂在氧化处理后其催化活性较还原处理的高；X 射线衍射（XRD）和 X 射线光电子能谱（XPS）表征结果表明，氧化处理能够提高载体表面 Ag 颗粒的分散度，而还原处理导致 Ag 颗粒的聚集，从而降低了催化氧化 CO 反应的活性。氧化-还原处理改变了担载 Ag 纳米粒子的尺寸并影响其 CO 氧化反应活性。与此相反，氧化物担载的 Pt 催化剂在还原处理后所表现出的 CO 氧化反应活性较氧化处理的高；对比研究发现，氧化和还原处理后 Pt 纳米粒子的尺寸基本相同，但是氧化处理的样品中 Pt 表面物种以氧化态为主，而还原处理后 Pt 表面物种主要为金属态。Pt 纳米粒子表面化学状态随氧化-还原处理的调变是导致表面催化活性差异的主要原因。

类钙钛矿型复合氧化物（A_2BO_4）是由钙钛矿结构基元（ABO_3）与岩盐结构基元（AO）交替组合而成的一种超结构复合氧化物，A 位离子通常为稀土和碱土元素，B 位离子多为第四周期过渡金属元素（如 Cu、Co、Ni 和 Mn 等）。类钙钛矿复合氧化物具有独特的结构和氧化还原性能，是性能优良的催化材料。Cheng 等采用柠檬酸络合法制备了 $La_{2-x}Sr_xCoO_4$ 复合氧化物催化剂，考察了其对 CO 和 CH_4 氧化反应的活性，并探讨了催化剂组成、结构与活性的关系。Ladavos

等研究了 $La_{2-x}Sr_xCuO_4$ 复合氧化物催化 NO 与 CO 的反应机理，指出氧空位在反应中发挥的重要作用。Liu 等利用 $La_{2-x}Sr_xCuO_4$ 复合氧化物同时消除柴油车尾气中 NO_x 和碳颗粒排放物，发现用 K^+ 取代部分 La^{3+} 后，复合氧化物中 Cu^{3+} 和氧空位增加有利于催化活性的提高。罗来涛等考察了 $LaSrCoO_4$（Ln = Pr、Nd 和 Eu）复合氧化物对 CO 和 C_3H 氧化反应的催化性能，指出稀土元素 Pr、Nd 和 Eu 对氧化活性的影响不同。邵光新等考察了 $LaSrCoO_4$ 复合氧化物 B 位元素的取代效应，结果表明，Ni 的掺入使 $LaSrCoO_4$ 复合氧化物的氧吸附性能提高，晶格畸变率增大，平均晶粒度减小，催化活性改善。但在实际应用过程中，由于类钙钛矿型复合氧化物比表面积小，抗烧结性能差，严重制约了催化性能的发挥。解决这些问题的有效途径是将类钙钛矿复合氧化物高分散负载于比表面积大和热稳定性高的载体上，而对负载型类钙钛矿复合氧化物催化性能的研究报道较少。井维健等采用柠檬酸络合-浸渍法制备了以镁铝尖晶石 $MgAl_2O_4$ 为载体、复合氧化物 $La_{2-x}Sr_xCoO_4$（$x = 0.2$、0.4、0.6 和 0.8）为活性组分的催化剂，利用固定床微型反应器测试催化剂对 CO 氧化的催化性能，并考察水蒸气和 SO_2 对其活性的影响。结果表明，$x = 0.2$、0.4、0.6 和 0.8 时，活性组分 $La_{2-x}Sr_xCoO_4$ 均能在镁铝尖晶石 $MgAl_2O_4$ 载体上形成类钙钛矿 A_2BO_4 结构；随着 x 增大，催化剂化学吸附氧和晶格氧的活动性增强，有利于 CO 催化氧化。活性测试结果表明，$x = 0.8$，催化剂对 CO 氧化的催化活性最佳，400℃ CO 转化率可达 10%；水蒸气对催化剂活性的影响较小，SO_2 显著降低催化剂的催化活性。

D　分子筛催化剂

分子筛具有规整的孔道排列、均匀的孔径分布以及较大的比表面积等独特的结构特点，热稳定性较好，抗水、抗铅、抗硫化物中毒能力强，因而被广泛应用于多相催化领域。后来人们利用组装技术将 Au、Pd 等贵金属植入分子筛孔道中，该类催化剂的应用主要集中于 F-T 合成、CO 还原和烷烃芳构化等催化领域。虽然 Kubo 等人早在 1973 年就阐明了过渡金属离子交换的分子筛在催化 CO 完全氧化反应中的重要性，但由于分子筛本身的复杂性以及 CO 氧化反应的反应物及产物的尺寸等因素的制约，很长一段时间内有关分子筛在该反应中的应用没有引起人们的足够重视。直到 20 世纪 90 年代，随着分子筛制备技术的日臻完善及其应用范围的不断扩大，国内外相关报道逐渐增多。目前用于 CO 氧化反应的分子筛主要有：NaX、NaY、NaZSM-5、MCM-41 和钛硅（TS-1）分子筛等。嵇天浩等以 $[Pd(NH_3)_4](NO_3)_2 \cdot H_2O$（简称 PNH）作为离子交换前驱物，利用微波交换-氢还原技术合成了嵌入 Y 型分子筛中的 Pd 簇合物，并考察了制备条件、反应条件对 CO 氧化性能的影响。研究结果表明，合成过程中在 150~240℃ 焙烧时 Pd 原子容易进入分子筛体相形成簇合物，含量仅为 0.410% 的该簇合物催化剂经氢气还原，在空速 2000h^{-1} 和室温的反应条件下即可完全转化为 CO，表现出良好的催化性能。Okumura 等人以有机金络合物（CH_3）$_2$Au（CH_3COCHCOCH$_3$）为前体，采用化学气相沉积法将纳米金粒子组装于 MCM-41 分子筛孔中制备出了 Au/MCM-41 催化剂。结果表明，当其金粒子直径保持在 5nm 以内时，在 310K 以下就具有很好的催化 CO、H_2 反应氧化性能，而且比传统浸渍法制备的催化剂活性要好。Petrov 等人也曾详细研究了负载在多晶莫来石纤维上的铜离子交换钛硅（TS-1）分子筛，即 Cu-TS-M（Copper-Titanium-Silicalite-Mullite），研究结果表明，Cu-TS-M 比 Pt、Rh 等催化剂的 CO 氧化活性高，而对 NO 的还原活性相对较低；Rh、Ce 的加入大大提高了 Cu-TS-M 的 CO 氧化和 NO 还原的能力，而且起燃温度低、反应活性优于负载的贵金属催化剂，是一种极有前途的 CO 氧化催化剂。

由于 ZSM-5 分子筛结构具有大的外表面积、高表面能、短孔道等优点，对催化反应有利，作为载体具有优良的性能，在催化剂领域日益受到重视。林培琰等曾研究了双交换 Cu、Pd-ZSM-5 催化剂上 NO 分解和 CO 氧化反应，发现由于 Cu、Pd 金属间协同效应使得 CO 在 163℃时转化率即可达 90%。刘雯雯等通过反相微乳法并结合共沸精馏将金、铜前驱体负载到 ZSM-5 分子筛上，再经氢气活化后制备双金属催化剂 Au-Cu/ZSM-5，并采用 N_2 吸附/脱附、X 射线粉末衍射、紫外-可见光谱和高分辨透射电镜等对样品进行表征，同时测定了其对 CO 的氧化活性。结果表明，金和铜形成了合金相，金属颗粒尺度均一、粒径较小，且分散性良好。CO 氧化反应结果表明，Cu 可以提高 Au 催化剂的催化性能，增强其氧化活性，这是由于 Au 与 Cu 之间的相互作用。Au-Cu 原子比例为 3∶1 时，催化剂在 80℃下能够实现 CO 的完全转化。毕玉水等曾报道了 Pd/NaZSM-5 负载催化剂用于催化 CO 完全氧化的反应结果，发现 Pd/NaZSM-5 是一种较好的 CO 氧化催化剂，其催化 CO 氧化的起燃温度可低达 38℃。在此基础上，该课题组以浸渍法制备了一系列添加 CeO_2 的 Pd-Ce/NaZSM-5 负载型催化剂。以 CO 氧化为模型反应，考察了反应温度、Ce 含量、预还原、空速及水蒸气等对 CO 氧化性能的影响，并利用 XRD 和 XPS 等手段对催化剂体相及表面结构进行了表征。结果表明：加入 CeO_2 作助剂可明显提高催化剂的活性，且催化转化率随着反应温度及 Ce 含量的增加而增加；随着空速的增加而降低；催化剂对水蒸气不敏感，在水蒸气存在的条件下反应可连续进行 720h 以上保持 CO 完全转化；H_2 预还原作用使催化剂活性有所提高。XRD 测试结果表明，催化剂中 Pd 组分处于高分散状态，CeO_2 的引入促进了 Pd 物种在 NaZSM-5 载体上的分散。表面 XPS 分析证实催化剂表面 Pd 物种处于较高的氧化状态，且 CeO_2 与 Pd 物种间存在协同作用。Pd 的高分散及其与 CeO_2 的相互作用是催化剂具有高活性的关键。

氧化锰八面体分子筛（简称 OMS-2），属于 α-MnO_2 一种，因具有多孔结构、混合价态的锰离子、温和的表面酸碱性和优良的离子交换性，近年来成为一个新的研究焦点。它是由 2×2 ［MnO_6］以共棱边和共棱角组合成一维隧道结构，孔径约为 0.46nm，其中隧道中 K⁺可与外来的阳离子发生离子交换。早期的研究主要集中在 OMS-2 制备及自身的表征上。近年来，有关 OMS-2 在催化领域上的研究和开发日益活跃，人们已经发现它在很多反应中都具有较为理想的催化活性。为了进一步提高其催化、电学和结构特性，通常采用金属离子对 OMS-2 结构进行改性。如：Xia 等人采用前掺杂法成功制备 Ag/OMS-2，其低温催化 CO 的活性可与 Hopcalite 型催化剂（$CuMn_2O_4$）和单质 Ag 相当，而且催化剂稳定较好。Gac 等详细地考察了前掺杂法和浸渍法制备 Ag 改性 OMS-2 对其结构、氧化还原性及低温催化 CO 的影响。叶青等通过前掺杂法（PI）和浸渍法（IM）制备了氧化锰八面体分子筛（Octahedral Molecular Sieves，OMS-2）负载 Pd（Pd/OMS-2）催化剂。研究了不同制备方法和不同 Pd 负载量对 Pd/OMS-2 催化剂催化氧化 CO 性能的影响，通过与载体 OMS-2 的比较研究了 Pd/OMS-2 催化剂的稳定性。结果表明，前掺杂法制备的 Pd/OMS-2-PI 催化剂活性明显优于浸渍法制备的 Pd/OMS-2-IM 催化剂，其 T_{100} 分别为 75℃和 175℃。这与 Pd/OMS-2-PI 催化剂中 OMS-2 载体与 Pd 之间存在强相互作用有关。Pd 负载量明显影响 Pd/OMS-2-PI 催化剂的催化活性，3Pd/OMS-2-PI 催化剂（$w(Pd)=3.0\%$）催化活性最高，这是由于 Pd 掺杂进入 OMS-2 晶格结构，能活化晶格氧，而随 Pd 含量的进一步增加，部分 Pd 分布在 OMS-2 表面。稳定性结果表明，Pd/OMS-2-PI 稳定性明显优于 OMS-2 载体本身，这可能与 Pd 掺杂进入催化剂晶格，能较好稳定 OMS-2 结构密切相关。徐铮也以 $MnSO_4 \cdot H_2O$ 和（NH_4）$_2S_2O_8$ 为前驱体，在不同晶化温度下水热合成了一系列氧化锰八面体分子筛（OMS），为了对比，用冷凝回流法合成了 MnO_x110，选取 OMS110 和 MnO_x110 采用沉积沉淀法合成了 Au/OMS110 和 Au/MnO_x110，并考察了催化材料的 CO 氧化性能。采用 SEM、XRD、BET、H_2-TPR 等手段对固体材料的结构进行了表征，考察了不同晶化温度对 OMS 形貌、晶型、氧化还原性能的影响。结果表明，晶化温度为 110℃时的 OMS 的形貌最规则，比表面积最大，其对 CO 的催化氧化性能也最好，且比 110℃制备的 MnO_x 要好，负载金的两种催化剂催化性能都明显提高。无独有偶，刘雪松等以 $MnSO_4$ 和 $KMnO_4$ 为前驱体采用回流法在酸性介质中合成氧化锰八面体分子筛（OMS-2）。采用浸渍法制备了 PdO/OMS-2 催化剂在 400℃空气氛下进行焙烧，并进行了 CO 活性测试。从 SEM 照片可以看出 OMS-2 分子筛为纳米棒结构。XRD 表明所合成的样品为典型的 OMS-2 的 crytomelane 结构。OMS-2 分子筛的热重分析结果表明该分子筛结构比较稳定，500℃之前没有明显变化。OMS-2 负载 PdO 催化剂具有较高的 CO 催化氧化活性，并且高分散的 PdO 是主要的活性中心。

　　SAPO-34 分子筛是美国联合碳化物公司开发的磷酸硅铝（SAPO-n）系列分子筛中的一种，具有菱沸石结构，孔径大小为 0.43nm。其热稳定及水热稳定性都较高，在高温和有水蒸气存在的条件下都具有吸附稳定性和骨架稳定性，以其为载体应用于汽车尾气处理的研究已有报道。SAPO-34 分子筛具有较大的比表面积，小的晶粒等可有效增强其上活性组分的分散度。顾建峰等采用水热法合成出小晶粒的 SAPO-34 及金属取代的 MeAPSO-34 分子筛，并作为载体用浸渍法负载上不同含量的 Pd 催化剂，应用于催化 CO 氧化反应。反应结果显示：催化剂载体、催化剂的制备条件和反应条件对 CO 的氧化催化活性均有较大影响，催化剂的活性随焙烧温度的增加而降低，随反应温度及 Pd 含量的增加而增加。XRD、TEM 物化表征结果表明催化剂中的 Pd 处于高分散状态，粒子直径在 $2 \sim 8nm$ 之间；表面 XPS 分析证实了 CO 氧化催化活性的活性组分为高度分散的 PdO。

E　其他催化剂

除上述贵金属催化剂、非贵金属催化剂及以分子筛为载体的催化剂之外，国内外的研究者们对络合物催化剂及合金催化剂也进行了大量的研究工作。例如负载的 Wacker 型催化剂，在接近室温下显示出较高的 CO 转化率，即使在有水存在的情况下也很稳定。在该催化体系上 CO 氧化的化学过程为：

$$CO + PdCl_2 + H_2O \longrightarrow CO_2 + Pd(0) + 2HCl \qquad (7-16)$$

$$Pd(0) + 2CuCl_2 \longrightarrow PdCl_2 + 2CuCl \qquad (7-17)$$

$$2CuCl + 2HCl + \frac{1}{2}O_2 \longrightarrow 2CuCl_2 + H_2O \qquad (7-18)$$

Shibata 等人曾报道了晶态合金 $Au_{25}Zr_{75}$ 的转变有助于 CO 氧化反应。Mochida 等将四苯基卟啉钴担载于 TiO_2 上，并将该催化剂（$CoPPT/TiO_2$）应用于催化 CO 氧化反应，同时与 Hopcalite 催化剂（MnO_2 60%~CuO 40%）作对比，结果发现，$CoPPT/TiO_2$ 活性明显优于 Hopcalite 催化剂，在 $-79℃$ 时其反应速率就可达 $6.9 \times 10^{-2}mmol/(g \cdot min)$，但是其寿命较短，20min 以后迅速失活，采用适当的温度焙烧可重新恢复其原始活性。合金催化剂有利于克服不同催化剂体系的缺点，为开发可实际应用的催化剂奠定了基础，具有广阔的研究前景。

氧化铝、二氧化硅、氧化锆及分子筛等传统负载型催化剂载体，其制备方法、工艺较为复杂，成本较高；贵金属型催化剂虽然具有较高的催化氧化 CO 能力且抗中毒能力和抗水性能优良，但高昂的价格限制了贵金属型催化剂的广泛应用。因此探索低成本、高效 CO 氧化催化剂具有非常重要的意义。

7.2.2.2　吸附法

吸附法利用分子之间的作用力，将含有污染物的空气通过有吸附能力的固体吸收剂，使气相中的污染分子与固体之间形成作用力吸附固体表面，实现气体的净化。常用的具有吸附能力的物质包括活性炭、硅胶、分子筛、活性氧化铝等。根据吸附机理，一般分为物理吸附、化学吸附和离子交换三种，离子交换法对于 CO 体系不适用。

（1）物理吸附。物理吸附是指，吸收过程吸附剂与吸附质之间的作用力是静电引力，过程不伴随化学反应。活性炭等吸附剂具有巨大的表面积，可以物理吸附各种有害气体，而且由吸收原理可知整个吸附过程不具有选择性。所以，在密闭空间内，活性炭能不同程度地消除空气中的各种有害物质，主要是碳氢化合物、氮氧化合物、氯化物等，虽然吸收过程能在瞬间完成，但是吸附剂往往尚未达到饱和状态就会脱附，对于净化过程的选择性特别差，加之其净化成本比较高，仅适合紧急情况的应急处理，并不能长时间的满足密闭环境净化要求。

（2）化学吸附。化学吸附在吸附过程中，吸附剂表面分子和吸附剂分子之间伴有化学反应，作用力也以吸附剂和吸附质之间的化学键力为主。相比物理吸附，化学吸附具有选择性，一般只吸附参与化学反应的气体组分。

目前用于变压吸附分离 CO 的吸附剂，大都是负载有铜的吸附剂，铜系吸附剂吸附 CO 的机理主要是 Cu^+ 与 CO 形成中等强度的 π 键络合物，而与 CO_2、N_2、H_2、CH_4 等没有上述作用，因此所得的 Cu（I）型吸附剂对 CO 有高度的选择性吸附作用。北京大学谢有畅等人研发的吸附剂已经实现了工业变压吸附 CO。他们利用盐类或氧化物可在高比表面载体上自发单层分散的原理，选取高比表面积的载体，将 CuCl 单层分散在其上，利用 Cu^+ 离子与 CO 络合反应的原理，制备出具有选择性的变压吸附剂。该方法具有吸收容量大、选择性高等优点，并可以在吸附饱和以后，加热吸附剂 110~120℃，在氮氢混合气的吹脱作用下实现脱附再生，并验证循环 100 个周期吸收容量基本不变。该方法的缺点是使用之前需要对吸附剂激活，将被氧化的 Cu^+ 还原，并且原料气需要进行预处理，除去原料气中的 CO_2 和水汽及其他杂质，再生阶段需要泄压至 0.2~0.4MPa，一定程度限制了其应用。岑沛霖等人采用 13X 分子筛与 0.1mol/L 硝酸铜溶液在常温 pH 值为 7 的条件下进行离子交换，制备出了含铜量为 5.037% 的吸附剂。刘晓勤采用粉状活性炭负载 Cu（I）后再添加稀土化合物制得的吸附剂在 16℃、CO 分压为 20kPa 下测得的吸附容量约为 1mmol/g。值得注意的是，李淑娜等采用水热交换法，在 0.5mol/L 的氯化铜溶液中交换 3 次制得的吸附剂，研究了该吸附剂在固定床温度 30℃、CO 分压为 6kPa 下吸附一氧化碳的动态吸附性能，测定了穿透曲线，动态吸附容量为 2.1385mmol/g，并用 BET 吸附仪测定了制备的 CO 吸附剂比表面积，用电感耦合等离子体原子发射光谱（ICP）测定其离子交换度为 52%，含铜量为 9.52%（质量分数）。通过粉末 X 射线衍射仪（XRD）和场发射扫描电子显微镜（SEM）表征发现，水热交换法制备 CO 吸附剂，Cu^{2+} 有效地取代了 NaY 原粉中 Na^+，经过焙烧还原后仍然能够维持原骨架结构的完整。用 NH_3-TPD 考察了改性前后吸附剂酸度的变化以及用 H_2-TPR 考察了吸附剂合适的还原温度。采用 130℃氮气吹扫的方法再生，再生彻底并且吸附效果稳定。

7.2.2.3 溶液吸收法

由于 CO 的化学性质非常稳定，因而很难溶于多数极性或者非极性的溶剂，更不溶于常规溶剂。但科学家们很早就发现 CO 很容易与一些金属离子（以及铵离子或金属本身）形成络合物，最早发现的是 CO 可以与 Cu^+ 形成稳定的络合物，并将其应用到了合成氨工业的原料气中 CO 的脱除，并在此基础上发展了一系列 CO 分离提纯以及合成气的净化技术，其中已经实现工业化的有铜氨溶液法，Cosorb 法等方法，我们从这些方法中寻求的吸收净化方法。

A 铜氨溶液法

铜氨溶液早在 1913 年便开始投入使用，曾一度被大部分的合成氨厂使用，用于除去原料气中对催化剂有毒的 CO 气体。该法工艺很成熟，铜氨液根据酸根种类不同也有很多种，最常见的是醋酸铜氨液。在高压和低温下，铜氨溶液吸收一氧化碳生成的络合物，然后在减压和加热条件下再生。铜氨溶液法是利用 Cu^+ 与 CO 形成络合物的能力，其主反应原理为：

$$[Cu(NH_3)_2]^+ + NH_3 + CO \longrightarrow [Cu(NH_3)_3CO]^+ \tag{7-19}$$

铜氨溶液的吸收效果受到溶液配制条件的影响，总铜量、铜比、总氨量、游离氨等都是溶液调节的重要指标，吸收过程中确定和调节这些参数是铜洗工序生产管理（工艺管理）的主要任务之一。铜氨溶液吸收法作为一种古老的方法，由于操作条件比较多（10MPa 以上的高压、优质防腐蚀钢材等）、设备容易堵塞等原因，该方法已逐渐被淘汰，在密闭环境中该方法同样不适用，因为铜氨溶液中存在大量的游离氨，会对环境造成二次污染。

B Cosorb 法

Cosorb 法是由美国田纳柯（Tenneco）公司于 20 世纪 70 年代初开发的，据田纳柯公司报导，CO 的回收率和纯度都可达到 99% 以上。该反应使用四氯化亚铜铝的甲苯溶液作吸收剂，同样为可逆反应，在加压、低温下吸收，在减压、加温下解吸，其工艺针对传统铜氨液吸收法存在的各种问题做出了相应的改良。该方法将氯化亚铜和氯化铝溶于甲苯溶液中，按照摩尔比 1.1 : 1 : 3.5，首先是溶液中的氯化亚铜和氯化铝形成"氯桥"连接的双金属盐，结构示意图如图 7-2 所示。

随后该"氯桥"与甲苯形成稳定的络合物，使 Cu^+ 在吸收液中稳定存在，如图 7-3 所示。

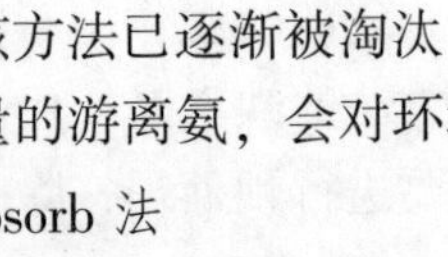

图 7-2 氯化亚铜和氯化铝形成"氯桥"

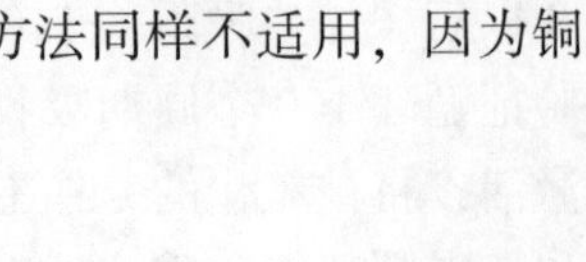

图 7-3 络合物结构

总反应方程式为：

$$AlCuCl_4 + nCO \longrightarrow AlCuCl_4 \cdot nCO \qquad (7\text{-}20)$$

Cosorb 法之所以说是对铜氨溶液的全面改良，是因为其具有以下优势：

（1）可以在很宽的压力（可常压吸收）范围和常温下操作。

（2）原料气中杂质组分如 CO_2、N_2 等对吸收分离的影响小，特别是解决了 CO_2 对吸收分离的影响，而铜氨法必须预先脱除 CO_2，否则无法正常运行。

（3）吸收容量大，气液比大，吸收液的循环量小。

但 Cosorb 法同样存在缺陷，该方法对原料气的要求更高，H_2O、NH_3、H_2S 等这些常见气体都会与吸收液发生副反应，使络合剂吸收能力大幅下降甚至失效，因而使用之前复杂的预处理系统。与此同时，甲苯也是易挥发有毒气体，会对密闭环境造成二次污染，这些都限制了该方法的使用。

C　水溶性吸收剂法

Hirai 等人的研究发现，氯化亚铜铝与聚苯乙烯邻接的芳香环能够形成稳定络合物，此络合物能够将水隔开，从而使络合液具有了耐水性。经过实验检测，证明该高分子络合液对 CO 的吸收能力不受水的作用影响，开发出了具有耐水性的氯化亚铜铝—聚苯乙烯高分子吸收溶剂。Katsumoto 配制了一系列 CuCl 与其他氯化物（包括 HCl、$MgCl_2$、LiCl、NH_4Cl、KCl、$CaCl_2$、$SrCl_2$、$CoCl_2$、$NiCl_2$）的溶液，并改变两组分的摩尔比，考察配制的溶液对 CO 的吸收能力。发现 $CuCl$-$MgCl_2$ 溶液的吸收能力明显强于其他氯化物配制的水溶液，且该吸收液吸收效果不受原料气中 CO_2 的影响。他们进一步考察吸收产物上清液中细微颗粒物的成分，产物为 $CO \cdot CuMgCl_3 \cdot nH_2O$，该产物在 70℃ 及以上的温度能完全释放。东北大学苏春辉、车荫昌配制浓度为 CuCl $3kmol/m^3$，$MgCl_2$ $5.2kmol/m^3$ 的 $CuCl$-$MgCl_2$ 水溶液用于的 CO 分离。首先测量溶液的吸收容量，1 体积的吸收液可吸收约 50 体积的 CO，改变温度后，溶液的吸收容量随温度升高降低。并在测量了溶液的密度、黏度、表面张力等物理性质后，认为该溶液作为 CO 的吸收剂很有发展前途。然后在吸收塔内，以该溶液作为吸收剂，在常温常压下循环吸收含 CO 的混合气，实验一次吸收率大于 93%，解吸产物中 CO 的纯度超过 98%，加热再生后吸收液可以循环使用。

吸收剂原料相对廉价，制作工艺简单且吸收剂的吸收容量比较大是溶液吸收法的优点；缺点在于这种吸收剂一般都是液体，为保证良好的吸收率，往往需要借助吸收塔完成吸收过程，且吸收过程容易带入新的污染气体，这使得这种吸收方法使用范围较窄。目前尚没有工业化的报道，具有一定的开发应用前景。

7.2.2.4　其他方法及设备

A　光催化法

在低能量光源（太阳光、荧光灯等）的照射下，光催化氧化技术利用 O_2 做氧化剂，可以使有毒有害气体中的污染物发生快速且完全的氧化反应，直接转换为 CO_2 和 H_2O 等无害气体。TiO_2 具有极高的光催化效率和稳定的化学性质，对人体无毒，故是目前公认的最佳光反应催化剂。刘长虹、吴树新等人的研究利用涂覆法得到氮掺杂的 TiO_2 薄膜，以 365nm 波长的光进行激发，对 CO 进行光催化消除实验，分析了氧化原理，认为光激发在催化剂表面产生电子和空穴，进而与吸附于表面的 CO 反应生成 CO_2，并通过实验证明紫外光照射条件下原料气中加入水汽，对 CO 消除具有一定的促进作用，解决了 CO 消除反应都需考虑水对催化剂活性影响的问题。张敏课题组也对纯 TiO_2 及担载贵金属（Pt、Pd）的 TiO_2 进行了一些研究，然而对载体的研究却比较少。半导体光催化剂中，TiO_2 和 ZnO 都具有较高的活性，二者的禁带宽度相同（$E_g = 3.2eV$）。半导体光催化剂降解液相有机物的研究表明，由于 ZnO 在溶液中易发生光腐蚀，其活性低于 TiO_2。徐自力等人对 TiO_2 和 ZnO 进行了光催化氧化降解气相庚烷的研究，发现 TiO_2 的活性同样优于 ZnO。张敏等人在 TiO_2 和 ZnO 表面 CO 光催化氧化研究中发现，365nm 紫外光照下 TiO_2 表面无活性，而 ZnO 表面却有明显的 CO 光催化氧化活性。研究表明，主要是由于紫外光照下，ZnO 光分解而 TiO_2 没有光分解，从而在表面产生不同吸附形态的氧所致。而且，ZnO 表面 CO 光催化氧化反应活性可在 27h 内保持稳定，暗示气相光催化反应中，ZnO 不会因为光腐蚀而使其催化活性降低。该课题组还用化学方法制备了负载金的纳米管钛酸（$Au/H_2Ti_2O_4(OH)_2$）光催化剂，结果表明，经 573K 处理后，纳米管钛酸表面及管内均有零价的金颗粒存在。与纳米管钛酸（$H_2Ti_2O_4(OH)_2$）相比，$Au/H_2Ti_2O_4(OH)_2$ 具有明显的 CO 光催化氧化活性，但在暗态时无活性。经分析认为，暗态时 Au 与纳米管相互接触的位点活性不高，故催化剂无 CO 催化氧化活性；紫外光照射下，纳米管激发产生 e-h$^+$ 对，e 从纳米管转移到 Au^0 上，使纳米管和 Au$^-$ 在接触周界处产生相互作用，形成活性位，导致 CO 催化氧化反应发生。

光催化过程在常温下即可发生，符合各类净化要求。使用光催化法净化气体，整体结构简单、操作条件容易控制、氧化能力强、无二次污染、节能、设备少等优点，具有一定的工业化应用前景。但光催化法存在失活、光源、载体以及固定等问题，一定程度上限制了该方法的使用。

B 深冷法

深冷法是一种始于 20 世纪 60 年代的成熟工艺，最早是一种高压低温的分馏技术，利用 CO 与其他组分的沸点差异，通过低温精馏来实现分离的。首先利用中压冷却循环原理，通过制冷装置将混合气体液化，再根据混合气体沸点不同，经过二次精馏分离出 CO 等有毒有害气体。其流程示意图如图 7-4 所示。

深冷法工艺成熟，处理量大，在潜艇等特殊环境已经实现了应用。但对于复杂的原料气，杂质组分在低温下会发生固化，堵塞管路，需要进行十分复杂的预

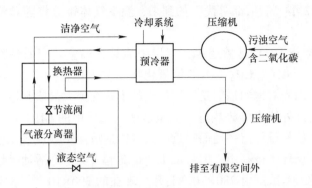

图 7-4 深冷法流程示意图

处理系统；对设备材质要求高，能耗高，操作复杂，设备和操作费用高，若组分复杂分离更加困难。只有在体积比较大，环境要求比较严格的密闭空间才会使用该方法，而且不适用于分离含 N$_2$ 的原料气。

C 低温等离子体法

低温等离子体内部富含电子、离子、自由基和激发态分子。目前，对低温等离子体的作用机理研究认为是离子间弹性碰撞的结果：高能电子与气体分子（原子）非弹性发生碰撞，能量会转换为基态分子（原子）的内能，此过程会发生一系列激发、离解和电离过程，活化气体，产生·OH、H$_2$O$_2$ 等自由基以及极性强氧化性的 O$_3$，这些物质能够氧化包括 CO 在内的有毒有害气体，是一种综合净化气体的方法，可以同时净化多种气体。蒋洁敏等利用介质阻挡放电产生的低温等离子体对流动态条件下一氧化碳进行了研究。研究结果表明 CO 转化为 CO$_2$ 的转化率和电压呈单调递增的关系，和浓度呈单调递减的关系。同时研究表明纯 Ar 体系中水分子的存在有利于一氧化碳向二氧化碳的转化，在湿度为 100% 时转化率可以高达 75.79%。孙毅采用介质阻挡放电所产生的低温等离子体耦合催化剂处理 CO 模拟空气，研究发现，CO 催化氧化效率与催化剂加入与否、种类、原料气体初始浓度、体积空速、水汽浓度和能量密度有关。催化剂加入后 CO 转化率提高；不同催化剂与等离子耦合后会产生不同协同效果。在低能量密度下，原料气初始浓度越低、体积空速越小、水汽浓度越低能量密度越高模拟空气中 CO 的转化率就越大。

7.3 CO$_2$气体净化技术

7.3.1 CO$_2$的产生、性质及危害

7.3.1.1 CO$_2$的来源

全球工业化进程的加快使温室气体的排放量越来越大，并带来严重的环境污

染，随着 2012 年"后京都时代"的到来，温室气体排放将随着经济的加速发展而急剧上升。

温室气体（GHG）是指地表大气层中能导致温室效应的各种气体，主要的 GHG 有水蒸气、CO_2、CH_4、O_3、氮氧化物和含氟化合物等，这些 GHG 都能吸收红外线，太阳光对地的辐射是以可见光的形式穿透大气层到达并加热地面，而地面通过发射红外线来释放热量，但是这些大气层中的 GHG 吸收了大部分地面反射的红外线使热量停留在地面附近的大气中造成温室效应。虽然大部分的 CO_2 在自然界的碳循环中被利用，但自从工业革命起人类生产活动燃烧的化石燃料仍使大气层中的 CO_2 浓度由 280×10^{-6} 上升至现在的 390×10^{-6}。事实上水汽才是最主要的 GHG，但是它与 CO_2 不同的是水汽可以凝结成水，所以大气中的水汽含量是基本稳定的，不会像其他 GHG 出现累积的现象，故一般讨论 GHG 时不考虑水汽。所以，CO_2 才是 GHG 中对环境影响最大的气体，其对气候变化的影响因素约占 49% 的比重，同时它也是地球生物最大的碳源供给者，因此，解决全球气候变暖问题在很大程度上应从 CO_2 的减排出发，寻求更有效的 CO_2 控制措施。

据欧盟最新一份动态 2012 年全球 CO_2 排放量报告指出，2011 年全球 CO_2 排放量增加了 3%，达到 340 亿吨，这个数值可能使联合国原本制定的到 2050 年之前全球平均气温上升不超过 2℃ 的目标难以实现。虽然 2008 年减少 5% 排放量，但 2010 年又剧增，在过去 10 年中，年均增长约为 2.7%。2011 年 CO_2 排放量位居前 5 位的是中国（29%），美国（16%），欧盟（11%），印度（6%），俄罗斯（5%）和日本（4%），但是全球人均 CO_2 排放量最大的是澳大利亚，达到了约 19t/人，其次是美国，人均约 17.3t，再次是沙特阿拉伯，人均约 16.5t。中国作为世界上人口最多的国家平均 CO_2 排放增加 9% 达到了 7.2t/人，已经步入了主要工业化国家的人均排放量 6~19t 范围之内。世界上来源于化石燃料燃烧和水泥生产的前五位国家的人均 CO_2 排放量比较分析表明，综合排放量与人均量，美国仍然是 CO_2 最大的排放国之一，而中国的人均排放量较少是由于人口基数较大所致，但是人均增幅最为明显，中国已成为全球 CO_2 减排最重要的责任者之一。

中国的 CO_2 排放源主要集中在燃烧化石燃料的电厂、钢铁厂等，因为我国仍是以煤为主要能源消费结构的国家，这也是我国的基本国情所决定的，根据《年鉴》的统计数据显示，2011 年中国煤炭产量为 19.6 亿吨居世界第一位，而同年的煤炭消费量为 18.4t，雄踞世界各国之首。这种能源结构暂时还无法改变，因而中国应对全球 CO_2 减排的责任之重大可谓艰巨。中国能源活动的温室气体排放源类型包括静止源、移动源和能源开采、加工与输送过程中的排放源三大类。从燃料品种看，煤炭是中国矿物燃料的主要 CO_2 排放源；从三大排放源类型看，静止源是中国 CO_2 的主要排放源；从静止源内部结构看，工业部门是最大的 CO_2 排放源。

7.3.1.2 CO$_2$的特性及危害

二氧化碳（CO$_2$）常温下是一种无色无味、不可燃的气体，密度比空气大，略溶于水。CO$_2$密度较空气大，当CO$_2$少时对人体无危害，但其超过一定量时会影响人（其他生物也是）的呼吸，原因是血液中的碳酸浓度增大，酸性增强，并产生酸中毒。空气中CO$_2$的体积分数为1%时，感到气闷，头昏，心悸；4%~5%时感到眩晕。6%以上时使人神志不清、呼吸逐渐停止以致死亡。因为CO$_2$比空气重，所以在低洼处的浓度较高。以人工凿井或挖孔桩时，若通风不良则会造成井底的人员窒息。CO$_2$的正常含量是0.04%，当CO$_2$的浓度达1%会使人感到气闷、头昏、心悸，达到4%~5%时人会感到气喘、头痛、眩晕，而达到10%的时候，会使人体机能严重混乱，使人丧失知觉、神志不清、呼吸停止而死亡。

众所周知，CO$_2$是对温室气体中对环境影响最大的一种气体，由其引发的"温室效应"会对环境产生极大危害。

（1）导致冰川融化，使海平面上升。从1978年开始，美国科学家就开始利用卫星技术记录北极海冰覆盖的面积，科学家最先发现的是面积的变化。通过对比这些记录，科学家注意到，从1979年到2006年间，一年的每个月份海冰覆盖的面积都呈下降趋势，其中最明显的是在9月份，平均每年减少约10万hm^2。海冰的面积在2007年达到了最低点。除此之外，内陆一些长年积雪的山脉，也因温室效应，降雪量减少等原因，雪线面积不断的上升，有些长年积雪的冰川，也开始消融，河流因此而来水减少或枯竭，给下游人口的生产、生活和社会经济发展带来困难。

（2）极端天气现象增多。"全球变暖"会影响大气环流，继而改变全球的降水量分布。有些地区的降水量会增大，导致洪涝和风暴潮灾害增多。2008年，南方持续了近一个月的冰雪灾害，使当地人民群众的生产、生活、社会经济发展受到严重影响，造成了巨大的经济损失。2009年的11月份北方和南方的部分地区再次遭受到极端天气的影响，造成交通、生产、生活上的不便。

（3）对全球农业的影响日益严重。由于"全球变暖"影响到了大气环流，使全球的水循环发生了变化，在有些地区的表现是降水量明显多于往年，甚至发生洪涝灾害，农作物受灾，发生地质灾害等；而在有些地区则表现为高温和干旱。高温蒸干了地表水，部分河流、湖泊干涸，就连人、畜的饮用水都得不到保证。在有些地区，冬季的气温较高形成"暖冬"，有些害虫在冬季得以"安全过冬"，而在来年的农业生产中，害虫将大量繁殖，与人类争抢粮食等作物。

7.3.2 CO$_2$的净化方法及设备

7.3.2.1 物理吸附法

物理吸附法主要是利用固态吸附剂对原料气中的CO$_2$的选择性可逆吸附作用

来分离回收 CO_2，吸附剂一般为一些特殊的固体材料，如：沸石、活性炭、分子筛等，吸附过程又分为变压吸附（PSA）和变温吸附（TSA）。PSA 法的再生时间比 TSA 法短很多，且 TSA 法的能耗是 PSA 法的 2~3 倍。因此，工业上普遍采用的是 PSA 法。

PSA 技术是 20 世纪 60 年代发展起来的一种气体分离技术，美国联合碳化物公司（UCC）首次采用变压吸附技术从含氢气的气体中提纯氢气。2001 年以来，我国在变压吸附技术领域先后开发出了多项新技术，如，新型高效吸附剂的研发、吸附剂复合床层装填技术、智能化自动控制技术等，使 PSA 成功地应用于大型工业脱碳装置。目前，我国已有上千套 PSA 装置应用于合成氨工业，最大设计处理能力可达 $480×10^4 m^3/d$。PSA 在化肥厂主要有两个用途：一是，将变换气中的 CO_2 脱至 0.2% 以下，净化气去生产液氨和联醇，CO_2 不用回收；二是，在尿素生产中，除了要将变换气中的 CO_2 脱至 0.2% 以下，还要将脱出的 CO_2 提纯到 98.5% 用于生产尿素，即双高流程。双高流程与高含 CO_2 天然气脱碳技术非常接近。PSA 工艺在国内外合成氨等工业上应用非常成熟，在天然气脱 CO_2 领域的应用则刚刚起步。在天然气脱 CO_2 领域，辽河某油田已经建成投产了 1 套 $13×10^4 m^3/d$ 的变压吸附伴生气脱 CO_2 装置，吉林某油田在建 1 套 $8×10^4 m^3/d$ 的变压吸附天然气脱除 CO_2 装置。

A   变压吸附脱 CO_2 原理和特点

变压吸附技术的基本原理是利用气体组分在固体吸附剂上吸附特性的差异，通过周期性的压力变化过程实现气体的分离。吸附剂具有两个基本性质：一是，不同组分的吸附能力不同；二是，吸附质在吸附剂上的吸附容量随吸附质的分压上升而增加，随吸附温度的上升而下降。利用吸附剂的第一个性质，可实现对混合气体中某些组分的优先吸附而使其他组分得以提纯；利用吸附剂的第二个性质，可实现吸附剂在低温、高压下吸附而在高温、低压下解吸再生。通过研发和选择不同功能的吸附剂，可实现不同气体的分离。工业上采用多个吸附床，使得吸附和再生交替或依次循环进行，保证整个吸附过程的连续。常采用的工艺流程是 4 步循环，即吸附、降压、抽真空、升压。某 PSA 脱碳装置原理流程见图 7-5。

变压吸附分离过程一般在中等压力（0.3~6.0MPa）下进行，全系统压差 <0.25MPa。每个过程按照设定的程序自动运行，自动化程度高，操作简单，设备不需要特殊材料。可同时去除原料气中的 H_2O 以及硫化物等工业上常见的有害组分，流程简单，操作费用低。当某 1 台设备故障时，可自动切换流程，其他设备继续运行，并自动调整运行参数，保证产品指标满足要求；也可根据处理气量自动调整运行参数，处理气量范围约为 50%~100%。主要耗能设备为真空泵，能耗较低。该工艺适应范围宽，原料气中 CO_2 含量可达 90%。变压吸附技术具有的特点：一是，产品纯度高，压力损失小；二是，装置操作弹性大，能适应原料

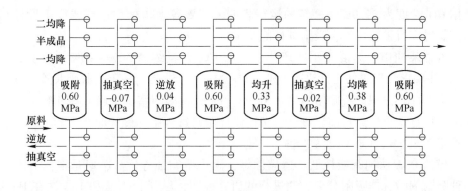

图 7-5 PSA 脱 CO$_2$ 原理流程

气量和组成的较大波动；三是，可深度脱除原料气中有害微量杂质；四是，操作过程程序化，操作简单；五是，公用工程消耗低、能耗低；六是，无溶剂和辅助材料消耗，无三废排放，不会造成环境污染。

B 工艺流程及设备

工艺流程分为预处理和变压吸附两部分。一是，预处理部分。首先，压力为5.0MPa 的原料气进入分液罐，分离出的天然气自上而下进入等压变温吸附塔，脱除重烃及其他有害杂质后，进入 VPSA（真空变压吸附）脱碳部分；二是，VPSA 脱碳部分。预处理后的原料气，自塔底进入 VPSA 工序中正处于吸附状态的吸附塔，在多种吸附剂的依次选择吸附下，其中的 H$_2$O、CO$_2$ 等组分被吸附下来，未被吸附的 CH$_4$ 气等从塔顶流出，作为净化天然气出装置。吸附床底部排出的低压解析气即为 CO$_2$ 气体，其纯度为 95.9%（摩尔含量），经真空泵增压后出装置。每座吸附塔均经过吸附、均降、逆放、抽真空、均升、充压等过程并依次循环往复，实现连续生产。根据操作压力、气体组成、净化气和回收 CO$_2$ 气体的产品质量要求，综合分析后确定采用 12-3-14/VPSA 流程，即共 12 座吸附塔、3塔吸收、14 次均压、抽真空再生流程。甲烷回收率 98.7%（质量收率）。主要标准工艺设备为真空泵，共 2 台；主要非标工艺设备有 5 种，共 23 台，其中吸附塔 12 台。

C 应用实例

辽河某油田蒸汽驱采油所产伴生气中 CO$_2$ 含量高达 80%，为了回收伴生气中的天然气和 CO$_2$，于 2011 年 5 月建成投产了 1 套 PSA 脱碳装置，处理能力为 13×10^{4}m^3/d，脱碳压力为 0.3MPa。设 6 座吸附塔，采用 1 塔吸附、3 次均压、抽真空再生工艺，并配套建设了原料气增压、原料气预处理、CO$_2$ 气增压、CO$_2$ 气干燥、CO_2 气液化、液相 CO_2 储存装车设施。设计净化天然气中 CH_4 含量 ≥65%，液相 CO_2 纯度为 99.9%。一年的运行表明，装置各项指标均达到或优于设计指标，装置运行平稳可靠，吸附剂性能稳定。

吉林某油田 CO_2 混相驱所产伴生气中 CO_2 含量约为 50% ~ 90%，为了满足 CO_2 回注要求，需对伴生气进行 CH_4/CO_2 分离。拟建设 1 套 PSA 脱碳装置，处理能力为 $8×10^4 m^3/d$，脱碳压力为 2.8MPa。设 12 座吸附塔，采用 1 塔吸附、12 次均压、抽真空再生。目前，该装置正在设计制造过程中。设计净化天然气中 CO_2 含量不大于 3%，CO_2 纯度 99.5%。

虽然 PSA 法拥有能耗低、适应性好、无设备腐蚀等优点，但是根据 IEA 对多种吸附剂的气体吸附分离方法进行的研究表明，尽管 PSA 法和 TSA 法在 H_2 的生产和天然气的提纯等领域有商业应用，然而大规模的用于火电厂烟气中 CO_2 的分离还有一定的距离。因为现有的吸附剂吸附能力和对 CO_2 的吸附选择性较差，从而导致能耗巨大、成本太高。日本东京电力公司正在探索变温与变压相结合的吸附技术，叫做 PTSA 法，并在 1000m^3/h 的中型工厂上连续进行了 2000h 的试验。

7.3.2.2 溶剂吸收法

溶剂吸收法是通过化学反应有选择性地吸收易溶于溶液的气体。有机胺溶液吸收 CO_2 的原理是利用碱性吸收剂与 CO_2 接触并发生化学反应，形成不稳定的盐类，其在一定条件下逆向解吸出 CO_2，于是将烟道气中的 CO_2 分离提纯脱除。依据氮原子上取代基的空间结构可将有机胺分为链状取代胺和空间位阻胺，同时依据氮原子上氢原子的个数，取代胺可分为伯胺、仲胺和叔胺。

A 伯胺、仲胺和叔胺吸收 CO_2 的机理

有机胺吸收 CO_2 的情况可以分为有水参与和无水参与两种，无水或有水情况下，伯胺和仲胺都能与 CO_2 反应。无水时，叔胺无法与 CO_2 反应，所以叔胺在无水时不能吸收 CO_2，而伯胺和仲胺易于和 CO_2 生成氨基甲酸盐，伯胺和仲胺无水吸收 CO_2 的反应方程式为：

$$RNH_2 + CO_2 \rightleftharpoons RNH_2^+ COO^- \tag{7-21}$$

$$R_2NH + CO_2 \rightleftharpoons R2NH^+ COO^- \tag{7-22}$$

B 空间位阻胺吸收 CO_2 的特性

空间位阻胺的吸收特性有别于链状取代胺，因为空间位阻胺的 N 原子上连有一个巨大的官能团，其产生的空间位阻效应会阻碍胺与 CO_2 的键结，于是生成的氨基甲酸盐很不稳定，极易水解还原成胺和碳酸氢根离子，因此它有较低的解吸温度。空间位阻胺由于有这一特性而在 CO_2 捕集领域一直备受关注，其中 2-氨基-2-甲基-1-丙醇（AMP）吸收 CO_2 更是受到广泛的研究。

C 吸收装置

传统的吸收实验装置如图 7-6 所示，常压下烟道气（10%～15%CO₂）从吸收塔的底部进入，在塔内与由塔顶喷射的有机胺溶液逆向接触。烟气中的 CO₂ 与有机胺在低温（40～60℃）发生化学反应而形成弱联结化合物，脱除了 CO₂ 的烟气从吸收塔上部排出。吸收塔塔底富液通过换热器被送到解吸塔塔顶，富液在高温（100～150℃）下解吸出 CO₂。解析塔塔底的贫液通过贫富液换热器与进入解析塔塔顶的富液换热后送到吸收塔塔顶，进而达到有机胺溶液循环吸收 CO₂ 的目的。

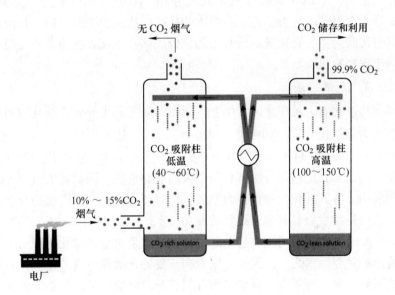

图 7-6 CO₂吸收解吸工艺

D 传统溶剂吸收 CO₂概述

醇胺法捕集 CO₂ 是非常成熟的工艺，早在 1930 年就授权了世界上第一个利用醇胺作为吸收剂捕集酸性气体的专利。单一有机胺溶液吸收 CO₂ 存在负载低、吸收解吸速率慢等问题，发展受到限制，而混合胺可综合利用伯胺、仲胺的高吸收速率和叔胺的高吸收负载，所以混合胺是目前研究比较热门的课题。空间位阻胺能与 CO₂ 形成弱的氨基甲酸盐，并同时具有负载高和再生反应焓低等优点，也一直受到研究者们的关注，但其空间位阻效应的存在会影响吸收速率。有较强碱性的氨水在吸收 CO₂ 的同时还能捕集烟道气中其他的酸性气体，但其对设备腐蚀比较严重。与此同时，传统溶剂吸收 CO₂ 的解吸温度都过高（100～150℃），使得吸收解吸能耗太高，发展受到制约。

选择将醇胺类溶剂作为燃烧后 CO₂ 捕集的有机胺溶剂有以下原因：首先，醇基的存在可以显著降低有机胺溶剂的蒸汽压，可以确保不会因溶剂挥发而污染再生后的 CO_2；其次，醇基可以调整有机胺的碱性，于是可以调整有机胺和酸性气体的反应活性；最后，醇基还可以提高溶解度，使得溶液有较高的介电常数。有机胺和酸性气体反应时可以生成大量的盐，但高溶解度和介电常数不利于液液相分离或沉淀。如果不考虑液液相分离，上述醇胺类溶剂是很好的吸收剂，但吸收剂的再生能耗太高，为了调节溶液的吸收解吸性能，有效降低吸收解吸能耗，有些研究者提出相变溶剂吸收 CO_2 的新思路。相变吸收剂比普通醇胺吸收剂好的地方在于，当再生温度达到使普通醇胺的铵盐分解时，溶液中的醇胺会气化，消耗大量的相变潜热，而相变吸收剂只是液液分相，不会气化而节约一部分能量。Svendsen 等人提出利用热力学相变溶剂体系有可能达到相变的目的。传统的溶剂吸收法以有机胺为主，有机胺的吸收工艺比较成熟，研究者在筛选相变吸收溶剂时更倾向于选择有机胺。

7.3.2.3 光催化法

光催化法净化 CO_2 是在常温常压下，利用太阳光和半导体光催化材料将 CO_2 高效地转化为碳氢化合物（如甲烷、甲醇等）。这一技术的实现，一方面可以减少空气中 CO_2 的浓度，降低温室气体效应，另一方面 CO_2 可能取代石油和天然气成为化工中的碳源，能够部分缓解日益紧张的能源危机。因此将大气中 CO_2 合理地开发和利用，将其转化为有价值的产品，将对环境保护、碳资源的合理利用及人类社会的可持续发展具有非常重要的意义。

光催化 CO_2 还原研究的核心是光催化材料，它是决定光催化还原 CO_2 过程得以实际应用的重要因素之一，因此，探索和开发各种潜在的高效光催化材料是当今重要的研究方向。近年来，科研工作者们已开发研制出了多种新型的光催化材料，这些材料在光催化性能方面逐渐提高，对光催化还原 CO_2 研究的发展做出了很大贡献，使人们看到了光催化技术走向应用的曙光。

A 光催化还原 CO_2 基本原理

光催化还原 CO_2 是基于模拟植物的光合作用。绿色植物光合作用固定 CO_2 是有机物质合成的出发点，它既是人类赖以生存的基础，同时也为人工光合成还原 CO_2 提供了借鉴。如图 7-7 所示，植物光合作用过程的关键参与者是叶绿素，它以太阳光作为动力，把经由气孔进入叶子内部的 CO_2 和由根部吸收的水转变成为淀粉，同时释放 O_2。当在自然界承载生命活动关键作用的树叶进入科学家的视野后，一大批研究者将精力倾注于这项被称为 21 世纪梦的技术——人工光合成的研究，建成工业化的光合作用工厂将会改变人类的生产活动和生活方式。

由于 CO_2 无法吸收波长在 $200 \sim 900nm$ 的可见光和紫外光，人工光合成还原 CO_2 需要借助于合适的光化学增感剂才能完成。自从 20 世纪 70 年代日本科学家

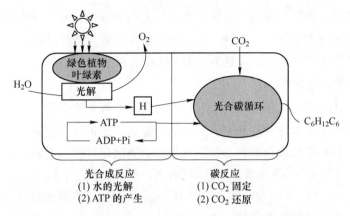

图 7-7　植物光合作用过程示意图

发现 TiO_2 光催化现象以来，大量的研究表明，半导体材料，如金属氧化物（TiO_2，ZnO，ZrO，WO_3，CdO）和硫化物（CdS，ZnS）等都具有光催化活性。半导体光催化反应是以光能为驱动力的氧化-还原过程，其电子的激发与传递过程同光合作用过程极为相似。因此，人工光合成还原 CO_2 实质上是在光诱导下的氧化-还原反应过程。它包含两个基本过程：首先是 CO_2 吸附在光催化材料的反应位点，其次是 CO_2 与光生电子-空穴之间的反应转化过程。因此，在光催化反应过程中，要激发并分离电子-空穴对，光的能量须不小于光催化剂的禁带宽度。这些光生载流子的能量主要取决于光催化剂的导带和价带的位置。如图 7-8 所示，半导体光催化材料在受到能量相当于或高于其本身禁带宽度的光辐照时，晶体内的电子受激从价带跃迁到导带，在导带和价带分别形成自由电子和空穴，并从半导体内部迁移至表面。光生电子具有很强的还原能力在 H_2O 存在的条件下，根据不同的还原电势和电子转移数目，将 CO_2 还原得到 $HCHO$、$HCOOH$、CH_3OH 和 CH_4 等碳氢化合物。光生空穴具有很强的氧化能力，可以从 H_2O 中夺取电子，

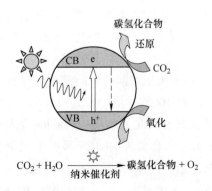

图 7-8　光催化还原 CO_2 为碳氢燃料结构示意图

并放出 O_2。

由此可见，理论上只要合成禁带宽度与光的能量相匹配，导带和价带的位置与反应物的氧化-还原电位相匹配的半导体光催化剂，就可以通过光催化反应来人工模拟植物的光合作用，以达到还原 CO_2 的目的。

B 光催化还原 CO_2 材料体系

通过上述半导体光催化还原 CO_2 原理的介绍，可见光催化还原 CO_2 合成碳氢燃料主要依赖于光催化材料和光源。由于光源为外部条件，因此半导体光催化研究的焦点和核心是光催化材料。目前所报道的光催化材料几乎涵盖了元素周期表中的 s、p、d 区及 La 系元素，如：s 区有 Na、K、Sr 等，p 区有 Ga、In、Ge、Bi 等，d 区有 Ti、Nb、Co、Zn 等，La 系有 La、Ce、Sm，主要通过复合、担载或掺杂等方法来提高材料的光催化活性。

a TiO_2 光催化材料

TiO_2 具有性质稳定、无毒、廉价、抗氧化性强、催化活性高及无二次污染等优点，是目前应用最为广泛的环保型半导体材料之一，因此科学家对其应用于光催化还原 CO_2 进行了深入研究和探索。在自然界中，TiO_2 有锐钛矿型、金红石型和板钛矿型三种结晶形态。其中锐钛矿型只在紫外光照射下才具有高催化活性，金红石型对可见光区响应较好，但其光生电子-空穴复合率较高，降低了光催化活性。Lo 等人以 TiO_2 为催化剂，在 365nm 紫外（UV）光照射下光催化还原 CO_2。结果表明，以 H_2 和 H_2O 为还原剂时，产物 CH_4、C_2H_6 和 CO 的产量分别为 8.21μmol/g、0.20μmol/g 和 0.28μmol/g，比以 H_2O 和 H_2 单独作还原剂的产量高很多。Li 等人在采用水热法制备了混相 TiO_2 纳米复合材料，然后在 450W 中压汞弧灯照射下光催化还原 CO_2。结果表明其产物的选择性高于 90%，主要产物为甲烷，与 P25 相比，混相 TiO_2 光催化活性更高。Kočí 等人采用溶胶-凝胶法制备的粒径为 4.5~29nm 锐钛矿型 TiO_2 颗粒，悬浮于 NaOH 溶液中，在 8W 汞灯（$\lambda = 254nm$）照射下光催化还原 CO_2。结果表明，粒径为 14nm 的 TiO_2 光催化活性最高，产物 CH_4 和 CH_3OH 产量最高。Chen 等人采用直流反应磁控溅射沉积法制备的混相 TiO_2（锐钛矿-金红石）纳米材料，在水存在和 100W UV 灯（$\lambda = 365nm$）和 20W 太阳能灯（可见光）照射下光催化还原 CO_2 生成 CH_4。结果表明，在 UV 光照射下，以低角度沉积溅射得到的催化剂与其他溅射条件和 P25 相比，光催化活性最高。在温度<100℃，增加 CO_2 和 H_2O 的比例，CH_4 的产量显著增加（约 12% CO_2 转化），且具有可见光响应。Schulte 等人采用电化学阳极氧化法制备的 TiO_2 纳米管，在水存在和紫外-可见光照射下光催化还原 CO_2。结果表明，煅烧温度为 550℃ 时，CH_4 产率最低（0.26μmol/（m² · h）），而温度为 680℃ 时，产率最高（0.79μmol/（m² · h）），这是由于其对可见光吸收增加所致。

Wang 等用金红石型 TiO_2 纳米粒子改性以 010 晶面为主的锐钛矿型 TiO_2 纳米棒，在 300W 汞灯照射下可将 CO_2 还原成 CH_4。发现在光照 8h 后，其产量为 18.9μmol/g，明显高于锐钛矿型 TiO_2（10.3μmol/g）。Truong 等人采用水热法制备了 TiO_2 纳米颗粒，然后利用 500W 高压氙灯提供 UV-可见光（$\lambda > 300nm$）和可见光（$\lambda > 400nm$）对 C2 进行光催化还原。实验结果表明，在 UV-可见光照射下，锐钛矿型和板钛矿型混相的 TiO_2 催化活性最强，甲醇产量为 0.590μmol/（g·h），是 P25 或锐钛矿型 TiO_2 的 3.4 倍；在可见光照射下，锐钛矿型、板钛矿型混相 TiO_2 催化活性同样也最强，甲醇产量为 0.478μmol/（g·h），是锐钛矿型 TiO_2 的 2.5 倍和金红石型 TiO_2 的 2.3 倍。通过上述研究发现混相 TiO_2 的光催化活性明显高于单相 TiO_2。

利用肖特基作用的贵金属担载方法常被应用于提高 TiO_2 光催化转化 CO_2 的性能。Pathak 等人利用化学合成法制备的均匀分散在 Nafion 薄膜的 TiO_2 纳米颗粒，在 990W 氙弧灯照射下光催化还原 CO_2。结果表明，当 Nafion 薄膜为 4 层时，光照 20h，产物 HCOOH、CH_3OH 和 CH_3CO_2H 产量分别为 73μg、62μg 和 5.7μg，CO_2 光转换效率明显提高。Tseng 等人将溶胶-凝胶法制备的 Cu 担载的 TiO_2 催化剂，悬浮于 NaOH 溶液中，在 UV 光照射下光催化还原 CO_2，还原产物主要为 CH_3OH，当 Cu 粒子负载率为 25% 时，催化活性最高，光照 30h，产率高达 1000μmol/g，比 2%（质量分数）Ag/TiO_2（<300μmol/g）的高。Zhang 等人采用浸渍法制备了 $Pt-TiO_2$ 纳米光催化材料，进行了光催化还原 CO_2 的研究。结果表明，在 300W 高压汞灯（$\lambda = 365nm$）照射和水蒸气存在条件下，得到还原产物为 CH_4。当温度为 323K 和 H_2O/CO_2 摩尔比等于 0.02 时，Pt 担载量为 0.12%（质量分数）TiO_2 纳米颗粒催化活性最佳，UV 照射 7h 后产率为 0.0565μmol/（g·h）。温度为 328K 时，光照 34h，$0.15Pt/TiO_2$ 纳米管催化活性（CO_2 4.8μmol/（g·h））高于 $0.12Pt/TiO_2$ 纳米颗粒（CO_2 3.9μmol/（g·h））。Yui 等人用光化学沉积法制备的 $Pd-TiO_2$，在 500W 高压汞灯（$\lambda > 310nm$）照射下光催化还原 CO_2。结果表明，负载 2%Pd 后还原产物以 CH_4 为主，还有少量的 C_2H_6，光照 24h，CH_4 产量为 0.45μmol，未负载的产物只有 CO。Hou 等人采用溶胶-凝胶法 Au 纳米颗粒担载的 TiO_2 催化剂，然后分别在 UV 光（$\lambda = 254nm$）和可见光（$\lambda = 532nm$）照射下光催化还原 CO_2，产物分别为 C_2H_6、CH_3OH、HCHO 和 CH_4。CH_4 的生成速率高达 22.4μmol/m^2，是 TiO_2（0.93μmol/m^2）的 24 倍。Ola 等人采用改良的溶胶-凝胶法制备了 Pd 和 Rh 共担载的 TiO_2 催化材料，用波长为 365nm 的 UV 光照射，光照强度为 3.22mW/cm^2，光催化 H_2O 还原 CO_2。实验结果分析显示，1%（质量分数）$Pd/0.01%$（质量分数）$Rh-TiO_2$ 光催化活性最好，其主要产物为甲烷，还有少量的甲醇和乙醛。

Qin 等以 $CuO-TiO_2$ 为催化材料，甲醇为催化助剂，在 250W 汞灯照射下光催

化还原 CO_2。结果得出，其还原产物为甲酸甲酯，当 CuO 量为 1.0%（质量分数）时，其催化活性最佳。Tan 等人先采用水热法制备了 TiO_2 纳米棒，再通过电化学法制备了 Cu 沉积的 TiO_2 纳米棒膜，然后在 8W UVA 灯（主波长：365nm）照射下将 CO_2 还原为 CH_4，其产率为 $2.91\mu L/(L \cdot g \cdot h)$。Liu 等采用溶胶-凝胶法制备的 Cu 担载的 TiO_2，在 8W UVA 灯照射下光催化还原 CO_2。结果表明，当 Cu 担载量为 0.03%（质量分数），光照时间 1.5h，甲烷产率可达 $24nmol/(g \cdot h)$，是不担载 Cu 的 10 倍。Wang 等人通过采用气相沉积法将超小 Pt 纳米颗粒（0.5~2.0nm）负载于具有一维（1D）结构的 TiO_2 单晶上制备了 Pt-TiO_2 纳米薄膜。采用制得的催化剂在以 400W 氙灯（波长：250~388nm）为光源，N_2 作为载气，光催化还原 CO_2。实验结果表明：由于 Pt 纳米颗粒尺寸小（0.5~2nm）和 TiO_2 单晶独特的 1D 结构，能提供活性中心，增加了 TiO_2 单晶上电子迁移和提高了电子-空穴分离效率，因此 Pt-TiO_2 纳米薄膜对还原产物具有高选择性，CH_4 是唯一产物，产率为 $1361\mu mol/(g \cdot h)$。Xie 等人研究了负载 Pt 及添加 MgO 对 TiO_2 光催化材料对还原 CO_2 的影响，实验结果表明：反应的主要产物是 CO 和 CH_4，商用 P25 作催化材料时产量分别为 $0.24\mu mol$、$0.07\mu mol$；负载 $w(Pt) = 0.5\%$ 后，CH_4 产量为 $1.0\mu mol$；再添加 $w(MgO) = 1.0\%$ 后，CH_4 产量可达到 $2.2\mu mol$。Mao 等人采用水热法合成了 Pd 担载的晶面 001 和晶面 010 锐钛矿 TiO_2，将制得的催化剂在 300W 汞灯照射下光催化还原 CO_2 为 CH_4。结果表明，$TiO_2$010 的光催化活性高于 $TiO_2$001，而担载 $w(Pt$-$TiO_2) = 1\%$010 的光催化活性低于担载 $w(Pt$-$TiO_2) = 1\%$001。

　　b　ABO_3 型钙钛矿光催化材料

　　钙钛矿（ABO_3）是陶瓷类氧化物，具有独特的物理、化学性质，A 位一般是稀土或碱土元素离子，B 位为过渡元素离子，A 位和 B 位都可以用半径相近的其他金属离子部分取代，而保持其晶体结构基本不变，因此它是研究催化材料表面和催化性能的新型无机非金属材料。余灯华等制备了一种含有三价钛、四价钛以及碱土金属元素的黑色粉末状盐类物质，其通式为 $M_m Ti_n^{III} Ti_n^{IV} Ti_o O_p$。研究表明，其对 CO_2 的光催化还原具有极好的催化活性，在紫外光照射和纯水介质中，其光催化活性是 TiO_2 的数十倍，产物主要有甲醇和甲醛。唐勇等人采用光还原法制备的 Pt 沉积的 $LaCoO_3$ 催化剂，悬浮于 Na_2CO_3 水溶液中，在 $\lambda = 425nm$ 的碘镓灯照射下光催化还原 CO_2 生成甲酸，以甲醛作牺牲剂制得的 Pt-$LaCoO_3$ 催化活性最佳，甲酸产率提高 2 倍，由负载前 0.53mmol/g 增加到 1.34mmol/g。Jia 等人以微生物地衣芽孢杆菌（R08）为络合掺杂剂，制备了 C 和 Fe 共掺杂的 $LaCoO_3$ 光催化材料，然后将其悬浮于 Na_2CO_3 溶剂中，在 125W 氙灯照射下，光催化还原 CO_2。结果表明，C-$LaCo_{0.95}Fe_{0.05}O_3$ 催化活性最佳，产物有甲酸和少量甲醛，其中甲酸产量可达 $128\mu mol/(g \cdot h)$。

Teramura 等通过固态法制备了 $ATaO_3$（A = Li，Na，K）催化材料，然后以 H_2 为还原剂，将制得的催化剂在 200W Hg-Xe 灯照射下光催化还原 CO_2 合成 CO。结果表明，$LiTaO_3$ 光催化合成的 CO 产率为 0.42μmol/g，催化性能效果顺序为 $LiTaO_3 > NaTaO_3 > KTaO_3$。Shi 等采用水热法制备的 $NaNbO_3$ 光催化材料，在 300W 氙灯照射下，光催化还原 CO_2 合成甲烷，其产率为 653μL/（L·g·h）。其研究组还通过采用固态法制得 $ANbO_3$（A = K，Na）催化材料，在 300W 氙灯照射下，对比两种催化材料的催化性能。结果表明，$KNbO_3$ 合成甲烷产率是 7.0μL/（L·h），$NaNbO_3$ 生成的甲烷产率为 2.3μL/（L·h），$KNbO_3$ 的催化活性明显高于 $NaNbO_3$。Li 等人以立方相 $NaNbO_3$ 和正交相 $NaNbO_3$ 作催化剂，在 300W 氙灯照射下光催化还原 CO_2。结果表明，立方相 $NaNbO_3$ 催化活性高于正交相 $NaNbO_3$，担载 $w(Pt) = 0.5\%$ 后，立方相 $NaNbO_3$ 作催化剂，CH_4 产率为 0.486μmol/h；正交相 $NaNbO_3$ 作催化剂，CH_4 产率为 0.245μmol/h。他们小组还研究了温度对催化材料活性的影响，将制得的催化剂在 300W 氙灯照射下光催化还原 CO_2。实验结果表明，当煅烧温度为 500℃时，其催化活性最高，担载 $w(Pt) = 0.5\%$ 后，CH_4 产量最高可达 12.6μmol/（m²·h）。

尹晓红等人采用水热合成法制备的 $SrTiO_3$ 光催化剂，用 250W 高压紫外汞灯照射，在甲醇溶液中光催化还原 CO_2 生成甲酸甲酯，并负载了 Ag。结果表明，粒径为 14nm，Ag 负载量（质量分数）为 5.0% 的 $SrTiO_3$ 催化活性最高，甲酸甲酯平均生成速率达到 3272μmol/（g·h）。Sui 等人采用水热法制备的 $Ag-SrTiO_3$ 光催化剂，在 250W 高压汞灯照射下及甲醇溶液中可光催化还原 CO_2 为甲酸甲酯，当 $w(Ag)$ 最佳量为 7% 时，光照 22h，其产量可达 3006μmol。李会亮等人采用溶剂热法，借助油酸的分散作用，制备出颗粒小、分散性好的 $Ag/SrTiO_3$、$InOOH-SrTiO_3$ 复合半导体光催化剂，然后以甲醇为牺牲剂，研究其在 250W 高压紫外汞灯（$\lambda = 365nm$，辐照强度 4200μW/cm²）照射下进行光催化还原 CO_2 的反应。得出 Ag 负载到立方形 $SrTiO_3$ 的表面，由于金属较半导体氧化物有更低的费米能级从而使 Ag 成为催化剂主体的电子富集点位，提高了光生载流子的分离率。Ag 负载量（质量分数）为 5% 时催化剂活性最高，产物为甲酸甲酯，最高反应速率是 3300μmol/（g·h）；InOOH 含量（质量分数）为 50% 时催化剂活性最佳，产物为甲酸甲酯时最高反应速率为 8128μmol/（g·h），说明带隙合适的半导体材料复合和金属担载都能提高 $SrTiO_3$ 的光催化活性。

c 尖晶石型光催化材料

虽然尖晶石型氧化物禁带宽度较窄，对太阳光利用率相对较高，但是这类催化材料的光催化活性较低，因此需要通过改性来提高催化材料催化性能和对光的利用率。Matsumoto 等人采用陶瓷技术制备了 p 型 $CaFe_2O_4$ 催化剂，将制得的催化剂悬浮于 0.01mol/L NaOH 溶液中，以 NaH_2PO_2 和 Fe^{2+} 为还原剂，并加入

BaCO$_3$，在 500W 超高压汞灯照射下光催化还原 CO$_2$ 生成 CH$_3$OH 和 HCHO，光照 4h，产量分别小于 2μmol 和 3μmol。Yan 等人采用离子交换法制备的介孔 ZnGa$_2$O$_4$ 催化剂，在 300W 氙弧灯照射下光催化还原 CO$_2$ 生成 CH$_4$。结果表明，负载（质量分数）1% Ru 后，CH$_4$ 生成量为 50.4μL/(L·h)，比未负载的高很多（5.3μL/(L·h)），因为负载后，增加了 CO$_2$ 吸附位点，光催化效率提高。许普查等采用无机盐溶胶-凝胶法制备的 CoAl$_2$O$_4$ 纳米催化材料，在 175W 高压汞灯照射下光催化还原 CO$_2$ 生成甲酸。结果表明，CoAl$_2$O$_4$ 有很好的光催化活性，用 NaHSO$_3$ 作供电子试剂，光照 4h，甲酸产量可达 4004.16μmol/g，且随反应时间延续，甲酸产量依然上升。薛丽梅等采用溶胶-凝胶法制备的 Co$_{0.8}$Na$_{0.2}$Cr$_2$O$_4$ 尖晶石纳米材料，在 175W 高压汞灯照射下，光催化还原 CO$_2$。结果表明，其催化活性高于 CoCr$_2$O$_4$，反应 6h，甲酸的产率可达 9.51mmol/g。

徐迎节等人采用柠檬酸络合凝胶-溶胶法制备的 CoFe$_2$O$_4$ 光催化材料，在可见光照射下光催化还原 CO$_2$ 制取甲酸，考察了焙烧温度和时间对其吸光性能光催化还原能力的影响。实验表明，焙烧温度为 600℃ 和焙烧时间为 3h 时，吸光性能和还原效率最高。郭丽梅等人采用溶胶-凝胶法制得 SrB$_2$O$_4$ 光催化材料，并研究了其能带结构。结果表明，SrB$_2$O$_4$ 价带（2.07V）低于（H$_2$O/H$^+$）的氧化还原电位，而导带（-1.47V）高于（CO$_2$/CH$_4$）的氧化还原电位，与 TiO$_2$（P25）相比，SrB$_2$O$_4$ 具有相对较高的导带，光生电子还原能力强于 P25，更有利于 CH$_4$ 的生成。在 32W 汞灯照射下光催化还原 CO$_2$，甲烷生成浓度为 24.7μmol/L。之后，他们小组将制得的 SrB$_2$O$_4$/SrCO$_3$ 复合催化剂，悬浮于 NaOH 溶液，在紫外光照射下光催化还原 CO$_2$ 生成 CH$_4$。结果表明，其光催化活性超过 SrB$_2$O$_4$ 和 TiO$_2$（P25），这是因为复合催化剂能带结构有利于光生电子-空穴有效分离，提高光生载流子的利用率，使光催化活性增强。Yan 等人采用水热离子交换法制备的 {100} 面暴露的纳米立方体 ZnGa$_2$O$_4$ 催化材料，在紫外-可见光照射下光催化还原 CO$_2$。结果表明，CH$_4$ 产率为 0.16μmol/h，高于介孔 ZnGa$_2$O$_4$ 作催化材料时的产率（0.018μmol/h）。而负载（质量分数）0.5% RuO$_2$ 后，产率可达 2.6μmol/h，是负载前的 20 倍。

d 掺杂氧化物型光催化材料

离子掺杂包括金属离子掺杂、非金属离子掺杂和金属与非金属离子共掺杂。离子掺杂是指利用物理或化学方法，将一定量的离子掺杂到光催化材料中，从而导致在晶格中引入新电荷、形成缺陷位置或改变结晶类型，影响电子-空穴对的产生、复合及其传递过程，例如成为电子、空穴的陷阱从而延长其寿命，提高光催化材料的活性。在半导体材料禁带中引入杂质能级，导致半导体能级结构发生变化，对可见光产生响应，拓宽了其吸收光谱范围。Slamet 等人采用改良的浸渍法制备的 Cu 掺杂的 TiO$_2$ 催化剂，在 10W UV 灯（λ = 415~700nm）照射下光催

化还原 CO_2。结果表明，当 Cu 掺杂量为 3% 和粒径尺寸为 23nm 时，主要产物 CH_3OH 产率最高（442.2μmol/(g·h)）。樊君等人采用改良的溶胶-凝胶法制备了 Fe^{3+} 掺杂 TiO_2 纳米催化剂，将催化剂悬浮于 Na_2SO_3 和 NaOH 水溶液中，在 15W UV 灯（$\lambda = 254nm$）照射下进行光催化还原 CO_2 反应。当 Fe^{3+} 掺杂量为 4.0% 时，甲醇产率高达 308.76μmol/g。晁显玉等人采用溶胶-凝胶法和溶胶-乳化-燃烧法制备了 Sm^{3+}/TiO_2 光催化材料，考察了制备方法、离子掺杂量对催化材料光催化还原 CO_2 和 H_2O 合成 CH_3OH 的影响。将催化剂加入反应液 NaOH 中，在汞灯（$\lambda = 365nm$）照射下进行反应。实验结果表明，Sm^{3+} 的掺杂量为 1% 时，光催化活性最高。用溶胶-凝胶法制备的催化材料，Sm^{3+} 掺杂后生成 CH_4 产量为 140μmol/g，而用溶胶-乳化-燃烧法制备的催化材料时，Sm^{3+} 掺杂后产物 CH_4 产量大约是 160μmol/g。Kočí 等人采用溶胶-凝胶法制备了 Ag 掺杂的 TiO_2 催化剂，并将催化剂在 8W Hg 灯（$\lambda = 254nm$）照射下进行光催化还原 CO_2 的反应。主要产物为 CH_4 和 CH_3OH，当 Ag 的量为 7% 时，光照 20h，CH_3OH 产量 1.8~2.0μmol/g，CH_4 产量 0.6~0.8μmol/g。之后，他们小组采用溶胶-凝胶法制备了 Ag 掺杂 TiO_2 催化材料，研究了不同波长的光对催化剂光催化还原 CO_2 的影响。结果表明，还原产物主要有甲烷和甲醇，波长 254nm 的光照射下还原产量高于波长 365nm 的产量，而当波长为 400nm 时，没有产物产生。随 Ag 掺杂量的增加，产物产量增加，当 Ag 掺杂量为 7% 时，催化活性最佳。Krejčíková 等人采用溶胶-凝胶法制备的 Ag 掺杂 TiO_2 催化材料，在 8W 汞灯（$\lambda = 250~420nm$）照射及 NaOH 溶液中光催化还原 CO_2。结果表明，还原产物主要有 CH_4 和 CH_3OH，在波长 254nm 照射比 365nm 照射的产量高，Ag 掺杂最佳量（质量分数）5.2%，总产量约为 11μmol。李会亮等人采用溶胶-凝胶法制备掺杂金属改性的 TiO_2 光催化材料，掺杂金属包括 Ag、Bi、Ni、Zn，研究了金属掺杂对 TiO_2 光催化活性的影响。对一系列光催化材料进行比较分析，在甲醇中加入催化材料，用 500W 高压汞灯（主波长为 365nm）照射 6h，进行 CO_2 还原，但产物甲酸甲酯的产率不同，运用气相色谱进行分析，其催化效果大小顺序为 1.5%（质量分数）Ag^+ 掺杂 TiO_2 > 3%（质量分数）Bi^{3+} 掺杂 TiO_2 > Zn^{2+}、Ni^{2+} 掺杂 TiO_2 > TiO_2。Manzanares 等人采用溶胶-凝胶法制备的 Mg 掺杂 TiO_2 作催化剂，以乙醇为溶剂，在 500W Xe 灯照射下光催化还原 CO_2。主要还原产物有 CH_4、CO 和 H_2，当 Mg 掺杂浓度（质量分数）为 0.2% 和 0.5% 时，CH_4 产量分别是未掺杂的 4.5 和 3.5 倍。Mg 掺杂浓度（质量分数）为 0.5%，H_2 产量是未掺杂的 2 倍，而 CO 要稍微减少。Wang 等人采用纳米浇铸法制备了不同浓度 Fe 掺杂的 CeO_2 催化剂，并将其在模拟太阳光照射下光催化还原 CO_2。结果表明，Fe 掺杂后，使 CeO_2 光吸收响应从紫外区域拓展至可见光区域，当 Fe 掺杂摩尔浓度为 20% 时，其光催化活性最强。

非金属元素修饰 TiO_2 改性，可以改善 TiO_2 对可见光的吸收，因为 O2p 轨道和非金属中能级与能量接近的 p 轨道发生杂化，使其价带顶位置上移，带隙变窄，因而拓宽了其光响应范围，并且在一定程度上使光生电子-空穴对的复合率降低，光催化效率提高。Hussain 等人采用化学合成法制备的尺寸为 3~12nm 的 S 掺杂锐钛矿 TiO_2 纳米颗粒，在水存在和 UV 灯（$8mW/cm^2$）照射下光催化还原 CO_2。产物有甲醇和乙醇，尺寸为 4nm 时，CO_2 转化率最高，随着 S 掺杂量的增加，光催化活性也相应增强。这是因为 S3p 轨道与 O2p 轨道发生杂化使价带顶上移，带隙变窄。Zhang 等人采用水热法制得 $I-TiO_2$ 催化材料，其主要产物为 CO，紫外-可见光（$\lambda > 250nm$）照射，I 掺杂量为 5% 时，催化效果最佳，90min 后，CO 产量为 $600\mu L/L$；可见光（$\lambda > 400nm$）照射，I 掺杂量为 10%，催化效果最佳，210min 后，CO 产量可达 $670\mu L/L$。Tsai 等人通过浸渍 $Ni(NO_3)_2$，还原 $NaBH_4$ 和在 473K 空气中处理得到负载芯-壳结构 Ni@NiO 的 N 掺杂 $InTaO_4$，然后研究了其在水溶液中和可见光（$\lambda = 390 ~ 770nm$）照射下光催化还原 CO_2 生成 CH_3OH 的性能，生成速率：$Ni@NiO/InTaO_4-N$（约 $165\mu mol/h$）$>InTaO_4-N$（约 $130\mu mol/(g \cdot h)$）$>InTaO_4$（约 $65\mu mol/(g \cdot h)$）。N 掺杂使带隙减小，增加可见光吸收。负载 Ni@NiO 提供反应中心，使光生电子从 $InTaO_4-N$ 表面迁移，并且也能增加光吸收。薛丽梅等人采用浸渍-焙烧法制备的 C 掺杂 TiO_2 纳米粉体光催化还原 CO_2，在模拟日光灯照射下反应 6h，甲酸产量达到 $2633.98\mu mol/g$。根据半导体能带理论可知，半导体氧化物的导带能级主要由过渡金属离子空的 d 轨道构成，而价带能级主要由非金属离子 O^{2-} 空的 p 轨道组成。与 O 原子相比，N^{3-} 离子半径与 O^{2-} 离子半径接近，且 N 的 2p 轨道比 O 的 2p 轨道具有较高的能级，因此用 N 原子完全替代或部分替代 O 原子，可以提高其价带位置，带隙变窄，从而使光吸收变红移至可见光区。Zhao 等人采用水热法制备的 N 掺杂 TiO_2 纳米管，在 500W 卤钨灯及 NaOH 溶液中将 CO_2 还原为 HCOOH、HCHO 和 CH_3OH。结果表明，当温度为 500℃ 时，催化活性最高，光照 12h，产物总产量为 $14530.0\mu mol/g$，其中甲酸产量达到 $13882.5\mu mol/g$，是 TiO_2 的好几倍。Suzuki 等人采用制得的介孔 N 掺杂 Ta_2O_5 球，在 500W Xe 灯（$410nm \leqslant \lambda \leqslant 750nm$）照射下光催化还原 CO_2 生成 HCOOH，对于含 0.12%（质量分数）Ru 的 ［Ru-dpbpy］-$N-Ta_2O_5$，产量最高（$7.1\mu mol$）。

Varghese 等人采用制得的表面修饰 Cu 和 Pt 的 N 掺杂 TiO_2 纳米管，以水蒸气为氢源和大气质量（AM）$1.5mW/cm^2$、$100mW/cm^2$ 太阳光为光源，光催化还原 CO_2，产物有 CH_4、CO、O_2、H_2，产率为 $111\mu L/(L \cdot cm^2 \cdot h)$，是以前报道的 20 倍，但是还原产物选择性不佳。Li 等人采用软模板法制备的贵金属担载（Pt、Au、Ag）和 N 掺杂的介孔 TiO_2 催化材料，以水蒸气作为助剂，以 350W 氙灯（$\lambda = 420nm$）为光源，光催化还原 CO_2。结果表明，Pt 担载的催化材料催化活性最好，担载最佳值为 0.2%（质量分数），N 掺杂最佳量为 0.84%；贵金属担载，产物唯一，紫外光照射 2h，甲烷产量达到 $5.7\mu mol/g$，是不担载贵金属 TiO_2 的 12 倍，N 掺杂后，甲烷产量显著增加。同时也跟催化材料的介孔结构有关，介孔 TiO_2 的比表面积是 $151.8m^2/g$，而普通锐钛矿的是 $117.7m^2/g$，其甲烷产量是 $2.3\mu mol/g$。Zhang 等人先通过水热法制备了 I 掺杂的 TiO_2，再采用湿法浸渍担载 Cu，最后得到 Cu 和 I 共改性的纳米 TiO_2 颗粒，将制得的催化剂在可见光照射下将 CO_2 还原成 CO。实验结果表明，当 I 掺杂量为 10% 和 Cu 负载量为 1% 时，光催化活性最高，光照 210min，CO 产量可达 $6.7\mu mol/g$。

　　e　复合光催化材料

　　两种不同成分的半导体材料通过欧姆接触的形式复合在一起，将得到异质结复合半导体材料。由于每个材料导带和价带的电极电位不同，光生空穴容易从能级高的价带迁移到能级更低的价带上，同时，光生电子容易从能级低的导带迁移到能级更高的导带上，导致界面处的电子-空穴形成定向移动，从而实现光生电子-空穴有效的分离，进而提高材料的光催化量子转换效率。

　　在半导体复合材料的制备上，科学研究者做了很多研究。Guan 等人采用浸渍法制备了 $Pt-Cu/ZnO/K_2Ti_6O_{13}$ 复合材料，研究了其在 300W Xe 灯或 150W Hg 灯照射下光催化还原 CO_2 的性能。还原产物有 CH_3OH、H_2、HCHO 和 HCOOH，产率分别为 $32.03\mu mol/g$、$93.31\mu mol/g$、$13.72\mu mol/g$ 和 $57.27\mu mol/g$。Pan 等人以 $NiO/InTaO_4$ 作催化材料，在 500W 卤素灯照射下及 $KHCO_3$ 溶液中将 CO_2 还原为甲醇。结果表明，掺杂 NiO 的 $InTaO_4$ 催化效果比未掺杂的 $InTaO_4$ 好，而且随着 NiO 掺杂量的增加呈上升趋势，当 NiO 掺杂量（质量分数）为 1.0% 时，甲醇产率高达 $1.394\mu mol/(g \cdot h)$。Shi 等人采用多步浸渍法制备了耦合半导体 $Cu/CdS-TiO_2/SiO_2$ 催化剂，然后进一步在 CH_4 存在和 125W 超高压汞灯照射下光催化还原 CO_2。结果表明，当温度为 120℃，CO_2 和 CH_4 转化率分别为 0.74% 和 1.47%，产物 CH_3COCH_3 选择率高达 92.3%。Nguyen 等人采用溶胶-凝胶法制备的 SiO_2-TiO_2 和 Cu、Fe 掺杂的 SiO_2-TiO_2 光催化剂，在水存在和长波、紫外线（UVA）光和太阳光照射下光催化还原 CO_2。结果表明，在 UVA 光照射下，对于 $Cu-Fe/TiO_2$，产物乙烯的量子产率为 0.0235%，而对于 $Cu-Fe/SiO_2-TiO_2$，产物甲烷的量子产率为 0.05%；在太阳光照射下，产物只有甲烷，产率分别为 0.177、$0.279\mu mol/(g \cdot h)$，优于 TiO_2。Li 等人采用溶胶-凝胶法合成 Cu/TiO_2-SiO_2 材料，并研究了不同催化剂对光催化还原 CO_2 的影响。结果表明，TiO_2 作催化材料，产物只有 CO，产率为 $8.1\mu mol/(g \cdot h)$；SiO_2-TiO_2 作催化材料，CO 产率为 $22.7\mu mol/(g \cdot h)$；4% Cu/TiO_2 作催化材料，产物有 CO 和 CH_4，其产率分别为 $11.8\mu mol/(g \cdot h)$、$1.8\mu mol/(g \cdot h)$；0.5% Cu/TiO_2-SiO_2 作催化材料，CO 和 CH_4 产率分别为 $60\mu mol/(g \cdot h)$、$10\mu mol/(g \cdot h)$。Wang 等人通过混合 2.5nm 和

6nm CdSe 纳米颗粒制备了 CdSe-（Pt/TiO$_2$）光催化材料，并研究了其在可见光（$\lambda>420$nm）照射下光催化还原 CO$_2$ 的性能，产物主要为 CH$_4$ 和 CH$_3$OH，产率分别为 48μL/（L·g·h）和 3.3μL/（L·g·h）。Xi 等人采用糠醛醇衍生的聚合-氧化法制备的 TiO$_2$-ZnO 纳米复合材料，在水存和 UV 光照射下光催化还原 CO$_2$ 生成 CH$_4$，产率为 55μmol/（g·h），是 P25 的 6 倍，由固相法制备 TiO$_2$-ZnO 的 50倍。表明异质结可以使电荷有效分离，提高光催化活性。Asi 等人采用沉积-沉淀法制备了 AgBr/TiO$_2$ 纳米复合材料，将催化材料悬浮于 KHCO$_3$ 溶剂中，在光源为150W 氙灯照射下，光催化还原 CO$_2$。结果显示，AgBr 含量为 23.2% 时，催化材料在可见光照射下光催化活性最强，还原产物有甲烷、乙醇、一氧化碳，其产量分别为 128.56μmol/g、13.28μmol/g、32.14μmol/g。Li 等人研究了 Cu$_2$O/SiC 纳米晶复合材料，在光源为 500W 氙灯（$\lambda=200\sim700$nm），可见光照射光催化还原CO$_2$，得出还原产物是甲醇，催化材料为 SiC、Cu$_2$O 和 Cu$_2$O/SiC，其产量分别是153μmol/g、104μmol/g 和 191μmol/g。

　　具有聚合纳米片结构的石墨氮化碳（g-C$_3$N$_4$），由于其独特的电子结构和很高的热稳定性与化学稳定性，引起了广泛关注，作为一种可见光催化材料应用于分解水。Yuan 等人报道了红色荧光粉/g-C$_3$N$_4$ 复合光催化材料在 500W 氙弧灯照射下光催化还原 CO$_2$，产物是 CH$_4$，当 g-C$_3$N$_4$ 为 30%（质量分数）时，其产率为 295μmol/（g·h）。Cao 等人研究了 In$_2$O$_3$-C$_3$N$_4$ 光催化剂在 500W 氙灯照射下，光催化还原二氧化碳。结果表明，10%（质量分数）In$_2$O$_3$-g-C$_3$N$_4$ 的 CH$_4$ 产量也最高，达至 76.7μL/L，比 g-C$_3$N$_4$ 的高 3 倍，比 In$_2$O$_3$ 的高 4 倍。TiO$_2$ 和 CdS 对紫外光和可见光均有响应，采用 CdS 来修饰 TiO$_2$，由于混晶效应，可以提高 TiO$_2$光催化活性，因此科研工作者对其展开了研究。Li 等人通过水热法制备了 TiO$_2$纳米管，再采用直接沉淀反应法制备了 CdS/TiO$_2$ 或 Bi$_2$S$_3$/TiO$_2$ 复合材料，然后将催化剂在可见光照射下光催化还原 CO$_2$。实验结果表明，还原产物是 CH$_3$OH，光照 5h，Bi$_2$S$_3$/TiO$_2$ 作催化材料，其产量为 224.6μmol/g；而 CdS/TiO$_2$ 作催化材料，甲醇产量为 159.5μmol/g，均高于 TiO$_2$ 纳米管（甲醇产量：102.5μmol/g），但 Bi$_2$S$_3$/TiO$_2$ 催化活性明显高于 CdS/TiO$_2$。Song 等人利用两步水热合成法制备的 CdS-TiO$_2$ 纳米复合材料，以 250W 高压汞灯为光源，在环己醇中光催化还原CO$_2$。产物为甲酸环己酯和环己酮，当 TiO$_2$/CdS 摩尔比为 8 时，产率分别20.2μmol/（g·h）和 20.0μmol/（g·h）。

　　f　V、W、Ge、Ga 基光催化材料

　　除了以上半导体光催化材料外，还有 V、W、Ge、Ga 基半导体光催化材料。由于 BiVO$_4$ 成本低，性质稳定，且对可见光具有响应，因此是一种比较理想的光催化材料。Liu 等以 BiVO$_4$ 作催化材料，研究了不同光照条件对还原 CO$_2$ 的影响。结果表明，单斜相 BiVO$_4$ 催化效果优于四方相 BiVO$_4$，由紫外-可见漫反射光谱分析，四方相 BiVO$_4$（$E_g=2.56$eV）对光的吸收范围比单斜相 BiVO$_4$（$E_g=$

2.24eV）窄，可能是晶格缺陷所致。300W 氙灯作光源时，还原产物只有乙醇，而且不滤去紫外光时的产量高于滤去紫外光时的产量；光源为 36W 日光灯，还原产物有乙醇和甲醇。Mao 等人采用水热法制备的层状 $BiVO_4$ 催化材料，在 300W 氙灯照射下光催化还原 CO_2，结果表明，还原产物是甲醇，反应 6h，全光谱照射，其产率可达 5.52μmol/h；可见光（$\lambda > 420nm$）照射，其产率为 3.76μmol/h。Li 等人采用水热法制备了一维 $Fe_2V_4O_{13}$ 纳米带催化剂，并研究了其在水蒸气存在和紫外-可见光、可见光（$\lambda > 420nm$）照射下，光催化还原 CO_2 生成 CH_4 的性能。结果表明，担载 0.5%（质量分数）Pt 后，在紫外-可见光和可见光照射下，CH_4 产率分别为 2.75μmol/（g·h）、0.55μmol/（g·h）。Bi_2WO_6 具有层状结构，是 Aurivillius 型氧化物之一，而且其物理、化学性能独特，是一种良好的可见光催化材料。Zhou 等人采用水热法制备的 Bi_2WO_6 方纳米片，在 300W 氙灯（$\lambda > 420nm$）照射下，其还原产物为甲烷，光照 5.5h，产量可达 6μmol。Chen 等人采用固体-液相电弧放电法制得单晶 WO_3 纳米片，然后以 300W 氙灯为光源，在可见光（$\lambda > 420nm$）照射下光催化还原 CO_2，其产物为甲烷，光照 14h，其产量为 16μmol/g。Cheng 等人制备了 Bi_2WO_6 空心微球，用可见光（$\lambda > 420nm$）照射，还原产物为甲醇，光照 2h，其产量可达 32.6μmol/g。Xi 等人采用一步液相法制备了 $W_{18}O_{49}$ 纳米线，催化剂在水蒸气存在和可见光（$\lambda > 420nm$）照射下光催化还原 CO_2。产物是 CH_4，Pt 和 Au 作助催化剂后，CH_4 平均生成速率约为 666μL/（L·g·h）。

　　Park 等人采用模板法与水解结合制备的多孔 Ga_2O_3 催化剂，在水蒸气存在和光照射下光催化还原 CO_2 生成 CH_4。产率为 2.09μmol/g（156μL/L），比 β-Ga_2O_3 纳米颗粒的多。这是因为与纳米颗粒相比，其对 CO_2 吸附能力高达 300%，表面积增加了 200%。Zn_2GeO_4 结构由 GeO_4 四面体和 ZnO_4 四面体通过共角相连构成，因此其稳定性好，负载助催化剂后具有较好的光催化活性。同样，$ZnGa_2O_4$ 也是一种稳定性较好的光催化材料，被证明在光催化还原 CO_2 方面具有很好的光催化性能。但是 Zn_2GeO_4（$E_g = 4.0$ eV）和 $ZnGa_2O_4$（$E_g = 4.4$ eV）带隙值较大，因此对太阳光利用较低。通过将这两种材料氮化处理，能将其带隙变窄，拓宽其光响应范围至可见光区。Liu 等人以制得的 Zn_2GeO_4 纳米带为催化剂，得到的还原产物是甲烷，产量大约为 1.5μmol/g，Pt 和 RuO_2 共担载后，其产量可达 25μmol/g。随后，其小组用溶剂热法在 En/水溶剂中合成 $In_2Ge_2O_7$（En）杂化超细纳米线，在氙电弧灯照射下，以 1%（质量分数）Pt 作助催化材料，光催化还原 CO_2 为 CO。他们小组还采用溶剂热法制备了束状 Zn_2GeO_4，在 NH_3 气氛下氮化处理得到黄色的 $Zn_{1.7}GeN_{1.8}O$ 固溶体。并以二次去离子水作还原剂，催化剂在可见光照射下光催化还原 CO_2。结果表明，还原产物是 CH_4，负载 1%（质量分数）Pt 助催化剂，光照 13.5h，总产量达到 10.278μmol/g。负载 1%（质量分数）RuO_2 后，前 3h，生成速度约为 7.8μmol/h。双负载后，光照 12.5h，总产量高达 54.64μmol/g，是单一负载 Pt 的 5.73 倍，单一负载 RuO_2 的 2.24 倍，说明该固溶体负载助催化剂后在可见光下具有较好的光催化活性。Yan 等人采用两步反应模板法制备的介孔 $ZnAl_2O_4$-modified ZnGaNO 固溶体催化剂，在水存在和可见光（$\lambda \geqslant 420nm$）照射下光催化还原 CO_2 生成 CH_4。结果表明，担载 0.5%（质量分数）Pt 后，CH_4 生成速率为 9.2μmol/(g·h)，是 N 掺杂 TiO_2 纳米管（3.3μmol/(g·h)）的 3 倍，N 掺杂 P25（1.2μmol/(g·h)）的 7.7 倍。Yan 等采用水热离子交换法制备了 4.5（$ZnGa_2O_4$）:（Zn_2GeO_4）固溶体，然后以水作还原剂，催化剂在紫外光照射下光催化还原 CO_2。得出还原产物为 CH_4，光照 1h，产量为 0.5μmol，是介孔 $ZnGa_2O_4$（0.015μmol/h）的 33 倍。表明由于固溶体窄带隙和高空穴迁移率，因此具有较好的光催化活性。

g 石墨烯基光催化材料

石墨烯具有良好的导电性，有利于光生电荷的传输，被应用于构建复合光催化材料以期提高光催化性能。Liang 等人制备了石墨烯/TiO_2 纳米复合材料，并研究了在 365nm 紫外光和可见光照射下光催化还原 CO_2 为 CH_4 的性能。产率分别高达 8.5μmol/(m^2·h)、3.2μmol/(m^2·h)。这一数据表明，由于石墨烯的高导电性，将光生电子转移到其表面，使光生电子-空穴对有效分离，同时，石墨烯比表面积高为 CO_2 提供了大量吸附位点，提高了产物的选择性和催化效率。Tu 等人报道了 $Ti_{0.91}O_2$-石墨烯空心球纳米复合材料在水存在和紫外光照射下光催化还原 CO_2。产物有 CH_4 和 CO，产率分别为 1.14μmol/(g·h) 和 8.91μmol/(g·h)，CO_2 转化率是 $Ti_{0.91}O_2$（CH_4 1.41μmol/(g·h)，CO 0μmol/(g·h)）的 5 倍。之后，他们小组采用原位还原水解法制备的 TiO_2-石墨烯纳米片，在 300W 氙弧灯照射和水蒸气存在条件下光催化还原 CO_2 生成 CH_4 和 C_2H_6，结果显示，当石墨烯含量为 2.0%（质量分数），光催化活性最高，CH_4 和 C_2H_6 产率分别为 8μmol/(g·h)、16.8μmol/(g·h)。Baeissa 采用溶胶-凝胶法制备了石墨烯和电气石共掺杂的 TiO_2 介孔复合材料，并研究了其置于 $NaHCO_3$ 和 HCl 溶液中，可见光照射下还原 CO_2 的性能。当石墨烯为 1% 和电气石为 2.5%，甲醇产量为 0.72μmol/(g·h)，量子产量为 0.1072。

氧化石墨烯作为石墨烯被氧化后的产物，其表面官能团丰富，且光催化活性高。Hsu 等以合成的氧化石墨烯为催化剂，在可见光照射下还原 CO_2 生成 CH_3OH，CH_3OH 产率为 0.172μmol/(g·h)，是纯 TiO_2 的 6 倍。Kumar 等人报道了 CoPc/氧化石墨烯在可见光照射下将 CO_2 转化为 CH_3OH，在光照 48h，CH_3OH 产量为 3781μmol/g，高于 CoPc，这是因为 CoPc 在可见光下会产生更多的电子-空穴对，而 CoPc 与 GO 接触可以避免生成电子-空穴复合中心。他们小组还报道了以氧化石墨烯-邻菲咯啉配体为光催化剂，在可见光照射下将 CO_2 还原为 CH_3OH，照射 48h，CH_3OH 产量为（3977.57 ± 5.60）μmol/g，高于氧化石墨烯（2201.40±8.76）μmol/g。

还原氧化石墨烯是在氧化石墨烯的基础上经过还原得到的产物，其表面官能团彻底去除，性质稳定。Lv 等人采用水热法制备了 Ta_2O_5-还原氧化石墨烯（rG），其在 400W 卤素灯照射下光催化还原 CO_2 水溶液或 $CO_2/NaHCO_3$ 溶液生成 CH_3OH 和 H_2，结果表明，rG 与 Ta_2O_5 质量比为 1.0 时，其光催化活性最佳。同时，用氧化还原预处理制得的 NiO_x-Ta_2O_5-rG 光催化活性更好。Li 等人采用水热法制备了 ZnO-还原氧化石墨烯纳米复合材料，并发现其在模拟太阳光照射下能将 CO_2 还原 CH_3OH，光照 10h，CH_3OH 的产量为 45.8μmol/g，高于 ZnO（26.2μmol/g）。Tan 等人采用溶剂热合成法制备了还原氧化石墨烯-TiO_2 纳米复合材料，并研究了其在 15W 节能日光灯照射下还原 CO_2 的催化性能。结果表明，其表现出较好的光催化活性，CH_4 产率高达 0.135μmol/(g·h)。Wang 等人以制得的 Cu_2O/还原氧化石墨烯作为催化剂，在 NaOH 水溶液中模拟太阳光照射下将 CO_2 还原为 CH_3OH，光照 10h，CH_3OH 产量高达 41.5μmol/g，高于 Cu_2O（27.2μmol/g）。An 等人采用微波原位化学还原法制备了 Cu_2O/还原氧化石墨烯复合物，并将其在 150W Xe 灯照射下光催化还原 CO_2 生成 CO，CO 产率是 Cu_2O 的 6 倍左右，是 Cu_2O/RuO_x 的 50 倍。Yu 等人采用微波水热法制备了还原氧化石墨烯-CdS 纳米棒复合材料，发现其在可见光照射下还原 CO_2 表现出高催化活性，当 RGO 含量为 0.5%（质量分数），CH_4 产率为 2.51μmol/(g·h)，比 CdS 的高 10 倍，也高于 Pt-CdS 纳米棒。

利用半导体材料和太阳光催化还原 CO_2 合成碳氢燃料是目前净化环境和碳资源可再生利用的理想模式之一。目前通过各国研究人员的努力已经取得了一些进展和突破，使我们看到了其研究的曙光，但是目前光催化材料研究依然存在太阳能利用率、还原产物选择性、光生电子-空穴分离效率及 CO_2 转化效率偏低等一系列问题。这就是我们开发新型的光催化材料和研究光催化反应中的基本问题，这也是光催化接下来的发展方向。研究光催化材料表面反应的具体过程，有利于提示催化材料的表面微结构、能带结构等对光催化性能的影响。研究半导体光吸收的性质、光生电荷与有效分离的机制和向材料表面迁移的规律，有助于提高光催化材料的催化效率。

7.3.2.4　低温蒸馏法

低温蒸馏法是通过低温冷凝分离 CO_2 的物理过程，一般是将原料气经过多次压缩和冷却，引起组分相变而分离其中的 CO_2，主要用于从油田伴生气中分离提纯。蒸馏法对于高浓度的 CO_2（60%，体积分数）分离回收较为经济，适用于油田现场。

与其他分离方法相比，低温蒸馏法最大的优势在于产物是液态 CO_2：便于管道和槽罐车运输，但是蒸馏工艺需较大能耗以保持系统冷却的能量。另外，低温工艺也无法单独使用，SO_x、NO_x、水蒸气和 O_2 等杂质气体需要预脱除，以保证 CO_2 分离的顺利进行。实验预测的低温蒸馏法成本大约为每分离 1t 二氧化碳 32.7

美元，而吸收法为 13.9 美元/吨 CO_2，吸附法为 27.8 美元/吨 CO_2 低温蒸馏法成本是化学吸收法的 2.35 倍。

此法主要有两个缺点：其一，如果气体混合物中含有冰点高于操作温度的组分时，必须事先清除这些组分，以避免其对装置造成伤害；其二，冷凝过程需要较高的能量。此外，本法设备庞大、能耗较高，一般适用于油田开采现场，提高采油率。

7.3.2.5　膜分离法

相比于前面几种净化方法而言，膜分离法具有一次性投资较少、设备紧凑、占地面积小、能耗低、操作简便、维修保养容易等优点。因而，从实际效果和发展前景看，膜法具有明显优势。我们根据传递机制的不同将膜分离法分离 CO_2 技术分为三类：膜吸收、气体渗透和支撑液膜。

A　膜吸收

膜吸收利用一个非分散的气液膜接触器来达到分离的效果，相比于传统的吸收塔，它有很多优点：膜吸收的利用使得它操作更加具有灵活性，这是因为接触器中的气液流速、接触表面积都可独立控制，并且膜组件的规模也可线性变化。同时，它能耗低，还能克服传统填料塔中液泛、雾沫夹带、沟流、鼓泡等缺点。

理论上膜孔中全部充满气体要比致密膜或膜孔中完全充满液体更有利于传质，此时，传质阻力可以忽略，因此避免膜的润湿显得非常重要。常见的避免膜润湿问题有以下几种方法：

（1）使用高疏水性、低表面能的膜材料，如聚丙烯（PP）、聚四氟乙烯（PTFE）等。

（2）膜表面的疏水性修饰，包括表面接枝、孔隙填充接枝、涂层/界面聚合化等。

（3）复合膜的使用。

（4）选择更致密的中空纤维膜，其具有更佳的非润湿性、更大的进口气体压力操作弹性，同时提供较高的传质系数。商业上常用的两种疏水膜是聚丙烯（PP）膜和聚四氟乙烯（PTFE）膜。

吸收剂的选择决定了气体分离的选择性，并且提高膜接触器和溶剂之间的兼容性和阻止膜的润湿对它的长期运行是非常重要的。吸收剂的选择有以下几点要求：

（1）不润湿膜或尽量减少膜的润湿。

（2）对混合气体中某组分有溶解作用-物理溶剂，与气体易发生快速反应-化学溶剂。

（3）无毒性。

（4）热稳定性。

（5）易回收，重复利用。

（6）低蒸气压，以把溶剂的损失降低至最小。

（7）成本低。

（8）黏性小，以避免在整个吸收过程中产生高压降。

（9）吸收剂的长期使用不会对膜造成物理或化学上的破坏。

Mavroudi 等人研究了中空纤维膜接触器从 CO$_2$/N$_2$ 混合气中分离 CO$_2$，使用了纯水与二乙醇胺两种吸收剂，结果表明：使用纯水和二乙醇胺作吸收剂，CO$_2$ 的除去效率分别可以达到 75% 和 99%。叶向群等在膜吸收法脱除空气中 CO$_2$ 的研究中，比较了水、碳酸盐和醇胺三种吸收剂，醇胺吸收剂具有较高的吸收率、较低的反应热、反应速度快及容易再生等优点。

B 气体渗透

在气体渗透过程中，膜用于气体分离，它决定了气体的渗透性和选择性。在目前的研究中，聚合物膜由于它的易加工性和价格优势被广泛地应用。在气体分离膜中，多孔支撑层对混合气体的分离效果是有限的，其有效分离主要发生在表皮层的聚合物致密层。透过速度快的组分在渗透侧富集，透过速度慢的组分被截留在进料侧，在进料侧富集。

一般认为气体在聚合物致密层中的传递过程服从溶解-扩散机理，气体透过膜的过程由下列 3 步组成：

（1）气体在膜的进料侧表面吸附溶解。

（2）吸附溶解在膜进料侧表面的气体组分在浓度差的推动下扩散透过膜。

（3）扩散到膜透过侧表面的气体解吸。膜对不同气体组分的渗透选择性是气体在膜中的溶解选择性和扩散选择性两种因素综合作用的结果。

聚合物材料的结构和组成决定了气体组分在材料中的溶解性能和扩散性能，决定了这种材质的膜所能达到的最大气体分离性能。相比于玻璃态的聚合物，橡胶态的聚合物链段可以移动，气体组分容易透过，气体渗透系数很大，是良好的气体分离膜材料，比如聚二甲基硅氧烷。但是目前聚亚苯基氧化物、芳香族或者杂环族类材料同时具备良好的透气性和选择性，成为了极具潜力的气体膜材料，这些材料包括聚酰亚胺、聚炔烃、聚苯并咪唑等等。用聚合物膜来进行气体分离时，其重要参数就是气体分离过程中的渗透通量和渗透选择性，但这二者很难达到平衡，而往往是呈现相反的变化。基于这个普遍的规律，L. M. Robeson 总结出了各种气体组合的聚合物膜 Robeson 上限，

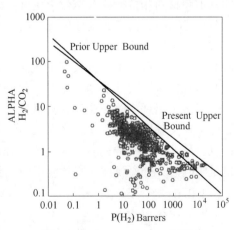

图 7-9 H$_2$/CO$_2$ Robeson 上限图

比如 H_2/CO_2，如图 7-9 所示。可以以此来初步判断聚合物膜对某种气体组合的分离能力。

C　支撑液膜

20 世纪 70 年代初，Li 等人将促进传递的概念引入乳化液膜的传递过程中，与高分子分离膜相比，乳化液膜分离具有传质速率高的优点。支撑液膜（SLM）是将多孔支撑体浸在溶解有载体的膜溶剂中，在表面张力的作用下，膜溶剂充满微孔而形成。和乳化液膜相比，支撑液膜在提高液膜稳定性方面具有明显优势。在 CO_2 分离方面，支撑液膜的分离选择性主要是由液体对 CO_2 的亲和性来决定。渗透组分透过膜的传质遵从溶解-扩散机理，支撑膜的选择对渗透效率影响很小，但是正确地选择支撑膜对确保分离过程的稳定性是非常重要的。然而支撑液膜并没有广泛应用于工业领域，这主要是因为它的稳定性差，长期使用膜的选择分离性能下降，寿命相对较短。引起这些现象的主要原因是使用过程中膜液相的损失。

离子液体（ILs）的独特性质将它与支撑液膜技术完美的结合起来，并且它不同于以往使用的任何一种膜溶剂。离子液体作为支撑液膜的液相最突出的优点是它几乎没有蒸气压，其次是由于黏度大而具有极强的毛细作用，这些优点可以有效地减少膜溶剂在低压下从膜孔中的转移。离子液体的另一个显著优点是可通过对无机阴离子和有机阳离子的改变和调节，形成具有不同物理化学特性、独特功能的离子液体。因此可通过适当的设计来改变离子液体的物理化学性质，从而提高支撑液膜的稳定性。Scovazzop 等人将一系列基于 $[C_2mim]^+$ 的咪唑盐离子液体支撑在多孔亲水的聚醚砜（PES）上，考察了这种支撑离子液体膜对 CO_2、N_2 和 CH_4 的渗透性和选择性以及 $[Tf_2N]^-$、$[CF_3SO_3]^-$、$[Cl]^-$ 和 $[DCA]^-$ 4 种阴离子的影响。这些支撑离子液体膜对 CO_2 的渗透性、CO_2/N_2 以及 CO_2/CH_4 的选择性都达到了良好的水平。研究结果表明，这些离子液体支撑膜的性能可以与现有的其他膜材料相抗衡，甚至效果更好。

分离 CO_2 的膜技术和其他传统分离技术相比有独特的优势，是当今国内外科研机构的一个研究热点。目前，很多研究团队都针对膜在 CO_2 的分离方面进行深入研究，并且也取得了一些较好的成果。但与实际工业应用还存在一定的差距。这主要体现在以下几个方面：首先，目前膜材料的开发仍然难以摆脱价格的限制，仍然很少出现能够商业化的膜材料及其组件；其次，目前 CO_2 膜分离技术大多数停留在实验室规模，缺乏膜在长期的实际工业应用的条件下的一些性能参数与信息，另外，一些常见的其他气体成分对膜材料及分离过程的影响缺乏研究，这也是限制 CO_2 分离膜技术实际应用的重要方面。

7.3.2.6　燃烧法

A　O_2/CO_2 循环燃烧法

O_2/CO_2 循环燃烧技术也叫富氧燃烧技术，或空气分离/烟气再循环技术，又

被称为 N_2-free Process，其技术原理示意图如图 7-10 所示。该技术用空气分离获得的纯氧或近似纯氧和一部分锅炉排气构成的混合气代替空气作为矿物燃料燃烧时的氧化剂，由此获得的烟气经干燥脱水后可得到浓度高达 95% 的 CO_2，排气经冷凝脱水后，其量的 70%~75% 循环使用，余下的排气中的 CO_2 经压缩脱水后用管道输送。经过有害气体脱除之后，这种高浓度 CO_2 具有良好的商业用途，如植物催肥剂、化工原料、注入油井或气田增加石油或天然气产量等。

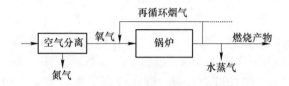

图 7-10　O_2/CO_2 循环燃烧原理示意图

　　在液化处理以 CO_2 为主的烟气时，SO_2 同时也被液化回收，可省去烟气脱硫设备；在 O_2/CO_2 的气氛下，NO_x 的生成将会减少，如果再结合低 NO_x 燃烧技术，则有可能不用或少用脱氮设备；有可能在燃烧和传热等方面作进一步的最优化技术，由此带来的经济效益有可能部分地抵消回收 CO_2 所增加的费用。采用 O_2/CO_2 燃烧技术烟气量大大减少（仅为传统方式的 1/5），因而排烟损失大幅度降低，电厂效率显著提高；同时还简化了烟气处理系统，电厂占地面积与常规电厂相当，而采用 MEA 工艺回收 CO_2 的电厂占地面积要增加大约 50%。

　　该技术的主要问题是制氧设备和 CO_2 压缩设备需要消耗大量电力、锅炉火焰和热传输的特征以及防止空气泄露进入炉内等。自 20 世纪 80 年代末美国阿贡国家实验室率先开展此项研究之后，各发达国家如日本、加拿大、英国、荷兰、法国及瑞典等均投入巨资，对这种燃烧方式及技术展开了研发工作。其中美国、加拿大、日本等国（Air Liquide-US、CANMET-Canada、石川岛播磨重工-IHI 和国际火焰研究基金-IFRF）已经开展了中试规模的试验研究，并对其可行性和经济性进行了研究。

　　B　化学链燃烧技术

　　化学链燃烧（Chemical-Looping Combustion，CLC）是一种全新的燃烧理念，该技术不再直接使用空气中的氧分子，而是使用金属氧化物中的氧原子来完成燃料的燃烧过程，它包括两个串联的反应器：燃料反应器和空气反应器。其反应分别为：

　　燃料反应器中（还原反应）：

$$燃料 + MO(金属氧化物) \longrightarrow CO_2 + H_2O + M(金属) \quad (7-23)$$

　　空气反应器中（氧化反应）：

$$M(金属) + O_2(空气) \longrightarrow MO(金属氧化物) \tag{7-24}$$

燃料反应器中还原生成的 CO_2、H_2O 只需经过简单的冷凝就能得到高纯度的 CO_2，从而以较低的能耗实现 CO_2 的高浓度富集。另外，由于燃料反应器和空气反应器内运行温度均相对较低，在空气反应器内无热力型和快速型 NO_x 产生，而燃料反应器中由于不与 O_2 接触，也没有燃料型 NO_x 和 SO_x 的产生。同时，CLC 技术基于两步化学反应，实现了化学能梯级利用，具有更高的能量利用效率。

化学链燃烧技术尚处于起步阶段、具有很好应用前景的变革性的燃烧方式。当前，其关键技术的研究集中在氧载体的制备和反应性研究、反应器的设计和运行以及系统集成优化和分析三部分。目前，只有瑞典 Chalmers 理工大学和韩国能源研究院搭建了可以连续运行的试验尺度的 CLC 系统，TDA Research 公司和东南大学正在建设相应的 CLC 试验台架。煤燃烧国家重点实验室的郑瑛等人对非金属氧化物作为氧载体进行了可行性研究。美国俄亥俄州立大学 L. S. Fan 课题组进行了萘与 Fe 基氧载体反应的可行性研究。美国西肯塔基大学燃烧科学与环境技术学院也初步提出了煤基 CLC 系统的研究思路。

参 考 文 献

[1] 赵培，赵云胜，叶彬. 城市中有毒有害气体对公共安全的影响研究 [J]. 安全与环境工程，2011，18：98~101.

[2] 魏翠英，谢汇. 某些大气污染气体对植物的危害 [J]. 生物学通报，2002，37：19.

[3] 宋彬，李金金，龙晓达. 天然气净化厂尾气 SO_2 排放治理工艺探讨 [J]. 天然气工业，2017，37.

[4] 支静涛，刘浩，于贤群，等. 多壁碳纳米管（MWCNTs）负载锰掺杂二氧化钛（Mn-TiO_2）在 SO_2 光催化脱除中的应用 [J]. 南京师范大学学报（工程技术版），2016，16：21~28.

[5] 王红妍，易红宏，唐晓龙，等，羰基硫脱除技术研究现状及进展 [J]. 化学工业与工程，2010，27：67~72.

[6] 刘贵. 介质阻挡放电等离子体表面修饰碳基催化剂脱除羰基硫和二硫化碳研究 [J]. 昆明理工大学，2016.

[7] 李梁萌. 含氨废气处理技术探讨 [J]. 中氮肥，2015：14~16.

[8] 蒋明，宁平，王重华，等，含氰化氢废气治理研究进展 [J]. 化工进展，2012，31：2563~2569.

[9] 张奉民，李开喜，吕春祥，等. 氰化氢脱除方法 [J]. 新型炭材料，2003，18：151~157.

[10] 余琼粉，易红宏，唐晓龙，等，磷化氢净化技术及其展望 [J]. 环境科学与技术，2009，32：87~91.

[11] 余强，高飞，董林，等，铜基催化剂用于一氧化碳催化消除研究进展 [J]，催化学报，2012，V33：1245~1256.

[12] 严书娣. 分子筛负载 Cu 吸附剂在低温微氧条件下净化矿热冶炼废气中 AsH_3 研究 [J]. 昆明理工大学，2016.

[13] 张少梅，沈晋明. 室内挥发性有机化合物（VOC）污染的研究 [J]. 洁净与空调技术，2003：1~4.

[14] 郭霞，李伯阳，莫文锐，等. 低浓度有毒有害气体净化技术及研究进展 [J]. 环境科学导刊，2016，35：13~19.

[15] 周永莉，张校申，杨家宽. 催化燃烧法净化废气中污染物实验研究 [J]. 实验科学与技术，2013，11：37~38.

[16] 李新民，陈鹏飞. 电子束辐照处理工业废气 [J]. 原子核物理评论，1996，13：45~46.

[17] 何慧，潘依依，方明中. 低温等离子体及其在废气处理中的应用 [J]. 资源节约与环保，2015：144~144.

[18] Warneck P. Chemistry of the natural atmosphere [J]. Orlando Fl Academic Press Inc International Geophysics，1988，41：1~70.

[19] 姚善卓，张玲玲，李友杰. 氨气来源及氨气传感器应用 [J]. 广州化工，2011，39：44~46.

[20] Seinfeld J H，Pandis S N，Noone K. Atmospheric Chemistry and Physics：From Air Pollution to

Climate Change ［J］. Environment Science & Policy for Sustainable Development, 1998, 40: 26.

［21］ Behera N, Sailesh, Balasubramanian. Ammonia in the atmosphere: a review on emission sources, atmospheric; chemistry and deposition on terrestrial bodies ［J］. Environ Sci Pollut Res Int, 2013, 20: 8092~8131.

［22］ Sutton M A, Erisman J W, Dentener F. Ammonia in the environment: from ancient times to the present ［J］. Environmental Pollution, 2008, 156: 583~604.

［23］ Battye W, Aneja V P, Roelle P A. Evaluation and improvement of ammonia emissions inventories ［J］. Atmospheric Environment, 2003, 37: 3873~3883.

［24］ Bigg E K. Gas emissions from soil and leaf litter as a source of new particle formation ［J］. Atmospheric Research, 2004, 70: 33~42.

［25］ Schjørring J K. Dynamics of ammonia exchange with cut grassland: strategy and implementation of the GRAMINAE integrated experiment ［J］. Biogeosciences, 6, 3 (2009-03-05), 2009, 6: 309~331.

［26］ Trumbore S E, Davidson E A, Nepstad D C, et al. Belowground cycling of carbon in forests and pastures of Eastern Amazonia ［J］. Global Biogeochemical Cycles, 1995, 9: 515~528.

［27］ Theobaldab M R, Walker J, Andersen H V, et al. An intercomparison of models used to simulate the short-range atmospheric dispersion of agricultural ammonia emissions ［J］. Environmental Modelling & Software, 2012, 37: 90~102.

［28］ 龙忠臣, 解秋实, 刘伟. 禽舍内氨气的来源. 危害及防控措施 ［J］. 黑龙江畜牧兽医, 2010: 68~69.

［29］ 陈安琼. 我国联醇催化剂的使用及其影响因素剖析 ［J］. 化学工业与工程技术, 1994: 43~47.

［30］ 陈庆来. 联醇生产中若干问题的探讨 ［J］. 化学工程与装备, 1998: 18~20.

［31］ 梁雪梅, 王冬, 许慎永, 等. 我厂甲醇生产系统存在问题及解决措施综述 ［J］. 化工催化剂及甲醇技术, 2004: 11~14.

［32］ 韩银群. C-302 型低压甲醇合成催化剂的保护与使用 ［J］. 泸天化科技, 2001: 281~283.

［33］ 王江, 王志雄. C307 型甲醇催化剂在我厂的应用 ［J］. 广东化工, 2013, 40: 37~38.

［34］ 杨玉兰, 刘振洪. 甲醇合成催化剂使用经验总结 ［J］. 天然气化工: c1 化学与化工, 2000, 25: 7~11.

［35］ 牛文勇. 联醇装置使用小结 ［J］. 氮肥与合成气, 2004, 32: 17~18.

［36］ Yumura M, Asaba T. Rate constants of chemical reactions in the high temperature pyrolysis of ammonia ［J］. Symposium on Combustion, 1981, 18: 863~872.

［37］ 徐桂芹, 姜安玺, 闫波, 等. 低温生物处理含硫含氮气体效能和机理研究 ［J］. 哈尔滨工业大学学报, 2005, 37: 25~27.

［38］ Busca G, Pistarino C. Abatement of ammonia and amines from waste gases: a summary ［J］. Journal of Loss Prevention in the Process Industries, 2003, 16: 157~163.

[39] Critoph R E. Multiple bed regenerative adsorption cycle using the monolithic carbon-ammonia pair [J]. Applied Thermal Engineering, 2002, 22: 667~677.

[40] Kelleher B P, Leahy J J, Henihan A M, et al, Advances in poultry litter disposal technology-a review [J]. Bioresour Technol, 2002, 83: 27~36.

[41] 许小红, 吴春笃, 张波, 等. 低温等离子体处理污水厂恶臭气体的应用研究 [J]. 高电压技术, 2007, 33: 171~173.

[42] 曲献伟, 程志兵, 陈刚. 放电等离子体技术在恶臭气体净化中的应用 [J]. 中国市政工程, 2005: 33~35.

[43] Ma H, Chen P, Ruan R. H_2S and NH_3 Removal by Silent Discharge Plasma and Ozone Combo-System [J]. Plasma Chemistry & Plasma Processing, 2001, 21: 611~624.

[44] 苏玉蕾, 王少波, 宋刚祥, 等. 氨分解制氢催化剂研究进展 [J]. 舰船科学技术, 2010, 32: 138~143.

[45] Olofsson G, Wallenberg L R. Andersson A. Selective catalytic oxidation of ammonia to nitrogen at low temperature on $Pt/CuO/Al_2O_3$ [J]. Journal of Catalysis, 2005, 230: 1~13.

[46] Chellappa A S, Fischer C M, Thomson W J. Ammonia decomposition kinetics over $Ni-Pt/Al_2O_3$ for PEM fuel cell applications [J]. Applied Catalysis A General, 2002, 227: 231~240.

[47] 董永春, 白志鹏, 刘瑞华, 等. 负载织物对纳米 TiO_2 光催化剂净化氨气性能的影响 [J]. 过程工程学报, 2006, 6: 112~117.

[48] Yamazoe, Seiji, Hitomi, et al. Kinetic study of photo-oxidation of NH_3 over TiO_2 [J]. Applied Catalysis B Environmental, 2008, 82: 67~76.

[49] Yamazoe S, Okumura T, Tanaka T. Photo-oxidation of NH_3 over various TiO_2 [J]. Catalysis Today, 2007, 120: 220~225.

[50] 董永春, 白志鹏, 张利文, 等. 纳米 TiO_2 负载织物对室内空气中氨的净化 [J]. 中国环境科学, 2005, 25: 26~29.

[51] Ramis G, Yi L, Busca G. Ammonia activation over catalysts for the selective catalytic reduction of NO_x and the selective catalytic oxidation of NH_3. An FT-IR study [J]. Catalysis Today, 1996, 28: 373~380.

[52] Kraehnert R, Baerns M. Kinetics of ammonia oxidation over Pt foil studied in a micro-structured quartz-reactor [J]. Chemical Engineering Journal, 2008, 137: 361~375.

[53] Amblard M, Burch R, Southward B W L. A study of the mechanism of selective conversion of ammonia to nitrogen on $Ni/\gamma-Al_2O_3$ under strongly oxidising conditions [J]. Catalysis Today, 2000, 59: 365~371.

[54] Zhang L, Zhang C, He H. The role of silver species on Ag/Al_2O_3 catalysts for the selective catalytic oxidation of ammonia to nitrogen [J]. Journal of Catalysis, 2009, 261: 101~109.

[55] Bruggemann, Rainer, Kerber, et al. Ranking objects using fuzzy orders, with an application to refrigerants [J]. Communications in Mathematical & in Computer Chemistry, 2011, 66: 581~603.

[56] Long R Q, Yang R T. Selective Catalytic Oxidation (SCO) of Ammonia to Nitrogen over Fe-

Exchanged Zeolites [J]. Journal of Catalysis, 2001, 201: 145~152.

[57] Suárez S, Martín J A, Yates M, et al. N$_2$O formation in the selective catalytic reduction of NO$_x$ with NH$_3$ at low temperature on CuO-supported monolithic catalysts [J]. Journal of Catalysis, 2015, 229: 227~236.

[58] Zhang L, He H. Mechanism of selective catalytic oxidation of ammonia to nitrogen over Ag/Al$_2$O$_3$ [J]. Journal of Catalysis, 2009, 268: 18~25.

[59] Lousteau C, Besson M, Descorme C. Catalytic wet air oxidation of ammonia over supported noble metals [J]. Catalysis Today, 2015, 241: 80~85.

[60] Gang L, Anderson B G, Grondelle J V, et al. Low temperature selective oxidation of ammonia to nitrogen on silver-based catalysts [J]. Applied Catalysis B Environmental, 2003, 40: 101~110.

[61] Kušar H M J, Ersson A G, Vosecký M, et al, Selective catalytic oxidation of NH$_3$ to N$_2$ for catalytic combustion of low heating value gas under lean/rich conditions [J]. Applied Catalysis B Environmental, 2005, 58: 25~32.

[62] Fung W K, Claeys M, Steen E V. Effective Utilization of the Catalytically Active Phase: NH Oxidation Over Unsupported and Supported CoO [J]. Catal. Lett. , 2012, 142: 445~451.

[63] Fung W K, Ledwaba L, Modiba N, et al. Choosing a suitable support for Co$_3$O$_4$ as an NH$_3$ oxidation catalyst [J]. Catalysis Science & Technology, 2013, 3: 1905~1909.

[64] Sang M L, Hong S C. Promotional effect of vanadium on the selective catalytic oxidation of NH$_3$ to N$_2$ over Ce/V/TiO$_2$ catalyst [J]. Applied Catalysis B Environmental, 2015, 163: 30~39.

[65] Kustov A L, Hansen T W, Kustova M, et al. Selective catalytic reduction of NO by ammonia using mesoporous Fe-containing HZSM-5 and HZSM-12 zeolite catalysts: An option for automotive applications [J]. Applied Catalysis B Environmental, 2007, 76: 311~319.

[66] Jabłońska M, Król A, Kukulska-Zajac E, et al. Zeolite Y modified with palladium as effective catalyst for selective catalytic oxidation of ammonia to nitrogen [J]. Journal of Catalysis, 2014, 316: 36~46.

[67] Song S, Jiang S. Selective catalytic oxidation of ammonia to nitrogen over CuO/CNTs: The promoting effect of the defects of CNTs on the catalytic activity and selectivity [J]. Applied Catalysis B Environmental, 2012, 117~118: 346~350.

[68] Cui X, Zhou J, Ye Z, et al, Selective catalytic oxidation of ammonia to nitrogen over mesoporous CuO/RuO$_2$ synthesized by co-nanocasting-replication method [J]. Journal of Catalysis, 2010, 270: 310~317.

[69] Hahn C, Füger S, Endisch M, et al. Global kinetic modelling of the NH$_3$ oxidation on Fe/BEA zeolite [J]. Catalysis Communications, 2015, 58: 108~111.

[70] Kim M S, Lee D W, Chung S H, et al. Oxidation of ammonia to nitrogen over Pt/Fe/ZSM5 catalyst: influence of catalyst support on the low temperature activity [J]. Journal of Hazardous Materials, 2012, 237~238: 153~160.

[71] Jabłońska M, Chmielarz L, Guzik K, et al. Thermal transformations of Cu-Mg(Zn)-Al(Fe)

hydrotalcite-like materials into metal oxide systems and their catalytic activity in selective oxidation of ammonia to dinitrogen [J]. Journal of Thermal Analysis & Calorimetry, 2013, 114: 731~747.

[72] Chmielarz L, Kuśtrowski P, Piwowarska Z, et al. Natural Micas Intercalated with Al_2O_3 and Modified with Transition Metals as Catalysts of the Selective Oxidation of Ammonia to Nitrogen [J]. Topics in Catalysis, 2009, 52: 1017~1022.

[73] Kaddouri A, Dupont N, Gélin P, et al. Methane Combustion Over Copper Chromites Catalysts Prepared by the Sol-Gel Process [J]. Catal. Lett., 2011, 141: 1581~1589.

[74] Hung, Chang Mao, Synthesis. characterization and performance of CuO/La_2O_3 composite catalyst for ammonia catalytic oxidation [J]. Powder Technology, 2009, 196: 56~61.

[75] Zhong W, Qu Z, Xie Q, et al. Selective catalytic oxidation of ammonia to nitrogen over CuO-CeO_2 mixed oxides prepared by surfactant-templated method [J]. Applied Catalysis B Environmental, 2013, 134~135: 153~166.

[76] Yue W, Zhang R, Liu N, et al. Selective catalytic oxidation of ammonia to nitrogen over orderly mesoporous $CuFe_2O_4$ with high specific surface area [J]. 中国科学通报 (英文版), 2014, 59: 3980~3986.

[77] Hu J, Tang X, Yi H, et al. Low-temperature selective catalytic oxidation of ammonia over the CuO_x/C-TiO_2 catalyst [J]. Research on Chemical Intermediates, 2014, 41: 1~10.

[78] Shrestha S, Harold M P, Kamasamudram K, et al. Selective oxidation of ammonia on mixed and dual-layer Fe-ZSM-5+Pt/Al_2O_3 monolithic catalysts [J]. Catalysis Today, 2014, 231: 105~115.

[79] Yang K S, Jiang Z, Chung J S. Electrophoretically Al-coated wire mesh and its application for catalytic oxidation of 1,2-dichlorobenzene [J]. Surface & Coatings Technology, 2011, 168: 103~110.

[80] Qu Z, Wang Z, Xie Q, et al. Selective catalytic oxidation of ammonia to N_2 over wire － mesh honeycomb catalyst in simulated synthetic ammonia stream [J]. Chemical Engineering Journal, 2013, 233: 233~241.

[81] Yang M, Wu C, Zhang C, et al. Selective oxidation of ammonia over copper-silver-based catalysts [J]. Catalysis Today, 2004, 90: 263~267.

[82] 杨丽君, 张世鸿, 王家强, 等. Ru/γ-Al_2O_3 和 Ru/AC 催化剂的制备及其对氨氧化反应的催化性能 [J]. 化工环保, 2009, 29: 463~466.

[83] Chmielarz L, Jabłońska M, Strumiński A, et al. Selective catalytic oxidation of ammonia to nitrogen over Mg-Al, Cu-Mg-Al and Fe-Mg-Al mixed metal oxides doped with noble metals [J]. Applied Catalysis B Environmental, 2013, 130~131: 152~162.

[84] Nassos E. Svensson, Boutonnet, et al. The influence of Ni load and support material on catalysts for the selective catalytic oxidation of ammonia in gasified biomass [J]. Applied Catalysis B Environmental, 2007, 74: 92~102.

[85] Ozawa Y, Tochihara Y. Catalytic decomposition of ammonia in simulated coal-derived gas [J]. Chemical Engineering Science, 2007, 62: 5364~5367.

[86] Jie-Chung L, Chang-Mao H, Sheng-Fu Y. Selective catalytic oxidation of ammonia over copper-cerium composite catalyst [J]. Air Repair, 2004, 54: 68~76.

[87] Hung C M. The effect of the calcination temperature on the activity of Cu-La-Ce composite metal catalysts for the catalytic wet oxidation of ammonia solution [J]. Powder Technology, 2009, 191: 21~26.

[88] Lippits M J, Gluhoi A C, Nieuwenhuys B E. A comparative study of the selective oxidation of NH_3 to N_2 over gold, silver and copper catalysts and the effect of addition of Li_2O and CeO_x [J]. Catalysis Today, 2008, 137: 446~452.

[89] Boyano A, Iritia M C, Malpartida I, et al. Vanadium-loaded carbon-based monoliths for on-board NO reduction: Influence of nature and concentration of the oxidation agent on activity [J]. Catalysis Today, 2008, 137: 222~227.

[90] Dall Acqua L, Nova I, Lietti L, et al. Spectroscopic characterisation of MoO_3/TiO_2 deNO$_x$-SCR catalysts: Redox and coordination properties [J]. Physical Chemistry Chemical Physics, 2000, 2: 4991~4998.

[91] Li L, Han C, Yang L, et al. The Nature of PH_3 Decomposition Reaction over Amorphous CoNiBP Alloy Supported on Carbon Nanotubes [J]. Ind. eng. chem. res, 2010, 49: 1658~1662.

[92] Herman T, Soden S. Efficieny handling effluent gases through chemical scrubbing [J]. AIP Conference Proceedings, 1988: 99~108.

[93] 张建华. 溶解乙炔气生产过程中脱除硫化氢、磷化氢的新工艺 [J]. 黎明化工, 1995, 40.

[94] Lawless J J, Searle H J. Kinetics of the reaction between phosphine and sodium hypochlorite in alkaline solution [J]. Journal of the Chemical Society (Resumed), 1962: 4200~4205.

[95] 程建忠, 张宝贵, 张英喆. 次磷酸钠生产过程中磷化氢尾气处理技术的研究 [J]. 南开大学学报 (自然科学版), 2001, 34: 31~34.

[96] 熊辉, 杨晓利, 李光兴. 次氯酸钠氧化脱除黄磷尾气中的硫、磷杂质 [J]. 化工环保, 2002, 22: 161~164.

[97] Chandrasekaran K, Sharma M M. Absorption of phosphine in aqueous solutions of sodium hypo-chlorite and sulphuric acid [J]. Chemical Engineering Science, 1977, 32: 275~280.

[98] 杨文书. 溶解乙炔气中杂质的清除 [J]. 河北化工, 2010, 33: 36~37.

[99] 朱尔根·茨默门, 温弗里得·利比格, 比得·穆尔. 从气体中, 特别是从乙炔气体中洗脱磷化氢的方法 [P]. 尤德有限公司, 中国专利, 1985.

[100] 丁百全, 徐周, 房鼎业, 等. 熏蒸杀虫余气 PH_3 的吸收净化研究 [J]. 环境污染治理技术与设备, 2003, 4: 30~32.

[101] 王成俊, 郭爱红, 王福生, 等. 次磷酸钠工业生产过程中 PH_3 尾气处理技术 [J]. 天津化工, 2003, 17: 37~38.

[102] Kyowa Kako K K. Method for removing arsine and/or phosphine [J]. Kyowa Kako, KK, 1989.

［103］李军燕，宁平，瞿广飞．Cu(Ⅱ)-Co(Ⅱ)液相催化氧化净化 PH₃研究 ［J］．武汉理工大学学报，2007，29：63～65，69.

［104］李军燕，宁平，瞿广飞．PH₃液相催化氧化净化 ［J］．昆明理工大学学报（理工版），2007，32：80～82，86.

［105］瞿广飞，宁平，李军燕．Pd(Ⅱ)-Fe(Ⅲ) 液相催化氧化净化磷化氢的研究 ［J］．武汉理工大学学报，2008，30.

［106］宁平，易玉敏，瞿广飞，等．PdCl₂-CuCl₂液相催化氧化净化黄磷尾气中 PH₃ ［J］．中南大学学报（自然科学版），2009，40：340～345.

［107］瞿广飞，宁平，李军燕，等．钯离子液相催化氧化低浓度磷化氢 ［J］．化工环保，2008，28：102～105.

［108］杨丽娜，易红宏，唐晓龙，等．Fe-Cu 混合氧化物催化湿式氧化低浓度磷化氢实验研究 ［J］．中南大学学报（自然科学版），2009，40：1505～1509.

［109］Bond E J，Miller D M. A new technique for measuring the combustibility of gases at reduced pressures and its application to the fumigant phosphine ［J］. Journal of Stored Products Research，1988，24：225～228.

［110］王惠平，唐忠松．次磷酸钠生产中"三废"的综合治理 ［J］．化学世界，1999：159～162.

［111］Elliot B，Balma F，Johnson F. Exhaust gas incineration and the combustion of arsine and phosphine ［J］. Solid State Technology，1990，33：89～92.

［112］Li L，Han C，Han X，et al. Catalytic Decomposition of Toxic Chemicals over Metal-Promoted Carbon Nanotubes ［J］. Environmental Science & Technology，2011，45：726～731.

［113］梁培玉，韩长秀，林徐明，等．CoP 非晶合金催化分解磷化氢制高纯磷的研究 ［J］．南开大学学报（自然科学版），2006（39）：20～23.

［114］林徐明，韩长秀，任吉利，等．钴磷合金催化剂的制备及其催化分解磷化氢的研究 ［J］．环境污染与防治，2007，29.

［115］梁培玉，王福生，宋兵魁，等．磷化氢尾气催化分解为高纯磷的研究 ［J］．天津化工，2004（18）：31～33.

［116］陈中明，武立新，魏玺群，等．变温和变压吸附法从黄磷尾气净化回收一氧化碳 ［J］．天然气化工，2001（26）：24～26，39.

［117］陈健，张剑锋，彭少成，等．从黄磷尾气中脱除磷、磷化物、硫化物的方法［J］．2002，4（24）：1～8.

［118］魏玺群，郑才平，张杰，等．黄磷尾气净化回收新工艺探讨 ［J］．化肥工业，2001，28：29～32.

［119］简马克·西雷索尔．破坏残留气中氢化物的方法及所用催化剂 ［P］.CN89102510.3，空气股份有限公司，1989.

［120］许荣男，李寿南，李秋煌，等．用以化学吸附氢化物的洁净剂及净化有害气体的方法 ［P］.CN03147878.6，2003.

［121］Wang X，Ning P，Shi Y，et al. Adsorption of low concentration phosphine in yellow phosphorus off-gas by impregnated activated carbon ［J］. Journal of Hazardous Materials，2009，171：588~593.

［122］Ma L P，Ning P，Zhang Y，et al. Experimental and modeling of fixed-bed reactor for yellow phosphorous tail gas purification over impregnated activated carbon ［J］. Chemical Engineering Journal，2008（137）：471~479.

［123］Quinn R，Dahl T A，Diamond B W，et al. Removal of arsine from synthesis gas using a copper on carbon adsorbent ［J］. Industrial & Engineering Chemistry Research，2006（45）：6272~6278.

［124］任占冬，陈棵，宁平，等. 催化氧化法脱除黄磷尾气中的磷化氢和硫化氢 ［J］. 化工环保，2005（25）：221~224.

［125］张永，宁平，徐浩东，等. 改性活性炭吸附净化黄磷尾气中的 PH_3 ［J］. 环境工程学报，2007（1）：74~78.

［126］张永，宁平，王学谦，等. 酸碱改性碳吸附脱除黄磷尾气中的 H_2S 和 PH_3 ［J］. 化学工程，2007（35）：7~10，18.

［127］Hall P G，Gittins P M，Winn J M. et al. Sorption of phosphine by activated carbon cloth and the effects of impregnation with silver and copper nitrates and the presence of water ［J］. Carbon，1985（23）：353~371.

［128］王学谦，宁平，徐浩东，等. 微氧下低浓度磷化氢在浸渍活性炭上的吸附及表征 ［J］. 林产化学与工业，2008（28）：49~54.

［129］Wilde J. Absorbent mass for phosphine，［P］. EP1144087，A3，2000.

［130］郭坤敏，袁存乔，马兰，等. 氢气流中净化磷化氢、砷化氢的浸渍活性炭［P］. CN93101650，9，1993.

［131］郭坤敏，袁存乔，马兰，等. 在氢气流中净化磷化氢和砷化氢的新型催化剂和净化罐的研究 ［J］. 化学通报，1994：29~31.

［132］高红，张永，宁平，等. 金属改性碳脱除 PH_3 和 H_2S 动力学及反应机理研究 ［J］. 环境工程学报，2009（3）：301~305.

［133］蒋明，宁平，徐浩东，等. 改性活性炭净化 PH_3 实验研究 ［J］. 环境科学与技术，2008（31）：87~89，112.

［134］宁平，Bart H J O R，王学谦，等. 催化氧化净化黄磷尾气中的磷和硫 ［J］. 中国工程科学，2005（7）：27~35.

［135］徐浩东，宁平，蒋明，等. 净化 PH_3 和 H_2S 气体改性活性炭的制备与表征 ［J］. 环境科学学报，2008（28）：1365~1369.

［136］张永，宁平，王学谦，等. 改性活性碳吸附净化黄磷尾气中的磷化氢 ［J］. 武汉理工大学学报，2007（29）：40~42.

［137］梁丽彤. 改性氧化铝基高浓度羰基硫水解催化剂研究 ［D］. 太原理工大学，2005.

［138］邱娟. 矿冶废气中低浓度羰基硫吸附剂开发及机理研究 ［D］. 昆明理工大学，2013.

［139］王会娜. 中温羰基硫水解催化剂制备及其动力学研究 ［D］. 太原理工大学，2007.

［140］赵顺征. 类水滑石衍生复合氧化物催化水解羰基硫的研究 ［J］. 环境工程学报，2012，6：545~549.